U0128995

国家哲学社会科学成果文库

NATIONAL ACHIEVEMENTS LIBRARY OF PHILOSOPHY AND SOCIAL SCIENCES

网络信息资源评价指标体系的建立和测定

朱庆华　等著

创于1897　The Commercial Press

作者简介

朱庆华,男,1963年10月出生,管理学博士,南京大学教授、博士生导师。1990年4月至1991年9月赴日本庆应大学留学进修,1997年10月至1998年10月赴日本筑波大学访问研究,2009年4月—5月为台湾东吴大学客座教授。2002年12月入选江苏省高校"青蓝工程"第二期计划首批优秀青年骨干教师培养人选,2007年3月入选教育部"新世纪优秀人才支持计划"。

主要研究方向有:网络信息资源管理、信息用户行为研究、信息政策与法规。2001年至今已发表SCI、SSCI、Ei、ISTP等英文论文20余篇,发表中文论文100余篇,独著或第一作者出版著作5部,主持省部级以上科研项目7项。目前正在主持教育部人文社会科学规划项目"Web2.0环境下用户生成内容激励机制与评价机制的设计及协同研究"、国家社科基金重点项目"互联网用户群体协作行为模式的理论与应用研究"、江苏省高校哲学社会科学研究重点项目"SSME视角下江苏省创新型电子服务模式与对策研究"等课题。

主要学术兼职有:国务院学位委员会图书情报与档案管理学科评议组成员、中国社科情报学会常务理事、中国科技情报学会理事、中国信息经济学会理事、中国科技情报学会情报研究与咨询专业委员会副主任委员、江苏省信息化专家咨询委员会委员、《信息管理协会会报》(*Aslib Proceedings*)(SCI源刊)编委。

"网络信息资源评价指标体系的建立与测定"
课题组成员名单

主持人：朱庆华　南京大学信息管理学院教授
成　员：黄　奇　南京大学信息管理学院教授
　　　　刘友华　南京大学信息管理学院教授
　　　　岳　泉　南京大学信息管理学院副教授

《国家哲学社会科学成果文库》
出版说明

为充分发挥哲学社会科学研究优秀成果和优秀人才的示范带动作用，促进我国哲学社会科学繁荣发展，全国哲学社会科学规划领导小组决定自2010年始，设立《国家哲学社会科学成果文库》，每年评审一次。入选成果经过了同行专家严格评审，代表当前相关领域学术研究的前沿水平，体现我国哲学社会科学界的学术创造力，按照"统一标识、统一封面、统一版式、统一标准"的总体要求组织出版。

全国哲学社会科学规划办公室
2011年3月

目　　录

推荐序 ……………………………………………………………… (1)

前　言 ……………………………………………………………… (4)

第一章　引　言 …………………………………………………… (1)

　1.1　网络信息资源概述 ………………………………………… (1)

　　1.1.1　网络信息资源的概念 ………………………………… (1)

　　1.1.2　网络信息资源的类型 ………………………………… (2)

　　1.1.3　网络信息资源的特点 ………………………………… (3)

　1.2　研究目的及意义 …………………………………………… (5)

　　1.2.1　研究目的 ……………………………………………… (5)

　　1.2.2　研究意义 ……………………………………………… (6)

　1.3　研究对象 …………………………………………………… (6)

　　1.3.1　研究对象的界定 ……………………………………… (6)

　　1.3.2　研究对象的现状 ……………………………………… (8)

　1.4　研究内容及方法 …………………………………………… (19)

　　1.4.1　研究内容 ……………………………………………… (19)

　　1.4.2　研究方法 ……………………………………………… (20)

第二章　网络信息资源评价研究的现状分析 ………………… (21)

　2.1　网络信息资源评价研究现状的文献计量分析 …………… (21)

　　2.1.1　网络信息资源总体评价的文献计量分析 …………… (22)

　　2.1.2　网站评价的文献计量分析 …………………………… (25)

　　2.1.3　搜索引擎评价的文献计量分析 ……………………… (30)

    2.1.4　网络数据库评价的文献计量分析 ………………………… (32)

  2.2　网络信息资源评价研究的总体现状分析……………………… (33)

    2.2.1　网络信息资源的定性评价研究 …………………………… (33)

    2.2.2　网络信息资源的定量评价研究 …………………………… (43)

    2.2.3　网络信息资源的综合评价研究 …………………………… (47)

  2.3　网站评价研究的现状分析……………………………………… (53)

    2.3.1　企业网站 …………………………………………………… (53)

    2.3.2　商业网站 …………………………………………………… (66)

    2.3.3　政府网站 …………………………………………………… (70)

    2.3.4　学术网站 …………………………………………………… (81)

    2.3.5　小结 ………………………………………………………… (83)

  2.4　搜索引擎评价研究的现状分析………………………………… (85)

    2.4.1　搜索引擎评价指标体系的建立 …………………………… (85)

    2.4.2　搜索引擎评价指标体系的应用 …………………………… (93)

    2.4.3　小结 ………………………………………………………… (98)

  2.5　网络数据库评价研究的现状分析……………………………… (99)

    2.5.1　国外网络数据库的评价研究 ……………………………… (99)

    2.5.2　国内网络数据库的评价研究 ……………………………… (102)

    2.5.3　小结 ………………………………………………………… (104)

  2.6　其他类型网络信息资源评价概述 ……………………………… (105)

第三章　网络信息资源评价指标体系的构建……………………… (109)

  3.1　网络信息资源评价指标体系的构建方法 …………………… (109)

    3.1.1　采用网上特尔菲法确定评价指标 ………………………… (109)

    3.1.2　采用层次分析法确定评价指标权重………………………… (115)

  3.2　网络信息资源评价指标体系的确立 ………………………… (119)

    3.2.1　网络信息资源评价指标体系构建的原则 ………………… (119)

    3.2.2　网络信息资源评价指标体系及其权重的确定 …………… (122)

第四章　网络信息资源评价指标体系的实证分析………………… (129)

  4.1　网站的测评 …………………………………………………… (131)

　　4.1.1　企业网站的测定和分析 ·················· (131)

　　4.1.2　商业网站的测定和分析 ·················· (141)

　　4.1.3　政府网站的测定和分析 ·················· (150)

　　4.1.4　学术网站的测定和分析 ·················· (155)

　4.2　搜索引擎的测评 ························· (161)

　　4.2.1　测评对象的选择 ······················ (161)

　　4.2.2　调查结果的数据处理 ·················· (166)

　　4.2.3　结果分析 ·························· (169)

　4.3　网络数据库的测评 ······················ (170)

　　4.3.1　测评对象的选择 ······················ (170)

　　4.3.2　调查结果的数据处理 ·················· (173)

　　4.3.3　结果分析 ·························· (176)

第五章　网络信息资源建设的若干建议 ············ (178)

　5.1　网站资源建设的若干建议 ················ (178)

　　5.1.1　对企业及商业网站建设的若干建议 ······ (178)

　　5.1.2　对政府网站建设的若干建议 ············ (186)

　　5.1.3　对学术网站建设的若干建议 ············ (188)

　5.2　搜索引擎建设的若干建议 ················ (191)

　5.3　网络数据库建设的若干建议 ·············· (193)

第六章　结　语 ································ (195)

　6.1　主要结论 ····························· (195)

　　6.1.1　工作总结 ·························· (195)

　　6.1.2　主要贡献 ·························· (197)

　6.2　问题不足 ····························· (197)

　6.3　研究展望 ····························· (198)

参考文献 ····································· (200)

　1.学术专著 ································· (200)

　2.期刊论文 ································· (200)

3. 网络文献 …………………………………………………………… (210)

4. 其他文献 …………………………………………………………… (214)

附　录 ……………………………………………………………… (216)

　　附录1　专家意见调查表 …………………………………………… (216)

　　附录2　第三轮专家意见调查结果 ………………………………… (242)

　　附录3　计算指标权重的程序代码 ………………………………… (247)

　　附录4　判断矩阵及一致性检验 …………………………………… (251)

　　附录5　网络信息资源测评问卷调查表 …………………………… (265)

　　附录6　网络信息资源测评对象的判断矩阵及一致性检验 ……… (282)

　　附录7　计算测评对象权重的程序代码 …………………………… (324)

　　附录8　成果在研究过程中公开发表的主要论文 ………………… (328)

CONTENTS

PREFACE ·· (1)

PROLEGOMENON ··· (4)

Charpter 1 INTRODUCTION ·· (1)

    1. 1 Overview of Internet Information Resources ················· (1)

        1. 1. 1 Concept of Internet Information Resources ············· (1)

        1. 1. 2 Types of Internet Information Resources ·············· (2)

        1. 1. 3 Characteristics of Internet Information Resources ········· (3)

    1. 2 Purpose and Significance of the Research ·················· (5)

        1. 2. 1 Purpose of the Research ································ (5)

        1. 2. 2 Significance of the Research ·························· (6)

    1. 3 Research Object ·· (6)

        1. 3. 1 Definition of Research Object ·························· (6)

        1. 3. 2 Current Situation of Research Object ·················· (8)

    1. 4 Contents and Methods of the Research ··················· (19)

        1. 4. 1 Research Contents ···································· (19)

        1. 4. 2 Research Methods ···································· (20)

Charpter 2 CURRENT STATE OF RESEARCH ON EVALUATION OF IN-
TERNET INFORMATION RESOURCES ·················· (21)

    2. 1 Bibliometric Analysis ··································· (21)

2.1.1 Bibliometric Analysis on Overall Evaluation of Internet Resources ··· (22)

2.1.2 Bibliometric Analysis of Website Evaluation ····················· (25)

2.1.3 Bibliometric Analysis of Search Engine Evaluation ············· (30)

2.1.4 Bibliometric Analysis of Internet Database Evaluation ········· (32)

2.2 Systematic Analysis of the Current State of Research on Internet Information Resources Evaluation ····················· (33)

2.2.1 Qualitative Study on Internet Information Resources Evaluation ··· (33)

2.2.2 Quantitative Study on Internet Information Resources Evaluation ··· (43)

2.2.3 Comprehensive Study on Internet Infromation Resources Evaluation ··· (47)

2.3 Analysis of the Current State of Research on Website Evaluation ··· (53)

2.3.1 Enterprise Websites ····································· (53)

2.3.2 Commercial Websites ································· (66)

2.3.3 Government Websites ································· (70)

2.3.4 Academic Websites ································· (81)

2.3.5 Summary ····································· (83)

2.4 Analysis of the Current State of Research on Search Engine Evaluation ································· (85)

2.4.1 Construction of Search Engine Evaluation Criteria System ········ (85)

2.4.2 Application of Search Engine Evaluation Criteria System ······ (93)

2.4.3 Summary ································· (98)

2.5 Analysis of the Current State of Research on Internet Database Evaluation ····························· (99)

2.5.1 Research in Foreign Countries ····················· (99)

2.5.2 Research in China ····························· (102)

2.5.3 Summary ····························· (104)

2.6 Overview of Research on Other Types of Internet Information Resources Evaluation ························· (105)

Chaprter 3 CONSTRUCTION OF EVALUATION CRETERIA SYSTEM FOR INTERNET INFORMATION RESOURCES ················· (109)

3.1 Methods ································· (109)

3. 1. 1　Determination of Evaluation Criteria Using Online Delphi ········ (109)

3. 1. 2　Determination of Evaluation Criteria Weights Using AHP ········ (115)

3. 2　Determination of Evaluation Criteria System for Internet Information Resources ··· (119)

3. 2. 1　The Principles ·· (119)

3. 2. 2　Determination of Evaluation Criteria System and Weights ······ (122)

Charpter 4　EMPIRICAL ANALYSIS OF EVALUATION CRITERIA SYSTEM FOR INTERNET INFORMATION RESOURCES ········ (129)

4. 1　Assessment of Website ··· (131)

4. 1. 1　Assessment Enterprise Website ······························· (131)

4. 1. 2　Assessment Commercial Website ···························· (141)

4. 1. 3　Assessment Government Website ···························· (150)

4. 1. 4　Assessment Academic Website ····························· (155)

4. 2　Assessment of Search Engine ······························· (161)

4. 2. 1　Selection of Research Objects ····························· (161)

4. 2. 2　Data Handling ·· (166)

4. 2. 3　Analysis of Results ··· (169)

4. 3　Assessment of Internet Database ····························· (170)

4. 3. 1　Selection of Research Objects ···························· (170)

4. 3. 2　Data Handling ·· (173)

4. 3. 3　Analysis of Results ··· (176)

Charpter 5　SUGGESTIONS ON INTERNET INFORMATION RESOURCES CONSTRUCTION ·· (178)

5. 1　Advices on Website Resource Construction ················· (178)

5. 1. 1　Suggestions for Enterprise and Commercial Website ········ (178)

5. 1. 2　Suggestions for Government Website ······················ (186)

5. 1. 3　Suggestions for Academic Website ······················· (188)

5. 2　Suggestions for Search Engine ······························· (191)

5. 3　Suggestions for Internet Database ···························· (193)

Charpter 6 CONCLUSION ·· (195)

  6.1 Conclusion ·· (195)

    6.1.1 Main Findings ·· (195)

    6.1.2 Main Contributions ··· (197)

  6.2 Research Limitaion ··· (197)

  6.3 Future Work ·· (198)

REFERENCES ··· (200)

  1. Academic Monographs ·· (200)

  2. Joural Papers ··· (200)

  3. Online Literatures ··· (210)

  4. Others ··· (214)

APPENDIX ··· (216)

  App.1 Questionnaire for Experts ·································· (216)

  App.2 Results of Expert Survey (3rd Round) ···················· (242)

  App.3 Codes for Criteria Weights Calculation ················· (247)

  App.4 Judgment Matrix and Consistency Test ·················· (251)

  App.5 Questionnaire for Internet Information Resources Evaluation ······ (265)

  App.6 Judgment Matrix and Consistency Test (Internet Information Resources Evaluation Objects) ································ (282)

  App.7 Codes for Calculation of Object' Weights ··············· (324)

  App.8 Main Published Papers During Research Progress ······ (328)

推 荐 序

信息资源是人类通过创造、收集、加工、传播等一系列环节所形成的有价值的社会性知识资源，它是各种载体形式所承载的知识资源的总汇。对企业而言，信息资源是"最重要的企业资产"和生产工具，是企业生存和发展的必要条件之一；对国家而言，信息资源则是国家创新体系中的重要战略资源，它具有不可替代性。随着计算机与网络的普及与发展，促使了传统信息资源向网络信息资源的转化，这是人类发展史上的一场信息革命。

全球每年产生的数字化信息总量正急剧增加。根据著名的 IDC 公司的统计，仅 2006 年一年产生、获取和复制的数字信息总量就多达 1288×1018 个比特，约为有史以来出版的图书信息总量的 300 万倍，预计 2011 年将达到 1.8 万亿个吉比特。数字宇宙正通过多种方式对人类社会产生重要影响。

与传统信息资源相比，网络信息资源具有类型多、数量大、传播速度快、范围广等鲜明特征。在网络和数字时代，收集、组织和提供信息服务的方式和手段发生了很大变化，这种变化在最近一二十年来尤为明显。网络信息资源已成为图书馆、档案馆与情报机构在新的信息环境下提供服务的基础与保障。但是，随着网络信息资源数量的快速积累，通过互联网高效地获取质量可靠的信息并非一件容易的事情，这已成为人们的共识。正如美国一位情报学家所指出的，使用网络资源"犹如在没有救生员的大海中游泳"。寥寥数语，就把使用网络资源的风险揭示出来了。

事实表明，网络信息资源的无序、信息泛滥、良莠难辨等已经对社会发展和人们生活产生了巨大的影响，这无疑对我们信息研究工作者提出了新的挑战。在这种情况下，对于网络信息资源如何组织、如何传播、如何开发利用、如何评价等问题的研究必将增强人们对于网络信息资源的认识、加快网络信息资源的建设和利用,最终推动社会的进步和发展。因此,网络信息资源建设从理论到实践便成为当前我国图书馆、情报与文献学研究的一个重要领域。网络信息资源开发与利用在广度和深度上都有待进一步拓展和深化,这也是图书馆、情报与文献学研究的发展方向。

针对网络信息资源如何评价的研究就是网络信息资源开发与利用众多研究中的一个重要方面,开展网络信息资源的评价不仅可以反映信息资源建设的不足,给网络信息的生产者以指导性的意见,而且又可以引导使用者选择合适的信息源。由于我们用来评价传统信息资源的一些方法和指标已经无法胜任针对网络信息资源的评价,因此建立一套针对网络信息资源的评价体系势在必行。

我们通过对 2005—2009 年国家社科基金论文高频关键词的分析发现,在国家社科基金图书馆、情报与文献学领域项目的主题分布中"信息资源建设与管理"位居第 4 位,"网络信息"位居第 12 位。这也充分说明了网络信息资源建设在国家社科基金项目研究中占有重要的一席之地,同时也说明了社科基金资助的产出量与影响力都很突出,在学科发展中起到重要的作用。

本书正是由国务院图书情报与档案管理学科评议组成员、南京大学信息管理学院朱庆华教授主持的国家社科基金项目"网络信息资源评价指标体系的建立和测定(项目编号:04BTQ023)"为基础完成的,是课题组经过较长时间的跟踪调查、细致分析和潜心研究的成果总结。该项目最终成果为《网络信息资源评价指标体系的建立和测定》研究报告,经专家鉴定等级为优秀,在图书馆、情报与文献学领域的项目结项中也属难得。朱庆华教授是一位勤奋、严谨的学者,本书结项后,他并不满足已取得的成绩,继续在原有基础上进一步修改,使书稿臻于完善。最终经过专家评审,被批准入选国家社科基金成果文库,应是名至实归、值得庆贺。

本书在总结国内外学者相关研究成果的基础上,利用定性与定量相结合的方法构建了网络信息资源评价指标体系,并通过实证分析,验证该评价指标体系的科学性和可行性。研究结论对于图书馆、情报机构收集、组织网络信息资源,对于信息用户选择、利用网络信息资源都具有重要的指导意义和参考价值。尤其值得一提的是,本书在研究方法上的创新为图书馆、情报与文献学领域的课题研究提供了一条可供借鉴的途径,值得提倡。相信本书的出版,对大力推动网络信息资源建设的理论研究和实践工作都有着重要意义。

中国社会科学院学部委员

国家社科基金图书馆、情报与

文献学学科规划评审组组长

黄长著

2011 年 11 月

前　言

　　与传统的信息资源相比,网络信息资源无论是在结构、分布,还是在传播范围、载体形态、传递手段等方面都显示出新的特点。由于网络信息资源数量庞大、种类繁多,人们在利用时往往无所适从。同时从信息服务机构数字资源建设的实际需求来看,网络信息资源已经发展成为具有多种形式和类别的一个极具价值的信息源,如何评价网络信息资源也是鉴别、收集、保存等工作的实际需要。因此对网络信息资源评价的必要性和重要性日益凸显。

　　尽管对网络信息资源评价的研究已有十余年,但国内外学者都是各自从某个角度来构建评价指标体系,且大部分都是根据自身理解定性地进行,目前并没有一个得到公认的、完整的、科学的评价指标体系。

　　本书需要解决的问题主要有四个:(1)如何界定网络信息资源评价的对象以及如何认识网络信息资源评价指标体系的研究现状?(2)如何根据确定的评价对象构建评价指标体系及权重?(3)如何验证构建的评价指标体系的合理性和科学性?(4)如何根据研究结论提出有针对性的网络信息资源建设的对策建议?

　　为此,我们主要在以下五方面进行了研究:

　　(1)已有的网络信息资源评价的研究,很少明确指明是哪种类型,基本上都是用网站信息资源为代表,且对网站的类型也很少加以细分。本书确定的网络信息资源评价的研究对象有三个:网站、搜索引擎、网络数据库。由于网站数量庞大,种类繁多,在网站研究中又分别从企业网站、商业网站、政府网站和学术网站这四种类型入手。我们也发现现有的网络信息资源评价指标体系的研究中,或多或少都存在着不同程度的问题,如指标体系不够全面、完整,部分指标设计不够科学合理,指标权重获取比较主观且不易测算等。

　　(2)在确立网络信息资源评价指标体系时,大多数学者都认为应该采用专家调查法,但真正实施的却很少。本书较为完整地实施了网上特尔菲法,弥补了主观确定指标体系的缺陷,并得到了较好的结果。由于建立的评价指标体系是在专家调查的基础上产生,因此具有较高的权威性。与传统的特尔菲法相比,运用网上特尔菲法进行专家问卷调查,调查数据的处理采用 JAVA 编程自动实现,从而缩短了调查周期,节约了成本。

　　(3)评价指标体系建立后,各指标的权重获得是非常重要的一环。本书应用基于指数标度的层次分析法进行指标权重的计算,这种方法改进了传统 AHP 方法中判断矩阵的一致性指标难以达到以及判断矩阵的一致性与人们决策思维的一致性存有差异的缺陷,有效地解决了一致性问题,从而避免了主观性评判。同样采用 JAVA 编程自动实现数据处理,可以快速获得满意的一致性检验结果。

　　(4)为了验证构建的评价指标体系的合理性,本书还采用调查方法完成了实证分析。首先选择若干网站、搜索引擎和网络数据库作为评价对象,设计出调查表,然后通过电子邮件发给若干用户进行问卷调查,并回收获取相关数据,最后基于构建好的评价指标体系,同样运用基于指数标度系统的层次分析法作为评价方法,对选定的实证分析对象进行实际测评。与已有评价结果的比较,测评的结果显示了本书构建的评价指标体系具有合理性、科学性与可操作性。

　　(5)根据本书构建的评价指标体系以及实证分析的结果,结合这三种网络信息资源的现状,分别对网站、搜索引擎、网络数据库的建设提出了若干建议。

　　本书的顺利完成和出版,首先要衷心感谢的是全国哲学社会科学规划办公室及国家社科基金图书馆、情报与文献学学科规划评审组各位专家,以及江苏省哲学社会科学规划办公室和南京大学社会科学处,没有他们的大力支持、热情帮助与指导,本书无论如何是无法完成的,也不可能入选社科文库顺利出版的。其次要衷心感谢的是中国社会科学研究院学部委员、国家社科基金图书馆、情报与文献学学科规划评审组组长黄长著研究员在百忙之中为本书作序,本书一直得到了他的鼎力支持和帮助;再次要衷心感谢的是对本书成果进行鉴定、给予课题组宝贵意见的项目鉴定专家以及文库入选的评审专家;还要衷心感谢的是参与本书网上调查的专家们以及验证研究过程中的所有参与者,以及项目组成员各自指导的研究生,他们是杜佳、戚爱华、韩晓静、沈洁、汪徽志、侯立宏、张玥、张彦、张文秀等;最后衷心感谢商务印书馆金晔编辑的大力支持和辛勤付出,从她身上我们看到了国家顶级出版社的业务水平和编辑的敬业精神。

　　本书进行过程中我们参考了大量的国内外文献资料,在此对所有参考文献作者表示诚挚的谢意。鉴于在著录时难免挂一漏万,为此恳请这些作者的原谅。

　　受到能力和水平的限制,本书难免有不当和疏漏之处,且对网络信息资源的评价本身就是一个较为复杂的问题,本书存在许多有待进一步完善的地方。因此恳请各位专家、学者和广大读者批评指正,共同推进网络信息资源评价研究的深入。

朱庆华

2011 年 11 月

第 一 章

引 言

1.1 网络信息资源概述

1.1.1 网络信息资源的概念

随着科技的迅猛发展,经济全球化、社会信息化的潮流锐不可当。信息在现代社会中发挥的作用越来越重要,信息已经成为与物质、能源同等重要的一种资源。在计算机网络日益普及的今天,网络信息资源甚至成为信息资源的代名词。所谓的网络信息资源是指以数字化形式记录的、以多媒体形式表达的、分布式存储在因特网不同主机上的,并通过计算机网络通讯方式进行传递的信息资源的集合,是计算机技术、通信技术、多媒体技术相互融合而形成的在因特网上可查找、利用的资源。① 所以一言以蔽之,网络信息资源是指通过因特网可以利用到的各种信息资源的总和。

因特网系统协会(Internet Systems Consortium,ISC)2011 年 7 月对世界范围内的互联网域名所做的调查结果显示,域名系统中的主机数量共计849869781 台;②我国互联网信息中心的统计结果显示,截至 2011 年 6 月底,我国(大陆)网民总人数为 4.85 亿,网民规模跃居世界第一位,IPv4 地址为

---

① 陈光祚:《因特网信息资源深层开发与利用研究》[M],武汉:武汉大学出版社,2002.9。
② ISC. Internet Domain Survey-Number of Hosts Advertised in the DNS(Jul 2011)[EB/OL],http://ftp.isc.org/www/survey/reports/current/,2011—11—04.

3.32亿个,家庭电脑宽带上网网民规模为 3.9 亿人,域名总数约为786.14万个,网站总数约为 183.01 万个,国际出口带宽总量为 1182261.45Mbps。[①] 如此庞大繁杂的网络信息资源是人们面临的一个复杂、崭新的世界,必将遇到各种各样的新问题——如何组织、如何传播、如何开发利用、如何评价等,其中任何一个问题解决起来都不容易,因为这些问题都是过去没有遇到的,没有现成的答案。因此对网络信息资源相关问题的研究一直是人们关注的热点。

1.1.2　网络信息资源的类型

从概念可以看出,网络信息资源的类型是多种多样的。其划分目前还没有一致的标准,可以从不同角度进行划分。

按网络信息资源所采用的网络传输协议的不同,可将其划分为:万维网信息资源(简称 WWW)、Telnet 信息资源、FTP 信息资源、用户服务组信息资源和 Gopher 信息资源。

按传播范围划分,网络信息资源不仅包括因特网上的信息资源,也包括各种局域网、地域网和广域网上的信息资源。[②]

按用户检索的角度划分,网络信息资源一般分为网站信息资源和网页信息资源,而网站或网页信息资源既包括站点及页面本身,又包括站点及页面包含的各种具体信息。

按信息内容的范围划分,网络信息资源可以分为:学术信息、教育信息、政府信息、文化信息、有害和违法信息。

按网络信息的知识单元组织形式划分,网络信息资源可以分为:结构化数据资源,如各类数据库,它是目前网上资源的主要组织形式;非结构化数据资源,如各类自由文本式的文件。

按网络信息资源的开发主体划分,网络信息资源分为:科研院所、学校站点资源、企业公司站点资源、政府机构站点资源、服务机构站点资源等。

按信息传播和信息交流的方式,网络信息资源可以归纳为:(1)非正式出版信息,如电子邮件、电子会议、电子布告板、电子论坛和新闻组等。这一类信

---

①　中国互联网络信息中心:《中国互联网络发展状况统计报告》(第 28 次)[EB/OL],
　　http://www.cnnic.com.cn/dtygg/dtgg/201107/W020110719521725234632.pdf,2011—11—04。
②　刘春艳、黄丽霞:《我国网络信息资源有效开发利用的策略研究》[J],《现代情报》,2005(5):12—16。

息资源动态性、随意性强,信息质量难以保证和控制,而且很多属于团体或个人的内部信息资源,具有不公开或隐私性质,外人难以了解甚至无法接触到。(2)半正式出版信息,如内部电子期刊、网络版会议文集和各类报告、网络版机构情况及产品介绍等。(3)正式出版信息,如电子版的报刊图书、搜索引擎、综合性门户网站、商业性网站、网络数据库等。后两类信息资源都受到一定的知识产权的保护,信息质量相对可靠,利用率也相对较高。① 尤其是正式出版信息更是网络信息资源评价研究的主要对象。

实际上,随着计算机技术、网络技术的不断发展,网络信息资源的表现形式还将发生新的变化,从而催生出更多的新类型。例如2005年,以博客为代表的Web2.0概念推动了中国互联网的发展。Web2.0概念的出现标志着互联网新媒体发展进入新阶段。在其被广泛使用的同时,也诞生出一系列社会化的新型网络信息资源,比如Blog、微博RSS、WIKI、SNS交友网络等。据调查,2011年上半年我国微博用户数量从6311万暴涨到1.95亿,半年新增微博用户1.32亿人,增长率高达208.9%。此外,截至2008年6月30日,我国拥有博客/个人空间的网民比例达到65.5%,用户规模已经突破3亿人关口,达到3.18亿人。②

1.1.3 网络信息资源的特点

与传统的信息资源相比,网络信息资源在数量、结构、分布、传播的范围、载体形态、内涵传递手段等方面都显示出新的特点。这些新的特点赋予了网络信息资源新的内涵。

1.1.3.1 开放性

网络信息资源的传递与交流,不受空间和时间的制约,实现了全社会的共享。由于它改变了传统的信息发布和信息传播的固有模式,省去了以往的编辑出版这一关键性的信息发布质量控制环节,使得因特网信息来源极为广泛,信息发布带有很大的随意性,几乎任何人都可以随时到网上自由发布、获取信息。这样,一方面信息交流变得畅通便捷,另一方面信息泛滥和污染越来越严重。③

---

① 郭丽芳:《网络信息资源类型研究》,《图书馆理论与实践》,2002(4):34—35。
② 中国互联网络信息中心:《中国互联网络发展状况统计报告》(第28次)[EB/OL],http://www.cnnic.com.cn/dtygg/dtgg/201107/W020110719521725234632.pdf,2011—11—04。
③ 金越:《网络信息资源的评价指标研究》[J],《情报杂志》,2004(1):64—66。

1.1.3.2 广泛性

因特网作为继电视、广播和报纸之外的第四媒体,其内容包罗万象、五花八门,包含了世界上几乎所有的学科知识,从音频到视频、从天文到地理,几乎我们想象得到的知识都能从网络信息资源中查找到。其形式多样,有零次信息、一次信息、二次信息、三次信息;有文本信息、图像信息、图形信息、表格信息、超文本信息等,包括各种电子书刊、书目数据库、联机数据库、软件资源等。[①] 其数量十分巨大,而且每天都在迅速增加。同时信息来源十分广泛,信息发布者既有政府部门、大学院所、研究机构、学术团体、行业协会,更有大量的公司企业和个人。

1.1.3.3 无序性

在网络中,信息资源没有一个中心点,也没有权限限制,甚至链接本身的意义也显得模糊和多样,通过一种文献可以连接到更多相关或相似的文献。同样,这份文献也可能是从另一份文献连接而来的,这种前所未有的自由度使网络信息资源的共建和共享变得潜力无穷,然而也使信息资源处于无序状态,而且"海量"的信息和快捷的传播加剧了网络信息的无序状态,许多信息资源缺乏加工和组织,只是时间序列的信息堆积,缺乏系统性和组织性。

1.1.3.4 时效性

由于网络信息资源在产生的过程中省略了印刷书籍的编审和出版的环节,因此网络信息资源不同于一般的印刷书籍等,具有强烈的时效性的特征,更新速度快,传播速度也快。时效性是网络信息资源的优势,但同时也由于信息产生缺少必要的审核步骤,使得网络信息资源难以保证较高的准确性。

1.1.3.5 不稳定性

网络环境的多变性造成了网络信息内容的不稳定性,许多信息产生速度很快,同时,另一些信息也以同样的速度消失。网上每时每刻都在产生大量新站点,也有很多站点出于各种原因而改变、停滞甚至消亡。网络信息资源接受各方面的补充、校对,信息的产生和发布条件都不那么严格,这就导致了网络信息资源的不稳定性。

---

① 杨剑:《网络信息资源评价浅议》[J],《图书馆论坛》,2004(4):109—110,113。

1.2　研究目的及意义

1.2.1　研究目的

之所以要对网络信息资源进行评价,是因为存在以下几个必要性:

(1)网络信息资源的特点与用户利用方式决定了评价的必要性

早期的因特网由于网站的数量不多,信息资源还未庞杂到无序状态,对网络信息资源评价的重要性并未引起足够的重视。但随着信息技术的发展,越来越多的政府部门、商业机构、公共机构、学术团体甚至个人纷纷进入因特网,信息资源日益膨胀,呈现爆炸和无序的状态。

虽然网络信息资源已经发展成为具有多种形式和类别的一个极具价值的信息源,逐渐影响着人们的信息获取方式,但人们在利用时往往无所适从,甚至由于信息内容良莠不分、真伪难辨,信息污染程度日益加深,用户无法获得所要的可靠信息。一些严肃的学者已从根本上质疑网络信息资源的质量、正确性和学术性。因此对网络信息资源的评价也就变得越来越重要。

(2)现有网络信息组织方法的不足决定了评价的必要性

目前,搜索引擎和主题目录是对无序的网络信息进行组织和整序的主要方式,但即使如此,检索结果仍然数量庞大,使得许多用户无从下手,无法直观判断信息的有用与否,检索工具的不完善使得检索的难度增加。因此现有网络信息组织方法的不足也导致了网络信息资源亟须一个相对完整的评价系统。

(3)信息服务机构数字资源建设的要求决定了评价的必要性

信息服务机构是以图书馆为主体的,还包括一些商业或个人的信息服务,数字图书馆也包括在内。数字图书馆虽然提供服务的方式不同于传统图书馆,但为信息用户提供高质量的信息服务的职能却没有改变。目前,各种类型图书馆纷纷利用自身的特色馆藏资源建立形式多样的虚拟图书馆、专业信息指南库,购买或租用适合用户需求的数据库,但是不论自建专业指南库还是购买、租用数据库都涉及对信息的评价和鉴定问题。如建立专业指南库,网络技术、通信技术、软件技术的操作和使用已基本无碍,主要的问题集中在数字资源的去粗取精、去伪存真及长期保存上。图书馆加强信息的价值鉴定研究,有助于用户对信息（源）作出正确的评价和选择，使质量优、价值高的信息充分被利用，真正发挥网络的优势。

本书的研究目的在于根据网络信息资源的特点，利用专家的优势，运用定性和定量相结合的综合评价方法，试图为网络信息资源的评价建立一套科学、合理且实用的评价指标体系。并通过实证分析，验证该评价指标体系的科学性和可行性，以便更好地为网络信息资源的优质建设服务，为网络信息资源的有效利用服务。

1.2.2　研究意义

本书的研究意义，表现在以下两方面：

首先，从理论意义上看，如前所述，作为一种新型的信息资源，网络信息资源有不同于传统信息资源的新特点，因此对其的评价如果采用过去传统方法显然不适合。建立网络信息资源的评价指标体系，可以丰富信息资源建设的内涵，为图书馆学、情报学和文献学的理论研究开辟更广阔的领域。

其次，从实践意义上看，由于网络信息资源具有的无序性、广泛性、不稳定性等特点，导致网络信息资源在质量上的不可控性，从而带来网络用户在利用上的盲目性、不确定性，因此有必要建立网络信息资源的评价指标体系，以指导用户对网络信息资源的选择和满足信息服务部门资源建设的需要。开展网络信息资源的评价也可以反映其建设的不足，给网络信息生产者和使用者提供指导性的建议。因此，本书的研究可以对网络信息资源的质量控制提供帮助；可以对用户在网络信息资源的开发利用方面提供指导。

1.3　研究对象

1.3.1　研究对象的界定

前已述及，从用户检索的角度出发，网络信息资源一般分为网站信息资源和网页信息资源，万维网信息资源（简称 WWW）由于其直观的图形用户界面，而成为拥有集文字、图形、图像、动画、声音等多种形式为一体的信息资源，事实上已经成为网络信息资源的主流，理所当然应将其作为评价对象。由于站点及页面包含的具体信息量极大，研究者无法收集全部的信息逐一进行评价，所以网络信息资源评价往往针对网站或网页为单位展开。同时考虑到正式出版信息的高质量和高利用率,再结合已有的研究条件和手段,本书确定的网络信息资源评价的研究对象有三个:网站、搜索引擎、网络数据库。因为网站数量庞大,种类繁多,为了便于研究,在网站研究中又分别从企业网站、商业网站、政府网站和学术网站这四种类型入手。至于 FTP、Telnet、电子邮件、新闻组等非正式出版信息以及内部电子期刊、网络版会议文集和各类报告等半正式出版信息的网络信息资源不在本书的研究范围之内。具体的定义如下:

(1)企业网站是指通过网站对自己的产品进行宣传,而业务主要是在网下进行的以实体业务为主的网站,如:中国工商银行官方网站,联想电脑官方网站等。而大家所熟悉的百度、新浪等互联网企业网站以及淘宝、易趣等电子商务网站则不属于企业网站的范畴。

(2)商业网站是指对公众提供互联网信息服务,以网上虚拟业务为主的网站。这样就很容易与通过网站对自己的产品进行宣传,而业务主要是在网下进行的以实体业务为主的企业网站区别开来。

(3)政府网站是指中央或各级地方政府及各政府部门建立的、提供电子政务服务的网站。它是中央到地方各级政府机构为提高政府行政效率、直接面向社会公众处理与人们密切相关的事务而搭建的虚拟平台,是电子政务的主要窗口和关键环节。严格来说,政府网站与政府门户网站不同,后者是指一级政府在各部门的信息化建设基础之上,建立起跨部门的、综合的业务应用系统。

(4)学术网站是指提供某一学科领域或者科学问题的研究进展及相关研究资料、学术性较强的网站。一般来说,学术网站发布或转载该领域专家或学者发表的专业性的文章,介绍该研究方向或学科专业的最新进展及会议等信息,提供专业性的学术资料以供用户学习、参考或研究之用,并为用户提供一个网上交流的平台。学术网站特指那些学术性较强的网站,不包括那些以提供学习资源为主要目的的网站,如中学生网等。

(5)搜索引擎是指以一定的策略搜集互联网上的信息,在对信息进行组织和处理后,为用户提供检索服务的系统。从使用者的角度看,搜索引擎提供一个包含搜索框的页面,在搜索框输入词语,通过浏览器提交给搜索引擎后,搜索引擎就会返回跟用户输入的内容相关的信息列表。

(6)网络数据库是指以后台数据库为基础的,加上一定的前台程序,通过浏览器完成数据存储、查询等操作的系统。简单地说,一个网络数据库就是用户利用浏览器作为输入接口,输入所需要的数据,浏览器将这些数据传送给网站,而网站再对这些数据进行处理。例如,将数据存入数据库,或者对数据库进行查询操作等,最后网站将操作结果传回给浏览器,通过浏览器将结果告知用户。

1.3.2　研究对象的现状

1.3.2.1　企业网站

中国互联网络信息中心最近统计数据显示,企业网站数量占网站总数的60.4%,是所有类型的网站中比例最高的,可见企业网站在整个网站体系中的重要性。具体来说在企业网站的行业分布中,制造业比例最高,为32.0%,其次是 IT 业,占24.0%,其他行业比例都低于2.5%。[①] 企业网站中制造业的比例最高,其原因主要与制造业中的企业鱼龙混杂有关,制造企业在中小企业中占了很大的比例;而对于 IT 企业来说,网站是宣传自己产品和服务的最好的也是必要的一个途径。

在企业网站提供的信息内容中,绝大部分企业网站提供"企业介绍(97.0%)"和"产品/服务介绍(92.9%)",其他提供比例较高的有"售后服务支持(58.0%)"、"友情链接(53.1%)"和"企业动态新闻(53.0%)"等。

除了提供信息,企业网站还提供许多在线服务,主要服务包括:产品查询、民意调查与在线征集、在线咨询与投诉、会员服务、网上采购、针对最终用户的网上销售、针对代理商、经销商的网上销售、虚拟社区与 BBS 论坛等。调查结果显示,68.5%的企业网站提供"产品查询";45.6%的企业网站提供"在线咨询与投诉";26.3%的企业网站提供"企业会员服务";22.7%的企业网站提供"网上采购";22.6%的企业网站提供"虚拟社区与 BBS";21.0%的企业网站提供"针对最终用户的网上销售"。

我国的企业网站已经从当初完全是信息发布功能向功能多样化发展,但无论从技术还是从企业经营角度,我国企业网站的发展会走过一个从简单到复杂,再到完善的过程。首先,企业需要获取信息,与此同时把自己的信息广

---

① 　中国互联网络信息中心:《2005 年中国互联网络信息资源数量调查报告》[EB/OL],
　　 http://www.cnnic.net.cn/uploadfiles/pdf/2006/5/16/183953.pdf,2007—05—17。

而告之,主动地向其他企业和受众提供自身信息;然后是把企业的 MIS 系统建立起来,并把企业内部和外部结合起来;三是企业形成内外的信息网络;最后是形成一个 Intranet 和 Extranet 相结合的网络,使得企业内部、企业与合作伙伴之间,都可以通过这一网络进行交流,实现企业的完全信息化。

从我国目前绝大多数企业网站的发展状况来看,基本上还是处于第一阶段——商情发布阶段,即将企业信息和产品信息推到网上,以期获取更多的贸易机会和市场竞争力;并通过网站发布的信息来提高企业知名度和改善与客户的关系。

1.3.2.2 商业网站

商业网站的功能主要包含以下几点:①企业形象宣传;②产品和服务项目展示;③商品和服务订购;④转账与支付、运输;⑤信息搜索与查询;⑥客户信息管理;⑦销售业务信息管理;⑧新闻发布、供求信息发布。与传统的商务活动方式相比,商业网站具有以下几个特点:①交易虚拟化;②交易成本低;③交易效率高;④交易透明化。

在发达国家,商业网站市场已经趋于成熟。美国是商业网站开展较早的国家,成为其他国家开展商业网站的典范,其商业网站触及了各个行业、各种商品和各类服务,发展速度和规模十分迅速。美国的电子商务市场占全球电子商务市场的比例最大,其次为西欧、日本和加拿大等国家和地区,亚洲的电子商务发展则相对滞后。

1998 年 3 月,我国第一笔互联网网上交易成功。1998 年 7 月,中国商品交易市场正式宣告成立,被称为"永不闭幕的广交会"。交易手段、范围、交易人数、安全认证等均处于初级探索过程。医药电子商务网于 1998 年投入运营,医疗卫生行业 1 万个企事业单位联网,能提供上千种中西药品信息。1999 年 3 月 8848 等 B2C 网站正式开通,网上购物进入实际应用阶段。2000 年,我国商业网站进入了务实发展阶段。

近几年,C2C 模式的电子商务得到了快速发展,中国的代表性网站有淘宝(www. taobao. com)、易趣(www. ebay. com)、当当(www. dangdang. com)、京东(www. 360buy. com)等。随着电子商务模式的发展,将线下商务与互联网结合起来的 O2O 网站也开始逐步兴起,以拉手网(www. lashou. com)、美团网(www. meituan. com)等为代表的团购网站也吸引聚集了大批消费者。

总体上看,我国商业网站已进入了蓬勃发展的阶段,网上零售政策环境逐渐成熟,基础设施建设日益完备,服务产业链不断完善,但也存在许多制约商业网站发展的障碍,如:①税收和关税;②电子支付;③知识产权保护;④个人隐私保护;⑤商业网站安全;⑥商业网站法律和规则;⑦信息基础设施的配合;⑧认识与观念的转变。①

我国商业网站面临的问题,主要包含以下几方面:①商业网站的搜索功能问题;②商业网站的安全性问题;③商业网站管理的问题;④商业网站的税务问题;⑤商业网站的标准问题;⑥商业网站的费用支付问题;⑦商业网站的合同法律问题。②

1.3.2.3 政府网站

随着信息技术的发展及其对社会各个方面影响不断深入,电子政务逐渐成为全球信息化的重要领域,是未来国家核心竞争力的重要要素之一,受到世界组织和各国政府的关注。电子政务又常被称为电子政府、网络政府,是指政府机构利用信息化手段和技术,通过网络技术将管理和服务进行集成,实现政府组织机构和工作流程的重组优化,使之超越时空和部门分隔的制约,向社会提供优质、全方位、规范、透明、符合国际标准的管理和服务。电子政务的核心是利用信息技术提高政府事务处理的信息流效率,改善政府组织和公共管理,建成一个精简、高效、廉洁、公开的政府工作模式。

政府网站在电子政务实现过程中起着举足轻重的作用。政府网站是电子政务的门户,是政府在互联网世界中直接面向公众、为公众提供服务的窗口。政府网站是电子政务的重要组成部分,政府网站建设水平直接关系到电子政务的实现水平。

从国家来看,美国是全球电子政务的创新者和领跑者,其政府网站建设已经相当完善和成熟。1996年,美国政府发动"重塑政府计划",提出联邦机构最迟在2003年全部实现上网,使美国公民能够充分获得联邦政府掌握的各种信息。2000年9月,美国政府开通"第一政府"网站(http://www.firstgov.gov)。这个超大型电子政府网站,旨在加速政府对公民需要的反馈,减少中间

---

① 电子商务网站的发展趋势[EB/OL],www.baidu.com,2006—12—10。

② 陈娟:《中国电子商务发展现状及趋势分析》[EB/OL],http://www.51paper.net/free/200632395035.htm,2006—12—10。

工作环节,让美国民众能更快捷,更方便地了解政府。目前,美国联邦政府一级机构及州级政府全部上网,所有县市都已建有自己的站点。

加拿大电子政务建设在全球网络和电子政务成熟度排名第一,是世界上电子政务最发达的国家。加拿大国家电子政府门户网(http://www.canada.gc.ca)为用户提供单一入口以获取政府公共服务和信息。登录该网站,可以访问五十多个联邦站点。网站对所服务用户进行客户分类,包括针对国内服务的加拿大公民,加拿大企业以及针对国际公民、企业和组织服务的非加拿大公民三项;并且有三个不同通道供以上三种用户使用。

新加坡也是全球电子政务最发达的国家之一。新加坡国家电子政务门户网站(http://www.gov.sg)创建于 1995 年,2004 年作为新加坡政府在线的一部分进行了调整,加强了与其他主要政府门户网站的联系。此网站每月的访问量在 120000 人以上,在新加坡的电子政务中发挥重要作用①。

英国电子政务的突出特点是通过互联网为公众提供各种服务。2000 年开通的“英国在线”网站将 1000 多个政府机构的信息送上了互联网,用户可以从这个网站获取就业、理财、旅行、生活等政府信息与服务。“英国在线”网站不仅将上千个政府网站连接起来,而且把政府业务按照公众需求进行组合,使公众能够全天候地获得所有政府部门的在线信息与服务。②

20 世纪 80 年代末期,我国中央和地方党政机关开展办公自动化工程,国务院 43 个部委、局成立了信息中心,开发各类经济信息数据库 174 个,为电子政务的实现奠定了技术基础。1993 年底,我国正式启动了国民经济信息化的起步工程——“三金工程”,这种以政府信息化为特征的系统工程,描绘出了我国电子政务的雏形。1999 年初,国家电信总局、经贸委联合 40 多个部委联合发起了“政府上网工程”,将大量政府信息移植到网上,正式标志着我国电子政务的开端。2001 年 12 月,国家信息化领导小组成立,其第一次会议就决定:政府信息化先行,带动整个信息化发展。各地政府纷纷制订“数字化城市”计划,全国掀起电子政务热潮。

2010 年 1 月 12 日,由工业和信息化部主办、中国软件评测中心承办的

---

① http://www.gov.sg/about.htm,2006—4—20.

② http://www.chinabbc.com.cn/lianmeng/news4.28575asp? newsid = 2006418103116831&classid = 110106,2006—04—21.

"第八届(2009)中国政府网站绩效评估结果发布暨经验交流会"在京召开,会上发布了 2009 年国务院部委政府网站的普及率达到了 97.4％,省级政府网站普及率是 100％,地市级是 98.5％,县级是 84.5％。① 网上办公、网上审批已经逐步开展,基本做到了各级政府信息资源上网,普遍实现了政务公开、信息发布等功能。

我国政府网站的具体增长情况我们可以通过中国互联网络发展状况报告得到详细的了解。中国互联网络发展状况报告中 WWW 站点的政府网站数量增长情况如表 1-1 所示。

表 1-1　2000 年—2010 年中国政府网站数量的变化

时间	政府网站(gov.cn)数量(单位:个)	百分比(占.cn 站点总数)
2000.12	4615	3.78
2001.12	5864	4.60
2002.12	7796	4.34
2003.12	11764	3.46
2004.12	16326	3.78
2005.12	23752	2.16
2006.12	28575	1.58
2007.12	35000	0.39
2008.6	40831	0.34
2009.6	52477	0.4
2010.6	51997	0.7

数据来源:中国互联网络信息中心历年发布的《中国互联网络发展状况统计报告》。

2005 年 10 月 1 日,国务院和国务院各部门,以及各省、自治区、直辖市人民政府在国际互联网上发布政府信息和提供在线服务的综合平台——中国政府网(http://www.gov.cn)试开通并于 2006 年 1 月 1 日正式开通。中国政府网作为我国电子政务建设的重要组成部分,是政府面向社会的窗口,是公众与政府互动的渠道,对于促进政务公开、推进依法行政、接受公众监督、改进行政管理、全面履行政府职能具有重要意义。

我国政府网站经过多年的建设和发展,已经有了长足的进步,数量一直呈

---

① 《中国政府网站绩效评估结果》[EB/OL],http://www.cstcorg.cn/tabid/88/InfoID/82795/Default.aspx,2010—4—20。

增长趋势,网站的信息内容和网站的功能也更加丰富多彩。中国政府网的出现标志着中国政府门户网站发展进入新阶段,开始逐步实现不同政府部门间的互动。

1.3.2.4 学术网站

相比较于企业、商业、政府等其他类型的网站,学术网站无论是数量还是规模都有较大差距。但是网络正在对当代学术文化产生越来越广泛的影响,在网民学历不断降低、互联网日益大众化的今天,具有高学历的网民的数量仍然巨大,大专及以上学历的居民中的互联网普及率已经超过 90%。[①] 根据中国互联网络信息中心(CNNIC)提供的最新数据,截至 2010 年底,在所有网民中,接近 2/3 的网民具有高中或以下文化程度,大学本科的网民占 21%,具有大专文凭及硕士、博士学历的分别占 13% 和 2%。[②] 对于高学历的网民而言,网络是获取学术信息资源的一个重要工具。网民对网络学术信息资源的需求,客观上促使了学术网站的发展。

(1)学术网站的类型

学术网站可以按照不同的分类标准来区分出不同的类型。

①按照研究范围分,可以分为专题性与学科领域性的学术网站和综合性的学术网站两类。前者是指专注与某一研究方向或学科领域的学术网站。如专注于比较文学的"文贝网"(http://www.cclaa.org/)、专注于马克思主义研究的"马克思主义研究网"(http://myy.cass.cn/)、关于红楼梦研究的"红楼梦谭"(http://www.honglm.net/)等;后者信息内容广泛,包括多个研究方向或学科领域。如"国学"(http://www.guoxue.com/),内容包括国学、佛学、小说、诗歌、戏曲等多个领域;"科研中国"(http://www.sciei.com/),内容包括自然科学的多个领域。

②按照网站的创办者/组织者分,大致可分为如下几类:

A. 个人创建的网站。这类网站主要是专题性的,如北望创建的"北望经济学园"(http://www.beiwang.com/)、凌云志创建的"法学空间"(http://lawsky.

---

① 中国互联网络信息中心:《中国互联网络发展状况统计报告》(第 26 次),
  http://www.cnnic.cn/research/bgxz/tjbg/201007/P020101230451597960779.pdf。

② 中国互联网络信息中心:《中国互联网络发展状况统计报告》(第 27 次),
  http://www.cnnic.cn/research/bgxz/tjbg/201101/P020110221534255749405.pdf。

org/)、黄安年教授创办的"学术交流网"(http://www.annian.net)、毛寿龙教授创建的"制度分析与公共政策"(http://www.wiapp.org/)网站。这类网站多侧重发表或收集某一研究领域的相关研究资料,满足自己兴趣的同时还能丰富学术的公共空间,促进学术的传播。也有少数是综合性网站,如沈中创办的"学说连线"网站(http://www.xslx.com),内容极为广泛,包括多个领域,一共收录了14000余篇学术文章,为200余位作者建立了学术专集。

B.学术机构、学术组织创建的网站。这类网站又分为政府机构的和民间的两类。政府所属的学术机构和学术组织建立的网站,前者如由中国科学技术信息研究所创建的"中国科技信息网"(http://www.chinainfo.gov.cn/index.html)、由中国青少年研究中心和中国青少年研究会主办的"中国青少年研究网"(http://www.cycs.org/)等,这类网站相对而言比较权威,但也存在质量水平参差不齐的现象。后者如北京天则经济研究所主办的"天则经济研究网"(http://www.unirule.org.cn),这类网站多是这些民间学术机构和学术组织在网络上的延伸,其发展前景多依赖于这些学术机构和学术组织自身的发展。

C.公司与学术机构合作建立的网站。如北大英华科技有限公司和北京大学法制信息中心协办的北大法律信息网(http://www.chinalawinfo.com/)、由中社网信息产业有限公司和香港中文大学中国文化研究所合作主办的"世纪中国"网站(http://www.cc.org.cn/)、由北京国学时代文化传播公司和首都师范大学中国诗歌研究中心合办的"国学"网站(http://www.guoxue.com)。"世纪中国"网站对首发在该站的学术文章支付稿酬,因而吸引了一批学者在此首发他们最新的学术研究文章。①

D.公司独自建立的学术网站。如北京中科浩运科技有限公司创办的"新材料科技网"(http://www.chinamaterials.net/),该网站提供的主要学术信息栏目有研究报告、学术进展、最新专利、论文精选、政策法规等。由于是由公司独自创建的,都难免会带上一些商业的烙印。比较而言,由公司独立建立的学术网站少得多。

---

① 葛涛:《网络时代的中文学术网站》[EB/OL],
  http://www.wsjk.com.cn/gb/paper18/54/class001800001/hwz229127.htm,2006—02—02。

（2）学术网站的作用

学术网站对于学术研究发挥着巨大的作用，主要表现在：①学术网站丰富了资源获取途径。现在学术网站已同网络数据库和电子期刊共同成为获取网络学术资源的三条主要渠道。②学术网站打破了时空的局限。学术网站打破了时间和空间的局限，使学术交流、学术对话几乎是在同时、零距离的条件下进行。③学术网站有利于信息资源共享。学术网站中的信息资源基本上都是免费的，不像专业的网络数据库，需要向数据库拥有商支付大量的使用费用。这特别有助于偏远落后地区的教育与学术的开展。① ④学术网站推动了学术讨论。很多学术网站都提供了论坛供用户探讨学术问题，在论坛中用户可以自由讨论问题。由于是在虚拟社区中，用户的探讨可以免受权威意见的干扰，有利于用户各抒己见，充分发表各自的看法。

（3）学术网站的特点

我国学术网站主要有以下三个特点：

①学术价值较高。学术网站建设的目的就是提供专业性的学术文章以供用户参考和学习之用，面向的用户主要是高等院校的师生或者社会中的学术研究人员。网站中发布的文章主要来自该研究领域的专家或学者，有不少学术网站还提供知名专家专栏。

②公益性突出。与商业网站不同，学术网站的建设一般不以赢利为目的（实际上也很难赢利），大部分学术网站都是公益性质的。在不侵犯作者著作权的情况下，用户可以免费浏览或下载网站上的学术文章以供学习参考之用。

③主要集中在人文社科领域。这也是跟学科自身的特点相关的。人文社科领域由于专家思想的活跃性及观点的不一致性，使许多专家学者都愿意在网上发表自己的学术文章，以阐述自己的研究成果和加强同别的专家的学术交流。而在自然科学领域，专家之间的观点分歧较少。因此，在自然科学领域，完全在网上发表的学术文章较少。尽管如此，在自然科学领域，还是有一些在各自领域较为著名的学术网站，如"中国科技信息网"（http://www. chinainfo. gov. cn/index. html）、"中国电子技术信息网"（http://www. ec66. com/）、"中国神经内科网"（http://www. chinaneuro. com/）等。

---

① 杨玉圣：《学术网站前景光明》[N]，《中国社会科学院院报》，2003—03—11。

(4)学术网站存在的问题

由于各方面的原因,学术网站建设中存在的问题也逐渐暴露出来,主要有:著作权问题、水平不均衡、原创性问题、与现行学术机制兼容问题、经费问题等。①

1.3.2.5 搜索引擎

前已述及,网络信息资源按所采用的网络传输协议的不同,可将其划分为万维网信息资源(简称 WWW)、Telnet 信息资源、FTP 信息资源、用户服务组信息资源和 Gopher 信息资源。其中 WWW 由于其直观的图形用户界面以及拥有集文字、图形、图像、动画、声音等多种形式为一体的信息资源,一跃成为网络信息资源的主流。搜索引擎则是 WWW 信息资源所使用的最重要的一类信息检索工具。

搜索引擎实际上是因特网上一类特殊的网站,一般由搜索器、分析器、索引器、检索器、用户接口等五部分组成。搜索器通常被称为机器人(Robot)、爬虫(Crawlers)或蜘蛛(Spiders),它遵循一定的协议,运行在 WWW 上,是能够沿着网站的链接从一个页面跨越到另一个页面,自动追寻和发掘网上的各种信息资源,采集新的网页信息,确认网页之间的链接是否有效并剔除死链的一种软件;分析器的功能是借助于词频统计、词语位置认定和一些特殊的算法,对搜索器抓回的网页进行标引,并对其中的网页超链接进行关联;索引器根据分析器生成的关键词,建立从关键词到网页 URL 的关系索引倒排文档,即建立索引数据库。不同的索引器标引网页的内容是不同的,有些对网页全文进行标引,而有些只标引网页的地址、篇名、题名、特定段落和重要的词。不同的索引器建立数据库的规模也不一样,数据规模的大小决定了查询信息查全率的高低;检索器决定了搜索引擎的检索功能和返回结果的相关性。其功能是根据用户输入的检索词,在索引数据库中将检索词与索引词进行匹配运算,然后将查询结果按相关程度排序并输出到用户接口子系统;用户接口的功能是提供人机交互的检索接口,接收输入的用户检索提问并输出检索结果。②

从类型上看,搜索引擎大致可以分为两类,一类是分类目录型搜索引擎,

---

① 葛涛:《网络时代的中文学术网站》,
http://www.wsjk.com.cn/gb/paper18/54/class001800001/hwz229127.htm,2006—02—02。
② 姚艳玲:《www 网络信息资源检索工具——搜索引擎》[J],《现代情报》,2003(9):106—107。

它将因特网上的信息资源,如网址、描述主题、字顺或时间顺序汇总整理,形成图书馆目录一样的分类树型结构目录,用户通过逐级浏览这些目录来找寻自己需要的网址或相关内容;另一类是基于关键词检索的搜索引擎,用户输入关键词,搜索引擎根据这些关键词寻找用户所需资源的地址,然后根据一定的顺序(如字母排列、时间、相关性级别等)反馈给用户包含此关键字词信息的所有网址和指向这些网址的链接。在 Web 网络检索工具出现初期,上述两类搜索引擎的界限比较明显,如出现于 1994 年的现代意义上最早的搜索引擎 Yahoo,曾是最著名的分类目录检索工具,起初没有关键词检索功能;而关键词检索工具 AltaVista 开始也没有建立分类目录。但是目前搜索引擎的发展趋势是两种类型合二为一。需要说明的是,本书讨论的"搜索引擎"即英文中的"Search Engines",不包括目录型检索工具"Directories"。

目前,搜索引擎已成为仅次于 E-mail 的第二大最受用户欢迎的网络活动。[1] 据统计,在现有的网络用户中,85%的用户都使用搜索引擎来帮助寻找网络上的信息。[2] 2009 年全球搜索引擎市场规模比 2008 年提高了 46%。[3] 截至 2011 年 6 月底,搜索引擎已经成为我国受众范围最广(79.6%)的网络应用。[4] 由于对搜索引擎存在的巨大需求,现已有几百种通用搜索引擎和上千种专门搜索引擎。其中,著名的英文搜索引擎有 Google、AltaVista、Excite、Northernlight、AskJeesve 等;著名的中文搜索引擎包括百度、雅虎中文、搜狐、新浪、网易等。这些搜索引擎都具有一个共同点,即都建有独立的索引数据库,故它们也被称为独立搜索引擎。

随着独立搜索引擎的数量增加到一定程度后,出现了在其基础上构建的搜索引擎,即元搜索引擎。元搜索引擎可以看作是搜索引擎之搜索引擎,它提供统一的检索入口,同时链接多个独立搜索引擎(或称为成员搜索引擎),可方

[1] Jansen B J, Pooch U. A review of web searching and a framework for future research. *Journal of the American Society for Information Science and Technology*,2001,52(3): 235—246.

[2] Kobayashi M, Takeda K. Information retrieval on the web. ACM Computing Surveys, 2000, 32(2): 144—173.

[3] The comScore. Data Passport First Half 2010[R/OL],
http://www2. comscore. com/Press_Events/Presentations_Whitepapers/2010/The_comScore_Data_Passport_-_First_Half_2010.

[4] 中国互联网络信息中心:《中国互联网络发展状况统计报告》(第 28 次)[EB/OL],
http://www. cnnic. com. cn/dtygg/dtgg/201107/W020110719521725234632. pdf,2011—11—04.

便实现同时检索多个索引数据库,而本身不需要考虑网页索引数据库的建立和维护。它有效地屏蔽了各个成员搜索引擎的接口、位置等细节,将用户的查询请求以成员搜索引擎各自的请求格式转发至多个成员搜索引擎,取回它们的检索结果并进行处理,将最后结果以统一界面和格式反馈给用户。从功能上来讲,元搜索引擎更像是一个过滤通道:以多个成员搜索引擎的输出结果作为输入,进行处理,然后输出结果。[①]　目前,已出现并加以应用的中英文元搜索引擎有新搜、万纬、Metacrawler、Dogpile、Profusion、SawySearch 等。

此外,随着搜索引擎的应用范围的拓展和专业化程度的提高,越来越多的购物搜索引擎、图片搜索引擎以及学术搜索引擎也成为用户获取专门信息的重要手段。

1.3.2.6　网络数据库

随着互联网的扩展和升级,网络数据库有了迅猛的发展。这是因为数据库方式是当前普遍使用和最受欢迎的网络信息资源组织方式,尤其是在大数据量的环境下。网络数据库的优点表现在:重复数据尽量少(即冗余最小);能以最优方式为一个或数个应用服务(共享数据资源);数据存放尽量独立于应用程序(数据独立性);用一个软件统一管理这些数据。

网络数据库具有如下特点:①信息内容丰富,权威性高,品种齐全,增长迅速;②数据更新及时;③数据标准、规范、多元;④检索功能强大,提供多途径多功能的检索方式和灵活多样的检索结果输出;⑤数据库系统有扩展整合功能;⑥提供智能化、个性化服务;⑦界面友好,使用便捷,无时空限制。

国外数据库建设由于起步早,发展得比较成熟,有许多成功的经验值得我们借鉴。在近些年的发展过程中呈现出以下特点:①全文数据库类型多,开发商生产商类型也多,收录文献全面,数据库质量高。②检索功能强大,检索结果处理多样化。③用户界面友好方便,易于理解,便于使用。[②]

我国数据库建设大约始于 20 世纪 70 年代中后期,当时主要工作是引进、学习和借鉴国外数据库的理论和成果,特别是引进和解决汉字处理技术。

---

① 彭洪汇、林作铨:《ISeeker ——一个高效的元搜索引擎》[J],《计算机工程》,2003,29(10):41—42,52。

② 苏建华、王琼:《国内外全文数据库检索功能分析及选择策略》[J],《图书情报知识》,2005,(2):84—86。

80 年代开始研究和建设中文数据库,主要集中在科技文教部门。到了 90 年代,以中国第一家数据库专业公司——"万方数据公司"的正式成立为标志,数据库开始进入市场。

根据中国互联网络信息中心(CNNIC)发布的最近数据显示,我国目前在线数据库约为 29.5 万个;拥有在线数据库的网站数约为 17.0 万,占全部网站的 24.5%;以拥有在线数据库的网站为基数,全国平均每个网站拥有 1.7 个数据库;以所有网站为基数,全国平均每个网站拥有 0.43 个在线数据库。在拥有在线数据库的网站中,68.1%的网站只拥有 1 个在线数据库,18.2%的网站拥有 2 个在线数据库,13.7%的网站拥有 3 个及以上的在线数据库。①

从在线数据库数量上看,企业网站拥有的在线数据库数量最多,占全部在线数据库的 50.4%;从拥有在线数据库的网站上看,其他公益性网站、政府网站和商业网站拥有在线数据库的网站比例最高,分别为 30.8%、29.3%和 24.7%;在线数据库按内容分类以产品数据库为最多,达 61.0%,其次为图片数据库、企业名录数据库等。记录数在 1000 条以上的数据库仅占全部数据库的 29.8%;数据库字节数在 50MB 以上的占 28.9%。②

可以看出,我国的网络数据库经过多年的建设和发展,已经取得了巨大成就:数据库数量的激增,特别是可用数据库增加;数据库容量明显扩大,总容量有很大提高;数据库开发深入,促进了数据库与信息网络的结合;结构发生变化,从过去的科技数据库为主,转向以经济和社会的数据库为主;服务方式多样化,光盘镜像数据库成为主要销售方式。

1.4 研究内容及方法

1.4.1 研究内容

本书的研究主要包括以下四个方面:

(1)对各种类型网络信息资源的国内外目前研究现状进行总结归纳,以期

---

① 中国互联网络信息中心:《2005 年中国互联网络信息资源数量调查报告》[R],
http://www.cnnic.net.cn/uploadfiles/pdf/2006/5/16/183953.pdf,2006—05—17。

② 中国互联网络信息中心:《2005 年中国互联网络信息资源数量调查报告》[R],
http://www.cnnic.net.cn/uploadfiles/pdf/2006/5/16/183953.pdf, 2006—05—16。

全面了解网络信息资源评价研究的进展水平、难点重点等。

（2）采用网上特尔菲法进行专家调查,构建并确立网站、搜索引擎、网络数据库三种类型网络信息资源的评价指标体系,运用基于指数标度的层次分析法计算获得各项指标的权重。

（3）以构建的指标体系作为评价工具,同样运用基于指数标度的层次分析法作为评价方法,选择若干评价对象,进行实证研究。并结合本次实证研究的部分结果,与前人研究成果进行比较分析。

（4）提出对网站、搜索引擎、网络数据库三种类型网络信息资源建设的若干建议。

1.4.2 研究方法

由于单纯的定性或定量的评价都有失偏颇,因此,本书采用定性与定量相结合的方法来评价各种类型的网络信息资源。所采用的方法主要有调查法,包括文献调查、网上特尔菲法专家调查和 E-mail 问卷调查;比较分析、归纳、综合的逻辑方法;文献计量方法、基于指数标度系统的层次分析法等定量方法。由于所处理的数据是大量的,因此,本文将数据处理以及信息分析研究方法融为一体,通过分析比较、建立模型,得出结论。

各研究方法在文中的具体应用如下:

第一,运用文献调查法,从数据库中搜集国内外有关网络信息资源研究的相关学术期刊论文和博、硕士学位论文,以掌握国内外文献中与网络信息资源评价相关的研究成果。

第二,基于文献调查初步构建了网络信息资源的评价指标。在深入选择、确定指标的过程中运用网上特尔菲法通过专家评议对初步确定的指标进行筛选。

第三,对确定的指标运用基于指数标度的层次分析法,确定各指标的权重,得到合理的各种类型的网络信息资源评价的指标体系。

第四,运用基于指数标度的层次分析法和问卷调查法,针对选定的对象进行实证分析,以检验确立的评价指标体系的科学性和合理性。

第五,运用比较的方法,将本次实证研究的部分结果与以往评价研究所获得的评价结果进行比较研究,从而得出结论。

第 二 章

网络信息资源评价研究的现状分析

　　任何的科学研究都是建立在前人研究基础上的,因此在进行本书研究之前有必要充分了解前人在本领域所做的工作及成果。在这一章中,我们首先运用文献计量学方法,选择期刊论文和学位论文为样本,对国内外网络信息资源评价研究的现状进行文献计量分析。其次根据网络信息资源评价研究采用的方法,从定性评价研究、定量评价研究和综合评价研究三个角度对网络信息资源评价研究的总体现状进行分析。最后分别针对第一章中选定的研究对象——网站、搜索引擎和网络数据库这三个领域,进行研究现状的具体分析和论述。

2.1　网络信息资源评价研究现状的文献计量分析

　　我们首先运用文献计量学方法,对国内外本领域研究的现状做文献计量学分析,以此来反映国内外本领域的研究概况。

　　用于统计分析的文献来源有两类:一类是学术期刊论文,国内的期刊论文从 CNKI 中国学术期刊全文数据库获得,国外相关期刊论文则通过 Academic Research Library/ ProQuest 学术期刊文库获得;另一类是博、硕士学位论文,国内学位论文主要通过国家图书馆学位论文总库检索获取,由于其主要收录博士论文,故辅以国家科技图书文献中心中文学位论文数据库、北京大学学位论文全文库(该库在高校学位论文库中做得较好)等进行检索。国外相关学位论文则通过 ProQuest Digital Dissertations (PQDD) 博、硕士论文题录与文摘数据库获取。

我们于 2006 年 4 月至 8 月访问了以上数据库,设定的检索时限为 1995—2005 年;又于 2011 年 11 月再次访问以上数据库(其中国外相关期刊论文数据库通过 LISA-Library And Information Science Abstracts 图书馆与信息科学文摘库和 EI 工程索引来获得),设定的检索时限为 2006—2010 年。通过搜集并统计分析,考察近 16 年来期刊论文和学位论文发表情况以获得本领域研究的概貌。其中,学术期刊论文从年度论文量、论文发表所在期刊两方面进行分析;学位论文从年度论文量、论文授予单位、学位类型以及学位论文作者研究专业或所属学科四个方面进行分析。

2.1.1　网络信息资源总体评价的文献计量分析

2.1.1.1　学术期刊论文的统计分析

在 CNKI 中,分别以篇名和关键词作为检索项,将"网络信息资源"、"网络信息"分别与"评价"、"评判"、"评析"、"测评"、"比较"进行组配检索,辅以人工筛选并去重,最终获得有关网络信息资源评价研究的期刊论文共计 235 篇。

在 Academic Research Library/ ProQuest 学术期刊文库,LISA-Library And Information Science Abstracts 图书馆与信息科学文摘库和 EI 工程索引中,使用高级检索功能,分别以文档标题和摘要作为检索项,将"networked information resource＊"、"web resource＊"、"www resource＊"、"Internet information resource＊"、"internet resource＊"分别与"evaluat＊"、"compar＊"、"measur＊"、"analy＊"、"assess＊"进行组配检索,辅以人工筛选并去重,最终获得有关从总体上进行网络信息资源评价研究的学术期刊论文共计 193 篇(见表 2－1 所示)。

表 2－1　1995—2010 年中外学术期刊发表网络信息资源评价的论文数量

年度	1995	1996	1997	1998	1999	2000	2001	2002	2003	2004	2005	2006	2007	2008	2009	2010	合计
中文	0	0	1	1	2	6	20	16	28	28	33	23	24	23	15	15	235
外文	4	10	14	9	6	8	16	12	21	21	17	14	14	13	12	2	193

此外,对所载论文的刊名进行分析,可以从中了解到网络信息资源评价研究的领域涉及哪些,从而了解其研究的集中程度和离散程度。表 2－2 反映了 1995—2010 年的 16 年间载文包含两篇以上的中、外文期刊排名。

从表 2－2 中我们可以看到,无论是中文还是外文,图书情报类期刊都是发表网络信息资源评价文献的主要阵地,如《情报杂志》、《图书情报工作》、《现代情报》、《情报科学》、《美国情报学与技术会会刊》(*Journal of the American Society for Information Science and Technology*)、《在线信息评论》(*Online Information Review*)等。此外,计算机科学类期刊也刊登了不少相关文献。

表 2-2　1995—2010 年刊载网络信息资源评价论文主要的中外文期刊

中文期刊(3 篇以上)	篇数	外文期刊(2 篇以上)	篇数
《情报杂志》	18	*Journal of the American Society for Information Science and Technology*	16
《图书情报工作》	16	*Online Information Review*	8
《现代情报》	16	*Computer Networks & ISDN Systems*	6
《情报科学》	13	*Journal of Information Science*	6
《情报理论与实践》	11	*Computer Networks*	5
《情报学报》	9	*Information Technology and Libraries*	5
《情报探索》	9	*Internet Research*	4
《现代图书情报技术》	8	*Education & Training*	3
《科技情报开发与经济》	7	*European Management Journal*	3
《情报资料工作》	6	*Library Management*	3
《图书馆学研究》	5	*Association for Computing Machinery*	2
《图书馆工作与研究》	5	*Communications of the ACM*	2
《中华医学图书情报杂志》	5	*Computers & Security*	2
《农业图书情报学刊》	4	*Information Systems Research*	2
《图书馆论坛》	4	*Journal of Management Information Systems*	2
《中国科技信息》	4	*New Library World*	2
《四川图书馆学报》	3	*Scientometrics*	2
《图书情报知识》	3	*Malaysian Journal of Library & Information Science*	2
《中国图书馆学报》	3	*Professional de la Information*	2

注:*Journal of the American Society for Information Science and Technology* 2000 年前称 *Journal of the American Society for Information Science*,下同。

可以看出,无论是中文还是外文,已发表的有关网络信息资源总体评价的文献,其集中程度都比较高。上表中,中文 19 种期刊收录了 149 篇文献,约占中文文献总量的 63.4%。外文 19 种期刊共收录了 77 篇文献,约占其总篇数的 39.9%。

2.1.1.2　学位论文的统计分析

将"网络信息资源"、"网络信息"分别与"评价"、"评判"、"评析"、"测评"、

"比较"进行组配,分别检索国家图书馆学位论文总库、国家科技图书文献中心中文学位论文数据库和北京大学学位论文全文库,检索得到中文相关博、硕士学位论文共计 12 篇。

　　同样,在 PQDD 博、硕士论文库中,使用高级检索功能,将"networked information resource＊"、"web resource＊"、"www resource＊"、"internet information resource＊"、"internet resource＊"分别与"evaluat＊"、"compar＊"、"measur＊"、"analy＊"、"assess＊"进行组配检索,得到相关学位论文 38 篇(见表 2-3 所示)。

表 2-3　1995—2010 年中外发表网络信息资源评价博、硕士论文数量

年度	1995	1996	1997	1998	1999	2000	2001	2002	2003	2004	2005	2006	2007	2008	2009	2010	合计
中文	0	0	0	1	0	0	1	2	4	1	1	1	1	0	0	0	12
外文	1	2	1	5	1	2	9	6	3	6	2	0	0	0	0	0	38

　　国内外学位论文的年度论文量、论文授予单位以及学位类型的分布情况,如表 2-3、表 2-4、表 2-5 所示。

表 2-4　1995—2010 年中外发表网络信息资源评价博、
硕士论文授予单位分布

学位论文授予单位		篇数
中国	北京大学	2
	中国科学技术信息研究所	2
	南京大学	2
	华中师范大学	1
	北京师范大学	1
	山西大学	1
	郑州大学	1
	中南大学	1
	山西财经大学	1
	合计	12
外国	THE UNIVERSITY OF ALABAMA	3
	UNIVERSITY OF TORONTO (CANADA)	3
	NORTH CAROLINA STATE UNIVERSITY	2
	STATE UNIVERSITY OF NEW YORK AT BUFFALO	2
	UNIVERSITY OF ALBERTA (CANADA)	2

（续表）

	UNIVERSITY OF CALGARY（CANADA）	2
	CASE WESTERN RESERVE UNIVERSITY	1
	FLORIDA ATLANTIC UNIVERSITY	1
	MASSACHUSETTS INSTITUTE OF TECHNOLOGY	1
外国	OREGON STATE UNIVERSITY	1
	POLITECHNIKA WROCLAWSKA（POLAND）	1
	SIMON FRASER UNIVERSITY（CANADA）	1
	THE FLORIDA STATE UNIVERSITY	1
	以下省略 17 所授予单位,其中,每个学位授予单位各 1 篇	
合计		38

表 2 - 5　1995—2010 年中外发表网络信息资源评价博、

硕士论文学位类型分布

学位类型	篇数	
	中文	外文
硕士论文	11	12
博士论文	1	26
合计	12	38

中文学位论文的作者主要分布在情报学、图书馆学、计算机软件与理论、教育技术学、政治经济学等研究专业,其中情报学、图书馆学(信息资源管理方向)专业的学位论文最多,在 12 篇中占了 7 篇。外文学位论文所属学科也集中在以下几个领域:情报学、图书馆学、工商管理、市场营销、工程学、计算机科学、教育技术、经济学等。

2.1.2　网站评价的文献计量分析

2.1.2.1　企业网站评价

(1)学术期刊论文的统计分析

在 CNKI 中,分别以篇名和关键词作为检索项,进行组配检索,辅以人工筛选并去重,最终获得有关企业网站评价研究的期刊论文共计 61 篇。在 Academic Research Library/ ProQuest/EI/LISA 学术期刊文库中,使用高级检索功能,分别以文档标题和摘要作为检索项,最终获得有关企业网站评价研究的期刊论文共计 39 篇(见表 2 - 6 所示)。

表 2-6　1995—2010 年中外学术期刊发表企业网站评价的论文数量

年度	1995	1996	1997	1998	1999	2000	2001	2002	2003	2004	2005	2006	2007	2008	2009	2010	合计
中文	0	0	0	0	1	11	8	5	2	7	6	2	3	5	7	4	61
外文	0	0	1	1	3	7	3	2	5	0	3	2	5	4	3	0	39

对所载论文的刊名进行分析,发现无论是中文还是外文,经济、图书情报类期刊都是发表企业网站评价文献的主要阵地。此外,计算机科学类期刊也刊登了不少相关文献。

(2)学位论文的统计分析

分别检索国家图书馆学位论文总库、国家科技图书文献中心中文学位论文数据库和北京大学学位论文全文库,检索得到中文相关博、硕士学位论文共计 26 篇。同样,在 PQDD 博、硕士论文库中,使用高级检索功能,得到相关学位论文 69 篇。国内外学位论文的年度论文量如表 2-7 所示。

表 2-7　1995—2010 年中外发表企业网站评价博、硕士论文数量

年度	1995	1996	1997	1998	1999	2000	2001	2002	2003	2004	2005	2006	2007	2008	2009	2010	合计
中文	0	0	0	0	0	0	3	1	5	6	5	1	1	1	0	3	26
外文	2	0	2	2	5	4	5	14	12	13	9	0	0	1	0	0	69

中文学位论文的作者主要分布在企业管理、情报学、图书馆学、计算机软件与理论等研究专业,其中管理学专业的最多,占 16 篇。情报学、图书馆学(信息资源管理方向)专业共有 4 篇。外文学位论文所属学科也集中在以下几个领域:情报学、图书馆学、管理学、工程学、计算机科学、经济学等。

2.1.2.2　商业网站评价

(1)学术期刊论文的统计分析

在 CNKI 中,分别以篇名和关键词作为检索项,进行组配检索,辅以人工筛选并去重,最终获得有关商业网站评价研究的期刊论文共计 137 篇。在 Academic Research Library/ ProQuest/EI/LISA 学术期刊文库中,使用高级检索功能,分别以文档标题和摘要作为检索项,进行组配检索,辅以人工筛选并去重,最终获得有关商业网站评价研究的期刊论文共计 219 篇(见表 2-8 所示)。

表 2 - 8　1995—2010 年中外学术期刊发表商业网站评价的论文数量

年度	1995	1996	1997	1998	1999	2000	2001	2002	2003	2004	2005	2006	2007	2008	2009	2010	合计
中文	0	0	0	1	1	11	4	6	4	15	6	8	12	22	26	21	137
外文	0	0	4	8	7	12	12	16	23	26	18	14	14	23	22	20	219

此外,对所载论文的刊名进行分析,研究发现,早期的商业网站评价研究,无论是中文还是外文,网络主题类期刊都是发表相关文献的主要阵地,如《互联网周刊》《网络与信息》《互联网研究》(*Internet Research*)等。2006 年以来,相关文献也开始集中出现在情报学类期刊和商业类期刊上。无论是中文还是外文,已发表的有关商业网站评价的文献,其离散程度都比较高。中文 6 种期刊收录了 53 篇文献,约占中文文献总量的 38.7%;外文 18 种期刊共收录了 64 篇文献,约占其总篇数的 29.2%,不及其文献总数的 1/3。

(2)学位论文的统计分析

分别检索国家图书馆学位论文总库,国家科技图书文献中心中文学位论文数据库和北京大学学位论文全文库,检索得到 1995—2010 年的 16 年间中文相关博、硕士学位论文共计 23 篇。同样,在 PQDD 博、硕士论文库中,使用高级检索功能,进行组配检索,得到相关学位论文 45 篇。国内外学位论文的年度论文量如表 2 - 9 所示。

表 2 - 9　1995—2010 年中外发表商业网站评价博、硕士论文数量

年度	1995	1996	1997	1998	1999	2000	2001	2002	2003	2004	2005	2006	2007	2008	2009	2010	合计
中文	0	0	0	0	1	2	1	3	1	2	2	1	2	5	2	1	23
外文	0	0	0	1	3	2	3	12	8	8	3	0	1	2	1	1	45

研究发现,中文学位论文的作者主要分布在情报学、图书馆学、管理工程、计算机软件与理论、计算机应用、工商管理(MBA)、应用心理学、产业经济等研究专业,近 5 年,管理工程专业的相关学位论文较多,在 23 篇中占了 6 篇,其次是情报学专业共有 4 篇,计算机科学、工商管理的专业各有 3 篇。外文学位论文所属学科也集中在以下几个领域:情报学、图书馆学、工商管理、市场营销、计算机科学、心理学、新闻学、大众传播、社会学、教育学等。在该方面,中、外文学位论文的分布特点比较一致。

2.1.2.3　政府网站评价

(1)学术期刊论文的统计分析

在 CNKI 中,分别以篇名和关键词作为检索项,进行组配检索,辅以人工筛选并去重,最终获得有关政府网站评价研究的期刊论文共计 111 篇。在 Academic Research Library/ ProQuest/EI/LISA 学术期刊文库中,使用高级检索功能,分别以文档标题和摘要作为检索项,进行组配检索,辅以人工筛选并去重,最终获得有关政府网站评价研究的期刊论文共计 131 篇(见表 2－10 所示)。

表 2－10　1995—2010 年中外学术期刊发表政府网站评价的论文数量

年度	1995	1996	1997	1998	1999	2000	2001	2002	2003	2004	2005	2006	2007	2008	2009	2010	合计
中文	0	0	0	0	0	1	0	2	4	11	8	11	18	26	13	17	111
外文	0	0	5	4	3	2	8	10	8	16	16	11	11	13	15	9	131

此外,对所载论文的刊名进行分析,无论是中文还是外文,图书情报类期刊都是发表政府网站评价文献的主要阵地,如《情报学报》、《情报科学》、《公共管理评论》(*Public Administration Review*)、《美国情报学会会刊》、《在线信息评论》等。

(2)学位论文的统计分析

分别检索国家图书馆学位论文总库、国家科技图书文献中心中文学位论文数据库和北京大学学位论文全文库,检索得到中文相关博、硕士学位论文共计 29 篇。同样,在 PQDD 博、硕士论文库中,使用高级检索功能,进行组配检索,得到相关学位论文 28 篇。国内外学位论文的年度论文量如表 2－11 所示。

表 2－11　1995—2010 年中外发表政府网站评价博、硕士论文数量

年度	1995	1996	1997	1998	1999	2000	2001	2002	2003	2004	2005	2006	2007	2008	2009	2010	合计
中文	0	0	0	0	0	0	0	1	3	4	10	3	1	2	4	1	29
外文	1	0	2	0	0	1	0	1	3	2	6	2	3	4	1	2	28

我们还发现,中文学位论文的作者主要分布在情报学、图书馆学、档案学、管理学、管理工程等学科专业,其中图情档专业的学位论文最多,占 17 篇。外文学位论文所属学科也集中在以下几个领域:情报学、图书馆学、工商管理、市场营销、工程学、计算机科学、教育技术、经济学等领域。

2.1.2.4 学术网站评价

(1)学术期刊论文的统计分析

在 CNKI 中,分别以篇名和关键词作为检索项,进行组配检索,辅以人工筛选并去重,最终获得有关学术网站评价研究的期刊论文共计 30 篇。在 Academic Research Library/ ProQuest/EI/LISA 学术期刊文库中,使用高级检索功能,分别以文档标题和摘要作为检索项,进行组配检索,辅以人工筛选并去重,最终获得有关学术网站评价研究的期刊论文共计 53 篇(见表 2-12 所示)。

表 2-12 1995—2010 年中外学术期刊发表学术网站评价的论文数量

年度	1995	1996	1997	1998	1999	2000	2001	2002	2003	2004	2005	2006	2007	2008	2009	2010	合计
中文	2	0	0	1	0	1	4	2	2	4	5	2	1	1	3	2	30
外文	0	1	1	3	2	1	5	8	7	8	11	0	3	1	1	1	53

对所载论文的刊名进行分析,无论是中文还是外文,图书情报类期刊都是发表学术网站评价文献的主要阵地,如《情报学报》、《情报科学》、《情报理论与实践》、《大学图书馆学报》、《美国情报学会会刊》、《信息科学杂志》(Journal of Information Science)等。此外,由于评价的是学术网站,因此相关专业期刊也集中了不少此主题文献,如《中国藏学》等。中文 30 篇期刊论文均匀分布在 24 种期刊上,其离散程度非常高;外文 7 种期刊共收录了 24 篇文献,约占其总篇数的45.3%,接近其文献总数的一半。

(2)学位论文的统计分析

分别检索国家图书馆学位论文总库,国家科技图书文献中心中文学位论文数据库和北京大学学位论文全文库,检索得到 1995—2010 年的 16 年间中文相关博、硕士学位论文共计 12 篇。同样,在 PQDD 博、硕士论文库中,使用高级检索功能,进行组配检索,得到相关学位论文 3 篇。国内外学位论文的年度论文量如表 2-13 所示。

表 2-13 1995—2010 年中外发表学术网站评价博、硕士论文数量

年度	1995	1996	1997	1998	1999	2000	2001	2002	2003	2004	2005	2006	2007	2008	2009	2010	合计
中文	0	0	0	0	0	0	1	1	1	1	0	3	2	1	2	0	12
外文	0	0	0	0	0	0	0	1	0	0	1	1	0	0	0	0	3

研究发现,中文学位论文的作者主要分布在情报学、图书馆学、政治经济学等研究专业,其中情报学、图书馆学专业的学位论文最多,在12篇中占了9篇。外文学位论文所属学科也集中在以下几个领域:情报学、计算机科学、新闻学、教育技术等。

2.1.3　搜索引擎评价的文献计量分析

2.1.3.1　学术期刊论文的统计分析

在CNKI中,分别以篇名和关键词作为检索项,进行组配检索,辅以人工筛选并去重,最终获得有关搜索引擎评价研究的期刊论文共计194篇。在Academic Research Library/ ProQuest/EI/LISA学术期刊文库中,使用高级检索功能,分别以文档标题和摘要作为检索项,进行组配检索,辅以人工筛选并去重,最终获得有关搜索引擎评价研究的期刊论文共计159篇。表2-14显示了中外学术期刊发表搜索引擎评价的论文数量变化。

表2-14　1995—2010年中外学术期刊发表搜索引擎评价的论文数量

年度	1995	1996	1997	1998	1999	2000	2001	2002	2003	2004	2005	2006	2007	2008	2009	2010	合计
中文	0	0	0	1	7	8	16	13	25	19	14	15	19	20	19	18	194
外文	0	8	6	6	16	11	4	15	8	8	13	12	22	14	6	10	159

曾有文献利用重庆维普公司的中文科技期刊数据库中收录的核心期刊刊载的所有有关图书情报及工程技术两个专辑的文献(截至2004年6月),进行了主题统计分析,在检索到的838篇有关搜索引擎的文献中,Web检索理论与算法研究、系统设计与实现技术、信息组织与研究以及专题类研究是搜索引擎研究中的热点。而有关"搜索引擎评价"方面的论文只有26篇,占全部论文数的比例为3.10%,在统计获得的11个主题中所占比例是最小的。[①]

的确如此,从文献计量统计来看,不论国内还是国外,有关搜索引擎评价方面的论文量占搜索引擎研究论文的比例并不大。

此外,对所载论文的刊名进行分析,无论是中文还是外文,图书情报类期刊都是发表搜索引擎评价文献的主要阵地,如《情报科学》、《现代情报》、《图书

---

① 何晓阳、吴治蓉、连丽红:《国内搜索引擎研究状况分析》[J],《现代情报》,2005(2):165—167,173。

情报工作》、《美国情报科学与技术学会会刊》、《在线信息评论》等。此外,计算机科学类期刊、医学期刊也刊登了不少相关文献。无论是中文还是外文,已发表的有关搜索引擎评价的文献,其集中程度都比较高。中文 26 种期刊收录了 120 篇文献,约占中文文献总量的 61.85%,外文 14 种期刊共收录了 67 篇文献,约占其总篇数的 42.14%。

2.1.3.2 学位论文的统计分析

分别检索国家图书馆学位论文总库,使用多库检索功能,只检索到 2 篇硕士论文和 1 篇博士论文;检索国家科技图书文献中心中文学位论文数据库,获得 10 篇相关硕士论文;检索北京大学学位论文全文库,检索得到 1 篇相关硕士论文。因此,在 1995—2010 年的 16 年间中文相关博、硕士学位论文共计 14 篇。同样,在 PQDD 博、硕士论文库中,使用高级检索功能,进行组配检索,得到相关学位论文 18 篇。国内外学位论文的年度论文量如表 2-15 所示。

表 2-15 1995—2010 年中外发表搜索引擎评价博、硕士论文数量

年度	1995	1996	1997	1998	1999	2000	2001	2002	2003	2004	2005	2006	2007	2008	2009	2010	合计
中文	0	0	0	0	0	1	1	0	2	2	1	2	2	2	1	0	14
外文	0	0	0	0	2	2	1	4	2	3	0	1	0	3	0	0	18

从总量来看外文与中文基本相当,从各年的学位论文量来看,外文的博、硕士论文量在前期较多,而后期则是中文论文较多。

中外文博、硕士论文授予单位都是高校,有综合性的大学,如北京大学、中山大学,印第安纳大学(Indiana University)、新墨西哥州立大学(New Mexico State University)等;也有一些专科性大学,如湖南医科大学、中国协和医科大学、如新泽西理工大学(New Jersey Institute of Technology)等。

中文学位论文的作者主要分布在情报学、图书馆学、医学信息资源管理与利用、工商管理、计算机系统结构等研究专业;外文学位论文所属学科也集中在以下几个领域:情报学、图书馆学、工商管理、市场营销、工程学、计算机科学、教育技术、经济学等。因此中、外文学位论文的分布特点比较一致。

2.1.4　网络数据库评价的文献计量分析

2.1.4.1　学术期刊论文的统计分析

在 CNKI 中,分别以篇名和关键词作为检索项,进行组配检索,辅以人工筛选并去重,最终获得有关网络数据库评价研究的期刊论文共计 38 篇。在 Academic Research Library/ ProQuest/EI/LISA 学术期刊文库中,使用高级检索功能,分别以文档标题和摘要作为检索项,进行组配检索,辅以人工筛选并去重,最终获得有关网络数据库评价研究的期刊论文共计 51 篇。具体数据见表 2-16 所示。

表 2-16　1995—2010 年中外学术期刊发表网络数据库评价的论文数量

年度	1995	1996	1997	1998	1999	2000	2001	2002	2003	2004	2005	2006	2007	2008	2009	2010	合计
中文	0	0	1	1	2	2	1	0	3	2	1	5	5	9	2	4	38
外文	5	0	3	5	2	4	2	4	4	5	4	0	5	3	5	0	51

此外,对所载论文的刊名进行分析,无论是中文还是外文,图书情报类期刊都是发表网络数据库评价文献的主要阵地,如《现代图书情报技术》、《情报杂志》、《情报科学》、《信息技术与图书馆》(*Information Technology and Libraries*)、《在线信息评论》等。

2.1.4.2　学位论文的统计分析

分别检索国家图书馆学位论文总库、国家科技图书文献中心中文学位论文数据库和北京大学学位论文全文库,检索得到中文相关博、硕士学位论文共计 12 篇。同样,在 PQDD 博、硕士论文库中,使用高级检索功能,进行组配检索,得到相关学位论文 19 篇。国内外学位论文的年度论文量如表 2-17 所示。

表 2-17　1995—2010 年中外发表网络数据库评价博、硕士论文数量

年度	1995	1996	1997	1998	1999	2000	2001	2002	2003	2004	2005	2006	2007	2008	2009	2010	合计
中文	0	0	0	2	0	1	1	1	1	4	1	0	1	0	0	0	12
外文	1	0	1	2	1	1	1	3	2	4	2	1	0	0	0	0	19

我们也发现,网络数据库评价的中文学位论文的作者主要分布在计算机软件与理论、控制工程等研究专业,其中计算机科学占 6 篇,而外文学位论文

所属学科主要集中在计算机科学领域。

2.2　网络信息资源评价研究的总体现状分析

要想更好地总结归纳迄今为止国内外对网络信息资源评价研究的成果，了解网络信息资源评价研究的现状，可以通过不同的角度来进行。例如，从评价主体的角度出发，对网络信息资源的评价主要有第三方评价、用户自我评价两种形式。第三方评价的形式又有两种：一是商业性质的评价机构，通过建立的指标体系对综合性的或专业性的网络资源进行评价，指标侧重点一般在于访问量、网站设计的效果等，更为注重网络资源的形式，如 IDG 的 Webby A-wards(http://www.webbyawards.com/)、Lycos Top 5% of the Web(http://www.lycos.com/)；二是学术机构、图书馆等提供的网络资源评价，评价的网络信息资源一般是学术性的，评测指标的重点在于内容的权威性、精确度，如英国的 BIOME(http://www.biome.ac.uk/)、美国的 LII(http://lii.org/)等。用户评价方法主要是由有关网络资源评价的专业机构向用户提供相关的评价指标体系和方法，由用户根据其特定的信息需求从中选择符合其需要的评价指标和方法，然后才是评价机构根据对用户选择进行统计，不断地优化指标体系。

第三方评价方法目前使用较广，主要是学术与商业需要的驱动，但由于存在评价客观性问题、网络信息动态性问题、用户需求的个性化问题等，这一方法并不能很好地满足需求；用户评价方法虽然解决了需求个性化问题，但是加大了用户的负担，影响用户发现信息的速度。

为了阐述的方便，我们按照评价时所采用的分析方法，将网络信息资源评价研究的总体现状从定性方法、定量方法和综合方法三个角度进行深入阐述。在国内外学者的共同努力下，到目前为止，这三类方法各自都有了许多研究成果。

2.2.1　网络信息资源的定性评价研究

定性评价方法是指根据评价标准和指标体系对网络信息资源进行评价的方法。它的基本步骤是：由评价工作的目的和服务对象的需求为基础，依据一定的准则，研究确立评价标准，建立相关的评价指标体系对评价对象进行评价。定性方法的研究成果较多,在评价实践中也多采用这种方法。定性方法的优点是可以对评价对象进行全面、细致和深入的分析,可以从多种思路、多种视角、多种观点来考察网络信息资源的质量。当然它的局限性也很明显,那就是主观性较大,有时可操作性较差,合理性和可信性可能会引起争议,规范性、准确性和科学性有待进一步研究提高,时效性不强等。

确立评价标准和建立评价指标体系是定性方法最重要的一环,国内外学者对此进行了许多探讨,已经提出的各种评价标准和指标体系数目繁多,下面介绍其中比较有代表性的一些研究结果。

2.2.1.1 国外学者提出的评价标准和指标体系

早在 1991 年,Betsy Richmond 就提出了评价网络信息资源的著名的 10C 原则,即:内容(Content)、可信度(Credibility)、批判性思考(Critical thinking)、版权(Copyright)、引文(Citation)、连贯性(Continuity)、审查制度(Censorship)、可连续性(Connectivity)、可比性(Comparability)和范围(Context)。[①] 美国乔治大学教授 General Wilkinson 等提出了评价网络信息资源的 11 个类别共 125 个评价指标。这 11 个门类是:①可检索性和可用性;②信息资源的识别和验证;③作者身份的鉴别;④作者的权威性;⑤信息结构与设计;⑥信息内容相关性和范围;⑦内容的正确性;⑧内容的准确性与公正性;⑨导航系统;⑩链接质量;⑪美观与效果。1997 年,Wilkinson 又与 Bennett、Olive 创立了 OASIS 评价系统。OASIS 是由客观性(Objective)、准确性(Accuracy)、来源(Source)、信息门类和信息量(Information)和信息时间跨度(Span)这 5 方面构成的。[②] 美国南加州大学教授罗伯特·哈里斯(Robert Harris)提出了专门针对网络信息资源真实性的 8 条评价标准:①有无质量控制的措施,比如专家编审或同行评论;②读者对象和目的;③时间性;④合理性;⑤有无令人怀疑的迹象,如不实之词、观点矛盾等;⑥客观性,作者的观点是受到控制还是能够自由表达;⑦世界观;⑧引证或书目。他还提出了著名的"CARS"检验体系,这一体系由四个方面构成:置信度(Credibili-

---

① Richmond B. Ten C's for Evaluating Internet Sources[EB/OL],
  http://www.uwec.edu/library/Guides/tencs.html,2005—10—21.

② Wilkinson G. Consolidated Listing of Evaluation Criteria and Quality Indicators[EB/OL],
  http://itechl8.coe.uga.edu/faculty/gwilkinson/webeval.html,2005—10—21.

ty)、准确性(Accuracy)、合理性(Reasonableness)和支持度(Support)。① 戴维·斯托克(David Stoker)和艾利森·库克(Alison Cooke)也对网络信息资源提出了 8 条评价标准,这 8 条标准经常被引用与上文提到的哈里斯的 8 条标准作对比,因为两个标准的差异十分明显。斯托克和库克提出的标准是:①权威性;②信息来源;③范围及论述(目的、学科范围、读者对象、修订方法、时效性及准确性等);④文本格式;⑤信息组织方式;⑥技术因素;⑦价格和可获取性;⑧用户支持系统。② 1998 年,吉米·卡朋(Jim Kapoun)以表格的形式在他的论文《网页评价五标准》中提出了网络信息资源评价的 5 条标准:①准确性:包括作者的联系方式、文献的写作目的、作者的资格等;②权威性:包括出版机构的性质等;③客观性:包括页面的偏向性、广告的目的、作者的观点等;④时效性:包括创作时间、更新时间、链接的可靠性等;⑤全面性。③ 1998 年,阿拉斯泰尔·G. 史密斯(Alastair G. Smith)借鉴印刷型信息资源的评价标准,提出了评价网络信息资源的指标体系,主要包括:①信息的覆盖范围,包括深度、广度、时间、格式等;②信息内容,包括准确性、权威性、通用性、独特性、与其他网络资源的链接情况及文本质量等;③图形和多媒体设计;④信息资源设立的目的与用户对象;⑤相关评论;⑥便利性,包括用户界面是否友好、计算机环境、检索、浏览、组织、交互、响应速度等;⑦成本费用。这一评价体系内容较为丰富细致,新西兰维多利亚大学的网络信息资源评价标准即按照这一体系构建的。④ John R. Henderson 提出的 6 种信息选择方法,也可以看做是评价信息资源的 6 项指标。它们是:①适用性:该网站的主题是否与自己的需求相关? 是否值得访问? ②质疑:应当检查信息作者的研究方法和为最后结论所提供证据的科学性,必要时应参考其他信息源。③来源:此网站是政府、学术团体网站还是商业或个人网站? 谁对此网站负责? 负责人是否具有资证?

---

① Harris R. Evaluating Internet Research Sources[EB/OL],
　　http://www.sccu.edu/faculty/R-Harris/evalu8it.htm23/8/1997,2005—12—13.
② Stoker D & Cooke A. Evaluation of networked information sources[EB/OL],
　　http://biome.ac.uk/sage/essen.html,2005—07—12.
③ Kapoun J. Teaching undergrads Web evaluation:A guide for library instruction[EB/OL],
　　http://www.ala.org/acrl/undwebev.html,2005—08—23.
④ Smith A G. Testing the surf:Criteria for evaluation information resources[EB/OL],
　　http://info.lib.uh.edu/pr/v8/n3/smit8n3.html,2005—11—13.

④目的:网站建立的目的是为了信息交流还是商业目的? 信息是否容易理解? 是否有遗漏的信息? ⑤组织细节;所需要的信息是否能在网站的首页出现或者能够很容易的在网站其他网页上找到? 是否有语法和拼写错误? 链接了哪些另外的信息源? ⑥与原始信息的关联。①

2000 年,张苹(Ping Zhang)和吉塞拉·M.万.德兰(Gisela M. von Dran)从用户是否满意的角度提出了一种双因子模型,该模型可以指导网站的设计和评价。根据该模型的要求,网站设计的因子有两类:保障因子和激励因子(hygiene factors/motivator factors)。其中,保障因子是指那些能够保障网站基本功能和服务的因子,并且若缺少这些因子,将导致网站用户的不满意(即不满意因子)。相反,激励因子就是指那些能够提升网站用户使用满意度的因子(即满意因子)。该研究将 76 个主题划分为 44 个核心特征(二级指标)和 12 个大类的特征(一级指标)作为网站设计因子,指标设立非常全面,考虑角度也非常多,指标体系见表 2-18 所示。②

表 2-18　张苹和吉塞拉·M.万.德兰提出的企业网站评价指标体系

一级指标	二级指标
C1.用户网络行为	F1—1.上网冲浪行为的挑战性如何
	F1—2.上网行为对于用户的重要程度
C2.认知程度	F2—1.访问网站需要学习新知识和技术的程度高低
C3.娱乐	F3—1.是否幽默
	F3—2.是否以多媒体形式
	F3—3.访问是否有乐趣
C4.隐私和安全	F4—1.是否存在获取需求,如:付费、签名、或访问信息前提供个人信息
	F4—2.在有突发事件时,是否有权限使用用户数据
	F4—3.是否有权限收集用户数据
	F4—4.是否能保证用户数据加密
C5.用户权限	F5—1.用户是否能控制信息访问的命令或结果

---

① http://www. ithaca. edu/library/training/think. html,2006—07—30.

② Zhang P,Von Dran G. Satisfiers and Dissatisfiers:A Two-Factor Model for Website Design and E-valuation[J]. *Journal of the American Society for Information Science and Technology*,2000,51(14):1253—1268.

（续表）

	F5—2.用户是否能控制浏览网站的速度
	F5—3.用户是否能控制交互的机会
	F5—4.用户是否能控制获取信息的复杂机制
	F5—5.用户是否能控制获取信息难易程度
C6.可视/外观	F6—1.使用颜色是否吸引人
	F6—2.显示锐利还是模糊
	F6—3.屏幕布局是否具有视觉吸引力
	F6—4.屏幕背景和格局是否具有吸引力
	F6—5.是否能调节显示屏或网页的亮度
	F6—6.首页的图像或标题是否醒目
C7.技术	F7—1.是否存在系统登录或响应时间如何
	F7—2.是否支持不同平台或浏览器访问
	F7—3.对网站的利用是否稳定
C8.导航	F8—1.网站能否存在反映用户位置的标志
	F8—2.导航帮助是否有效
	F8—3.网站的导航指向是否清晰
C9.信息内容的组织	F9—1.概况、目录和/或摘要/标题
	F9—2.信息内容组织结构是否符合逻辑
C10.信誉度	F10—1.企业声望的高低
	F10—2.网站对外的一些认可情况，如是否获奖，网站的访问量等
	F10—3.网站所有者/设计者的认可程度
C11.公正性	F11—1.是否存在有偏见的信息
	F11—2.是否存在种族或道德偏见
C12.信息内容	F12—1.网站信息是否在长时间内一成不变
	F12—2.是否存在不恰当的内容
	F12—3.信息内容是否准确
	F12—4.信息内容的详细程度
	F12—5.信息内容是否及时更新
	F12—6.信息内容的相关性
	F12—7.信息内容是否完整
	F12—8.信息内容是否支持网站的目的
	F12—9.是否存在有争议的信息
	F12—10.是否具有新颖的信息

此外,还有著名的 LII 的信息选择 6 项标准、IPL 选择标准 LII 和 OPLIN 的电子信息资源采集标准。LII(Librarians' Index to Internet)是美国的一个公益性网站,其提出的选择网络信息的标准有 6 条:①权威性(作者的声誉、资格);②范围和服务对象;③内容(信息准确性、独特性、及时性和可读性等);④设计(信息检索方式、使用的环境要求等);⑤功能(搜索引擎的功能、网站的速度、是否显示出错信息、能否播放影音文件等);⑥生命周期。① IPL(the Internet Public Library)选择标准是美国密歇根大学信息学院与 Bell & Howell 信息知识公司(前身即 UMI 公司)建立的网上公共图书馆。IPL 的信息选择标准是:①提供全面的信息且信息内容的使用频率要高;②信息要有定期、持续的更新;③图像内容应该对信息起到补充作用,而不应该转移用户的视线;④对于非图像浏览器,只提供文本界面;⑤信息经过认真的校对,没有语法和拼写错误;⑥要包含与信息相关的活链接。② OPLIN(the Ohio Public Library Information Network)的电子信息资源采集标准是美国俄亥俄州公共图书馆信息网络,它针对免费信息的采集有 12 项指标,事实上也可以用作网络信息资源评价的标准。它们包括:资源的目的性、权威性、广告和电子商务性、用户适用性、内容真实性、准确性、传播面、主题覆盖面、信息独特性、稳定性、可用性以及形式状况。③

斯蒂芬·马克瑞(Stephann Makri)、安·伯兰福特(Ann Blandford)和安娜·L.库克斯(Anna L. Cox)借鉴艾丽斯(Ellis)在 1989 年提出的信息寻求行为模型,提出了使用信息行为来评价电子资源的功能性与使用性的方法。该方法以电子资源对不同信息行为在多个等级上的支持性来进行评价。其功能性评价方法如表 2-37 所示。在使用性的评价方法中,通过完成三个核心任务和一个推荐任务来进行评价。三个核心任务以及推荐任务见表 2-19、表 2-20 和表 2-21。④

---

①　http://lii.org/pub/htdocs/selectioncriteria.htm,2005—11—21.

②　http://www.ipl.org/div/about,2005—07—20.

③　http://www.oplin.lib.oh.us/products/abouyt/policies/respol.html,2005—10—12.

④　Makri S, Blandford A, Cox AL. Using Information Behaviors to Evaluate the Functionality and Usability of Electronic Resources:From Ellis's Model to Evaluation[J]. *Journal of the American Society for Information Science and Technology*, 59(14):2244—2267, 2008.

表 2 – 19　斯蒂芬·马克瑞、安·伯兰福特和安娜·L.库克斯提出的
信息行为功能性评价

	资源等级	来源等级	文档等级	内容等级	检索查询/ 结果等级
访问	普遍支持？	普遍支持？	普遍支持？		
测量		普遍支持？	普遍支持？		
监视		普遍支持？	普遍支持？		
检索		普遍支持？	普遍支持？	普遍支持？	
浏览和提取		普遍支持？	普遍支持？	普遍支持？	
链接		普遍支持？	普遍支持？		
选择、区分和过滤		普遍支持？	普遍支持？		
更新			普遍支持？		
追溯历史			普遍支持？		
分析				普遍支持？	
记录		普遍支持？	普遍支持？	普遍支持？	普遍支持？
整理			普遍支持？	普遍支持？	
编辑			普遍支持？		
分布			普遍支持？	普遍支持？	普遍支持？

表 2 – 20　斯蒂芬·马克瑞、安·伯兰福特和安娜·L.库克斯提出的
信息行为使用性评价核心任务

1	访问电子资源。
2	确定资源的哪一部分或来源是你要访问的。
3	想一些你目前需要或经常需要查找的信息,考虑如何使用电子资源着手找到。

表 2 – 21　斯蒂芬·马克瑞、安·伯兰福特和安娜·L.库克斯提出的
信息行为使用性评价推荐任务

对某个领域进行概览
了解一个文档的现实或历史重要性
了解一个领域的发展
回到任一找到有用文档的任务,并:
● 认定所找到的哪一段是重要的
● 软复制(下载或保存)一份找到的文档
● 硬复制(打印)一份找到的文档

（续表）

- 将两份文档下载到一个文件中
- 将文档的重要部分做软复制和硬复制
- 从电子资源内部通过电子邮件发送找到的文档给某虚拟同事
- 在资源服务器端保存一个文档

2.2.1.2　国内学者提出的评价标准和指标体系

国内网络信息资源评价的研究始于 20 世纪 90 年代后期,蒋颖的《因特网学术资源评价:标准与方法》是较早的文献[①];孙兰和李刚的《试论网络信息资源评价》介绍了国外网络信息资源评价的定性评价指标[②]。其后,国内陆续发表的相关文献,在介绍国外学者研究成果的同时,也提出了自身创立的一些评价指标体系。蒋颖认为网络信息资源评价标准包括:信息质量(学术水平、可信度、时效性、内容的连续性)、范围(信息的广度和深度)、易用性(链接速度快、无空链、无死链)和稳定性等。[③]　左艺、魏良、赵玉虹认为可以从 6 个方面来定性地评价网络信息资源:①范围(广度、深度、时效及格式);②内容(准确性、权威性、时效性、独特性、精炼性);③可使用性(用户友好性、可检索性、可浏览性、组织方式及链接稳定性);④图形和多媒体设计;⑤目的及对象;⑥评论。[④]　董晓英提出的网络信息资源评价 9 项标准是:①准确性;②发布者的权威性;③信息的广度和深度;④主页中的链接是否可靠和有效;⑤版面设计质量;⑥时效性;⑦读者对象;⑧独特性;⑨主页的可操作性。[⑤]　黄奇、郭晓苗提出了对网络信息资源 5 个方面的评价标准:①内容(正确性、权威性、独特性、内容更新速度、目的及目标用户、文字表达);②设计(结构、版面编排、使用界面、交互性、视觉设计);③可用性和可获得性(链接、硬件环境需要、传输速度、检索功能);④安全;⑤其他评价来源。[⑥]　罗春荣、曹树金认为,网络信息资源评价体系及具体指标应该包括 3 个方面:

---

①　蒋颖:《因特网学术资源评价:标准与方法》[J],《图书情报工作》,1998(11):27—31。

②　孙兰、李刚:《试论网络信息资源评价》[J],《图书馆建设》,1999(4):66—68。

③　蒋颖:《因特网学术资源评价:标准与方法》[J],《图书情报工作》,1998(11):27—31。

④　左艺、魏良、赵玉虹:《国际互联网上信息资源优选与评价研究方法初探》[J],《情报学报》,1999,18(4):340—343。

⑤　董晓英:《网络环境下信息资源的管理与信息服务》[J],北京:中国对外翻译出版公司,2000:75—81。

⑥　黄奇、郭晓苗:《Internet 网站资源的评价》[J],《情报科学》,2000(4):350—352,354。

①内容(实用性、全面性、准确性、权威性、新颖性、独特性、稳定性);②操作使用
(导航设计、信息资源组织、用户界面、检索功能、连通性);③成本(技术支持、连
通成本)。①　粟慧对各种网络资源评价标准进行综合整理,归纳出定性评价标准
可以从三方面考虑:①内容:包括的指标有准确性、权威性、客观性、可靠性、独特
性、新颖性、针对性、范围面和写作水平等;②设计:包括的指标有界面友好性、浏
览和检索的难易程度、信息组织的科学性、页面设计的艺术性和适用性等;③运
营:包括的指标有信息提供的保障性、可存取性、链接的可达到性、设备使用的兼
容性及费用的高低等。②　田菁则是从图书馆的角度提出了对网络信息资源进行
评价的标准:①内容(网络信息的主题重点);②学术水平(作者的学术水平、作品
结构的合理性、创造性、参考性、搜索引擎对信息的收录情况);③取用方式(使用
的限制、费用);④站点及信息的连续性和稳定性。③　李爱国认为对网络信息资
源的评价应从下面几方面考虑:①覆盖范围(宽度、深度、时间、格式);②内容(准
确性、权威性、通用性、唯一性和文本质量);③图形和多媒体设计;④目的与用户
群;⑤评论;⑥便利性(用户友好性、需要的计算机环境、检索、浏览和组织、互动
性、连通性等)。④　陈雅、郑建明构建的网站评价指标体系包括:①信息内容(内
容范围、时效性、稳定性、新颖性、独特性、完整性、有序性);②网站概况(网址、网
站性质、面向的用户、安全管理与维护);③网页设计(结构与层次、用户界面、版
面编排);④操作使用(可访问性、链接的质量、计算机环境需求);⑤网站开放度
(提供服务的数量、主动性、交互性)等。⑤　张咏提出了一个比较全面的网络资源
定性评价指标体系。这个体系将网络信息评价指标分为三个层次:第一层次是
基本要求指标,适用于所有网络信息资源的评价;第二层次是主题领域要求指
标,适用于特定主题领域;第三层次是用户专题要求层,适用于特定专题领域。⑥
金越将网页内容信息资源的评价指标和网站相关信息资源的评价指标分开构
建。⑦　刘记和沈祥兴认为网站的内部和外部特征从不同角度反映了网站的质

①　罗春荣、曹树金:《因特网的信息资源的评价》[J],《中国图书馆学报》,2001(3):45—47。
②　粟慧:《网络信息资源评价:评价标准及元数据和CORC系统的应用》[J],《情报学报》,2001,21(3):295—300。
③　田菁:《网络信息与网络信息的评价标准》[J],《图书馆工作与研究》,2001(3):29—30。
④　李爱国:《Internet信息资源的评价》[J],《东南大学学报(哲学社会科学版)》,2002,4(1A):24—26。
⑤　陈雅、郑建明:《网站评价指标体系研究》[J],《中国图书馆学报》,2002(5):57—60。
⑥　张咏:《网络信息资源评价方法》[J],《图书情报工作》,2002(5):41—47,61。
⑦　金越:《网络信息资源的评价指标研究》[J],《情报杂志》,2004(1):64—66。

量,网站评价应从这两方面展开。① 范小华、谢德体和龙立霞提出一种图书馆数字资源评价指标体系。体系分为一级指标和二级指标。一级指标包括:性能指标、状态指标、响应指标 3 个。②

从上面介绍的这些中外学者的研究成果中可以看出,构建网络信息资源定性评价的指标体系绝非一件简单的工作。一个较好的评价指标体系应当综合考虑多方面的因素,比较重要的有:①网络信息资源的类别、用户群和需要。前面已经指出:网络信息资源的类型是多种多样的,而同一种类型的网络信息资源(例如网站)又由于其服务功能与目的的不同而分为不同的门类(门户网站、商业网站、学术网站、个人网站等等),很难设想一个固定的评价指标体系可以适用于每一种类型的网络信息资源评价。上面列举的评价指标体系多为专家学者或情报服务机构的研究成果,总体上明显偏向更适用于对网络学术资源的评价。而更加完善的评价指标体系应当有较大的包容性和灵活性,能够适用于不同的网络信息资源和各类用户群的需要。②可操作性、实践性和相应工具。没有较强可操作性和实践性的评价指标体系是意义不大的,体系中的每一项指标都应当有确切的方法和手段能够获得。事实上,并非每一项指标都可以像"发布时间"、"发布格式"这样的简单标识一样可以在网络上轻而易举地获得;而类似于"可信度"、"权威性"、"准确性"这样的指标在评价的时候应该采用何种方式如何进行? 特别是在对海量的网络信息资源进行评价时,没有特定的工具,评价工作是难以完成的。这些,都是纯粹的定性方法无能为力的。

刘彩娥在国内外对网络信息资源的定性评价研究的基础上,指出定性评价中指标可能出现的问题如:①各项指标之间多有重复、包含或不恰当之处;②无有关查准与查全的指标;③对于具体指标的计算方法,不能反映每个被评价的网站网页发展变化的情况,仅仅是某个时间段的情况;④只解决了各指标的权值,没有提出评价的具体计算方法。③

采用定性分析法进行评价,由于它基于人的主观判断,不可避免地会受到主观认识的影响,在一定程度上影响用户对评价结果的接受,降低评价的可信

---

① 刘记、沈祥兴:《网络信息资源评价现状及构建研究》[J],《图书情报工作》,2006,50(12):43,88—91。

② 范小华、谢德体、龙立霞:《图书馆数字资源评价指标体系研究》[J],《图书情报工作网刊》,2008。

③ 刘彩娥:《用概率统计方法评价网络信息资源》[J],《北京联合大学学报》,2004,18(1):83—85。

性,评价过程相对花费时间过长,并且在动态的因特网环境中,采用静态的工具和系统方法去评价网络信息资源是困难的,甚至是不适宜的。所以,在实际应用中,定性的评价体系必须要与定量方法结合起来使用,这样才能达到预期的评价目标。

2.2.2　网络信息资源的定量评价研究

定量评价方法是指按照数量分析方法,利用网络自动搜集和整理网站信息的评估工具,从客观量化角度对网站信息资源进行的优选与评价。定量评价方法提供了一个系统、客观、规范、科学的数量分析方法,与定性分析方法相比,得出的结论更为直观和精确,有着较高的可信度。它的不足之处在于:①量化的标准过于简单化和表面化,往往无法对信息资源进行深层次的剖析和考察,例如不同类型网站之间的数据(点击率、链接数量等)往往不具备可比性。②由于网上信息变化快,统计数据具有不可重复性,量化指标虽然具有客观性、可比性,但也具有瞬时性,一次评价的结果往往不能反映真实情况。③现阶段,定量方法的不确定性因素较多,技术手段还不成熟。

定量方法中最具有代表性、应用最为广泛的是网络计量学的方法。1997年,Almind 等人在《万维网上的信息分析:网络计量学方法途径》一文中提出了"网络计量学"(Webometrics)一词,认为完全可以将传统的情报计量方法用于网络信息的研究,把万维网看做是引文网络,传统的引文由 Web 页面所取代[①]。网络计量学方法应用于网络信息资源评价,主要有链接分析法和概率统计方法。

2.2.2.1　链接分析法

链接分析法通过分析站点被其他站点链接的情况,来测定网络信息资源的重要性,从而可以帮助确定核心站点,为网络信息资源的评价提供依据。

1996 年,美国伊阿华州立大学的格里·麦基尔南(Gerry McKiernan)提出"链接"(Citation)一词来表示网页间的链接关系[②]。1998 年,丹麦皇家图书信息学院的英沃森(Ingwersen)提出"网络影响因子"(Web Impact Factor-WIF)的概念:假设某一时刻链接到网络上某一特定网站或区域的网页数为

①　Almind TC, Ingwersen P. Informetric analyses on the World Wide Web: methodological approaches to "Webometrics"[J]. Journal of Documentation, 1997, 53(4): 404—426.

②　McKiernan G. Citedsites(sm) Citation Indexing of Web Resources[EB/OL]. http://lists. webjunction. org/wjlists/web4lib/1996-October/006124. html, 2005—11—20.

a,而这一网站或区域本身所包含的网页数为 b,那么其网络影响因子的数值可以表示为 WIF＝a/b。英沃森利用 AltaVista 的指令来测量链接网页的数目,计算出站点的链接数目比率。他同时区分了外部网络影响因子和内部网络影响因子的概念,指出前者在评价网站方面具有更加重要的意义。[①] 阿拉斯泰尔·G.史密斯(Alastair G. Smith)通过对澳大利亚和新西兰 42 个大学网站以及 22 个电子期刊的网络影响因子的研究,不仅证实了英沃森的结论,更重要的是对后续的 WIF 在网络信息资源的评价中产生了巨大影响,成为网络信息资源评价的一个重要标准。[②] 阿拉斯泰尔·G.史密斯认为 WIF 可以作为评价站点和域名的一种工具。他以澳洲和东南亚的站点为例计算 WIF,在对计算结果进行比较研究后,得出的结论是:WIF 似可以作为评价比较的有效工具,但也要与其他测量方法结合使用。但对于电子杂志来说,由于其许多链接是对本身的链接,故而将 WIF 用于评价电子杂志不是很有效。[③] 2006年,诺若茨(Noruzi)和阿勒扎(Alireza)对 WIF 及相关指标分析时,认为网站内部链接可能仅为导航目的,而不是对该网站重要性的赞同,网站规模越大,其内部入链数可能越大,因此,诺若茨和阿勒扎提出了 WIF 的修正式:假设某一时刻,排除某特定网站或区域本身的网页,链接到该网站或区域的网页数为c,即 c 为外部入链数,而这一网站或区域本身所包含的网页数为 b,那么其网络影响因子的数值可以表示为 WIF＝c/b。这就支持了英沃森的观点:外部网络影响因子在评价网站方面具有更加重要的意义。经对 Yahoo 链接数据的研究分析,诺若茨和阿勒扎还认为,WIF 虽然可以作为一个比较网络上网站或域的吸引力或重要程度的影响因素,但是其仅是对一个国家内部的比较有用的,如果超出这个(如国家间的评估),WIF 的应用价值不大。[④]

　　国内学者关于链接分析法的研究也有一些成果。左艺、魏良、赵玉虹提出

---

　　① Ingwersen P. The Calculation of Web Impact Factors[J]. *Journal of Documentation*, 1998, 54(2):143—236.

　　② Smith A. A tale of two web spaces:comparing sites using web impact factors[J]. Journal of Documentation,1999,55(5):577—592.

　　③ Smith A. ANZAC webometrics:exploring Australasian Web structures[EB/OL].www.csu.edu.au/special/online99/proceedings99/203b. htm,2005—05—11.

　　④ Noruzi,A. The Web Impact Factor:a critical review[J]. *The Electronic Library*. 2006,24(4):490—500.

的定量评价方法是：①通过各种查询引擎和主题指南及各站点提供的相关站点链接统计有关某一类型和某一特定主题站点出现的频次来选择出常用站点。②通过各站点被访问次数统计排序来确定常用站点。③统计电子期刊订购人数、文章被访问和下载次数、超文本链接次数，并借鉴文献计量学中的引文分析法，利用科学引文索引(SCI)数据库光盘及期刊引文报告(ICR)对网上出版的电子期刊进行被引频次、影响因子分析，从而作出客观、公正的评价。[①] 强自力提出了 3 项评价大学图书馆网站的定量指标：①站点被 AltaVista 收录的网页数量；②站点被 AltaVista 链接的次数；③分别选定某领域的各个站点，检索出每个站点被该领域其他站点链接的次数以确定核心站点。这 3 项指标都是完全定量的。[②] 沙勇忠、欧阳霞利用网站链接分析及网络影响因子测度的方法，通过搜索引擎 Alltheweb 收集数据，对中国省级政府网站影响力作出评价。他们提出的研究指标是：①网站网页数；②总链接；③站内链接；④站外链接；⑤政府站外链接；⑥商业站外链接；⑦WIFtotal(②与①的比值)；⑧WIFin(③与①的比值)；⑨WIFex(④与①的比值)；⑩网站访问量；⑪各地区信息化水平总指数。[③] 邱均平、李江认为网络影响因子沿用了期刊影响因子对引文分析的基本思路，但作为链接分析的指标，用于网络环境中的质量评价是不可靠的。链接分析可以根据引文衰减系数提出"链接衰减系数"和"平均链接时距"用于研究网页的老化规律。[④] 张洋选择 41 所美国医学院和 14 所中国医学院作为研究样本，通过搜索引擎 AltaVista 收集数据，对医学院网站的总入链数、外链数、网页总数、链接效率、网络影响因子等网络信息计量指标进行考察，对不同医学院的网络影响力进行了评价。[⑤]

　　基于链接分析的评价指标也非常多，在链接数量上衡量的指标通常包括：

---

　　① 左艺、魏良、赵玉虹：《国际互联网上信息资源优选与评价研究方法初探》[J]，《情报学报》，1999，18(4)：340—343。

　　② 强自力：《利用搜索引擎高级检索功能评价大学图书馆 Web 站点》[J]，《大学图书馆学报》，2000(4)：53—54,64。

　　③ 沙勇忠、欧阳霞：《中国省级政府网站的影响力评价——网站链接分析及网络影响子测度》[J]，《情报资料工作》，2004(6)：17—22。

　　④ 邱均平、李江：《链接分析与引文分析的比较》[J]，《中国图书馆学报》，2008，(1)60—64。

　　⑤ 张洋、张淑玲：《中美医学院网络信息计量指标的比较分析》[J]，《图书情报工作》，2011,55(4)：24—27。

网站链接总数、指向内部的链接数、指向外部的链接数、被链接网站数。基于链接分布特征的衡量指标包括:链接密度、页面平均链接数。而总的来说,衡量网站影响力的指标则包括:网站被链接次数、网站影响因子、扩散系数。[①]链接分析法由于目前搜索引擎技术还不够完善,存在以下不足:

(1)链接分析赖以进行的前提有时不能成立。链接分析同其他数学方法和逻辑方法一样也存在成立的前提:网站(网页)被链接与该网站(网页)的质量有正向(肯定)的联系;被链接者与链接者在内容上是相关的;所有的链接都是等价的。根据网络信息的特点和网络链接的类型,我们可以看出各种链接都存在不满足以上三点假设的情况。

(2)链接分析数据的准确性难以保证。由于搜索引擎自身存在一些问题,使链接分析数据的准确性难以保证,由于网页的动态性,搜索引擎不可能覆盖所有的网页;由于搜索引擎性能的不稳定性,所以利用不同的搜索引擎得到的结果大相径庭,并且同一搜索引擎在不同时间的结果差异很大,甚至同一语法意义的检索表达式的检索结果也不尽相同。

2.2.2.2 概率统计方法

运用概率论和统计学方法对网络中的数据进行分析和研究是网络信息资源定量研究的基础,很多研究机构通过对网站和服务器的数量、网络用户特征及网络发展的增长率指标进行统计分析,来建立对网络信息测度的指标体系。

在网络信息资源评价方面,网络信息资源评价过程中对数据的收集、整理和分析都会用到统计学的方法,特别是在对数据的处理中,统计学方法能够发挥重要的作用。例如在对网站评价的问卷调查方式中,问卷设计、抽样方法、样本数量、样本分布、系统误差及调查结果的可信度均需要使用概率统计的方法来得到。故而,定量的概率统计方法经常与定性的指标体系相结合,共同构成网络信息资源的综合评价体系。例如刘彩娥提出了改良定性评价的6个方面的指标,并用概率统计中期望值和方差的方法给出了量化评价对象质量的计算方法。[②] 这种方法能够为我们更加科学合理地反映评价对象的动态变化

---

① 段宇锋:《网络链接分析与网站评价研究》[D],武汉:武汉大学,2004:211。

② 刘彩娥:《用概率统计方法评价网络信息资源》[J],《北京联合大学学报》,2004,18(1):83—85。

和发展前景提供有益的启示。但需要较强的数学概率知识及针对性,不利于一般网络信息资源的评价。

2.2.3　网络信息资源的综合评价研究

由于定性方法和定量方法都存在各自的局限性,所以有为数不少的学者研究如何将二者有机地结合起来、相辅相成,既能发挥定性方法全面、细致、深入、成熟的优势,又能具备定量方法系统、客观、规范、科学的长处,从而达到综合完整地评价网络信息资源的目的。

2.2.3.1　层次分析法

20 世纪 70 年代初,美国运筹学家、匹兹堡大学教授 T. L. Saaty 提出了层次分析法(Analytic Hierarchy Process,AHP)。AHP 的整个过程体现了思维活动中分析、判断、综合的基本特征,并将主观比较和判断用数量形式进行表达和处理。虽然 AHP 的应用需要掌握一定的数学工具,但它并非是一种数学模型,而是定量分析与定性分析相结合的典范,具有高度的有效性、可靠性和广泛的适用性。邱燕燕运用层次分析法构建网络信息资源评价的层次结构模型及评价体系,在评价过程中根据萨蒂(Saaty)提出的"1—9 标度方法",建立一系列的判断矩阵,计算各矩阵的最大特征根和相应的排序向量,进行一致性检验。得出的结论为:运用层次分析法进行网络信息资源的评价不失为一种较好的方法,但也有其局限性,主要表现在其结果只是针对准则层中评价因素而来,人的主观判断对于结果的影响较大。另外,在进行网络信息资源评价中,应该注意不同主题、不同性质的网站之间,如商业网站和学术网站,网站和网页之间在许多方面具有不可比性。[①]

不仅如此,还可以对层次分析法进行扩展,结合其他的方法、方式对网络信息资源进行综合评价。矫健、刘煜、郑恒提出了一种将层次分析法(AHP)与贝叶斯网络(BN)相结合以有效集结专家知识和经验的综合评价方法。并通过验证得出该方法能有效地处理专家意见不一致的情形,并能够在某些专家意见缺失的情况下得到合理的结果,易于对所得到的评价结果进行分析解释,从而提出合理化建议。[②]

---

①　邱燕燕:《基于层次分析法的网络信息资源评价》[J],《情报科学》,2001(6):599—602。

②　矫健、刘煜、郑恒:《基于 AHP—BN 的网络信息资源综合评价研究》[J],《现代图书情报技术》,2007(9):66—71。

2.2.3.2　模糊综合评价法

1965 年,美国控制论专家 L. A. 扎德(L. A. Zadeh)教授创立了模糊数学。作为一门新兴的数学分支,模糊数学的发展十分迅猛,广泛地应用于工程技术和社会科学研究的各个领域。由于网络信息资源评价是一个综合评价的过程,需要考虑多种因素的影响作用,而且这些因素往往带有一定程度的模糊性。而模糊数学中的隶属规律可以对一大类模糊现象进行客观地数量刻画,故而可以应用以模糊集论为基础的模糊数学理论与方法对网络信息资源进行研究和评价。

事实上模糊数学的方法也可以与层次分析法结合使用,确定指标集合中的模糊权重,就可以用 AHP 法来测定,这种方法被称为模糊层次分析法。通过这种方法可以简化人们判断目标相对重要性的复杂程度,借助模糊判断矩阵实现决策由定性向定量方便、快捷的转换,直接由模糊判断矩阵构造模糊一致性判断矩阵,使判断的一致性问题得到解决①。卢小莉、吴登生正是采用了此种方法,在层次分析法和模糊一致矩阵的基础上,提出了模糊层次综合评价模型,并通过实例分析验证,得出运用改进的模糊层次分析法对网络信息资源进行评价,评价的结果更加符合人类决策思维,并提高了评价结果的合理性和准确性的结论②。

恩里克·赫雷拉-维德玛(Enrique Herrera-Viedma)等人提出了一种用于测评网站所包含文档信息质量的基于词汇模糊计算的评价方法。这一方法是定性和以用户为导向,在用户理解的基础上对基于内容网站的信息质量用语言提出评价等级。整个方法由分析网站信息质量的评价方案和提出语言评价等级的测评方法两个主要部分构成。评价方案既基于与网站结构相关的技术标准,又基于与网站信息内容相关的标准。方案以用户为导向,它的标准是经过选择的,很容易被用户理解。通过这种方式,网站的访问者能够用语言评判对这些标准作出评价。测评方法则以用户为中心,在用户语言评判的基础上提出对网站的评价等级。为了将用户的语言评判结合起来,引进了两种新的基于多数的语言聚合算子——基于多数语言引导的有序权重平均算子

---

① 肖琼、汪春华、肖君:《基于模糊层次分析法的网络信息资源综合评价》[J],《情报杂志》,2006(3):63—65。

② 卢小莉、吴登生:《FCM/AHP 在网络信息资源评价中的应用》[J],《情报探索》,2008(6):112—114。

(MLIOWA,the Majority Guided Linguistic Induced Ordered Weighted Averaging)和加权 MLIOWA 算子,从而在不同用户提供的评判中,根据其中的多数产生语言评价等级。这一方法的运用将会提高诸如信息过滤和万维网评价等工作的质量。[①]

庞恩旭利用基于模糊数学的方法构建网络信息资源多层次综合评判体系,并以专业网站为例进行了综合评判。[②] 此外,汪祖柱、徐冬磊基于多属性决策方法和模糊理论中的三角模糊数,提出了网络信息资源的模糊综合评价方法,并运用实例进行了验证研究。该方法通过多个决策者(专家和直接用户)依据个人的知识、经验与偏好对评价体系中的各个指标及相应的指标属性进行评判,以模糊语义值的形式表达评判结果,最后通过有效的方法对决策者给出的数据进行集结,从而实现对决策空间即各个网络信息资源实体进行优劣排序,或者给出每个网络信息资源实体的评估信息。[③]

2.2.3.3　评价性元数据的方法

准确地讲,元数据并非是网络信息资源评价的方法,而是网络信息资源管理的工具,它包括描述性元数据和评价性元数据两类。前者如著名的"都柏林核心集"(DC),用于网络信息资源的描述和定位;而后者则用于网络信息资源的发现与评价[④]。但是从本质上看,利用元数据进行网络信息资源评价并不是一种新的方法,而是一种新的模式,以元数据为基础的网络信息资源评价,实质上是对网络信息资源进行认证的一个过程[⑤]。因特网内容选择平台(Platform of Internet Content Selection,PICS)就是一种将网络信息资源和元数据相结合的基础结构或平台[⑥]。在 PICS 中网络信息资源被加入关于内容描述和评估分级的元数据,用户根据评价性元数据进行分类定级,对他人发布的内容进行分类,并

---

　　① Herrera-Viedma E et al. Evaluating the Information Quality of Web Sites:A Methodology Based on Fuzzy Computing with Words[J]. *Journal of the American Society for Information Science and Technology*, 2006,57(4):538—549.

　　② 庞恩旭:《基于模糊数学分析方法的网络信息资源评价研究》[J],《情报理论与实践》,2003(6):552—555。

　　③ 汪祖柱、徐冬磊:《网络信息资源的模糊综合评价研究》[J],《情报理论与实践》,2009,32(2):117—121。

　　④ 姜继红:《都柏林核心元数据及其在数字图书馆中的应用》[J],《现代情报》,2003(3):76—77。

　　⑤ 崔双红:《网络信息资源的评价方法与指标体系》[J],《图书馆学刊》,2007(3):101—103。

　　⑥ 张咏:《网络信息资源评价方法》[J],《图书情报工作》,2002(10):41—47。

可以自由设计信息的定级标准,过滤掉用户不需要的资料,或者指导用户到达他们可能会感兴趣的站点,达到内容过滤和信息控制的目的①。

粟慧指出:在网络信息资源评价中,众多的标准体系不能只有理论上的意义,还要具备实际可操作性,所以大力研制和开发评价工具和软件,为评价工作提供必要的支撑是不可轻视的任务。而 DC 和 CORC(Cooperative Online Resource Catalog,联合联机资源目录)就为资源的评价提供了绝好的帮助。CORC 能够自动获取网络资源的基本信息,快速灵活地创建记录,通过它不断增长的网络资源数据库,用户可以迅速地了解资源的全方位信息。② 而陈文静、陈耀盛则认为:以元数据为基础的网络信息资源的评价,在很大的程度上其成功需依赖于信息提供者的主动参与认证和用户对认证机构、评价标准、认证结果的信赖程度。由于元数据是由评价机构或网站提供的,存在一定的虚假的可能性;而现在进行网络信息资源评价的权威机构不多,所以评价结果的可信度不高。③

2.2.3.4　信息构建的方法

信息构建(Information Architecture,IA)是关于如何组织信息以帮助人们有效实现其信息需求的一门艺术与科学。20 世纪 90 年代中期以后,IA 成为国内外信息科学界研究的一个热点,并被很快应用到网站的构建和评价方面。由于 IA 的跨学科性非常明显,包括了信息学、图形设计、计算机科学、建筑学、生态学、管理学等等,以及信息生态的理念和"以人为本"的思想,使得它在应用于网络信息资源评价的时候,多学科综合性评价的特点尤为显著。可以说,从信息内容组织功能的角度对网络信息资源进行评价,是在 IA 面世后才开始的。

国内的研究中,齐燕、赵新力、朱礼军对国内信息构建评价的现状进行了总结和描述,并应用实例对各个评价方法进行了分析比较,提出了网站信息构建的评价体系,并对今后发展进行了总结。④ 甘利人、郑小芳、束乾倩构建了

---

①　杨晓农:《网络信息资源评价体系及其实现》[J],《现代情报》,2006(10):53—55。

②　粟慧:《网络信息资源评价:评价标准及元数据和 CORC 系统的应用》[J],《情报学报》,2001,21(3):295—300。

③　陈文静、陈耀盛:《网络信息资源评价研究述评》[J],《四川图书馆学报》,2004(1):25—31。

④　齐燕、赵新力、朱礼军:《关于网站信息构建及其评价的现状及探讨》[J],《情报理论与实践》,2007,30(4):548—551。

一套 IA 评价指标体系：全局导航系统、局部导航系统、语境导航系统、补充导航系统、分类体系、检索系统、标记系统和指标得分计算公式，制定了评分规则，并利用这一套规则对我国四大数据库万方、维普、国家科技图书馆文献中心和中国期刊网网站 IA 进行了应用性考察与分析评价。[①] 叶晓峰、刘记提出以用户体验为评价依据，从用户使用网站的角度来分析网站信息构建的质量，分析并提出了网站 IA2.0 的评估对象，即个人信息构建、信息构建 1.0 和社会信息构建，同时以博客站点为例，设计相应的评估指标，进行了实证分析。[②]

2.2.3.5　网站排行榜评价模式

徐英考察了网站排行榜评价模式，分析了网站排行所依据的评价方法。目前的网站排行榜依据的评价模式有三种，即网站流量指标排名模式、专家评比模式和问卷调查模式。徐英分析了这三种评价模式各自的优缺点，并提出：鉴于上述各种网站评价模式都有一定的局限性，应该发展一种综合评价模式：集动态监测、市场调查、专家评估为一体的综合评价模式。这种评价模式需要有科学的分析评价方法，全面、公平、客观的评价体系，权威、公正的专家团体，也需要有科学、合理并有足够样本量的固定样本作为基础。[③] 王玉婷也对网站排行榜的各种评价模式进行了优缺点分析，并在此基础上构建了网络信息资源的定性、定量以及内容评价标准。[④]

2.2.3.6　加权平均法

陆宝益认为，网络信息资源评价体系，应该既有定性指标，也有定量指标；既考虑到网络信息资源的外部特征，又考虑到其内部特征，即信息的内容属性。同时，这个指标体系还应该考虑到各项指标的适用对象或范围。在此基础上，他提出了一套比较完整的评价体系。在这个体系中，使用"调查求重"的方法求得每个指标的权重，利用"加权平均"的方法得出网络信息评价。[⑤] 但

①　甘利人、郑小芳、束乾倩：《我国四大数据库网站 IA 评价研究》[J]，《图书情报工作》，2004(8)：26—29；2004(9)：28—29，96。

②　叶晓峰、刘记：《Web2.0 环境下的信息构建研究（Ⅱ）——网站 IA2.0 的评估：以博客站点为例》[J]，《图书·情报·知识》，2007(5)：74—79。

③　徐英：《网站排行榜评价模式及其评价方法研究》[J]，《情报学报》，2002，21(1)：149—151。

④　王玉婷：《网站排行榜评价模式与网站信息资源评价标准》[J]，《现代情报》，2006(6)：216—219。

⑤　陆宝益：《网络信息资源的评价》[J]，《情报学报》，2002，21(1)：71—76。

张东华认为,加权平均法虽然在一定程度上避免了评价者的主观性,但也无可避免地存在着一些缺点:网络信息的易变性和动态性使得网络信息资源的评价标准的制定和评价工作往往滞后于实际情况的变化;即使评价标准的设置考虑到用户的个性化特征与特定信息需求状况,但由于网络信息资源用户的广泛性,无法满足用户的个性化与特殊化的信息需求,由此导致评价结果的适用性问题。①

目前,综合评价方法的研究还在进一步的发展当中,但这些方法已经体现出一定的优势。综合评价方法结合了定性方法与定量方法的长处,较好地克服了定性方法主观性强、不够客观公允、可操作性差和定量方法过于简单化和片面化的弱点,从而取得了较好的评价效果。但综合评价方法的研究开展的时间还不长,构建的指标体系并不都很健全与成熟,对网络信息资源各方面因素的考察也并非很完整。另外,在定性与定量方法的结合上还显得比较简单,这方面还有很多工作可以做,还可以有更多的定量方法被引入到综合评价体系中来。并且在使用该方法时必须考虑处理好以下两个问题:一是定性方法和定量方法比例的选择;二是依比例灵活选择合适的方法,将会给评价系统带来一些误差,事实上,实施这种方法所花的代价和精力远比单纯的定性和定量方法还要多②。对综合方法的研究已经是当前网络信息资源评价方法研究的热点。

总体而言,评价网络信息资源是网络环境下信息服务人员面临的一项全新的工作,虽然可以借鉴以往对传统信息资源评价的标准,但两者存在的差异还是相当的大,所以没有现成的经验可以直接借鉴和参考;同时应从哪些方面进行评价,至今还没有权威的标准,一切都在不断摸索中前进。例如上述指标体系很少针对网络信息资源类型单独细化,没有指明指标体系适用的确切网络信息资源类型。不同类型的网站,如企业网站、商业网站、政府网站与学术网站,它们之间是有区别的,各自都有自己的特点。我们认为,由于不同类型网站之间的差异性,对于不同类型的网络信息资源,评价的指标体系应该有所区分,完全通用的指标体系是不现实和不合理的。

---

① 张东华:《网络信息资源评价方法的研究》[J],《科技情报开发与经济》,2007,17(1):41—42。

② 刘记、沈祥兴:《网络信息资源评价现状及构建研究》[J],《图书情报工作》,2006,50(12):88—91。

2.3　网站评价研究的现状分析

2.3.1　企业网站

2.3.1.1　国外对企业网站评价的研究

2002年6月份美国斯坦福大学的劝说技术实验室(Persuasive Technology Lab)发布的一份调查报告表明:互联网用户对于企业网站的细节问题很注重,一些诸如拼写错误之类的小问题都会严重影响用户对于网站的信心。该项研究从可信度的角度列出了评价企业网站的一些主要因素,包括专业性(expertise)、可信赖性(trustworthiness)、赞助(sponsorship)以及各种决定网站可信度的标准,结果发现,最主要的因素为:对于顾客服务咨询的快速回应、信息的完整性、列出作者信息、信息搜索功能、过去曾经访问时有好的印象、列出各种联系方式、明确的个人信息保护声明、网站上的广告与网站内容相关、专业的网站设计等①。

埃莉诺·T.罗埃克诺(Eleanor T. Loiacono)等应用理性行动理论和技术接收模型建立了一个从用户角度出发评价企业网站的指标体系:WebQual. 该指标体系由12个一级指标构成,分别是:适合任务的信息(informational fit-to-task)、量身定制的信息(tailored information)、可信性(trust)、响应时间(response time)、可理解性(ease of understanding)、操作直观性(intuitive operations)、视觉吸引力(visual appeal)、创新性(innovativeness)、情感诉求(emotional appeal)、形象一致性(consistent image)、上线完整性(on-line completeness)和相对优势(relative advantage)②。

费利克斯·B.坦(Felix B Tan)在对20位网站设计者进行调查之后,得出14个适用于企业网站的指标,并作出解释(见表2-22)③。其不足在于:因

---

① 冯英键:《调查分析:网站的可信度(1)》[EB/OL],http://www. sowang. com/zhuanjia/fengyingjian/yingxiao11. htm,2006—04—13.

② Eleanor T. Loiacono,Richard T. Watson,Dale L. Goodhue. WebQual:An Instrument for consumer Evaluation of Web Sites. *International Journal of Electronic Commerce*,Spring 2007,Vol. 11,No. 3,pp. 51—87.

③ Tan F B,Tung L L. Exploring Website Evaluation Criteria using the Repertory Grid Technique:A Web Designers' Perspective. *Proceedings of the Second Annual Workshop on HCI Research in MIS*,Seattle,WA,December 12—13,2003.

为是从设计者的角度出发,因此指标比较偏重于网站的形式;没有分层次分类建立指标体系,测评起来比较困难。

表 2-22　费利克斯·B.坦和唐来来提出的企业网站设计指标体系

指标名称	指标解释
图像使用	包括图像的质量及图像的组织情况
文本使用	网站中文本的使用情况
内容/信息	包含信息内容是否广泛,具体以及信息的质量
更新	网站设计是否考虑更新
布局/空间	如何利用网络空间的特点和功能介绍整个网站
信息表现方式	涉及使用颜色、字体、显示风格
标题	包含标题使用目的和范围
信息分类	为方便阅读对网页中的信息如何分类
导航	设计站点时是否考虑方便网页与网页之间转换
颜色使用	涉及对颜色的选择和使用
外观显示	网站看上去如何,是否友好
广告/频道/动画	对这些项目的使用情况
下载时间	设计时影响下载速度的因素
网站的特性	设计者利用各种方法来塑造独特的形象

美国网络营销协会(WebAward)2006 年 2 月发布了一个关于网站建设趋势的研究报告"网站标准评估报告"(Internet Standards Assessment Report-ISRA),其最新版本是 2009 年度发布的,这是它们自 1997 年以来研究了多个行业的 15017 个网站后发布的网站建设标准。该标准主要分为 7 大类:网站设计、网站易用性、创新、内容、技术、交互性和文案。该报告运用此标准采取定标比超方法进行评价,并且评价了包含广告、航空、银行等 80 多个领域的企业网站的平均得分。该报告虽然在指标设计上,只设立了一个层次,但因为下面的测评中,不仅要评最好,还要评最差,因此在指标权重设立上,该研究借助 Perseus' Survey Solutions software 将权重分成两个方面:对测评产生积极作用的权重和对测评产生消极作用的权重[①](见表 2-23)。

---

① Web Marketing Association WebAward. Internet Standards Assessment Report[EB/OL], http://www.webaward.org/isar_report.asp, 2011—11—09.

表 2-23　ISRA 指标权重表(单位:%)

criteria	Design	Innovation	Content	Technology	Interactivity	Copywriting	Ease of use
正作用权重	40	10	10	3	5	2	30
反作用权重	20	22	8	8	5	7	30

在这个长达 127 页的报告中,我们还可以了解到从 1997 年至 2008 年的以下信息:①从单纯网络角度,每一年哪些企业发展最好,哪些最差。②在所列出的 7 项指标中的每项指标中,每一年哪些企业网站做得最好,哪些最差。③在所研究的每一个行业中,每一年哪个企业网站得分最高。④每一年哪些企业网站综合评价最好。⑤每一年美国以外的哪些地区网络发展最好。

2.3.1.2　国内对企业网站评价的研究

(1)学术性的企业网站评价

南京农业大学胡冰川等人给出了较为详细的企业网站评价的指标体系(见表 2-24)。该体系包含两层,指标分类比较详细,一些指标设计比较特别。该文同时也介绍了相应指标体系的综合评价方法,如模糊评价法(FS)、灰色系统评价法(Gs)、数据包络分析法(DEA)、层次分析法(AHP)以及近年来比较流行的人工神经网络分析(ANN)等,重点介绍了层次分析法(AHP)[①]。其不足在于:给出的指标大多属于网页本身的一些属性,缺少反映网站内容的质量和用户访问方面的指标,同时仅仅介绍了各种评价方法,没有进行具体的测评。

表 2-24　胡冰川提出的企业网站评价指标体系

一级指标	二级指标	二级指标说明
整体评价	域名和 URL	
	链接有效性	
	下载时间	
	网站认证	一个合法的企业网站,不仅应当提供工商认证,同时还要提供 CA 认证。对于某些特定行业,还应该提供各种相应认证。

---

① 胡冰川等:《企业网站评价指标体系初探》[J],《科技管理研究》,2004,18(2):99—101。

（续表）

	符合网络伦理	充分尊重用户的个人意愿和个人隐私,对用户没有任何的强迫行为:如不首先发送商业信息,不经过授权的修改、公布访问者的个人资料和信息,或对用户访问提出要求和条件。
	联系方式	
	更新	
网站设计	风格与布局	
	美工与字体	
	动画与声音	
内容提供	有用信息	网站信息需要有较高的准确性:信息资源与数据是否切实可信。
	交互性内容	是否设立如:论坛、留言板、邮件列表之类的栏目,以供浏览者留下他们的信息以及 FAQ 的使用情况。
	内容页面长度	
网站推广与其他	搜索引擎中的排名	META 的使用情况(META 标签是 HTML 语言 HEAD 区的一个辅助性标签,位于 HTML 文档头部的＜HEAD＞标记和＜TITLE＞标记之间,提供用户不可见的信息。在搜索引擎注册、优化排名中具有重要的作用)。
	适当的关键词	方便用户搜索的、具有战略性的词语。
	其他网站提供的交换链接的数量	即外部链接数。
	兼容性问题	与显示状态相兼容;与操作系统相兼容;与浏览器相兼容。
	网站服务	主要包括:E-mail 的自动回复(即时)、E-mail 的人工回复(24 小时)、节假日电话和传真回复,800 免费电话的提供,客户资料的保留和挖掘。

注:仅列出部分指标名称较难理解的指标说明。

　　武汉大学李东旻着力研究企业信息资源网站的定位、聚类以及其综合评价模型,运用情报学的对应分析、软件工程的快速原型等方法,针对中国不同行业的 16 个企业样本网站进行横向评价,分析其定位和聚类规律,总结数据处理流程,构建企业信息资源网站评价系统的模型。在指标体系上,该文选取

6 个指标进行对应分析，选取的指标都是定量指标，包括：流量（Trafic），每 100 万人当中的点击该网站的访问量（Visit），网站被其他网站链接的数量（link），每个单独的用户在该网站上点击浏览的页面数（Page Views）、速度（Speed）、网站的更新率（Freshness）①。其不足在于：该文运用的对应分析法主要侧重的是网站的定位和客观的属性，对于网站技术和内容的评价则涉及较少。此外，由于该评价大量使用 Alexa 的数据，Alexa 提供数据本身就具有一定的局限性，比如，Alexa 工具栏目前只支持 Internet Explorer 浏览器，一些主要面对非 IE 浏览器的站点会减少计算。最后，被链接数采用 Google 工具，Google 所提供的被链接数是包含了站内链接和站外链接的总数，但站外链接对于网站评估而言更具有科学性和说服力。

葛笑春从企业履行社会责任的角度出发，设计了网站内容评价的指标体系，并选择 67 家社会形象良好的企业网站进行了检验分析②。该文构建的网站内容评价的指标体系中的一级指标包括：企业概况、纳税额、投资者关系、提供就业、员工权益福利、消费者专栏。与一级指标相对应的二级指标包括：工作产品、媒体报道、公司介绍、招聘专栏、企业文化、产品知识等。该文设计的网站内容评价指标有助于企业网站内容的建设和完善，同时也会提高企业在对待其社会责任态度上的重视。但其不足的是：指标体系构建的过程中对于指标的选取和权重的设立过于主观化，从而使得指标体系的科学性和客观性不足。

张琳、徐莉莉运用链接分析方法以福布斯全球上市公司 2000 强企业网站为研究对象，对不同行业和不同地区的企业网站进行对比分析，利用统计分析软件 SPSS 中的 Spearman 秩相关系数分析企业排名与网站链接指标相关关系，探讨企业网站定量评价链接指标的有效性③。该文在评价对象的选择上与本书较为相似。但其不足是：该文仅使用了一些量化的指标对企业网站进行评价，这些指标对于评价一个网站的综合水平来说，还显得比较单薄，由

①　李东旻：《企业信息资源网站的定位、聚类和综合评价模型研究》[J]，《情报科学》，2005，23（5）：767—772。

②　葛笑春：《基于 CSR 的网站内容评价指标设计与实证研究》[J]，《科技和产业》，2008（4）：74—79。

③　张琳、徐莉莉：《基于链接分析的企业网站评价指标的有效性分析》[J]，《图书情报工作》，2010（8）：86—89。

于工具方面的原因,没有对网站的同被引、同引用进行考察。加上链接的质量也无法考证,这些方面还需要一些改进。

从另一个角度说,企业网站不仅仅是一个企业网上的门面,而是一个重要的营销工具,为此,很多学者也提出了从营销的角度建设企业网站,这对企业来说,是一种比较务实的行为。

罗作汉、耿斌在《网络营销实务》一书中尽管并没有提到企业网站评价指标这一概念,但在第二编"企业网站的建设"中所提到的下列内容归纳起来可以组成一个较为完整的企业网站评价指标[①](见表 2 - 25)。该指标体系比较有特色的一点是将信息内容作为企业网站服务的一个二级指标,称为"信息内容服务",这种划分对于企业网站来说是比较合理的,因为企业网站的首要任务就是提供服务,而信息内容提供也是一种服务。

表 2 - 25　罗作汉、耿斌提出的企业网站建设指标

一级指标	二级指标
企业网站设计	域名的选择与注册
	网站定位是否明确
	网站界面设计
	网站导航设计
企业网站服务	信息内容服务
	营销与互动服务
	隐私与安全服务
	网站维护与更新

冯英键在《网络营销基础与实践》一书中提到一个营销导向的网站应该具备的基本条件:加深用户的印象、相关产品/服务/内容的推荐、交互性与营销功能,在对这三个方面的具体阐述中也折射出许多企业网站评价的标准。第三部分"网站推广"中,重点介绍了网站排名方面的内容,介绍了 2002 年以前企业网站评比的主要形式,包含:网站流量指标排名模式、比较购物模式、专家评比模式、问卷调查模式和综合评价模式[②]。所提出的这些模式中,目前比较流行的是综合评价模式,即动态监测、市场调查、专家评估为一体的模式。

---

① 罗作汉、耿斌:《网络营销实务》[M],北京:中国对外经济贸易出版社,2002:78—80。
② 冯英键:《网络营销基础与实践》[M],北京:清华大学出版社,2002:56—61。

（2）商业性的企业网站评价

上述研究大都属于学术研究范畴，事实上，企业网站由于是企业的网上门面，在很大程度上影响着企业在公众中的印象，同时也能为企业带来不小的利润。因此，很多政府、行业、协会、商家都抓住了这个契机，对于企业网站进行的各类商业性质评价可谓百花齐放。

①2005 年"中国企业网站 100 强"评选

2005 年"中国企业网站 100 强"评选（http：//inc. icxo. com/TOP100）由《世界经理人周刊》、世界实验室和世界商业电讯联合主办、新浪科技独家媒体支持。此次评选活动在指标设计上，充分考虑了企业网站在对外宣传、对内管理、电子商务和技术应用等方面的应用水平。同时，本次评选的对象比较单一，就是公司网站。按照预定的程序经过客观测评、公众调查和专家评价三个阶段后，产生了"中国企业网站 100 强"以及"最佳设计风格奖"、"最佳网站应用奖"、"最佳解决方案奖"三个单项奖（见表 2 - 26 所示）。

表 2 - 26　"中国企业网站 100 强"前 10 名以及单项奖名单

排名	企业网站	所属行业	成立时间
1	招商银行	金融保险	1997 年
2	海尔集团	家电/IT	1997 年
3	全球采购中国	商业贸易	2002 年
4	中化集团	石油化工	1997 年
5	UT 斯达康	信息技术	1998 年
6	三星中国	家电/IT	1999 年
7	七匹狼	纺织服装	1997 年
8	IBM 中国	家电/IT	1986 年
9	可口可乐中国	食品烟酒	2000 年
10	沃尔玛中国	商业贸易	2000 年
最佳网站应用奖：亚信科技			
最佳设计风格奖：中国银行			
最佳解决方案奖：德亚康大			

"中国企业网站 100 强"评选更重视企业网站本身在企业中发挥的作用，真正运用网站的指标体系进行评价。同时，设立的单项奖也反映了单个指标中表现比较出色的企业网站。但是其缺点表现在：对企业网站没有分类，这样

导致了如网络银行等应用较好的行业排名比较占优势。

②"中国商业网站 100 强"评选（企业类）

"中国商业网站 100 强评选"由《互联网周刊》主办。《互联网周刊》对于中国网站的梳理和推荐最早开始于 2000 年，"一点百网舞龙年——百家优秀网站推荐"的结果至今依然被众多网站视为其在当时取得成功的标志。2003 年"最具商业价值的网站 100 强"开始，每年举办一次，公信力、影响力、权威性在逐年增强，现已形成"中国商业网站 100 强"知名活动品牌。

候评的网站共分为六类：综合平台类、交易服务类、网络服务类、行业类、娱乐类、企业类，其中企业类网站与本书研究的对象相吻合，它是指能够满足用户了解企业并能实现基本商务目的的公司网站。评选采用的评价体系如下：

公众喜好度（Public Enjoyment）：公众对网站的界面亲和度、服务便捷性、技术完善力的体验，以公众网上投票结果集中体现。

社会认可度（Community Authorization）：第三方机构的流量统计；《互联网周刊》历届网站评选的候选提名及获奖情况；权威机构的研究评估与授予的荣誉。

资源延展性（Resources Extendabilily）：网站特有的发展依托与资源体系；在线业务与传统领域的融合；线上线下业务的互动延伸。

商业成长性（Business Progress）：网站近一年来的财务表现及来年业绩拉升的动力及因素；所经营业务的整体市场走势；业绩表现的稳定与连续。

投资潜力（Feasibility of Investment）：创新业务的领先与独特；运营系统的成熟与整合；网站的投融资需求规模。

战略价值（Strategic Value）：网站领先所在领域的专属特点；网站的产业地位及竞争动向；网站发挥的经济作用及社会影响。

6 项指标中，"公众喜好度"以网上投票总票数的百分比作为计量数值；其他 5 项按等级进行加权计量。6 类网站按照分析模型进行综合计算，得到最后结果。

该项评选比较全面地评价了各个类型的商业网站，分类比较科学，设立的"特别板块"比较人性化，将目前发展态势比较好的网站和功能接近的网站单独进行评选，更能说明一定的问题。但缺点是：指标设计比较单一，基本只按照网站对企业的影响来设计,没有考虑到企业网站本身内容、设计和功能等许多因素。

③中国企业信息化 500 强评选

中国企业信息化 500 强评选是国家信息化测评中心(CECA)主办的中国企业信息化 500 强调查(http://www.ipower500.com),是目前我国规模最大且唯一连续举办的大型企业信息化年度调查活动,从 2003 年起连续举办了 6 年,得到了国信办、科技部、国资委、发改委、商务部、信息产业部等部门的支持。"中国企业信息化 500 强"调查采取定量评价和定性评价相结合,以定量评价为主的方法①。

CECA 国家信息化测评中心设计了"中国企业信息化 500 强"调查测评体系,该体系充分参考了我国企业信息化指标体系的研究和实践成果,充分吸收了制造业信息化指数测评研究工作的经验,结合调查活动的特点,经过广泛征求专家意见,多次研讨、反复论证后形成;其评价可以与国家信息化水平评价体系接轨,是以中国企业信息化指标体系为统一尺度,对中国企业信息化水平的广泛测评。

这项调查结果对政府掌握全国企业信息化进展情况并推动企业信息化健康发展提供了一个重要平台。企业信息化中的一个重要的内容就是企业网站的建设与应用,因此中国企业信息化 500 强评选也可认为是从另一个方面对企业网站进行评价。表 2-27 即 2008 年度中国企业信息化 500 强中前 10 名的企业名录。

表 2-27　2008 年度中国企业信息化 500 强前 10 名企业

名次	企业
1	中国工商银行
1	上海通用汽车有限公司
2	中国远洋运输(集团)总公司
3	国家电网公司
3	中国石油化工集团公司
4	宝山钢铁股份有限公司

---

① 2008 年度中国企业信息化 500 强评选网站[EB/OL],http://www.ipower500.com,2011—11—09。

5	中国农业银行股份有限公司
6	中兴通讯股份有限公司
7	一汽—大众汽车有限公司
8	中国五矿集团公司
9	中国联合网络通信有限公司
10	中国电信集团公司

由于是从政府的角度出发进行评价，同时结合企业规模，所以排名靠前的企业大多为国有大型企业；从行业分布来看，大部分企业来自制造业，显得比较单一；从指标体系来看，由于是进行信息化这个比较大的概念的测评，单独对企业网站的评价不是很充分细致。

（3）企业网站评价服务

随着互联网的发展，很多企业特别是一些新兴企业倾向于大力宣传自己的网站，因此，许多咨询公司开始涉足网站评价，同时也出现了许多专门网络评价公司，这些评价公司大多以网络营销为名，为企业及其竞争对手进行网站分析，撰写分析报告，收取一定的费用。比较有代表性的是：

①深圳市竞争力科技有限公司

深圳市竞争力科技有限公司（http://www.jingzhengli.cn）成立于2005年3月28日，以一批国内知名网络营销专家为核心成员，公司定位于网络营销管理顾问，致力于提高中国企业网络营销应用水平，提升互联网环境中企业综合竞争力。新竞争力网络营销管理顾问服务领域包括：网络营销策略、网站推广方案、网站评价诊断、网站优化方案、流量分析、咨询培训和研究报告等[①]。其中在企业网站评价方面包括：

企业网站专业性评价报告。包含一般企业网站专业性评价、B2B电子商务网站专业性评价、B2C网站专业性评价等，针对不同类别的网站分别建立了相应的评价指标体系。企业网站专业性评价报告是对企业网站总体策划、网站结果、网站功能、网站内容、竞争者分析等十类共计120项指标的全面诊断评价，报告内容包括十类指标每项指标得分以及网站总评得分。本项报告只

---

① 深圳市竞争力科技有限公司官方网站，http://www.jingzhengli.cn，2011—11—08。

提供对网站评价结果的简要分析建议。本项分析报告价格为:每个网站每次评价 500 元。

网站专业性综合分析报告。"网站专业性综合分析报告"是在"网站专业性评价报告"的基础上,以网站专业性评价指标体系为基础对网站主要问题进行的全面分析,除了网站评价报告中的基本内容之外,还包括详尽的分析和建议,这些分析和建议可以直接应用于企业网站的升级改造方案,以及制定更加合理的网络营销策略。本项分析报告价格为:每个网站每次评价 5000 元。

企业网站搜索引擎优化状况诊断报告。搜索引擎优化诊断是网站评价的一部分,但又不仅仅限于网站诊断,因为网站的搜索引擎优化状况还要考虑更多的外部因素,包括网站链接、竞争者搜索引擎优化状况等。该项诊断指标体系由 68 项评价指标组成,对了解网站的搜索引擎优化状况、制定有效的搜索引擎营销策略具有重要指导意义。本项服务价格:每个网站每次诊断 3000 元(包括搜索引擎优化诊断及分析建议)。

企业网站专业性在线评价。这是新竞争力网站所提供的一项免费网站评价工具,是对企业网站结构、内容、主要搜索引擎收录情况、搜索结果等方面进行的初步诊断,共包含 25 项评价指标,这项评价是在线实现的。

企业网站搜索引擎优化状况在线诊断。这是网站所提供的另一项免费评价工具,这项评价也是在线实现的。搜索引擎优化在线诊断评价系统(自动评价)是对企业网站结构、内容、主要搜索引擎收录和搜索结果排名等方面进行的初步诊断,共包含 25 项评价指标。

前三项服务因为受到收费限制,作者仅试用了网站上提供的免费在线评价。以 IBM 中国为例,关键词为"质量",点击"自动评价"(见图 2-1)。

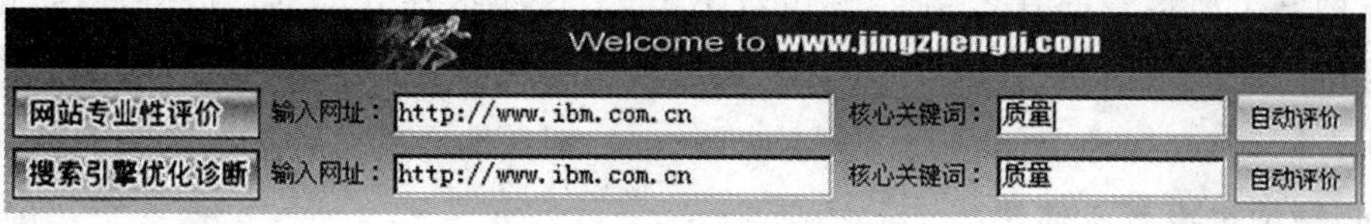

图 2-1　竞争力在线评价图

得到结果如表 2-28 和表 2-29:

表 2 – 28　企业网站专业评价结果表

被评价网站基本信息	
网址：	http://www.ibm.com.cn
主要关键词：	质量
网站状态：	正常
企业网站专业评价结果	
评价指标	得分(0—5分)
1.网站结构	4
2.网站信息内容	3
3.网站下载速度	2
4.网站链接(内部)准确性	4
5.主要搜索引擎收录情况	5
被评价网站最后平均得分：	3.6

表 2 – 29　企业网站搜索引擎诊断结果表

被评价网站基本信息	
网址：	http://www.ibm.com.cn
主要关键词：	质量
网站状态：	正常
企业网站搜索引擎诊断结果	
评价指标	得分(0—5分)
1.网站结构搜索引擎优化设计	2
2.网站内容搜索引擎优化设计	4
3.主要搜索引擎收录情况	2
4.Google关键词搜索的排名	4
5.百度关键词搜索排名	4
被评价网站最后平均得分	3.2

　　从表 2 – 28 可以发现,竞争力公司的在线评价所列出的指标是非常少的,它网站上所提到的有 25 项指标也看不出来,这些指标分类不是很清楚,而且都集中在网站信息内容这一块,因为采用了 5 分制,网站之间的区分度也非常小。同时,在线评价的机制让人不能理解,特别是输入的关键词的意义到底如何,网站也没有具体说明。

　　而从表 2 – 29 发现,网站搜索引擎诊断的结果,仿佛只是运用一个小程序,将这个网站在两大搜索引擎的收录情况进行统计得分,没有任何其他内容,而至于这些得分是以什么标准给的,同样不清楚。

对比表 2-28 和表 2-29 同样是 IBM 中国网站,关键词也相同,表 2-28 显示的主要搜索引擎收录情况得分为 5,而表 2-29 显示的主要搜索引擎收录情况得分为 2,差距如此之大,这个对企业网站在线评价的可信度也大大降低了。

②时代财富公司

广州时代财富科技有限公司(www.fortuneage.com)成立于 2000 年 6 月 6 日,是中国最早的网络顾问公司之一,由中国互联网的开拓者、推动者张静君女士创办。

时代财富公司专注于网络顾问咨询服务和网络应用实施服务,内容涉及企业信息化顾问、政府信息化顾问、网络应用方案咨询策划、网站策划建设、信息资源管理平台(A3-IRMP)产品、互联网及电信增值服务等①。总之,该公司基本上属于 IT 咨询公司,涉足的领域比竞争力要广,在其网站上给出一些成功的案例,同时也给出企业网站建设原则,基本上分为三个层次,表 2-30 仅列出第一层的指标。

表 2-30 企业建站基本原则列表

序号	指标名称	含 义
1	目的性	必须有明确合理的建站目的和目标群体
2	专业性	信息内容应该充分展现企业的专业特性
3	实用性	功能服务应该是切合实际需求的
4	易操作性	界面设计的核心是让用户更易操作
5	艺术性	网页创作本身已经成了一种独特的艺术
6	性能	网站正常的访问性能
7	日常维护更新	网站的最大特点是它总是不断变化的
8	发挥作用	网站必须被访问和使用才有价值

除了上述两家商业性的网络服务公司以外,百度和 Google 近年来都分别推出了免费的网站评价分析工具:百度站长平台(http://zhanzhang.baidu.com)和 Google 网站站长中心(http://www.google.cn/webmasters)。这两项服务都可

---

① 时代财富公司官方网站,http://www.fortuneage.com,2011—11—09。

以使企业了解自己网站的流量、索引情况、关键字权重等网站指标信息,可以为企业网站进一步的优化提供帮助。

2.3.2 商业网站

2.3.2.1 商业网站评价的方法

商业网站评价所采用的方法很多,从评价所需数据资料的获取方法来看,目前通用的有以下四种:

①网站流量指标统计。网站流量指标统计就是通过特定的软件统计、分析网站的浏览量。国际上著名的咨询调查机构如 Media Metrix 公司(www.mediametrix.com)、AC Nielsen 媒体研究所(www.eratings.com)等采用独立用户访问量指标来确定网站流量,并据此定期发布网站排名。以发布世界网站排名的 Alexa(http://www.alexa.com)也是一个引人注目的专门统计网站流量的机构,它有综合排名和分类排名两种。可以说,Alexa 是当前拥有 URL 数量最庞大,排名信息发布最详尽的网站。

国际上对独立用户通用的定义是:在一定统计周期内(一个月或一个星期),对于一个用户来说,访问一个网站一次或多次都按一个用户数计算。国内有一定影响的网站访问量统计机构,如中国互联网络信息中心(CNNIC)的第三方网站流量认证系统(http://www.cnnic.net.cn)、网易中文网站排行榜(http://best.netease.com)也是采用网站流量指标排名方法。网站的排名一般有每周排名、每月排名,也有昨天最新排名。

但是,国内外关于网站流量指标的定义并不一致,国内各网站采取的定义方法也有所不同,这样,在一定程度上限制了国内网站流量排名的权威性和一致性。而且,最重要的是,国外咨询机构采用的是实际监测的手段,而上述国内网站流量主要采取在被测网站加入代码的方式,并且对于是否参与排名、是否公开排名结果完全出于自愿,这样,网站访问量排名的真实性、全面性等均无法保证。即使如此,参加类似的网站排名对于提高网站知名度仍然起到一定作用。

②专家评价。专家评价法是一种采用规定的程序对专家进行调查,依靠专家的知识和经验,由专家通过综合分析研究对问题作出判断、评估的一种方法。

例如,CTC 中国竞赛在线(http://www.ctc.org.cn)于 1999 年 10 月举

办的"99 中国优秀网站评选",将网站分为综合与门户、政府与组织、电脑与网络等 10 个类别。初选由评选机构选定 20 个以内的候选网站,评选活动首先由公众在网上投票并发表意见,最终结果则由评选委员会根据综合因素评定,实际上主要决定于专家评价。专家评价法有集思广益的优点,可以对各被选网站进行综合评价,但其局限性也十分明显,例如,专家团人数有限,代表性不够全面;难以避免部分专家的倾向性;个别权威人物或言辞影响力较大的专家可能左右讨论结果;有些专家出于情面因素,即使不同意他人观点,也不便于当面提出,从而影响整个评价结果的公正性。

③问卷调查。问卷调查是一种常用的调查方式,通常有抽样调查和在线调查等形式。中国互联网络信息中心历次中国十大网站的评比结果都是基于在线问卷调查的方式。这种形式的主要弊端在于有人为作弊的可能,为剔除无效问卷要花费较多人力。

但是,由于问卷调查结果的可信水平与问卷的设计、抽样方法、样本数量、样本分布、系统误差、调查费用等多种因素有关,问卷调查的结果也只能在一定程度上反映出网站在人们心目中的"形象"。

对于任何一家评比网站来说,建立科学的评价标准,并保持自身的公正形象至关重要。但是无论是在线调查还是专家评价,都摆脱不了主观因素的影响,因为各人的经历、偏好有所不同,对每种标准的判断就会有差异。所以,无论定量分析还是定性描述,各种评比方法都存在一定的缺陷。

④综合评价方法。鉴于以上各种网站评价方法都有一定的局限性,商业网站评价需要一种综合性的评价方法,即动态监测、市场调查、专家评估为一体的综合评价模式,这需要有科学的分析评价方法,全面、公平、客观的评价体系,权威、公正的专家团体,也需要有科学、合理并有足够样本量的固定样本作为基础。

在这种评价方法中,首先是建立加权的综合评价指标体系;然后通过技术测量、专家调查、用户调查等方法收集数据,并建立监测数据库、调查数据库等;再采用定性与定量方法、比较分析方法、模型分析方法等对数据库存及其相关资源进行挖掘和分析。

2.3.2.2 商业网站评价的内容与指标体系

如前所述,商业网站评价类型众多,由于不同的网站所设定的目标不同,所以不同的网站有不同的评价标准。有的侧重于技术指标的测评,有的侧重于信息服务评价,而有的侧重于客户满意度的评价。其中,网站的访问量则是所有网站共同的评价指标。

Gomez(http://www. gomez. com)和 BizRate(http://www. bizrate. com)这两个著名的评价网站对电子商务网站的评价主要是从客户需求、客户满意的角度来制定网站的评价内容和指标,其影响力也越来越大。专门的评价网站甚至作为一种电子商务模式出现并蓬勃发展起来。

Gomez 制定了 5 个一级类指标:易用性、用户信心、站点资源、客户关系服务和总成本。具体见表 2-31 所示。

表 2-31　Gomez 制定的商业网站评价指标

评价指标	指标解释
易用性	网页应是一致的形式和直观的网站外观相结合,布局要紧密并与内容和功能相结合,提供有用的示范和防范的联机帮助。
用户信心	网站应高度可靠,拥有知识丰富且易于访问的客户服务机构,并且提供质量功能和安全保护。
站点资源	不仅在站点上提供广泛的产品和服务方面的信息,还要通过电子账户、交易、工具和信息查询等方式提供针对这些产品和服务的全方位的深度服务。
客户关系服务	企业通过个性化服务建立电子化的客户关系服务,允许客户在线提出服务请求,通过客户联谊活动和额外津贴等方式提高客户的忠诚度和集体感。
总成本	指企业为用户提供的定制化一揽子服务所需要的成本。包括一揽子服务的原材料成本,运输和处理的附加费用,最小的收支差额和利率。

BizRate 制定的电子商务网站的评价指标共有 10 项:再次光顾网站、订购的方便性、产品选择、产品信息、产品价格、网站外观与表现、物品运输和处理、送货准时性、产品相符性、顾客支持、订购后跟踪。

美国消费者联盟(CU)作为一个独立的、非营利性的测试和信息组织开展了卓有成效的电子商务网站测评活动,消费者联盟(CU)网站 Consumer Reports Online(http://www. consumersunion. org)的评价内容包括以下几方面:网站流量,销售额,网站政策(安全性、个人隐私、装运、退货、顾客服务),使用方便性(设计、导航、订单及取消、广告)和网站内容(分类深度、产品信息、个性化),然后专家根据各项指标的综合结果对电子商务网站进行排名。

国内也有不少商业网站评价的研究成果。例如王伟军认为商业网站至少应该从以下六个方面进行评价:①技术指标。包括站点速度、系统稳定性与安全性、链接的有效性等。②界面指标。包括整体视觉效果、美工设计、页面布局、网站结构与分类深度、使用的方便性等。③资讯指标。包括提供信息的数量、质量及种类、信息更新频率、个性化信息服务等。④功能指标。包括网站功能的完备性、功能实现的有效性、特色产品、特色功能和特色服务等。⑤客户服务指标。包括物品配送的收费和配送方式的选择性、送货准时性、顾客支持的水平和质量、个性化定制能力、网站与用户的交互性、个人隐私保护等。⑥经营业绩指标。包括网站流量(点击率)、交易额、成本利润率、甚至股票价格等。①

由《互联网周刊》主办"中国商业网站 100 强评选"将候评的网站共分为六类:综合平台类、交易服务类、网络服务类、行业类、娱乐类、企业类,其中的交易服务类网站与本研究的对象相吻合,它是指能够满足企业和个人进行 B2B、B2C、C2C 等商务交易活动的网站,包括电子商务网站、银行支付网站等。这类网站以互联网为业务经营和商业交易的平台,从事直接商业交易活动、网络商务和交易辅助服务。评选采用的评价体系有:①公众喜好度,②社会认可度,③资源延展性,④商业成长性,⑤投资潜力,⑥战略价值。因在前文企业网站评价研究现状分析中已经述及,在此不再赘述。

再如 CNNIC(http://www.cnnic.net)给出的商业网站的评价指标有:站点的浏览器的兼容性、引擎上的出现率、站点速度、链接的有效率、被链接率、拼写错误率、站点设计。

总体上看,国内对商业网站的评价在评价方法和内容上都存在不足。在评价内容上,还主要是对网站的技术性能进行评价。在评价方法上,虽然普遍采取网站流量指标评价、专家评价、问卷调查评价等方法,但评价所采用的问卷调查,其数据采样中存在数量上的不足,因为我国真正参与电子商务网站交易的网民数量有限。此外,在数据处理与分析时,较少采取加权指标评价、模

---

① 王伟军:《电子商务网站评价研究与应用分析》[J],《情报科学》,2003,21(6):639—642。

型评价、动态分析评价等方法,影响了评价的准确性。

2.3.3　政府网站

目前,政府网站评价的研究已经成为国内外广大研究工作者和研究机构密切关注的课题。国外的研究始于 20 世纪 90 年代,研究人员和研究领域比较多样化。研究人员包括了电子政务和图书情报两个领域的专家学者以及相关的政府机构和知名咨询公司。研究的领域包含了政府网站评价指标体系的建立、不同国家政府网站建设情况的比较、政府网站评价方法以及与政府网站相关信息政策的探讨。国内对政府网站评价的研究最初集中于图书情报领域的专家学者以及相关的政府部门,近几年电子政务方面的专家也开始关注政府网站评价这个问题。

2.3.3.1　国外对政府网站评价的研究

国外的研究是从电子政务发展成熟度比较高的美国开始的。克里斯汀·R. 艾申费尔德(Kristin R. Eschenfelder)等人在 1997 年提出了美国联邦政府网站的评价指标体系(见表 2－32)[①]。在此文中,作者提出了联邦政府网站的评价指标体系,此体系包括信息内容标准和易用性标准两个大的方面。此后,相关领域的专家学者、政府机构以及公司纷纷对这个课题进行研究,不断推动其发展。其中电子政务方面的专家学者是从评估政府网站的绩效角度出发,关注政府网站在整个电子政务中的作用,他们运用社会学和统计学方法对政府网站进行评估。而网络信息资源方面的专家学者是从网络信息资源的使用角度出发,对政府网站的信息内容、结构和技术等各个方面进行探讨。

彼得·赫楠(Peter Hernon)于 1998 年发表的政府网站评价相关论文参考了克里斯汀·R. 艾申费尔德等人的政府网站评价标准,然后根据研究对象新西兰政府网站做了相应的调整。并且对美国和新西兰两个国家政府信息政策方面进行了比较研究,通过实例分析对两国政府网站的建设现状进行了评价。在这个基础上,提出了将政府网站评价框架用以评价政府服务,并且介绍了这个评价框架在实际中的使用[②]。

---

①　Eschenfelder K. R. Beachboard J. C. McClure C. R. Wyman S. K. Assessing U. S. Federal Government Websites[J]. *Government Information Quarterly*, 1997, 14 (2): 173—189.

②　Hernon P. Government on the Web: A comparison between the United States and New Zealand [J]. *Government Information Quarterly*, 1998(15): 419—443.

表 2 - 32　克里斯汀·R.艾申费尔德等人提出的政府网站评价指标体系

一级指标	二级指标	三级指标
信息内容标准	站点导向性	站点概括
		站点范围明确
		对站点提供的信息和服务进行描述
		具有站点使用指南
		对目标受众说明站点目标
		对信息使用者的可靠声名警告
		版权声明(如需要)
	内容	主页内容要与网站目标一致
		内容和链接符合受众需求
		只提供必要和有用的信息
		内容范围不交叠
		有大量信息但是不泛滥,并且分部均衡
		提供全文本和其他形式资源
		信息质量有保证并且具有独特性
		清晰和一致的语言风格,与用户风格相匹配
		避免俚语、幽默
		运用正式的、专业的语言
		语言无偏向性
		逻辑组织良好
	时效性	联系地址和最后更新信息
		最近三个月内有更新
		信息是时新的
	文献控制	标题清楚易懂
		每个页面都有清楚的题目
		如果题目不能完全描述,则要有连贯准确的描述
		提供的信息与标题一致
		页面布局一致
	服务	服务的提供不同于信息资源的提供
		服务是面向所有因特网用户还是收费的
		服务满足用户需求
		服务是可用的
	准确性	提供文档或者网站目前状态
		信息出处和来源标注清晰
		没有打印、拼写及语法错误
	隐私性	站点提供者运用政策保护用户隐私权的程度

（续表）

		网站是否告诉用户网站信息的使用权,比如哪些信息可以公开传播
		用户能否与网站交互保密信息
易用性标准	链接质量	没有废弃链接
		暂时的导向地址不被认为是好链接
		新的部分有新的链接
		链接指向大的文档和图像时提供警告信息
		限制接入的链接有说明
		提到的文档有链接指向
		速度是满意的
		尽量少用大的图像和明亮的色彩以加快文档下载速度
	反馈机制	在主页和重要页面上有联系方式
		反馈链接是可用的
	可接入性	能够通过搜索引擎或者其他广告标示网站的存在
		在标题中提供网站组织的全名
	设计	依据主题和功能提供合适的格式。一个好的设计使用户获取信息更容易
		屏幕整洁
		网站的格式统一
		网站主页简短
		用标准 HTML 写成,用不同浏览器得到相同的效果
		正确地用图形和颜色引导用户
		不用大的图像
		避免许多小图像
		尽量限制使用斜体、粗体和其他容易分散用户注意力的字体
		提供给用户"不下载图像"的选项
	导航性	必要的提示
		导航选项独特、明显
		尽量减少用户使用难度
		所有部分都是可用的
		如果包含个人信息,那么应该保证交互安全
		在所有的页面中应有指向主页的链接
		应该提供帮助导航的链接,如"指向前一页面"

　　由于成本问题和操作难度的原因,目前对政府网站的研究方法都是通过

专家来评价网站质量。莫·琼（Menno de Jong）等人提出了一种新的面向专家的评价方法——情景式评价，这种方法可以让专家专注于用户的需求。在其研究中，针对 15 个城市政府网站，研究者提供了实际的使用场景、有限的用户特征和评价标准，请专家进行评价，通过情景的提供为专家的判断提供了方便，引导其从用户的角度来对政府网站作出评价，是对专家评价的发展。[1]

专家学者关注政府网站的评价是这一领域不断发展的动力之一，此外也有众多的研究机构和公司进行此方面的实证工作和分析。国外著名研究机构也对政府网站评估进行了大量的调查研究。

2001 年，世界市场研究中心与布朗大学对 196 个国家和地区的 2288 个政府网站进行整体评估，主要针对联系信息、出版物、数据库、门户网站和网上公共服务的数量 5 个方面，并且具体细化为 22 个指标：电话联系信息、联系地址、出版物、数据库、联系其他网站的链接、音频剪辑、视频剪辑、外语版面、无广告、不需使用费用、残疾人通道、有保密政策和安全政策、索引、网上公共服务门户网站的链接、办理时允许数字签名、可选择使用信用卡付费、电子信箱联系信息、搜索能力、有评论的区域、事件公告、可通过电子信箱提供新信息服务[2]。

埃森哲公司（Accenture）提出服务成熟度和传递成熟度两种指标来衡量和评价政府网站。埃森哲公司根据两种成熟度的情况，将政府网站提供电子服务的能力由高到低划分为 4 种类型：（1）创新领袖类型（Innovative Leaders），在公共服务电子化方面远超出其他国家；（2）有理想的追随者类型（Visionary Followers），基于公共服务电子化方面的坚实基础而显出强劲的发展势头；（3）稳固成就的取得者类型（Steady Achievers），逐步显示出公共服务电子化的服务宽度；（4）平台建设类型（Platform Builders），公共服务电子化程度较低，在相互合作、横跨机构的政府网站建设方面尚需努力。[3]

2004 年，为了了解全球电子政务的情况，联合国的公共经济与公共行政

---

① De Jong M, Lentz L. Scenario evaluation of municipal Web sites: development and use of an expert-focused evaluation tool[J]. *Government information Quarterly*, 2005(11): 1—16.

② West, D M. WMRC Global E-Government Survey, October, 2001 [EB/OL], http://www.mdi. gov. md/img/pdf/egovt01int. pdf, 2006—10—10.

③ eGovernment Leadership: Rhetoric vs Reality-Closing the Gap[EB/OL], http://www.ucis.pitt. edu/euce/events/policyconf/01/Davies-eGovernmentLeadership. pdf, 2006—10—10.

署（United Nations Division for Public Economics and Public Administration）与美国行政学会（the American Society for Public Administration）对联合国成员国的政府网站建设情况进行了研究分析。研究的基础是政府网站在以公民为中心方面的成效，研究结果给出了政府网站的五种状况。①

第一，起步状况（Emerging Presence）。政府网站开始正式提供，但功能有限；一些独立的政府网站能够提供静态的机构或政治信息。网站可能还提供一些如电话号码和办公地址等联系信息；有些还提供常见的问题解答。

第二，提升状况（Enhanced Presence）。政府网站的数量扩大，网站的内容也更加动态和专业，经常更新。网站提供了与其他官方网页的链接，公布了政府的出版物、法律文件、新闻、电子邮件，以及具有一定的搜索能力。同时，网站也会有国家或中央政府的网址，供公民访问各部委和部门。

第三，交互状况（Interactive Presence）。政府网站的能力通过政府机构和服务的广泛上网而显著提高。通过电子邮件、留言区等服务，公民与政府之间的信息交互水平大幅度提高；此时政府网站已经具备搜索专门数据、下载和提交表格等能力。网站的内容和信息也定期更新。

第四，政务处理状况（Transactional Presence）。政府网站具备了完整和安全的网上政务处理能力，例如：通过网络办理签证、护照、出生和死亡记录、驾照、特许等，支付交通罚款、机动车登记费用、交税等。政府网站能够接纳数字签名进行采购和商务活动。

第五，无缝隙或完全整合状况（Seamless or Fully Integrated）。政府网站具备在统一标准下即时提供所有服务的能力；部委、部门或机构的界限已经在电子服务中消失，公共服务能够根据公民的需要随时提供。

2.3.3.2　国内对政府网站评价的研究

国内的众多专家学者从理论和实证两个方面对政府网站评价进行不断深入的研究。钟军和苏竣提出主观和客观两种类型的指标对网站进行评测，然后又针对政府网站主要处于信息发布的阶段，提出了用几种客观指标评测政府网站的方法，并且选择18个部委级的政府网站对其的客观指标情况进行了统计，

---

① Benchmarking E-government：A Global Perspective Assessing the Progress of the UN Member States [EB/OL]，http://unpan1.un.org/intradoc/groups/public/documents/UN/UNPAN021547.pdf，2006—10—12.

客观记录了政府网站的情况。[①] 但是其指标体系不完整，并且由于处于政府网站发展的早期阶段，有其局限性。

殷感谢、陈国青主要参考了克里斯汀·R.艾森费尔德等人的研究成果，根据具体情况做了相应的删减构建了政府网站评价指标体系（见表2-33）[②]，然后通过数据调查、统计分析和显著性检验对中美两国的网站特点进行了比较，调查选取的样本为42个国务院职能部门政府网站。

表2-33　殷感谢、陈国青建立的政府网站评价指标体系

信息内容类指标	易于使用类指标
站点定位	链接质量
流通性	反馈机制
服务，包括信息发布类服务和电子政务类服务	可到达性
隐私和安全性声名	适航性

胡广伟等从网站功能、网站服务和网站使用效果三个方面对我国政府网站总体建设情况进行全面的分析，并从指标成熟度、频度分布、差异度等不同角度对中央部委与地方政府之间的情况进行比较。并且结合我国各地区的经济发展状况以及各地区抽样网站样本数目，进一步挖掘政府网站建设情况与经济发展状况、地区抽样网站数目之间的相关关系。其所提出的政府网站评价指标体系如表2-34所示[③]。

表2-34　胡广伟等提出的政府网站评价指标体系

功能指标	链接功能	信息链接
		网站链接
	联系信息	办公电话
		办公地址
		E-mail 地址
	隐私和安全	用户隐私保护
		安全协议

①　钟军、苏竣：《政府网站评测方法研究》[J]，《科研管理》，2002，23(1):133—138。

②　殷感谢、陈国青：《电子商务与政府信息化建设——政府网站比较研究》[J]，《计算机系统应用》，2002(2):4—7。

③　胡广伟、仲伟俊、梅姝娥：《我国政府网站建设现状研究》[J]，《情报学报》，2004，23(5):537—546。

	残疾人辅助功能	法律保障信息
		帮助信息
		聋哑电话
		上网帮助
	数字民主	网上投票
		辩论论坛
		网上调查
		留言板
	信息检索	信息检索
	网站导航	网站导航
	信息发布	政务公告
		政务新闻
		政策法规
		机构职能
		机构章程
		研究项目信息
		其他政务信息
		会议信息
	其他语言版本	英文版
		繁体中文版
		日文版
		其他语言版本
	计数器	网站计数器
服务指标	注册服务	注册服务
	网上交易	政府采购
		政府招标
		拍卖
		其他交易活动
	企业办事	企业办事指南
		办事流程图
		办事机构简介
		机构联系信息
		其他办事项目
	广告服务	广告服务
	网上数据库	网上数据库
	音频服务	音频服务

（续表）

	视频服务	视频服务
	电子刊物	电子刊物
	翻译服务	翻译服务
	就业服务	就业服务
	电子结算	电子结算
	市民办事	办事指南
		流程图
		机构简介
		机构联系信息
		日常服务
		其他办事项目
	交通服务	GIS 服务
		紧急事故处理
		道路开/关通告
		其他服务项目
使用效果	个性化设计	个性化设计
	界面友好度	好和差
	用户满意度	好、中、差
	站点容量	好、中、差
	人机交互度	人机交互度
	信息时效	好、中、差
	信息准确性	好、中、差
	链接有效性	好、中、差

　　张高兴、曾宇航提出的评价指标体系包括的一级指标有信息服务能力（40％权重），在线服务实现度（40％权重）和公众参与（20％权重）。信息服务能力下的二级指标包括城市信息，政务公开度，信息导航能力；在线服务实现度下的二级指标包括对个人的服务，对单位的服务；公众参与下无二级指标。然后给各个指标打分，满分为 10 分，给各个二级指标及子项设立满分值，具体的指标体系见表 2-35 所示①。这样一个测评方法的提出有助于政府网站评价实证研究的发展，但是由于其权重为研究者个人的主观判断，因此不够客观，权威度不够。

---

　　①　张高兴、曾宇航：《城市政府门户网站评估：指标体系与测评方法》[J]，《统计与决策》，2005，9(197)：34—36。

表 2-35　张高兴、曾宇航提出的政府网站评价指标体系

一级指标	二级指标	具体指标项目
信息服务能力	城市信息	本地要闻、数字地图、旅游观光等
	政务公开	机构设置、公示公告、政府工作报告等
	信息导航	网站链接、信息分类、信息检索等
在线服务实现度	对个人的服务	户籍管理、住房相关、交通与车辆管理、出入境管理等
	对单位的服务	税务办理、企业设立、人力资源、进出口贸易等
公众参与		知识产权、公安消防、企业变更、司法公正等

　　张鹏刚、胡平针对西部地区政府网站提出了政府网站评价指标体系,涉及省级政府网站,省级政府部门网站,区县政府网站三个层次[①]。第一个层次是省政府网站评价——省级政府门户网站总体状况。第二个层次是省级政府职能部门网站评价,包括可链接的省级政府职能部门网站数量、省级职能部门信息公开状况、省级政府部门网上服务状况、省级政府职能网上服务状况和省级政府部门网站更新状况。第三个层次是地方政府网站连通性评价,考察地(市)级政府网站链接状况和县(区)级政府网站链接状况。首先通过统计政府网站实现这些指标的数量和比例来考察西部地区政府信息化建设的状况。然后进行了聚类分析和数据包络分析。

　　与此同时,国家信息化工作办公室也开始关注政府网站评价这个课题。在国家信息化办公室的带领下,国内咨询研究机构赛迪顾问咨询有限公司等采取了大量的实证分析来对这个课题进行深入研究。

　　2003 年,国务院信息化工作办公室委托赛迪顾问股份有限公司对我国政府网站进行绩效评估的指标研制和年度评估实施工作。2004 年 11 月至 2005 年 1 月,对全国政府网站绩效进行了 2004 年度评估,评估对象包括 76 个国务院部委及直属单位的部门网站和 31 个省级政府、333 个地级政府、414 个抽样县级政府的门户网站。数据截止日期为 2004 年 12 月 30 日。报告中提出了我国政府网站绩效评估体系的指标构成,见表 2-36。根据部委和地方政府职责的不同,在设计指标体系权重时,做了适当的区分。

　　这项研究的贡献主要在实证调查和数据分析上,这些调查数据充分说明了

---

① 张鹏刚、胡平:《西部地区政府网站建设水平分析》[J],《情报科学》,2005,23(9):1387—1391。

政府网站建设的现状。并且在实际调查的基础上建立指标体系,用大量数据来对政府网站各个方面进行说明。

表 2 - 36　赛迪公司提出的政府网站评价指标体系

一级指标	二级指标	三级指标
公共服务	信息类服务	行业信息
		服务指南
	办理类业务	在线咨询
		在线申报
		表格下载
		进程查询
		在线投诉
政务公开	机构设置	
	领导分工	
	人事任免	
	国际交流	
	政府会议	
	政策法规	
	统计数据	
	政府工作	
	政府采购	
	财政投资	
	民愿处理	
	决策公开	
客户意识	首页区域分部,考察公共服务内容所占区域	
	服务分类程度,考察按照主题进行服务分类的状况	
	公共参与程度,考察公共参与方式和参与结果	
	网站无碍程度	页面浏览兼容性
		颜色及对比色处理
		非文本内容的文字提示
	个性定制服务	信息定制
		栏目定制
	特殊服务程度,考察弱势群体服务内容的全面性	
	个人隐私保护,考察网站隐私保护声名	
	网站使用帮助	功能使用帮助
		常见问题回答

（续表）

其他指标	信息检索	检索方式
		检索范围
	网站导航	站点地图
		栏目导航
	其他语种	外文版内容丰富性
		外文版内容实效性
	网站域名,考察英文域名的规范性	

　　2002 年—2004 年,北京时代计世资讯有限公司以十大指标从网站的内容服务、功能服务、建设质量三方面对中国电子政务的状况进行了勾画,评价对象包括 67 个国务院组成部门、31 个省级政府、32 个省会城市及计划单列市政府、201 个地级市和 129 个县级政府的网站。评估指标体系中,网站内容服务主要刻画政府对公众的单方向信息发布,包括政务公开、本地概览、特色内容三个子指标;功能服务主要度量政府与公众的互动情况,包括网上办公、网上监督、公众反馈、特色功能四个子指标;建设质量包括设计特征、信息特征、网络特征三个子指标[①]。

　　2004 年,电子政务专业杂志《电子政务》公开发布了中国城市电子政务发展研究课题组《2003—2004 中国城市政府门户网站评价报告》[②]。该报告严格依照国家行政区划规范作为评价对象采样标准,对全国最具代表性的 336 个地级以上城市门户网站进行了全方位地考察和评价。评估采取定量与定性相结合的方式对城市政府门户网站进行分析和测评,将总体评估内容划分为核心指标和其他指标,核心指标参与最终量化排序,其他指标仅参与定性评价和分析。核心指标最终体现为电子政务实现度,包括电子政务在线服务力和电子政务在线应用力。电子政务在线服务力是对政府网站中的 65 项服务从充实性、交互性、实效性、个性化和透明化五个维度进行考察;电子政务在线应用力对实用性、安全性、开放性、灵活性和艺术性五个指标进行总体评价。

　　综上所述,国内外众多专家学者从各个层面上,运用各种社会调查方法对政府网站评价进行了理论和实证研究。国外的研究大多数是针对某些具体的

---

① 中国政府门户网站最新排名[EB/OL],http://www.ccwresearch.com.cn,2005—08—21。
② 中国城市电子政务发展研究课题组:《中国城市政府门户网站总体排行》[J],《电子政务》,2004(创刊号):154—162。

国家和地区的政府网站进行探讨,或者对两个国家和地区的政府网站进行比较,而中国政府网站具有自己的特征和发展情况。到目前为止,国内的研究没有形成统一的、科学合理并且有较高获取性的指标体系。国内已经建立的评价指标体系中,有的指标体系中指标的可获取性不高,偏重于从定性的角度来评价政府网站;有的指标体系中的权重获取比较主观,权威性不够。实证方面的研究进行了大量的社会调查,对结果的处理大多限于进行统计,深度挖掘较少。

2.3.4　学术网站

学术网站发布或转载该领域专家、学者在网上发表的专业性的文章,介绍该研究方向或学科专业的最新进展及会议等信息,提供专业性的学术资料以供用户学习、参考或研究之用,为用户提供一个网上交流的平台。随着学术网站数量的逐渐增多,一方面丰富了网络学术资源,为用户提供了更多的学术资料;而另一方面也给用户选择合适的学术信息资源带来了一定的困难,对学术网站的评价也就成为必然。

但是国内外很少有专门就学术网站的评价研究,但考虑到学术网站属于网络信息资源的一部分,同企业网站、商业网站、政府网站等其他类型网站在很大程度上具有共同的特点,因此,国内外在网站评价方面的研究对于学术网站的评价来说,是有很大的借鉴和参考意义的。有些内容前文都已述及,故在此仅就专门的针对学术网站评价研究的现状作一总结分析。

国外对于学术性网络信息资源的评测指标的重点主要在于内容的权威性、准确性等方面。例如,现已被 Thomson 公司收购的科学信息研究所 ISI(Institute for Scientific Information)创办的 Current Web Contents 网站,其主页上写道:"选择最好、最有用的学术信息是我们永恒的使命"。其评价标准主要包括:权威性(Authority)、准确性(Accuracy)、通用性(Currency)、导航设计(Navigation and Design)、适用性和内容(Applicability and Content)、范围(Scope)、用户层次(Audience Level)、写作质量(Quality of Writing)、评论(Reviews)等[①];美国艾奥瓦州立大学的 Cyber Stacks 站点,主要评价科学、技术方面的网站,评价指标为:来源权威(Authority of the Source)、信息准确

---

① Current Web Contents Website Selection Criteria[EB/OL],
　　http://scientific.thomson.com/free/essays/selectionofmaterial/cwc-criteria/,2007—05—10.

（Accuracy of Information）、表达清晰（Clarity of Presentation）、内容独特（U-niqueness within the Context）、新颖及时（Recency/Timeliness）、评论独到（Favorable reviews）和社区需要（Community Needs）等方面①。

　　由英国众多大学、研究机构组成的 Intute 是一个提供教育科研领域最好网站资源的在线免费服务组织，涉及的学术网站包括艺术和人文科学、健康和生命科学、自然科学/工程技术、社会科学四大领域。② 其选择和评价网站的标准如下：③

　　（1）学科知识（Subject Knowledge）。

　　（2）核心标准（Core Criteria），从是否对研究、教学和学习有帮助和是否与满足需求有关系两方面来判断。

　　（3）知识内容（Intellectual Content），包括网站目的和对象、权威性和声誉、信息表达的准确性、内容的原创性、涉及范围和深度、外部链接数量等。

　　（4）客观性（Objectivity）。

　　（5）结构和形式（Structure and Form），包括表述和导航的清晰性、可获得性、版面设计等。

　　（6）系统和维护（System and Maintenance），包括内容的通用性和稳定性、资源的长期有效性、系统可靠性、技术和标识系统的采用等。

　　（7）责任者（Contributors），此项可选。

　　（8）公众建议（Public Suggestions），网站应该能够通过电子邮件等方式获得来自公众的意见。

　　国内对学术网站的评价最早是 1998 年由蒋颖完成的，该研究对因特网学术资源的特点和评价的意义、印刷型文献的评价方法和准则、因特网学术资源的评价工作、网上学术资源评价标准及评价方法进行了讨论④；袁毅在国内首次将链接分析用于学术网站的评价研究⑤，另外她还对引文分析用于

---

① 　http://www2. iastate. edu/～CYBERSTACKS/signif. htm,2006—07—20.
② 　About Intute[EB/OL],http://www. intute. ac. uk/about. html,2006—08—12.
③ 　Intute Collection Development Framework and Policy[EB/OL],
　　http://www. intute. ac. uk/Intute_cdfp. doc, 2006—08—12.
④ 　蒋颖：《因特网学术资源评价：标准和方法》[J],《图书情报工作》,1998(11):27—31。
⑤ 　袁毅：《链接分析用于学术网站评价存在的问题及解决办法》[J],《情报学报》,2005,24(5):585—593。

学术网站评价的可靠性和可行性做了论证分析①；邱均平、杨思洛提出可用网站被引分析法对学术网站进行评价，并对网站被引分析法的特点、相关评价步骤和指标进行了阐述②；石玉华、邓汝邦专门就社会科学核心网站的评价标准和方法作出了研究③；田红梅、李强也研究了链接分析用于学术网站的评价④。

　　国内学者从不同的侧重方面构建了各种学术网站评价指标体系。例如，陈斌从信息内容、信息易用性、编排设计、信息安全与道德、费用成本等五个方面考虑对学术网站的评价，前 4 个一级指标下又细分为：(1)信息内容（置信度、准确性、涵盖面、客观性、时效性、精练性、独特性）；(2)信息易用性（传输速率、稳定性、检索功能、网站可持续性、网站可链接性）；(3)编排设计（导航系统、互动性、美感度）；(4)信息安全与道德（网络安全、信息道德）。⑤ 赵仪、赵熊和张成昱利用文献计量学的方法，结合 Internet 的自身特点，提出了从网站内容、网站学术基础、网站用户、网站技术四个方面评价网站的一套指标体系：⑥(1)网站内容指标，包括：文献信息总量；信息增长率；信息衰减率；原创信息量及原创信息率；信息的重复率；信息的真实性；上述指标与传统信息服务渠道获得的文献数量的比较；内容的规范化程度；内容的专业覆盖范围；信息的展示方式及检索功能；搜索引擎出现率；超链接的有效率；(2)网站学术基础指标，包括：发起机构及伙伴机构的信誉度；主要内容创作者的学术地位；内容管理人员的专业素质水平；(3)网站用户指标，包括：用户访问量；注册用户数量；用户在网站的停留时间及浏览的网页数量；用户对网站的参与程度；用户访问来源；(4)网站技术性指标，包括：信息安全性；站点的浏览器兼容性；站点速度；页面设计美观程度。

2.3.5　小结

　　综上所述，尽管国内外的专家学者在网站评价方面作了大量的尝试与探

　　①　袁毅、王大勇：《引文用于评价学术网站的可靠性及可行性研究》[J]，《图书情报工作》，2005(3)：72—75。

　　②　邱均平、杨思洛：《基于被引的学术网站评价探析》[J]，《情报理论与实践》，2009(7)：69—73。

　　③　石玉华、邓汝邦：《社会科学核心网站的评价标准与方法》[J]，《情报资料工作》，2005(6)：41—46。

　　④　田红梅、李强：《基于链接分析的学术性核心网站评价》[J]，《情报科学》，2004,22(9)：1078—1080。

　　⑤　陈斌：《网站学术资源的评价方法研究》[J]，《情报探索》，2004(3)：34—36。

　　⑥　赵仪、赵熊、张成昱：《专业网站的评价指标分析》[J]，《现代图书情报技术》，2002(4)：43—45。

索工作,并取得了一定的成绩,但在提出的各种标准或体系中,均存在不同程度的问题。具体表现在:

(1)指标体系不够全面、完整。从现有的各指标体系或标准来看,没有能够全面反映网站的内外特征,人们无法利用其中的任何一个体系来对网站信息资源作出全面、系统、客观的评价。在所列举的各种标准或体系中,没有考虑网站及网站中网页的所有特征,指标的描述也不够详细。各个指标体系都只是从定性或定量的一个角度评价,缺乏既可进行定性分析,又可进行定量分析的完整体系,大部分只能算作是评价网站资源时所要考察的要素。拿这些指标体系来评价网站,在全面性和系统性上就有所欠缺。

(2)部分指标设计不够合理,含义不清。有些指标体系的指标设计得不够合理,含义不清。如国外的"10C"原则中的"批判性思考"、"可比性",都不容易理解和把握它们的确切含义。同时部分指标存在含义重复的现象,比如"可信度(Credibility)"与"准确性(Accuracy)"等等。另外还有少数同级的指标包含关系,如"内容"与"准确性","内容"与"独特性"等,实际上,"准确性"与"独特性"都应该属于内容的范围。

(3)指标的权重不易计算。有的指标体系分类不够科学,缺乏层次性,导致各项详细指标的权重不易计算。如陆宝益提出的 27 项指标仅仅简单地分为定性指标和定量指标两种类型,各项指标权重的获取只能采用问卷调查的方法简单地加权平均计算获得。[①] 这种方法计算的权重往往不够科学,容易受主观意见的影响,可能会存在较大的误差。

(4)评价对象模糊不清。上述的指标体系中大部分没有区分各项指标究竟是用来评价网站/网页的还是来评价网页中的信息内容的。事实上,网站/网页跟网页中的具体信息内容并不等同,虽然二者密不可分。有的指标适用于对网站或页面进行评价,而不适用于网站上的具体信息内容,有的适用于网站上的具体信息内容,而不适用于对网站或页面进行评价。为了更好地利用网络学术信息资源,如何建立一个科学、合理、全面、有针对性的网络信息资源评价指标体系或标准是当前迫切需要解决的实际问题,这也是本书目的和意义之所在。

---

① 　陆宝益:《网络信息资源的评价》[J],《情报学报》,2002,21(1):71—76。

2.4 搜索引擎评价研究的现状分析

2.4.1 搜索引擎评价指标体系的建立

对于搜索引擎的比较和评价在不同时期以各种不同的方式和不同的角度被讨论着,因此,评价的标准或指标也就有多个不同的版本。

国外搜索引擎评价最主要的一个特点是强调"人性化"的思想。因此,他们在确定评价指标的过程中,在充分强调检索效率重要性的同时,用户负担常常是放在第一位的。国外很多有关网络检索工具的评价研究都是以用户负担为主要测评指标的。贝尔(Bell)在前人研究的基础上,考虑到网络内容的复杂性,在评价信息检索系统时采取了以用户为中心的理念。[1]

贝尔·艾伦(Bar-Ilan)提出了如下的评价标准来评估搜索引擎的性能:数据库覆盖范围、查询响应时间、用户所需努力和检索效果。并指出,由于网络的动态特性,搜索引擎也应有更多的性能评价指标,如索引更新,以及随着时间的推移网页的可获得性等。[2]

最普遍的检索效率评价指标是查准率(检索得到的相关文献数占检索得到的全部文献数的比率)和查全率(检索得到的相关文献占数据库中全部相关文献数的比率)。但是,由于在判断相关性方面有人工的参与,使得评价搜索引擎所花费的代价很高。例如,实验中,仅一个主题就花了 6 个小时去判断其查询结果的有效性。[3] 此外,真实、准确的查全率和查准率在搜索引擎的评价中是很难实现的。1999 年被测试的 11 种搜索引擎中查询到网页最多的前三名是 NorthernLight、Snap 和 AltaVista,但是没有任何一种搜索引擎可以包罗超过 16% 的网上信息资源,搜索引擎的覆盖能力与一年前相比明显萎缩。[4]

---

① Bell S. Guidelines for the development of methodologies to evaluate Internet search engines: Please do a couple of searches and send the feedback to me[D]. Glasgow: Department of Information science, University of Strathclyde(MSc Thesis),1998.

② Bar-Ilan J. Methods for measuring search engine performance over time[J]. *Journal of the American Society for Information Science and Technology*,2002,53(4): 308—319.

③ Hawking D, Craswel N, Bailey P, et al. Measuring search engine quality[J]. *Information Retrieval*, 2001, 4(1):33—59.

④ Lawrence S, Giles CL. Accessibility of information on the web[J]. *Nature*, 1999(400): 107—109.

　　针对在以海量信息、非控制和超链接为特性的网络环境下，查全率和查准率这两个传统情报检索系统性能评价中最重要的指标很难计算的情况，H. 沃蒙·莱顿（H. Vernon Leighton）和杰德普·斯瓦塔瓦（Jaideep Srivastava）在实验中对查准率的计算进行了改进，提出了"相关性范畴"的概念，即把检索结果分别归入无用信息（不相关、死链、重复链接）、技术上相关、潜在相关和完全相关四个范畴，通过对不同范畴的检索结果赋予不同的权值计算查准率，并在此基础上提出"前 X 命中记录查准率"P(x)的概念，用来反映检索工具在前 X 个检索结果中向用户提供相关信息的能力。[①]

　　储荷婷（Heting Chu）和玛丽莲·罗森奈（Marilyn Rosenthal）在对 Alta-Vista、Excite 和 Lycos 三个搜索引擎进行比较研究之后提出应该从标引、检索能力、检索效果、输出、用户负担等五个方面来评价搜索引擎。[②]

　　国内学者在综合国外学者搜索引擎评价研究成果的基础上，也先后提出了一系列的搜索引擎评价指标。

　　曾民族提出了以下评价指标：①数据库规模和内容，包括覆盖范围、索引组成、更新周期；②索引方法，包括自动、人工索引、用户登录；③检索功能，包括布尔操作、截词查找、字段查找、大小写有别、概念检索、词语加权、词语限定等；④检索结果，包括相关性排序、显示内容、输出数量选择、显示格式选择；⑤用户界面（帮助文件、数据库和检索功能说明、查询举例）；⑥查准率和响应时间。[③]

　　也有人认为应从检索工具的索引构成、检索功能、检索效果、检索结果的显示、用户所需努力等方面进行评价。索引构成包括标引数量、标引范围（指网络信息的种类、部分标引还是全文标引）、索引更新频率、索引词抽取法；检索功能包括布尔逻辑检索、相邻检索、位置限定、大小写识别、去重功能；检索效果包括查全率、查准率和检索时间；检索结果的显示，WWW 网络检索工具

---

①　Leighton H V, Srivastava J. First Twenty Precision Among World Wide Web Search Services (Search Engines)：AltaVista, Excite, Hotbot, Infoseek, Lycos[J]. *Journal of the American Society for Information Science*，1999，50(10)：870—881.

②　Chu H T, Rosenthal M. Search Engines for the World Wide Web：A Comparative Study and Evaluation Methodology, Proceedings of the 59th Annual Meeting of the American Society for Information Science[C]. Baltimore, MD, 1996：127—135.

③　曾民族：《网络信息检索现状和性能评价》[J]，《情报学报》，1997，16(2)：90—99。

通常有二至三种显示方式,最简单的只显示文件标题和 URL,最详细的包括网络文件摘要,且允许用户自己调整每次显示结果数。[①]

宛玲等人认为从功能上讲,搜索引擎实质上是一种网络检索工具。传统的检索工具发展已有百年历史,其评价标准已相当成熟,搜索引擎虽与传统的检索工具有着很大的区别,其相应的评价标准也不尽相同,但仍可以借鉴传统检索工具的评价标准对网络检索工具进行评价。提出了如下的评价标准:[②]

①收录信息范围,指收录信息范围的广度、全面性以及收录范围划分明确性等三个方面。收录信息的范围可以从内容、信息源类型、搜索空间、网络信息组织的级别(网站级、网页级等)等考虑。收录范围确定后,再考察其收录信息是否全面,这里的"全面"包括两层含义,一是指该搜索引擎所搜集的信息在内容、类型、搜索空间、网络信息组织的级别等方面上应穷尽了所规定的收录范围,二是指该搜索引擎应包含网络上属于收录范围内的所有有一定价值的信息。收录信息全面是提高查全率的基本条件。当然,对广和全的要求是相对的。收录范围划分明确的搜索引擎有助于用户了解该搜索引擎可提供的信息范围,便于用户针对不同的需求进行不同的选择;②反馈的信息量及内容的准确性,主要指反馈给用户的查询结果能否有效地说明原网页内容。另外,评价搜索引擎时也应看其是否对相关网站进行了评价以及评价是否恰当,以利于用户进一步选择;③反馈的查询结果错误率,只要是指款目的重复率和死链接率;④报道与内容更新速度,网络上最新的信息应能及时在搜索引擎中反映出来,同时,陈旧的和其信息源已无法链接的款目要及时删除;⑤检索性能,是搜索引擎最重要的评价指标,包括是否提供多种检索路径,所提供的各种检索途径应具有很高的检索功效。检索效率,主要指查全率和查准率,但是当它们的值达到一定时,查全率高必然降低查准率,因此,评价搜索引擎时,应以该搜索引擎所服务的主要用户的需求特点为标准。此外,还有反馈信息的检索性能,即反馈回来的结果是否

---

①　储荷婷:《国际互联网检索工具:特点、比较和发展方向》[J],《大学图书馆学报》,1997,15(3):6—11,14。

②　宛玲、杨秀丹、杜晓静:《试析中文搜索引擎的评价标准》[J],《情报科学》,2000,18(1):28—31,38。

有利于用户进一步选择;⑥响应时间,包括两个方面,一是指进入搜索引擎的等待时间,二是指等待查询结果的时间。响应时间对用户是否选择某个搜索引擎起着决定性作用;⑦检索界面友好性,包括是否提供编辑使用说明与在线帮助,搜索引擎各项功能和各项信息的组织是否严谨;⑧精品推荐,由于网络信息资源非常丰富,即使搜索引擎有选择功能,反馈回来查询结果的信息量也会花费用户很大精力。推荐精品,一是节省了用户的查询时间,二是帮助用户进行严格筛选;⑨与其他搜索引擎的友情链接,包括两种情况,一是指与其他搜索引擎进行链接,另一种是指 FTP 检索进行链接;⑩系统性能,包括系统稳定性、可靠性和安全性等。除了以上十个评价标准外,还有其他的一些,如点击率,即在主页上设置了统计点击该主页的次数计数器,用来考察该网站的使用情况和质量,还有附加功能,如免费邮箱、新闻、股市行情等,这些对吸引用户起到了推动作用。但应注意评价搜索引擎时不应喧宾夺主。

　　陈海龙总结了目前常见的搜索引擎评价标准,主要包括:①①规模和范围,指搜索引擎收集的网站(或网页)数目及覆盖范围;②准确性,指检索到的信息是否是要查的信息,是否精确,目前主要用查准率来衡量;③全面性,指检索的信息是否综合全面,主要评价指标是查全率;④内容的时效性,指搜索引擎数据库的更新频率或更新周期;⑤检索能力,一般检索能力如支持关键词检索,高级搜索能力如支持关键词逻辑组配检索、截词检索、限定检索、概念检索、精确检索、相关检索及智能检索等;⑥检索结果输出,指检索结果是以何种形式输出,包括相关性排序、显示内容、输出数量选择、显示格式选择等;⑦检索速度,又叫响应时间,指从发出检索指令到检索结果返回需要的时间;⑧用户负担,指用户在检索过程中所需付出的努力和时间;⑨其他,包括死链接、重复链接及搜索引擎的稳定性等方面。

　　凌美秀认为能令绝大多数网络用户满意的搜索引擎就是最好的搜索引擎。一切检索工具的创立均是以用户的检索需要及实际使用效果为目标。因此,提出了立足于网络信息用户利益的搜索引擎评价标准:②包括①检全

　　①　陈海龙:《搜索引擎的评价标准及方法研究》[J],《情报杂志》,2001(9):50—51。
　　②　凌美秀:《关于搜索引擎当前存在的主要问题及其发展趋势的探讨》[J],《高校图书馆工作》,2001,21(5):29—33。

率;②检准率;③检索速度;④搜索引擎索引数据库的更新周期;⑤对信息有效性的判断能力。与凌美秀思路一致,王凡也基于用户满意的视角,采用用户满意评价领域中应用较为广泛的 ACSI 模型构建了基于用户满意的图像搜索引擎评价指标体系。该体系包含了①用户期望;②用户对图像检索结果质量感知;③用户对图像检索服务的感知;④用户对价值的感知;⑤用户忠诚度;⑥用户抱怨等 6 个维度共 21 个问项。[①] 王炼也站在用户使用搜索引擎的角度,分别从以下几个方面讨论搜索引擎的评价标准:[②]①如何选择搜索引擎? 主要从搜索引擎的大小和覆盖范围、更新频率、新颖度和死链率几个方面考察搜索引擎的数据库。②如何使用? 目前搜索引擎的界面都相当友好易懂,并且大多数提供了简单界面和高级界面供用户选择。主要从检索式的构造和检索功能两个方面进行讨论。③结果如何? 这是用户最为关心的部分。检索结果的输出界面给用户带来直观效果。由于用户基本上只会关心前几页的结果,系统如何对检索结果进行排序就显得尤其重要。④使用是否简便? 也就是用户负担方面的评价指标。帮助是必不可少的,基本上每个搜索引擎都对自己的搜索功能、使用方法、注意事项等都做了说明,对于用户来说,帮助越简单明了越有效。除此之外,后处理功能、辅助功能和信息过滤等对增加搜索引擎的易用性也具有相当重要的作用。

马彪、李恒提出以用户为导向构建判断矩阵,运用层次分析法建立评价模型。以用户满意为第一要素,认为选择指标必须遵循两大原则:一是指标必须能够基本反映搜索引擎的主要性能;二是必须选择用户关注或者是用户可以理解的常见指标,舍弃次要指标和专业指标,以便于用户根据评价结果作出选择。因此,最终选择了查准率、查全率、布尔函数支持、响应时间和死链比率这五大指标作为搜索引擎的评价指标。[③] 而包冬梅等侧重从最能反映搜索引擎"检索技术性能"的检索功能、检索结果、检索结果显示、用户负担等 4 个测试指标展开测试和评析。具体测试指标包括①检索功能:基本检索功能,

①　王凡:《基于用户满意度的图像搜索引擎评价研究》[J],《情报科学》,2010,28(2):239—243,247。

②　王炼:《从用户角度评价网络搜索引擎》[J],《情报科学》,2005,23(3):457—463。

③　马彪、李恒:《搜索引擎的性能评价》[J],《新世纪图书馆》,2003(6):41—44。

高级检索功能；②检索效果：响应时间，相对检全率，查准率，重复率，死链接率；③检索结果显示：结果显示格式的种类与内容（反馈信息），相关性排序依据等；④用户负担：用户界面，检索式辅助构造，信息过滤等。[①]

　　冯进给出的搜索引擎的评价标准是：[②]①规模与内容，包括搜索引擎收集的网站/网页数目，数据库更新频率，时效性等；②索引方法及查询功能，如除了支持简单的搜索，是否还支持逻辑查询和多词查询，多词查询是自动分词还是须加标记，是否能自动识别中、英文等；③检索结果处理，包括能否按相关度排序，输出格式、下载、打印、发送 E-mail 等；④分类功能，主要考察分类类目体系的深度、数量、合理性等；⑤用户界面，包括界面布局、联机帮助、界面定制、界面广告等；⑥汉字处理，包括词语切分，多内码处理及中、英文混合检索等；⑦其他，如响应时间、系统稳定性等。

　　赵科总结了目前在国际上初步形成的搜索引擎评价指标体系，整理结果如下：[③]

　　①数据库指标：搜索引擎的数据库所收录的信息资源是检索之本，数据库的规模和质量是评价检索工具的基本要素，具体有：a.数据库的规模：以搜索引擎收集的网站（或网页）数据作为统计单位。它直接影响到搜索结果的广泛性。b.数据库的范围：是收录的综合性信息资源还是专科性信息；是仅收录 Web 信息还是兼收 Usenet、FTP、Gopher、E-mail 等其他网络信息。c.数据库的质量控制：收录信息资源的质量、水平、使用价值、是否经过评价、鉴选等。

　　②信息组织管理指标：是对信息搜集、抽取、标引手段及组织管理方式的评价。包括：a.信息搜集方法：即信息标引手段与信息索引方法。通常分为自动索引、人工索引、用户登录三种。b.信息更新周期：指搜索引擎信息源的更新频度、时效性。c.信息管理方式：有分类主题、目录方式和词语索引方式，同时包括分类的广度和深度，索引的比重和深度等。

　　③信息检索功能指标：是评价搜索引擎检索功能的重要指标。主要有以下几种：a.布尔逻辑检索，即布尔逻辑运算符 AND,OR,NOT。一般搜索引擎

---

①　包冬梅、周曰卿：《著名中英文搜索引擎检索性能测评》[J]，《现代图书情报技术》，2004(1)：36—40。

②　冯进：《浅谈网络搜索引擎》[J]，《现代情报》，2002(11)：101—102。

③　赵科：《网络搜索引擎的评价与未来发展探析》[J]，《廊坊师范学院学报》，2002,18(4)：36—38。

都提供,运算方式几乎相同。b.精确检索功能:即用双引号或其他符号将词组括起当作一个独立运算单元,进行严格匹配。c.截词功能:即利用词的某些部分进行非精确匹配检索的一种形式。

④检索结果指标:检索结果是评价检索工具的最直观的指标,检索结果的输出形式在一定程度上影响着信息的吸收与利用。包括 a.结果的满意度:包括检索结果相关命中数、重复链接数、有无超文本链接等。b.响应时间:即完成一个检索要求所用的时间。c.相关性排序:即将输出结果根据与检索词的相关度进行排序。d.输出数量选择:即限定或改变输出数量。e.显示内容形式:即有无内容描述,输出格式如何,是注释或摘要等。

⑤检索界面指标:是指用户界面的易用性情况,包括是否有帮助文件,是否有查询举例,是否有检索功能说明等。

张秋霞等总结了近年来搜索引擎性能评价指标体系。主要包括:①查全率;②查准率;③死链率;④错链率。作者认为虽然这些指标值可以通过查询计算得出,但是其结果往往受到统计数量的制约,不是非常精确。为了全面反映搜索引擎的性能,在定量指标计算和评价时有必要引进置信区间的概念,通过置信区间来反映搜索引擎性能指标的取值范围,并给出了具体的计算方法和步骤。[①] 陶跃华等根据对搜索引擎基本结构、基本原理和主要功能的分析,把搜索引擎评价指标定义为五大类:索引构成、检索功能、检索效果、检索结果和用户交互。各大类下又进一步细分为 12 个评价指标。并利用层次分析法确定了这 12 个评价指标的权重,以便定量地描述各指标对搜索引擎的重要程度。由此得出结论:相对于搜索引擎,各指标的重要性依次排序为:基本检索＞标引范围＞用户界面＞查准率＞标引数量＞高级检索＞显示内容＞帮助信息＞标引更新频率＞检索时间＞检索技巧＞显示结果数限制。[②]

郭晓苗利用定性和定量相结合的层次分析法,构建了搜索引擎评价的递阶层次结构模型,包括 4 项准则和 21 项具体标准。如下图 2－2 所示[③]:

① 张秋霞、刘壮生:《试论网络检索工具检索性能的置信区间》[J],《现代图书情报技术》,2005(6):45—47。

② 陶跃华、孙茂松、王锡钢:《因特网搜索引擎评价系统》[J],《计算机工程与科学》,2001,23(3):25—27,31。

③ 郭晓苗:《基于层次分析法的四大查询引擎性能评价》[J],《现代图书情报技术》,2000(5):29—32。

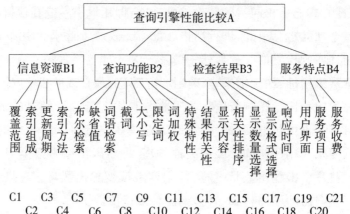

图 2 − 2　搜索引擎评价的递阶层次结构模型

　　刘正春、蒋福坤根据目前搜索引擎性能的各种评价指标,考虑到模糊数学处理上的方便及搜索引擎的发展给出如下评价指标体系:

　　①索引库性能(定性指标):主要是指索引标引数量、标引的文件种类、标引深度和更新频率等方面内容,反映了搜索引擎性能的优劣;②检索功能(定性指标):包括基本检索和高级检索两方面内容,基本检索是指布尔检索、截词检索(前截词、中截词、后截词)、邻近词检索、字段检索、区分大小写(英语)等功能,高级检索为加权检索、模糊检索、概念检索、自然语言检索、相关信息反馈检索、目录式浏览检索等功能。③查全率(定性指标):由于很难确定文献空间中所有相关文献的数量,为此可采用统计的方法给出定性的描述。④查准率(定量指标):是指检索出相关文献的数量和检索出的文献总量之比。⑤检索时间(定量指标):检索者更关心的是检索开始到显示检索结果这段时间。但这个时间将受到检索量、硬件设备及网络状态等诸多因素的影响。⑥用户交互情况(定性指标):指查询界面的"个性化",检索帮助信息如何,是否有格式转换、交叉语言检索与翻译等功能。⑦智能技术(定性指标):主要看信息过滤、信息挖掘、信息推送、学习功能等技术的运用情况。在此基础上,利用模糊多属性决策研究了搜索引擎定量评价问题。①

　　张国海等在总结前人研究成果的基础上将"熵"这一概念引入搜索引擎评

---

　　①　刘正春、蒋福坤:《搜索引擎定量评价模型研究》[J],《大学数学》,2004,20(4):14—18。

价领域,提出了基于熵权的搜索引擎评价指标体系。[①] 该指标体系主要包括了①用户感觉;②数据库;③检索功能;④检索结果四个维度。该指标体系与刘正春、蒋福坤的观点基本一致,其关键在于采用熵值赋权方式,有效避免了传统指标体系构建过程中权重系数确定的主观色彩,使评价结果更为科学。

综上所述,数据库规模和内容、索引方法、检索功能、检索结果、用户界面、查准率和响应时间等都是搜索引擎评价的一些客观指标;也有的文献从搜索引擎的索引构成、检索功能、检索效果、检索结果的显示、用户所需努力等方面进行评价。具体在评价方法上,有的提出采用置信区间来计算并分析各指标值的分布特性,有的采用经典的层次分析法,有的则利用模糊数学的方法来建立评价指标体系。

2.4.2 搜索引擎评价指标体系的应用

根据已经建立的评价指标体系、评价方法以及评价模型就可以对特定搜索引擎进行评价,有不少研究者在这方面也进行了有益的尝试。

哥登(Gordon)和帕萨克(Pathak)在 1999 年使用 33 个信息需求测试了 8 个搜索引擎的性能。为了测评搜索引擎的性能,他们对各种各样的文献检索结果计算了检全率和检准率,并利用这些值进行统计比较。同时,将真实用户的信息需求描述转变为检索提问。查询提问重复检索以便获得每个搜索引擎的最佳性能。因此,对于同一个信息需求,每个搜索引擎的查询提问可能是不同的。最初进行检索的用户对每个搜索引擎的前 20 个检索结果进行评估。研究结果表明,绝对的检索效果比较低且在搜索引擎的检索效果之间存在统计误差。因此,此研究推荐了 7 个特征以最大化其准确性。[②] 法齐里·坎(Fazli Can)等提出了自动网络搜索引擎评价方法(AWSEEM)作为高效的评价工具,这种方法不需要人工参与,且可以用来代替昂贵的基于人工的评价。AWSEEM 使用实验的方法来评价网络搜索引擎的检索效果。实验首先收集了用户信息需求和相关的查询提问 25 个,然后选择了 8 个搜索引擎 AlltheWeb、AltaVista、HotBot、InfoSeek、Lycos、MSN、Netscape 和 Yahoo,并对

---

① 张国海、马晓英、闫立光:《基于熵权的搜索引擎评价指标体系的构建》[J],《图书情报工作》,2010,54(12):74—77。

② Gordon M,Pathak P. Finding information on the World Wide Web:the retrieval effectiveness of search engines[J]. *Information Processing and Management*,1999,35(2):141—180.

确定的查询提问进行实际检索操作。评价搜索引擎的检索效果仍然使用检准率和检全率两个指标,并使用二元相关判断(即相关或不相关)。但是检全率,计算的是"相对检全率",即分母不是数据库中所有相关文献的总数,而是所有搜索引擎检索得到的所有相关文献的总数。在实验中,人工判断和 AW-SEEM 判断同时进行,并将两者结果进行对比。结果表明这种自动搜索引擎评价方法的评价结果与基于人工的评价结果是一致的。① 利文·沃恩(Liwen Vaughan)提出了一组基于实验结果的连续相关性排名的测评方法,即从最相关到最不相关,而非二元的相关或不相关判断,这也可以用来评价搜索引擎的稳定性。这组测评方法具体包括①结果排名的质量(相当于检准率);②检索前几名网站的能力(相当于检全率);③稳定性测量。为此,选择了三个搜索引擎:Google、AltaVista 和 Teoma。并选定了 4 个查询主题,以测试搜索引擎的单词检索、词组检索、使用布尔逻辑算符组配检索的性能。实验证明,这组测评方法比传统的二元相关判断更有效。② 卢安多斯基(Lewandowski)在搜索引擎评价四大要素即①索引质量;②结果质量;③功能质量;④搜索引擎可用性③的框架下,运用现场试验的方法,从检索结果的数量以及相关性的角度对 Google 及 Yahoo 两大搜索引擎的检索效力进行了评价,研究结果表明 Google 和 Yahoo 在检索效力方面并不存在显著的差别,但是 Google 能够提供的对结果的相关性描述更多。④ 与传统方法采用静态测试集对搜索引擎进行评价实证研究的方法不同,岳珍提出了一种基于用户日志分析自动构建搜索引擎性能评价所需测试集的方法。这种方法的导航类查询集合产生于对用户查询的自动分类结果的提取过程,利用基于用户日志分析的自动相关性判断构建相关结果集。是一种无须用户和专家参加的自动评价方法,经过其检验,该方法的结果与人工评价的方法的结果具有较高的一致性。⑤

①　Can F, Nuray R, Sevdik A B. Automatic performance evaluation of Web search engines[J]. *Information Processing and Management*, 2004 (40):495—514.

②　Vaughan L. New measurements for search engine evaluation proposed and tested[J]. *Information Processing and Management*, 2004(40): 677—691.

③　Lewandowski D, Höchstötter N. Web Searching: A Quality Measurement Perspective[M]. Web Searching: Interdisciplinary Perspectives, Dordrecht: Springer,2007.

④　Lewandowski D, The retrieval effectiveness of web search engines: consideringresults descriptions [J]. *Journal of Documentation*, 2008,64(6,): 915—937.

⑤　岳珍:《用户日志分析在搜索引擎性能评价中的应用》[D],北京:北京大学信息管理系,2007。

　　国内的学者也进行了一些有益的探索。夏旭等总结了部分国外搜索引擎的比较研究情况[①]，如 1995 年科特斯(Courtois)等对 Lycos、OpenText 和 Yahoo 等搜索引擎进行比较，结果表明，OpenText 在灵活性、实用性和响应速度等方面最好；对初学者而言，WebCrawler 具有最简易的界面。Leighto 利用大学图书馆参考咨询中常见的问题评价 Infoseek、Lycos、WWW Worm，认为 Infoseek 免费版较准确，Lycos 次之。1996 年吉米尔(Kimmel)检验了 Lycos、WWW Worm、WebCrawler、OpenText、Harvest 等搜寻工具，认为在查找命中率方面 Lycos 是一个较好的检索工具。雷昂那多(Leonard)对 19 种 Web 检索工具从准确性、易用性和选择性等方面进行分析，认为 AltaVista 是最好的一个搜寻工具，All-In-One 则是多用途搜索工具中最好的。储荷婷等对 AltaVista、Excite、Lycos 从检索方式以及响应时间、准确性等方面进行比较与评价，认为 AltaVista 较强，Lycos 包括的范围较广，且只有 AltaVista 真正地支持词语检索。Franic 使用了几种主要的搜索引擎，就"辐射防护"和"卫生物理"两个短语的检索过程和相关性问题进行分析，发现检索结果存在很大的差异，命中结果数为 17—10000 条不等。斯通(Stone)等利用 Medline、EMBase、国际药学文摘、Altavista 等 8 大数据库和搜索引擎检索近 3 年有关"天然物质用作药品"的信息，就拟定的 10 个检索提问进行检索，发现 EM 检中 4 个提问的信息，而 Medline、Health、Altavista 检中 2 个提问的信息，认为标准医学数据库(Medline、EM)而非搜索引擎是卫生专业人员和其他人员的第一选择。

　　张燕、惠佳颖采用美国长岛大学图书馆馆员解答的一些真实的参考提问作为检索提问，并根据所评价搜索引擎 Google 和 Ask Jeeves 的特点来构造相应的检索表达式，从检索功能、查准率、用户负担以及输出方式 5 个方面具体比较了它们的特点。[②]包冬梅等选择 AltaVista、Excite、Northernlight、Google、Ask Jeeves、雅虎中文、搜狐、天网、网易和悠游作为测评对象，比较其在检索技术方面的性能优劣。测试工作选择 5 个检索课题作为检索提问，并选择每次检索所得检索结果集的前 20 个记录作为测试对象。分别计算检准率、重复率、死链接率和相对检全率。

---

　　① 夏旭、李健康、方平：《WWW 网络信息资源搜索引擎的研究进展》[J]，《图书馆论坛》，2000，20(5)：32—35。

　　② 张燕、惠佳颖：《网络搜索引擎评价》[J]，《现代图书情报技术》，2001(4)：34—36，58。

测试结果如下：①在检索功能方面,中英文检索工具都支持一般的"关键词检索功能",而英文检索工具都支持自然语言语句提问检索,以 AskJeeves 最为成功。英文检索工具多能支持多语言检索,且使用效果也较好,而中文工具的多语言检索则仅局限于中英文,且收录的英文信息非常有限。②检索效果,检准率方面,雅虎中文的检准率最高;重复率方面的测试表明,英文检索工具的重复率均在 10% 以下,而中文检索工具的重复率平均为 15.6%;死链接率方面,最低的是 AskJeeves 为 1.7%,英文搜索引擎总的情况比中文好。③结果显示在用户负担方面,英文搜索引擎要明显优于中文搜索引擎。在检索工具的用户界面、检索帮助说明文件、提供辅助构造检索方面都体现了其友好的特点。① 马彪、李恒以查准率、查全率、布尔函数支持、响应时间和死链比率的评价指标体系为基础,选择了搜狐、雅虎中文、Google 和新浪为评价对象,应用层次分析法,构建判断矩阵并求解,得出结论:Google 总体最优,次为搜狐,再次雅虎中文,最后新浪。② 黄亚明、何钦成利用基于 1—9 标度系统的层次分析法,并请专家参与建立指标体系,构造判断矩阵,计算指标权重,以实现对 Internet 英文生物医学搜索引擎性能的评价。在此基础上,对 Healthatoz 和 BioMedNet 两个英文医学搜索引擎的性能进行评价分析,用合成权重分别乘以两个搜索引擎在各项指标下的原始得分,得到加权分数即综合评价最后得分。结果表明,BioMedNet 的性能优于 Healthatoz。③ 陈继红、青晓对目前常用的 4 种中文综合性搜索引擎:Google、百度、天网、Openfind 的索引数据库情况(具体包括收录信息量、搜索范围、更新频率、标引项目和检索信息的语言集成化工具条)、检索功能(具体包括检索方式、逻辑检索检索符、精确检索、截词检索、字段检索、限制检索和扩检功能)、检索结果与用户界面(具体包括检索结果统计、检索结果显示格式、检索结果排序方式、在线帮助、检索界面设计、检索界面语言和调用其他搜索引擎)、检索效果(为了形象、直观地对比这些搜索引擎的检索效果,文献以具体的检索实例为内容比较其检索结果)等方面进

---

① 包冬梅、周曰卿:《著名中英文搜索引擎检索性能测评》[J],《现代图书情报技术》,2004(1):36—40。

② 马彪、李恒:《搜索引擎的性能评价》[J],《新世纪图书馆》,2003(6):41—44。

③ 黄亚明、何钦成:《Internet 英文生物医学搜索引擎性能评价——(一)用层次分析法建立搜索引擎评价指标体系》[J],《医学情报工作》,2004(2):100—103。

行了比较分析,并指出它们各自的优势与不足。[①]

　　北京大学信息管理系傅欣在其硕士学位论文中,试图建立基于用户的搜索引擎质量评价指标体系。从理论上分析了什么是搜索引擎的质量,并从质量的定义和信息检索的本质两个角度探讨了搜索引擎质量评价问题,进而从理论上提出了搜索引擎质量评价指标体系。该体系包含评价搜索引擎检索结果质量的指标、评价搜索引擎服务质量的指标、影响搜索引擎检索结果质量的指标和评价检索过程整体效果的指标,共 4 大类 39 个指标。随后,展开以用户为中心的搜索引擎评价实证研究,通过对 109 位用户的调查,了解了他们对 39 个指标在体现搜索引擎质量中的重要性的态度,并结合理论分析设计了基于用户的搜索引擎质量评价体系和评价方案。接着,进行了由 15 位用户参加的中英文搜索引擎评价实验,利用其在论文中提出的基于用户的搜索引擎质量评价指标体系对百度和 Google 两个搜索引擎的质量进行测试和对比。通过实验,验证了评价指标体系的合理性,并对其中存在的问题加以修正。[②] 同为北京大学信息管理系范爱红在其硕士学位论文中,认为由于汉语本身和中国文化的特点,中文搜索引擎有着许多不同于英文搜索引擎的特性,评价指标和方法也相应有所不同,只有中文搜索引擎之间才具有全面的可比性。论文中提出了一套完整的中文搜索引擎评价指标体系。并对几种中文搜索引擎进行了详尽的比较测试,具体包括基本概况、影响力、分类功能、检索功能、结果显示方式、界面友好性、用户登录方式等方面的数十个指标。在检索功能的测试中选取了两套检索词和布尔逻辑检索方式进行网站检索功能和网页检索功能的测试。[③]

　　随着搜索引擎技术的发展,用户通过其获得的信息量也逐渐增大。搜索引擎除了满足用户检索信息的需要之外,也成为相关学者在进行网络信息计量学研究过程中,除网络爬虫程序之外获得大量数据的又一个可靠工具。Thelwall 以“估计命中次数(Hit Count Estimates)”和“返回链接数(Number of URLs Returned)”两项指标以及这两项指标的关联一致性为判断标准对 Google,Yahoo 以及 Live Search 三大搜索引擎进行了比较测评。测评结果说

　　① 陈继红、青晓:《四种搜索引擎的比较研究》[J],《情报科学》, 2003,21(10):1084—1087。
　　② 傅欣:《搜索引擎质量评价研究——基于用户的搜索引擎质量评价体系之建立与中英文搜索引擎比较研究》[D],北京:北京大学信息管理系,2003。
　　③ 范爱红:《中文搜索引擎的评价与综合研究》[D],北京：北京大学信息管理系,2001。

明,Google 在两项指标的关联一致性方面表现较好,因此适合于对一致性要求较高的网络信息计量研究,而 Yahoo 则适用于对网络信息获取范围广泛性要求较高的网络信息计量研究任务。[①]

　　总的来说,近年来搜索引擎评价指标体系的应用主要基于以下两种方法进行研究:一是比较分析法,一般是基于提出的评价指标体系,如数据库容量、更新周期、检索功能、方式及特点、检索结果输出等方面,选择一定的评价方法,选取若干搜索引擎进行实证分析,进行综合比较分析;二是测试实验法,通过预先选择若干个关键字,组成检索提问式并在所要比较的搜索引擎上进行检索测试。根据构成检索提问的关键字个数又可分为单关键字测试与多关键字测试。测试的内容由测试者决定,一般多为搜索引擎的性能指标,最后根据测试的结果进行分析,[②]以此来比较和评价所选定的搜索引擎的优劣。

2.4.3　小结

　　搜索引擎评价研究的最终目的是要为用户正确选择其所需要的搜索引擎提供依据,并给搜索引擎的开发者提供改进的建议。不准确的评价结果将会影响到用户对搜索引擎的正确选择,也会对搜索引擎的开发者产生误导作用,而评价结果的正确与否则取决于所选择的评价标准与评价方法是否合适。

　　由以上的研究,可看出目前国内外研究者相继发表了许多有关搜索引擎比较研究的文献,他们的研究从定性、定量两方面出发对搜索引擎进行了评价,评价指标也大体分为客观技术性指标与用户主观感知指标两个方面。但由于缺乏统一的评价标准和科学的评价指标体系,评价多是些经验性的总结,是在研究人员与用户对搜索引擎的使用与比较中逐渐形成的,国内搜索引擎评价标准多是综合或借鉴了国外的研究成果,有所创新的评价研究和评价指标并不多见。绝大多数研究是就一定的检索提问,比较和评价选定的若干搜索引擎,尚没有成为一个统一的、完整的、科学的、权威的评价标准体系。

　　与此同时,由于技术的进步和搜索引擎产品细分程度日益提高,对于搜索引擎评价标准的多元化也起到了一定的促进作用。

　　另外,随着搜索引擎的发展,出现了一些专业性的网络信息检索测评工具,

---

①　Thelwall M. Quantitative Comparisons of Search Engine Results[J]. *Journal of the American Society for information Science and Technology*, 2008, 59(11): 1702—1710.

②　陈海龙:《搜索引擎的评价标准及方法研究》[J],《情报杂志》,2001(9):50—51。

如 Clearinghouse、Search engine watch、Search engine showdown、Zdnet 等都是非常知名的检索系统评价网站。它们通过及时了解和跟踪网络检索工具的最新发展和动态,从定性和定量两个角度对各个搜索引擎进行客观测试、评估。[①] 但是,这些站点对网络信息资源的评价基本上采取问卷调查及统计方法为主,人为因素较强,还没有形成一整套公认的方法和客观原则;缺乏大型全面、有影响的评价站点;评选结果也远不能满足人们的需要;评测时较注意站点的设计水平、易用性,忽视站点的内容评测;一些站点的评价和推荐带有较浓的商业色彩和大众娱乐性,如开展一些所谓最差网页、最酷网页的评选活动。许多这些测评工具并未使用正式的经过严格论证的具有方法论意义的评价程序。[②]

因此,搜索引擎评价指标相关研究还面临着适应技术变化、系统化,以及以用户体验为中心等观念的要求[③],需要从理论上作进一步深入探讨,并开展更具规模和系统性的分析和评价工作,尽快形成标准、科学的搜索引擎评价指标体系。如果可行的话,可以尝试建立统一的评价网站,如开发出搜索引擎评价的量化工具软件,确保搜索引擎的评价有章可循,另一方面也要针对目前搜索引擎及其用户不断细分和多元化的特点,为用户提供一个科学合理的搜索引擎评价量表,使用户更轻松地选择搜索引擎来完成其查询要求,更好地发挥网络信息资源的优势与特点。

2.5　网络数据库评价研究的现状分析

2.5.1　国外网络数据库的评价研究

早在 1997 年,斯考特·尼克松(Scott Nicholson)就从图书馆发展的一系列可能角度分析了网络检索工具问题,指出评价网络数据库应从抽取索引和文摘的角度入手,评价指标重点在于三个方面:收集方法、索引和文摘。[④]

---

① 包冬梅、周曰卿:《著名中英文搜索引擎检索性能测评》[J],《现代图书情报技术》,2004(1): 36—40。

② Vaughan L. New measurements for search engine evaluation proposed and tested[J]. *Information Processing and Management*, 2004(40): 677—691.

③ 王静疆:《搜索引擎评价指标体系比较研究》[J],《图书情报工作》,2008,52(10):116,136—138。

④ Nicholson S. Indexing and abstracting on the World Wide Web: An examination of six Web databases[J]. *Information Technology and Libraries*,1997,16(2):73—81.

1998 年,格雷格·R.诺特斯(Greg R. Notesss)建议把网络数据库的范围、报导、结构和及时性作为评估指标,类似于传统的光盘产品商业在线服务。提出评估网络数据库的主要问题是记录具有动态性,记录的准确性可以用于检测条目与记录本身是否对应,并智能化提供纠错和检索建议。对数据库的范围、结构和记录准确性进行评估是充分使用数据库的重要步骤。由此建立起的评价指标分为三大类:范围(顶层页面描述、帮助文件、FAQ 页面、检查记录和位置)、结构(手工检测逻辑结构、不可知问题对话框、搜索检查)、及时性(检查刷新纪录的频率、死链和错链、更新方式、首页展开)[①]。1998 年,克里斯蒂娜·沃伊特(Kristina Voigt)和瑞纳·布拉格曼(Rainer Bruggemann)针对环境科学和化学网络数据库,建立了四个大类共 12 个评估指标。第一类是通用指标:SI(数据容量),CO(费用情况),UP(更新情况),AV(多媒介有效性);第二类为化学相关指标:NU(化学品数量),ID(化学品确认参数),CT(化学品测试),CD(化学品发展);第三类为环境相关指标:IP(化学物质信息参数),PD(参数发展);第四类是描述环境的化学品指标:US(化学物质用途),QU(数据库质量)。采用"0—5"六级评分系统,应用 Hasse 图技术,对 19 个联机数据库进行测评。指标虽然是针对环境科学和化学类的数据库提出的,但对评估其他类型数据库也具有一定的参考意义。[②] 卡尔·汉森·蒙哥马利(Carol Hansen Montgomery)在 2000 年对电子图书馆网络资源进行的评估研究中指出通常应考虑到以下几项指标:读者适用性、满意度、及时性、权威性、使用方便程度、网络数据格式、传送方式等等。[③] 洛里·A.奈特(Lorrie A. Knight)在 2001 年通过专项研究调查发现,数据库商不规范的统计报告,使得图书馆难以决策是否选择和保留使用相应的数据库。图书馆在应对挑选和保留做决策时,极大程度上受到数据库费用增减及预算的影响。如果图书馆员要求数据库商提供基于国际图书馆联盟联合体(ICOLC)的指导方针的统计数据,作为保留使用数据库的附带许可条件,数据库商将会变得乐于遵从,并提

① Notess G R. Tips for evaluating web databases[J]. *Database*,1998,21(2):69—72.

② Voigt K, Bruggemann R. Evaluation criteria for environment and chemical databases[J]. *Online & CD-ROM Review*, 1998, 22 (4):247—262.

③ Montgomery C H. "Fast track" transition to an electronic journal collection:a case study[J]. *New Library World*, 2000,101(1159):294—302.

供适用的统计报告。具体的专项研究调查的指标分为四个大类:(1)数据库商动机:如何推动数据库商收集数据? 收集为什么重要? 内部统计数据如何使用? 数据库商提供统计多少数据? (2)数据库商技术数据:定义的领域范围? 服务器软件? 客户端软件? (3)数据库商统计报告:报告的周期频率? 报告的格式? 为用户提供的检索格式? (4)数据库商比较统计和对指导方针的认识:数据库商提供其他的机构数据吗? 数据库商提供 ICOLC 数据吗? 数据库商了解 ICOLC 指导方针吗?[①] 弗兰克·帕里(Frank Parry)在 2001 年成功建立了一套方法专门用于评估数据库内容,主要从学科范围,数据库大小,数据来源范围,记录内容的准确性、可信度、完整性,索引和摘要质量,费用等方面来考察。但这种方法缺少对网络数据库硬件和软件方面问题的考虑。[②] 阿什佛·M.阿提亚(Ashraf M. Attia)等人在 2002 年发表的论文中,提出 21 项评价指标来评估网络信息准确性:(1)著者/权威性/著者职业;(2)准确性;(3)客观性;(4)流行性;(5)满意度;(6)链接;(7)读者;(8)参考文献/文档;(9)版权;(10)费用;(11)覆盖范围;(12)目的;(13)涉及方案;(14)支持度;(15)检查制度;(16)质量控制依据;(17)技术需求;(18)判断思维;(19)易用性;(20)站点维护;(21)安全性。评估的主要目的是针对网络信息内容质量上的评估,在对网络数据库内容评价的部分具有一定研究价值。[③] 马伟(Wei Ma)在 2002 年,进行了数据库选择专家系统的评估研究,对读者群体和图书馆员群体进行分组测试,针对"0"命中检索、拼写错误、误用关键词、"0"恢复检索、误用限定条件做了可用性分析测试,以此评估系统性能,对失败检索与可能解决方案作出概要。[④] 迪蒙特斯·皮拉考斯(Dimitrios Pierrakos)等在 2003 年对网络个性化数据挖掘研究过程中,从个性化服务的角度提出了相关评估指标,具体包括以下内

①　Knight L A, Lyons-Mitchell K A. Measure for measure: statistics about statistics[J]. *Information Technology and Libraries*, 2001, 20 (1): 34—38.

②　Parry F. Content evaluation of textual CD-ROM and Web Databases[J]. *Online Information Review*, 2002, 26(4):278.

③　Attia A M, Fakhr R A, Honeycutt Jr E D. Evaluating internet information: Implications for marketing educators, researchers, and students. Conference Proceedings: 2002 AMA Winter Educators' Conference, Chicago: American Marketing Association, 2002:233.

④　Ma W. A Database selection expert system based on reference librarian's database selection strategy: A usability and empirical evaluation[J]. *Journal of the American Society for Information Science and Technology*, 2002,53(7):567—580.

容。(1)记忆功能:问候用户功能、书签功能、用户私人存取权限;(2)导航功能:超链接推荐、用户辅助;(3)用户定制功能:个性化版面设置、内容定制、超链接定制、个性化定价方案、个性化产品分化;(4)任务执行支撑能力:承担个性化任务、个性化问题解决、个性化谈判。[①] 迈克·特维尔(Mike Thelwall)和格拉斯·哈里斯(Gareth Harries)在 2004 年对网络出版物的在线影响力进行测量,在论文中提及测量有很大的难度,但也还是有一些可行方案存在。主要是通过采用网页抓取,编辑链接数据,计算研究质量指数等方法,来测量有效性、可信度、覆盖范围,得出关于链接影响力、研究质量、网络生产力及辅助决策等方面的有效信息。[②]

综上所述,国外专家学者在网络数据库评价方面作出了大量的尝试与探索,并取得一定成绩。在确定评价指标的过程中,大多比较重视个性化服务理念,从用户充分合理利用数据库的角度出发,形成的指标体系不够全面完整。评价指标大多是在使用过程中形成的经验性总结,部分指标可获取性差,只能从定性角度分析,不易进行量化处理。或者只是针对某一类型的数据库进行评价,缺乏统一的标准,无法形成科学完整的评价指标体系。普遍缺乏实证分析,没有对评价指标进行实践检验,尚未形成一套完整的适用于网络数据库实证分析的评价指标体系。

2.5.2   国内网络数据库的评价研究

汪媛、赖茂生提出了网络版全文数据库的综合评价模型,确定的一级指标为内容、检索系统及功能、数据库商服务、存档、价格共 5 个。其中内容指标又细分为全文刊价值、摘要价值、馆际互借价值共 3 个;检索系统及功能指标又细分为检索功能、检索技术、检索结果、用户交互共 4 个;数据库商服务指标又分为更新频率、数据传递方式、免费试用期限、用户服务共 4 个。并且通过计算获得了各自的权重。[③] 曾昭鸿从图书馆采购角度构建的网络数据库评价体

---

① Pierrakos D. et al. Web usage mining as a tool for personalization: a survey[J]. *User Modeling and User-Adapted Interaction*, 2003,13(31):311—372.

② Thelwall M, Harries G. Do the Web sites of higher rated scholars have significantly more online impact? [J]. *Journal of the American Society for Information Science and Technology*, 2004,55(2):149—159.

③ 汪媛、赖茂生:《网络版全文数据库综合评价模型的测试应用分析》[J],《情报科学》,2005,23(7):1076—1084.

系,主要有内容、设计、检索系统和易用程度四个方面,具体又细分为:(1)内容主要从网络数据库资源的准确性、实用性、创新性、独特性、权威性、稳定性、时效性和文字表达等方面评价网络数据库的价值;(2)设计主要从信息资源的组织、用户界面、交互性和美感程度判断;(3)检索系统主要包括检索性能、检索技术、检索结果等;(4)易用程度主要包括电脑环境需求、信息资源传播速度和链接情况。① 罗春荣则针对数据库检索平台建立评估指标体系,内容包括:(1)检索功能,具体包括检索方式、检索字段、检索技术、检索限定、检索界面;(2)检索结果处理,具体包括是否提供检索提问修改功能、检索结果的显示方式是否灵活、多样,检索结果的输出是否便捷、多样;(3)检索效率,具体包括检全率、检准率、检索速度;(4)整合功能,具体包括资源整合、跨库检索、超链接;(5)服务功能,可从以下几方面考量——用户页面定制、个性化服务、人员培训、其他服务;(6)管理功能,具体包括使用管理、用户管理、统计报告、数据更新与平台升级。② 张丽园分析了国内高校图书馆常用的几个全文电子期刊数据库,该评价分析是从数据库所收录的期刊的学科分布、核心期刊数量、检索特性、JCR 影响因子分析,以及对用户的影响等方面进行。③ 卢恩资提出的网络数据库选择评价体系包括三个方面:(1)功能方面有五个指标,即输出选择、检索界面、检索选择、内容和本地化;(2)使用方面七个指标,具体为:卖方的支持情况、多次复印和使用的版权问题、对软硬件的性能要求、资源的格式、自身的技术支持能力、用户使用该数据库的知识需要、储存信息或相关支持附件对物理空间的需要;(3)价格方面。④

　　也有研究者从其他角度来对网络数据库进行评价研究。例如甘利人等从信息构建角度对我国四大数据库网站进行了评价研究⑤⑥;同样甘利人等采用ACSI(American Customer Satisfaction Index)模型从用户满意度来对数据库

　　① 曾昭鸿:《国外网络数据库的采购策略》[J],《情报理论与实践》,2004,27(5):521—522,532。
　　② 罗春荣:《网络环境下数据库检索平台的评价与选择》[J],《图书馆理论与实践》,2004(4):1—4。
　　③ 张丽园:《5 种全文电子期刊数据库的评价分析》[J],《图书情报工作》,2003,47(2):35—39。
　　④ 卢恩资:《构建高校图书馆网络信息资源体系新思考》[J],《重庆职业技术学院学报》,2004,13(3):156—157。
　　⑤ 甘利人等:《我国四大数据库网站 IA 评价研究(一)》[J],《图书情报工作》,2004,48(8):26—29。
　　⑥ 甘利人等:《我国四大数据库网站 IA 评价研究(二)》[J],《图书情报工作》,2004,48(9):28—29。

网站进行测评,各级指标以及权重值见表 2－37 所示。①

表 2－37　数据库网站用户满意度的测评指标及权重

	准则层	权重	指标层	权重	下层指标	权重
顾客满意度指数	A 用户期望	0.133	A1 预期找到资料可能性	1		
	B 质量感知（包含服务质量和产品质量）	0.281	B1 界面易用性	0.063		
			B2 查询功能作用	0.328	方便性	0.4
					实用性	0.6
			B3 查询帮助作用	0.053		
			B4 相关性判断	0.032		
			B5 付费方便性	0.111	付费方式页面寻找容易性	0.3
					付费方式的便利性	0.7
			B6 全文传递方便性	0.170		
			B7 查询总体准确度	0.243		
	C 价值感知	0.107	C1 收费合理性	1		
	D 用户满意度	0.254	D1 是否是最好的网站	0.4		
			D2 查询结果总体满意度	0.6		
	E 用户抱怨度	0.093	E1 用户抱怨（令人不满意的地方）	1		
	F 用户忠诚度	0.133	F1 值得继续使用	1		

2.5.3　小结

国内外专家学者在网络数据库评价方面作了大量的尝试与研究工作,并取得了一定的成绩,但仍未形成一个公认的科学合理评价体系。现有的评价指标体系,或多或少都存在着不同程度的问题。概括起来大致如下:①指标体系不够全面系统:不能全面反映网络数据库的内外特征,无法针对网络数据库作出全面、系统、科学的评价。许多指标体系是从某一个角度建立起来的,在完整性上有所缺失,在建立网络数据库指标体系时,应充分考虑从多角度建立评价指标。②指标设计不够科学合理,定义不够明确清晰,导致评价偏差存在。③部分指标的可获取性差,不易量化处理,只能从定性角度进行评价。④

　　① 甘利人、马彪、李岳蒙:《我国四大数据库网站用户满意度评价研究》[J],《情报学报》,2004,23(5):524—530。

指标权重获取比较主观,权威性不够,不易测算。⑤实证研究结果大多局限于统计处理,深层次挖掘较少。

因此建立一个科学、合理的网络数据库评价指标体系,仍是一个迫切需要解决的问题。

2.6　其他类型网络信息资源评价概述

除了前文所述类型的网络信息资源评价之外,还可以对其他类型的网络信息资源进行评价。本节以电子期刊为例对其他类型网络信息资源评价进行阐述。

此处所谓的电子期刊是指网络化电子期刊,又名电子杂志或网络期刊,是一种以数字化形式存在,利用计算机网络出版发行的期刊。梁维敏认为网络化电子期刊的类型有两种①,一种是出版机构自办发行的电子期刊,其编辑、发行、订购、阅览的全过程都在网络中进行,分为纯电子期刊和印刷型期刊电子版两种类型。另一种是数据库集成商或文摘索引机构通过购买或协议方式从期刊出版者那里得到出版许可,将不同来源、不同学科领域的期刊以信息集成的方式建立的网络数据库。网络数据库的评价前文已经涉及,故此处将就纯电子期刊的评价研究进行分析。

经过文献计量研究,结果发现目前国内外纯电子期刊评价方面的研究并不是很多,文章主要发表在图书情报领域的期刊里,期刊分布较零散。

早在 1997 年,吉奈特·H.费雪(Janet H. Fisher)就从费用方面对电子期刊和纸质期刊进行了比较分析。② 2000 年卡尔·汉斯·蒙哥马利(Carol Hansen Montgomery)认为对电子期刊资源进行评估通常应考虑到以下几项指标:读者适用性;满意度;及时性;权威性;使用方便程度;网络数据格式、传送方式等等。③ Joglekar 等人于 2000 年对网上图书馆学、情报学电子期刊进行了调研,确定了 15 种经同行专家评议、具有较高学术价值、可免费使用、仅

①　梁维敏:《电子期刊评析》[J],《情报探索》,2009,(5):65—6。

②　Fisher JH. Comparing electronic journals to print journals-Are there savings? [EB/OL], http://www. eric. ed. gov/ERIC/WebPortal/contentdelivery/servlet/ERICServlt? accno = ED414917, 2011, 10, 20.

③　Montgomer C H. "Fast track"transition to an electronic journal collection: a case study[J]. *New Library World*, 2000,101(1159):294—302.

出版网络电子版的图书情报学电子期刊，并对其学科分布、发表论文数、作者国别等进行了文献计量学分析。① 普罗那·维拉（Polona Vilar）和马佳·朱莫（Maja Zumer）2005 年分别从基本界面特征、功能两个角度对电子期刊的用户界面进行了比较和评价。其中基本界面特征包括界面语言和类型、导航、快捷方式和系统信息、个性化、颜色、排版、布局、图片等；功能包括数据库选择、查询制定和改写、结果操作、帮助等。② 2008 年两人进一步从用户角度进行研究，结果发现用户并不喜欢辅助功能，很大程度上不使用它们。用户也不希望有不同的完整文本格式，不同的功能和要素影响着界面友好的整体看法。③ 孟纽萨姆（Mounissamy）等人认为，虽然使用统计数据对于电子期刊的使用评价意义重大，但也不可过分依赖于此，应从使用率、可用性和用户满意度三方面对电子期刊的使用状况及效益展开综合评价。④

国内对电子期刊的评价主要集中在评价指标的构建及评价方法的探讨上。许淳熙认为网络期刊有许多印刷型杂志所不具备的特点，所以评价指标也不同。他从 5 个方面对网络期刊进行评价：访问量、形式、功能、质量、服务。其中，访问量包括进入网络期刊的人次、文章点击次数、文章下载篇数等；在形式上，要充分利用网络的传送服务，运用在线评论等方式与读者、作者交流；有较大影响的网络期刊都十分注重文献的正规性质，即文章的录用与否应该通过严格的程序来判定，要审读评价，达到一定水准；网络期刊和其所属网站、系统具有何种特色服务，也是评价的重要指标。⑤

阮建海从质量控制的角度认为纯网络杂志的评价标准应包括：版式设计、内容结构安排、编辑标准、内容质量评价标准以及传播质量等。其中传播质量是其独有的、有别于纸质期刊的重要评价指标。依据以上评价标准，对纯网络

---

① Joglekar N, Sen B. Evaluation of electronic journals in library and information science[J]. *Information Studies*, 2000, 6(3): 189—200.

② Vilar P, Zumer M. Comparison and evaluation of the user interfaces of e-journals[J]. *Journal of Documentation*, 2005, 61(2): 203—227.

③ Vilar P, Zumer M. Comparison and evaluation of the user interfaces of e-journals II: perceptions of the users[J]. *Journal of Documentation*, 2008, 64(6): 816—841.

④ Mounissamy P. et al. Evaluation of usage and usability of electronic journals[J]. *Journal of Information Management*, 2005, 42(2): 189—205.

⑤ 许淳熙：《评说网络期刊》[J]，《中国电子出版》，2000，(6)：32—33。

杂志质量评价可从数量、质量和社会影响等方面来进行。可采用的质量评价方法主要有：定量评价法（引文分析法）、定性评价法。其中，定性评价法主要是从纯网络杂志自身情况、刊载论文的学术规范、研究深度和广度、纯网络杂志的社会影响、对作者的吸引力以及在读者中的信誉度等，来判断纯网络杂志的质量。①

秦金聚提出的纯网络电子期刊的质量评价指标体系包括基本质量评价、内容质量评价、传播质量评价三个一级指标。其中基本质量评价包括稳定性、规范性、编校性等指标；内容质量评价包括权威性、连续性、适用性、参考性、时效性等指标；传播质量评价包括访问量、易用性、检索性、订阅发行、使用许可等指标。② 谢新洲等从促进期刊网络化发展的角度出发，构建由用户效果、学术水平、网站建设和经营管理四个方面组成的网络期刊评价体系。③

鉴于电子期刊都是以网站为依托的实际，邱均平、安璐提出了一个对期刊网站的评价框架，分为 3 个方面：基本评价、信息内容评价、使用评价。其中，基本评价包括网站的独立性、网站的历史、网站的开放时间、网站的维护状况、网页的传输速度、网站中链接的准确性、网站的界面设计、网站的稳定性、投资回报率；信息内容评价包括与期刊有关的基本信息、与期刊有关的动态信息、网上投稿、上网期刊论文的时间跨度、上网期刊论文信息的详细程度、期刊论文信息的延迟、上网论文的检索方式、上网论文的格式、网站中报道论文内容的网页比例；使用评价包括对网站用户的调查、网站的访问量、用户的停留时间、实际浏览/下载的信息量、网站的反应时间、外部链接数与网络影响因子的计算、指向网站内部/外部网页的链接数。④ 张丽园则分析了国内高校图书馆常用的几个全文电子期刊数据库，该评价分析是从数据库所收录的期刊的学科分布、核心期刊数量、检索特性、JCR 影响因子分析，以及对用户的影响等方面进行。⑤

　　① 阮建海：《纯网络杂志质量控制探讨》[J]，《图书情报知识》，2004，(1)：2—6。

　　② 秦金聚：《纯网络电子期刊质量评价研究》[J]，《情报探索》，2007，(8)：13—16。

　　③ 谢新洲、万猛、柯贤能：《网络期刊的发展及其评价研究》[J]，《出版科学》，2009，17(1)：22—28。

　　④ 邱均平、安璐：《基于印刷版与电子版的学术期刊综合评价研究》[J]，《情报理论与实践》，2004，27(2)：219—222。

　　⑤ 张丽园：《5 种全文电子期刊数据库的评价分析》[J]，《图书情报工作》，2003，47(2)：35—39。

　　在电子期刊评价方法的研究上,冯阳飑认为纯电子期刊的定量评价包括网络影响因子和在线使用统计两个方法。[1] 张红芹、黄水清综合了目前已经使用的评价指标:载文量、利用率指标、网站被文献引用量指标、链接分析指标、期刊网站性能评价指标等。[2] 而左艺等人提出的评价思路是:①通过各种查询引擎和主题指南及各站点提供的相关站点链接统计有关某一类型和某一特定主题站点出现的频次来选择出常用站点。②通过各站点被访问次数统计排序来确定常用站点。③统计电子期刊订购人数、文章被访问和下载次数、超文本链接次数,并借鉴文献计量学中的引文分析法,利用科学引文索引(SCI)数据库光盘及期刊引文报告(ICR)对网上出版的电子期刊进行被引频次、影响因子分析,从而作出客观、公正的评价。[3]

　　可以认为,目前对电子期刊的评价研究尚处于探索阶段,而已有成果多是探讨定性指标体系的建立。在今后的研究中,需要在汲取原有纸质期刊、网络数据库的评价研究成果的基础上,针对电子期刊的特点,对其评价研究进行创新,定性指标定量化,以建立一套科学、合理、完善的评价指标体系,促进电子期刊的健康发展。

---

[1]　冯阳飑:《谈纯网络期刊的质量评价》[J],《科技情报开发与经济》,2009,19(10):69—71。

[2]　张红芹、黄水清:《期刊质量评价指标研究综述》[J],《图书馆理论与实践》,2008(3):20—23。

[3]　左艺、魏良、赵玉虹:《国际互联网上信息资源优选与评价研究方法初探》[J],《情报学报》,1999,18(4):340—343。

第 三 章

网络信息资源评价指标体系的构建

要进行网络信息资源的评价,首先必须解决的问题是评价指标体系。在第二章中我们归纳总结了目前国内外网络信息资源评价指标体系研究的现状,介绍了各种各样的评价指标体系。以此为基础,在本章中我们试图通过对专家的调查,运用网上特尔菲法获得专家对指标体系以及各指标的权重的意见,然后运用基于指数标度的层次分析法进行计算,最终获得了四种类型的网站(企业、商业、政府、学术)、搜索引擎、网络数据库各自的评价指标和权重。所有的计算过程都是通过 JAVA 程序自动实现。这种定性和定量相结合的综合评价方法,一方面保证了研究方法的科学性和快捷性,一方面提高了研究结果的合理性和可靠性。

3.1 网络信息资源评价指标体系的构建方法

3.1.1 采用网上特尔菲法确定评价指标

3.1.1.1 特尔菲法简介

本书指标体系的建立是借助于特尔菲法,综合各专家的意见而形成的。

特尔菲法(Delphi,也被译为德尔菲法),是一种专家调查法,是由美国兰德公司于 1950 年创造的,并于 1964 年首先用于技术预测。它是由主持意见的测验机构,以书面的形式征询各个专家的意见,背靠背地反复多次汇总与征询意见,主要靠人的经验、知识和综合分析能力来进行预测。① 经过多年的使

---

① 杨忠全、吴颖、袁德美:《德尔菲法的定量探讨》[J],《情报理论与实践》,1995(5):11—13。

用和理论上的完善,特尔菲法已日趋成熟,不仅用于预测领域,而且广泛地应用于各种评价指标体系的建立和具体指标的确定过程。

特尔菲法的主要特点表现在:能够充分地让专家自由地发表个人观点,能够使分析人员与专家意见相互反馈。在进行专家调查过程中,可以采用数理统计方法对专家的意见进行处理,使定性分析与定量分析有机地结合起来。一般经过四轮问卷调查,即可使专家的意见逐步取得一致,从而得到对多项事物或方案符合实际的结论判断。

特尔菲法的基本步骤为:

(1)确定研究课题,制订实施计划。

(2)根据课题的性质和内容,确定预测主题,选择和组织应答专家。

(3)根据课题的要求和调查的内容、目的,提出若干个问题,并设计调查表。

(4)组织答询并实行多次反馈。组织者把不带任何框框的第一轮调查表以及必要的课题背景材料寄给被调查的专家。每个专家对所调查的问题经过查询资料、分析、研究之后,按调查表要求作出书面回答。组织者在回收专家的答复后稍加归纳、整理,进一步提出问题或修改问题,将第二轮调查表再发给每个专家,进一步征询意见。如此反馈多次,直到专家们的意见比较一致、协调或可以作出判断为止。在一般情况下,经过四轮调查,可使专家们的意见达到相当协调的程度。

(5)对最后一轮调查的结果进行必要的分析和数据处理,并得出评价、预测结果或结论。

随着因特网的不断普及和网络技术的日益进步,网上调查(或称网络调查)的方法越来越得到人们的重视并被加以运用在信息分析工作中。网上调查因其特殊的调查介质而具有以下几个明显优势:①时效性强,范围广;②成本低;③客观性好;④交互性好;⑤抽样框丰富;⑥有独特的质量控制手段。[①]因此本研究采用了网上特尔菲法来获得专家意见,通过编写此次特尔菲法调查的运行程序,依托国家信息资源管理南京研究基地网站(http://irm. nju. edu. cn),在网上进行特尔菲法的专家调查。所有调查表的发布、回收与反馈,调查过程中专家意见的集中与汇总都是在网上进行。

---

① 李金昌、李霞:《网上调查方法技术研究》[J],《数量经济技术经济研究》,2002(11):100—103。

这样做的优点表现在：

（1）可以直接将设计好的调查表做成网页形式，实现电子资源的对接，特别是对于我们这样一个涉及内容较多的调查，免去了打印多份问卷等不必要的环节，节约了成本。

（2）免去了分发和邮寄调查表的时间。特尔菲法其中一个比较耗时的环节就是调查表的分发和回收，加之专家有时不能准时准点地寄回反馈内容，调查周期就会不断拉长。采用网上调查，直接以电子邮件的形式告知专家网址、分配的用户名、密码和填写要求，专家随后就可以填写；后面的几次调查就更方便，只需用电子邮件提醒专家下一轮调查开始即可，周期大大缩短。

（3）在调查表设计中也考虑到由于调查的内容比较多，专家可能不能一次性完成，专家在利用我们提供的用户名、密码登录后，所填写的内容完全保留，待全部完成之后，点击"完成"按钮即可。

（4）采用网络进行调查，实现了前后台的管理，专家在前台打分，我们在后台也可随时了解专家的打分情况，专家在填写中出现的任何问题我们都可以及时发现。

（5）便于结果的统计。采用网络进行调查，由于可以进行后台管理，运用一定的程序就可以实现对专家调查结果的统计，节省了时间和人力，提高了调查的效率。

3.1.1.2　专家选择

专家的选择是特尔菲法的关键环节，专家选择的恰当与否，决定了运用特尔菲法测定结果的准确性。

（1）选择专家的人数要求。特尔菲法选择专家的人数一般的要求是10—20人，但涉及重大问题时人数则可以扩大。本书因为涉及评价类型较多，因此共选择了31位专家进行调查，其中28位做了应答。这也符合特尔菲法的对人数的要求。

（2）对于专家自身素质的要求。特尔菲法中所说的专家是指对完成所要调查的问题具有充分的知识和经验的人，应具有一定的学术影响，同时具有应答的时间和责任感。本书选择专家主要进行了以下几个步骤：以"网络信息"、"评价"等关键词在中国学术期刊全文数据库（CNKI）中搜索相关文献，列出所有文献的作者；查询这些作者的机构和相关情况；挑选其中在核心期刊上发表过相关文章、副教授以上级别的专家；后对专家所在机构进行筛选，其中在高校工作的专家选自南京大学、武汉大学、华东师范大学、东南大学、兰州大学等著名高校。最后与专家取得联系,询问是否有时间完成调查,最终确定专家名单。

(3)专家样本结构的要求。特尔菲法是一种集体咨询,所以选择的专家应具有一定的代表性。在知识结构上,不仅要选择技术专家,而且应该选择管理专家;不仅选择研究人员,还要有实际工作者。一般可以按照本领域专家、相关领域专家、管理专家各占一定比例来选择。根据此要求,我们除了选择高校专门从事本领域的研究专家外,还从信息资源管理的专门机构,例如信息服务机构、政府主管机构选择若干专家。最终参与整个调查活动的专家组成见表3-1和表3-2所示。

表 3-1 专家所在单位及人数分布

单位名称	人数
南京大学信息管理系	3
武汉大学信息管理学院	3
东南大学经济管理学院	2
南京理工大学信息管理系	2
安徽大学管理学院	1
黑龙江大学信息管理学院	1
华东师范大学信息学系	1
华中师范大学信息管理系	1
淮阴师范学院图书馆	1
江苏省信息中心信息资源规划处	1
兰州大学信息管理系	1
南京大学图书馆咨询部	1
上海理工大学电子商务研究所	1
中国社会科学院文献信息中心	1
西南师范大学计算机与信息科学学院	1
信息产业部信息化推进司	1
郑州大学图书馆	1
中国电子信息产业发展研究院	1
中国互联网络信息中心	1
中国科技信息研究所	1
中国矿业大学文学院	1
中国人民大学信息资源管理学院	1
总数	28

表 3 - 2　专家性质及人数分布

专家性质	人数
相关专家	10
专门专家	10
管理专家	8
总数	28

3.1.1.3　调查表设计

采用特尔菲法除了专家的选择之外,还有一个关键环节就是调查表的设计。调查表是特尔菲法的工具,它既是组织者与专家们之间交流信息的媒介与桥梁,也是专家们之间进行沟通的桥梁,而且专家们将根据调查表的要求发表自己的意见,作出自己的评价和预测。调查表设计的质量好坏直接关系到评价、预测的成败和质量优劣,因此也是特尔菲法成功与否的关键。

(1)第一轮调查

我们首先根据第二章中归纳总结出的网站、搜索引擎、网络数据库评价指标体系,在此基础上进行综合分析,初步确定了三者的评价指标体系(包括两级指标的体系),五易其稿,以期尽可能全面地拟定出所有因素,然后设计出第一轮调查表向专家征询意见。调查表拟定的指标及其层次结构采用表格形式,简明易懂,便于专家的评选以及我们对于专家意见的统计处理。例如第一轮针对网站的调查表主要分为两部分:第一部分是"网站评价一级指标调查表",因为这是本书通用的一级指标,所以在专家打分调查表中给出一级指标名称、指标说明,并要求专家按照相对重要性(从 5 到 1 重要性逐渐递减,5 表示非常重要,1 表示不重要)打分,此外给出一定的空间让专家自由添加一级指标,并给自己添加的一级指标也打分。第二部分即为各种类型网站(企业网站、商业网站、政府网站、学术网站)评价指标体系调查表。形式与"网站评价一级指标调查表"相似,列出各种类型网站评价指标体系中的所有二级指标,给出指标说明,并要求专家按照相对重要性打分,同样留出余地给专家添加每一个一级指标下的二级指标,并给出说明和打分。

此外,本书的调查表我们也加了一栏"您对本调查有何意见和建议?"这样一种开放式的栏目,专家可以在这个栏目中畅所欲言,并可以和我们交流任何想法,提出自己的问题。

第一轮网络信息资源评价指标调查表设计好后,我们于 2006 年 1 月 12 日发出了第一轮调查表,并在调查说明中要求专家们在 2 月 12 日前提交反馈意见将其发布在网上,同时给每位专家分配了账号和密码,并通过邮件通知专家。请专家们在互不通气、互不见面、不受任何心理、环境影响的情况下,各自打分,并就调查表中的指标提出增、删、改等意见。

第一轮调查表见附录 1-1 所示。

(2)第二轮调查

在收集完第一轮调查表后,针对专家的打分,按照满分频度筛选原先的指标。按照专家的打分,第一轮中我们制定的指标体系完全保留。后将专家添加的指标集中,添加到第一轮调查表中,形成第二轮调查表。第二轮调查表见附录 1-2 所示。在第二轮的调查表中,要求专家仍然需要给每一个指标打分,新添加的指标用其他颜色显示,以示区别。所不同的是,非新添加的指标每一项中,从 5 至 1 选项后面均加上一个百分数,该百分数表示第一轮中选择该项的专家人数比例。这也符合特尔菲法反馈性的特点,由于特尔菲法采用匿名形式,专家的意见往往比较分散,专家的意见也容易有某种局限性,将这样的百分比反馈给专家,专家可以了解到每一轮情况的汇总和其他专家的意见,可以参考别人的意见,冷静地分析其是否有道理,从而进一步地发表意见。

我们于 2006 年 3 月 1 日发出第二轮调查表,请专家们在参考第一轮其他专家意见之后对原有指标再给出他们新的判断,以及对新增指标给出他们的判断,并在调查说明中要求专家们在 3 月 15 日之前提交反馈意见。

(3)第三轮调查

以同样的方法收集第二轮调查表,对结果进行整理、分析、综合,给出第三轮的调查表,第三轮调查表仍有根据第二轮统计分析新加入的指标需要打分,但与第二轮调查表不同的是,本次调查表指标体系已经最后确定,不再给专家再加入新指标的空间。因为第二轮调查的结果已经相当一致,所以我们采用减轮特尔菲法来完成本次调查。2006 年 3 月 24 日我们发出了第三轮调查表,并请专家在 4 月 7 日之前提交反馈意见。第三轮调查表见附录 1-3 所示。

这样经过三轮调查,专家的判断意见就比较固定,并趋向一致了。第三轮调查结果见附录 2 所示。

鉴于文字表达比较烦琐,现将整个特尔菲法的调查过程总结如图 3-1 所示。

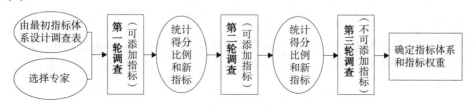

图 3-1　网上特尔菲法实施步骤

3.1.2　采用层次分析法确定评价指标权重

3.1.2.1　层次分析法简介

层次分析法(Analytic Hierarchy Process,简称 AHP 法)是美国著名运筹学家萨蒂(T. L. Saaty)在 20 世纪 70 年代提出的一种定性与定量完美结合的半定量方法。于 1982 年传入我国,由于 AHP 在解决多目标决策问题方面具有比其他方法简便实用的特点,因而被广泛采用。

AHP 的基本思路是:首先找出解决问题涉及的主要因素,将这些因素按其关联、隶属关系构成递阶层次模型,通过对各层次中各因素的两两比较的方式确定诸因素的相对重要性,然后进行综合判断,确定评价对象相对重要性的总排序。

AHP 的基本步骤:①将问题概念化,找出研究对象所涉的主要因素。②分析各因素的关联、隶属关系,构造系统的递阶层次结构。③对同一层次的各个因素关于上一层次中某一准则的重要性进行两两比较,构造判断矩阵。④由判断矩阵计算被比较因素对上一层次该准则的相对权重,并进行一致性检验。⑤计算各层次因素相对于最高层次,即系统目标的合成权重,进行层次总排序,并进行一致性检验。

本书正是采用层次分析法来确定已经建立的评价指标体系的权重,不过我们采用的是基于指数标度的层次分析法。

自从萨蒂提出层次分析法以来,该方法作为一种基本的定性与定量分析相结合的系统决策方法,在诸多社会、经济、管理等决策与预测领域中得到了广泛的应用。运用层次分析法,最关键的是要构造判断矩阵,而要构造良好的判断矩阵,其关键在于应用合适的标度系统来确定各元素两两比较的比例标度。

标度是将人们的定性分析转化为定量分析的桥梁。标度系统决定判断矩阵的量化数值,其本身的优劣将直接影响根据判断矩阵计算得到的排序权重的正确与否。不同的标度系统所构造的判断矩阵不仅一致性不同,由判断矩阵所得出的排序序值及顺序也不同,从而直接影响到决策的成败。在实际应用中,使用最多的标度是1—9标度和指数标度。1—9标度是传统的AHP方法所采用的。但是,AHP方法专家、广西大学数学系的吕跃进认为1—9标度系统存在着缺陷。他指出,一个优良的标度系统应当同时具备良好的内部数学结构与符合实际的标度值;并由此提出了五个标度系统评价指标,分别从标度运算封闭性、构造一致判断矩阵的能力、标度值与重要性程度等级的对应方式和排序方法的协调、重要性量化、思维判断一致性与矩阵一致性关系等各个方面来考察标度系统。具体从以下几个角度对比了1—9标度和指数标度系统。①

(1)标度系统的有界封闭性,满足有界封闭性的标度系统具有良好的构造一致判断矩阵的能力,而不满足有界封闭性的标度系统其构造判断矩阵一致性大受影响。1—9标度是不封闭的正互反型的标度系统,而所有的指数标度在各自重要性程度等级对应及相互关系之下均满足封闭性。

(2)标度系统的自治性,标度系统的自治性描述了标度系统的取值与排序方法是否相一致。通过证明,得出结论:各个指数标度系统都是自治的,而1—9标度不满足自治性。

(3)标度系统一致性容量,在AHP实际应用中,人们发现判断矩阵的一致性常常不能成立,这除了人们对实际问题认识上的局限性与系统的复杂性之外,其中一个十分重要的原因是标度系统本身存在缺陷。如果标度系统本身只能构造极少数量的一致矩阵,就无法满足实际情况的需要。因此,一个标度系统能够构造多少个一致的判断矩阵,是评价标度系统是否优良的一个重要指标。就一致性容量而言,其他标度与指数标度几乎不可比,指数标度的一

---

① 吕跃进:《层次分析法标度系统评价研究》[C];中国系统工程学会决策科学专业委员会编:《决策科学理论与方法》,北京:海洋出版社,2001,50—58。

致性容量已达到最优。

(4)标度系统与重要程度的协调性,标度值的选择与排序方法密切相关。层次分析法的排序方法要求判断矩阵的元素是两个因素重要性程度之比,在对两个因素进行比较时,所形成的二阶判断矩阵用特征根方法得到的排序权值之比恰好等于相应级别重要性程度的标度值。标度值与重要性程度的对应关系应当符合人们的实际判断。调查表明,在所有标度系统中,指数标度 a^n($n=0-8, a=1.316$)与实际情况最为符合,各重要性等级对应的标度值均与实际数据相符。而 1—9 标度对稍微重要、明显重要的量化值都超出了相应的取值范围。

(5)标度系统的判断传递性,人的思维判断具有定性传递性,即若因素 A 比因素 B 重要,因素 B 又比因素 C 重要,则因素 A 比因素 C 重要。如果再考虑重要性的程度大小,则称该传递性为定量判断传递性。在给定的标度系统下,如果一致判断矩阵对应的思维判断满足定性传递性,则称标度系统是定性传递的;如果一致判断矩阵对应的思维判断满足定量传递性,则称标度系统是定量传递的。定量传递必然定性传递,反之不然。标度系统的传递性刻画了判断矩阵的一致性与思维判断传递性是否相一致。如果这两者不一致,则说明标度系统不是一个好的标度系统,好的标度系统必须保持这两者的一致,即定量传递的。现有的标度系统均是定性传递的。但 1—9 标度不满足定量传递性,而指数标度系统是定量传递的。

总的来说,1—9 标度具有比较严重的缺陷[①]:排序结果与人的心理判断差距大,判断矩阵一致性与思维一致性相矛盾,一致性矩阵构造能力差,可能与实际排序产生逆序,标度值与排序方法不一致,数学结构性质差等等。反之,指数标度则全面克服了 1—9 标度的缺陷,效果优于 1—9 标度,是一个具有良好数学结构,且与实际排序相符的优秀标度系统。因此,指数标度系统是唯一满足全部指标要求的标度。故本文采用基于指数标度 a^n 的层次分析法,其中 $n=0-8, a=1.316$,这由 a 的 8 次方等于 9 解出,极端重要仍为 9,这是因为同层元素的重要性应在同一数量级之内,否则没有可比性。这种方法改进了传

---

① 吕跃进、张维、曾雪兰:《指数标度与 1—9 标度互不相容及其比较研究》[J],《工程数学学报》,2003,20(8):77—81。

统 AHP 方法中判断矩阵的一致性指标难以达到以及判断矩阵的一致性与人们决策思维的一致性存有差异的缺陷,能够有效地解决一致性问题。

1—9 标度与指数标度的关系是:$k=a^{k-1}$, $k=1,2,\cdots,9$。

3.1.2.2　指标权重的计算

以第三轮特尔菲法专家调查的结果为依据进行数据处理,从而可以确定该评价指标体系中各项指标的权重。

计算过程中有如下几个关键步骤:确定各指标两两比较的比例标度、基于比例标度构造判断矩阵、求得一级指标和二级指标的权重、进行一致性检验。权重的计算过程全部用 JAVA 程序实现,以保证权重获得的自动化和准确性。

(1)确定比例标度

采用如下的方法来确定比例标度,尽量保证给定标度的准确性、客观性以及定量化。

①计算满分频度

所谓对象的满分频度,就是对某种对象满分的专家数与对该对象作出评价的专家总数之比。对象的满分频度值为 0—1。满分频度值越大,说明对该对象给满分的专家越多,因而该对象的相对重要性越大,反之,该对象的相对重要性越小。我们计算权重的依据,首先就是基于满分频度,这是我们运用层次分析法进行计算的基础或者说是统一的标准。因为满分频度的大小,代表了该指标相对重要性的大小,即权重的大小。在本书中,满分频度即该项指标打 5 分的专家人数比例。

②计算指数标度,将其作为判断矩阵中的比例标度。

具体计算思路如下:

由于专家给出的满分频度最大为 100%,最小为 0%,之间相差为 100。在指数标度中 n 取值范围为 0—8,相距为 9 个点,共 8 段,那么将 100% 八等份后,则每一等份为:$\dfrac{100\%-0\%}{8}=12.5\%$。由于 n 的取值范围是从 0—8,同时我们又把 100% 八等份,这样相当于建立了一个对应关系,即在 0—8 的体系中的 1,相当于 0%—100% 体系中的 12.5%。然后任意两个满分频率的差与 12.5% 相比较,得出一个数据,就作为判断矩阵中的标度 n。由于采用的是指数标度系统,因此,判断矩阵中的元素两两比较的比例标度值就是 a^n,即 1.316 的 n 次方。

例如搜索引擎的一级指标"索引构成"下的二级指标"标引数量"满分频度为 92.86%,"标引范围"满分频度为 96.43%,那么,

$$n=\frac{96.43\%-92.86\%}{12.5\%}=0.2856,\ a^n=1.316^{0.2856}=1.0816$$

即在判断矩阵中,"标引范围"对"标引数量"的比例标度为 1.0816,由于指数标度系统满足互反性原则,故"标引数量"对"标引范围"的比例标度为 $\frac{1}{1.0816}$ 即 0.9246。依次类推,我们可以计算出所有层级指标之间两两比较的比例标度。

(2)构造判断矩阵

利用指数标度的通式 a^n,并利用指数标度系统的互反性原则,即判断矩阵中的元素 a_{ij}^n 与 a_{ji}^n 互为倒数,我们对一级指标以及二级指标分别两两比较,得出的指数标度就可以用来构造判断矩阵了。

(3)计算指标权重,并进行一致性检验

利用程序计算出各项指标的权重,并进行一致性检验。实际计算时,只需把相应指标的满分频度输入程序中,程序便会自动计算出相应层级的判断矩阵、指标权重、最大特征根和随机一致性比率。主要程序代码见附录 3 所示。

具体的计算过程及结果见附录 4 所示,可以看到计算得出结果的一致性都非常好。这正是由于在基于满分频度的两两比较构造判断矩阵的过程中,使用了经过等分处理的指数标度系统,此过程的所有数据都是准确的,而非人为主观的两两比较判定给出的标度值,才使得我们使用层次分析法所得结果一致性非常好。

3.2 网络信息资源评价指标体系的确立

3.2.1 网络信息资源评价指标体系构建的原则

指标体系的建立是进行预测或评价研究的前提和基础,它是将抽象的研究对象按照其本质属性和特征的某一方面的标识分解成为具有行为化、可操作化

的结构,并对指标体系中每一构成元素(即指标)赋予相应权重的过程,也是对客观事物认识过程的继续深化和发展。建立指标体系作为系统预测、评价研究的基础,长期以来一直受到软科学(特别是管理科学)研究人员的关注。[①]

为了使指标体系能够全面反映研究对象的特性,尽可能地做到科学、合理,且符合客观实际,评价指标体系的构建一般应符合科学性、发展性、客观性、公开性、全面性、针对性、代表性、可操作性、指导性的原则。在本书中,建立的网络信息资源评价指标体系既要能够全面反映网络信息资源的性能,又要能够有利于进行定性和定量的实证评价。

3.2.1.1　网络信息资源评价指标体系应当具备的基本功能

(1)描述功能。网络信息资源中包括网站、搜索引擎、网络数据库等各种形式,制定的指标既要包含这些类型的各种信息内容,同时要能够反映该种网络信息资源的状况,因此所选择的评价指标要能够从整体上描述一个网站、搜索引擎和网络数据库的各种业务进展状况。

(2)评价功能。通过评价指标,能够在描述一种网络信息资源的同时,对网络信息资源指标作出总体评价,对于每一个结构层的服务项目,应当建立不同的评价要素,即文中的一级指标。对这些确定的每一个评价要素,又要划分为若干个细分指标(即二级指标)。从而构成一个完整的指标体系,完成对网络信息资源指标的评价功能。

(3)指导功能。网络信息资源指标的指导功能体现在对网络信息资源建设未来发展方向的引导上,能够反映网络信息资源建设未来的发展趋势,指标选择应该符合网络信息资源建设的发展策略。通过这样的网络信息资源评价指标体系,对网络信息资源进行评价,从而有利于网络信息资源的长期发展。

这三项功能是评价指标体系的基本功能,其实现依赖于主要评价指标的选择。

3.2.1.2　网络信息资源评价指标体系构建的具体原则

建立网络信息资源评价指标体系,除了遵循一般评价原则之外,还应当考

---

① 游海燕:《预测、评价指标体系构建研究现状述评》[J],《数理医药学杂志》,2005,18(3):265—267。

虑网络信息资源评价指标的特殊性。

（1）全面性与共性相结合。在建立网络信息资源指标体系时，首先要考虑这些指标是否全面，能否完整地反映网络信息资源的各种内容、功能和特点。但是，在考虑全面性的同时，也要考虑到一些内容和功能仅是某一类型网络信息资源建设者为了自身某方面的需要而设立的，而在其他同类型的网络信息资源中几乎没有出现，这样的指标就不属于共性指标，因此，不能列入指标体系中。

（2）定性分析与定量分析相结合。为了进行综合评价，必须将部分反映网络信息资源基本特点的定性指标定量化、规范化，为采用定量评价方法打下基础。这样既可以使评价具有客观性，便于数学模型的处理，又可以弥补单纯定量或者定性评价的不足以及数据本身存在的某些缺陷。

（3）系统性与层次性相结合。由于网络信息资源内容涵盖的多层次性，指标体系也是由多层次结构组成，反映出各层次的特征。同时，各个要素相互联系构成一个有机整体，因此，指标的选择应从整体层次上把握评价目标的协调程度，以保证评价的全面性和可信度。

（4）动态性与静态性相结合。评价网络信息资源指标既是目标又是过程，因此，评价指标应反映出评价目标的动态性特点。各指标应对时间和空间变化具有一定的敏感度，以便于预测，特别是在网络变化迅速的当前，这一点尤其重要。但在一定时期内，指标体系内容应该保持相对的稳定性。

（5）可比性与可操作性相结合。评价的基础就是相互比较，不可比较的事物很难予以评价。评价指标设置要尽量保证横向和纵向两个方面的可比性。为了便于操作，并且在一定时期内具有相对稳定性，要求指标体系既反应网络信息资源的特性又不宜过繁，计算方法尽量简单。

（6）不相容性。反映网络信息资源优劣的因素是相互交叉、相互联系的，如果过分强调评价指标的独立性，就会增加评价模型的复杂程度，势必违背可操作性的原则。因此，本书将每一个指标看成是一个独立的、确定的集合，不同方面的内容分别纳入不同的指标中，同层次中的不同指标在内容上互不重复或者互不相容。

（7）多角度性。任何一个指标都有其角度，如从用户的角度出发或是从设计者的角度出发。在第二章中介绍的许多指标体系就是从某一个角度建立起来的。但我们发现,从单一角度建立的指标体系固然有一定的合理性,能够比较单纯地反映某一方面的内容,但是在完整性上有所缺失。因此,本文在建立网络信息资源指标体系时,充分考虑了多个角度。

3.2.2 网络信息资源评价指标体系及其权重的确定

采用网上特尔菲法进行专家意见的调查,并运用基于指数标度的层次分析法的处理,经过三轮调查之后专家意见已经高度一致,据此可以确定网站、搜索引擎和网络数据库这三种网络信息资源评价的指标体系及其权重。

3.2.2.1 网站评价指标体系及其权重

表3-3、表3-4、表3-5和表3-6显示了企业网站、商业网站、政府网站和学术网站的评价指标体系及其权重。具体结果如下。

表3-3　企业网站评价指标体系及其权重

一级指标(权重)	二级指标(权重)		合成权重
C1 信息内容 (0.403)	C11 信息内容丰富程度	0.177	0.071
	C12 信息内容的准确性	0.307	0.124
	C13 信息内容的关联性	0.055	0.022
	C14 信息内容的时效性	0.332	0.134
	C15 链接的有效性	0.129	0.052
C2 网站设计 (0.091)	C21 导航系统的全面性	0.142	0.013
	C22 导航系统的一致性	0.044	0.004
	C23 组织系统的合理性	0.180	0.016
	C24 标识系统的准确性	0.194	0.018
	C25 界面友好程度	0.089	0.008
	C26 界面美观程度	0.210	0.019
	C27 网站的响应速度	0.142	0.013
C3 网站功能 (0.345)	C31 在线业务功能	0.303	0.105
	C32 会员制度实现情况	0.050	0.017
	C33 在线服务与支持功能	0.303	0.105
	C34 检索功能	0.280	0.097
	C35 特色服务功能	0.063	0.022
C4 网站影响力 (0.078)	C41 访问量	0.738	0.058
	C42 外部链接数	0.131	0.010
	C43 用户访问的深度	0.131	0.010
C5 网络安全 (0.084)	C51 系统安全	0.441	0.037
	C52 用户信息安全	0.559	0.047

表 3－4　商业网站评价指标体系及其权重

一级指标（权重）	二级指标（权重）		合成权重
C1 信息内容 （0.403）	C11 信息内容丰富程度	0.228	0.092
	C12 信息内容的准确性	0.246	0.099
	C13 信息内容的独特性	0.195	0.079
	C14 信息内容的时效性	0.210	0.085
	C15 链接的有效性	0.121	0.049
C2 网站设计 （0.091）	C21 导航系统的全面性	0.168	0.015
	C22 导航系统的一致性	0.044	0.004
	C23 组织系统的合理性	0.182	0.017
	C24 标识系统的准确性	0.212	0.019
	C25 界面友好程度	0.168	0.015
	C26 界面美观程度	0.030	0.003
	C27 网站的响应速度	0.196	0.018
C3 网站功能 （0.345）	C31 电子商务功能	0.360	0.124
	C32 交互功能	0.333	0.115
	C33 检索功能	0.243	0.084
	C34 特色服务功能	0.064	0.022
C4 网站影响力 （0.078）	C41 访问量	0.456	0.036
	C42 外部链接数	0.141	0.011
	C43 用户访问的深度	0.069	0.005
	C44 电子商务交易量	0.333	0.026
C5 网络安全 （0.084）	C51 系统安全	0.275	0.023
	C52 用户信息安全	0.348	0.029
	C53 交易安全	0.377	0.032

表 3－5　政府网站评价指标体系及其权重

一级指标（权重）	二级指标（权重）		合成权重
C1 信息内容 （0.403）	C11 信息内容的准确性	0.283	0.114
	C12 信息内容的完整性	0.242	0.097
	C13 信息内容的时效性	0.262	0.011
	C14 信息内容的独特性	0.064	0.026
	C15 链接的有效性	0.151	0.061
C2 网站设计 （0.091）	C21 导航系统的全面性	0.149	0.014
	C22 导航系统的一致性	0.058	0.005
	C23 组织系统的合理性	0.161	0.015
	C24 标识系统的准确性	0.204	0.019

（续表）

一级指标（权重）	二级指标（权重）		合成权重
	C25 界面友好程度	0.149	0.014
	C26 界面美观程度	0.204	0.007
	C27 网站的响应速度	0.074	0.018
C3 网站功能 （0.345）	C31 交互功能	0.308	0.106
	C32 信息公开功能	0.360	0.124
	C33 检索功能	0.285	0.098
	C34 特色服务功能	0.047	0.016
C4 网站影响力 （0.078）	C41 访问量	0.500	0.039
	C42 外部链接数	0.247	0.019
	C43 用户访问的深度	0.122	0.009
	C44 信息转载量	0.132	0.010
C5 网络安全 （0.084）	C51 系统安全	0.520	0.044
	C52 用户信息安全	0.480	0.040

表 3-6　学术网站评价指标体系及其权重

一级指标（权重）	二级指标（权重）		合成权重
C1 信息内容 （0.403）	C11 信息内容的深度	0.148	0.060
	C12 信息内容的广度	0.092	0.037
	C13 信息内容的准确性	0.126	0.051
	C14 表达观点的客观性	0.126	0.051
	C15 信息内容的独特性	0.126	0.051
	C16 信息内容的创新性	0.117	0.047
	C17 信息内容的时效性	0.108	0.044
	C18 信息来源的权威性	0.126	0.051
	C19 专业信息的比例	0.031	0.012
C2 网站设计 （0.091）	C21 导航系统的全面性	0.092	0.008
	C22 导航系统的一致性	0.058	0.005
	C23 组织系统的合理性	0.324	0.029
	C24 标识系统的准确性	0.324	0.029
	C25 界面友好程度	0.160	0.015
	C26 界面美观程度	0.042	0.004
C3 网站功能 （0.345）	C31 交互功能	0.145	0.050
	C32 检索功能	0.371	0.128
	C33 下载功能	0.317	0.109
	C34 特色服务功能	0.052	0.018
	C35 参考功能	0.066	0.023

（续表）

	C36 离线服务功能	0.048	0.017
C4 网站影响力 （0.078）	C41 访问量	0.389	0.030
	C42 外部链接数	0.120	0.009
	C43 学术研究引用量	0.492	0.038
C5 网络安全 （0.084）	C51 系统安全	0.480	0.040
	C52 用户信息安全	0.520	0.044

从上述表中我们可以看出，对于网站信息资源评价而言，五项一级指标按照权重大小降序排列为：网站内容、网站功能、网站设计、网络安全和网站影响力。由此可以看出，无论从信息资源方面来看还是从网站的作用以及用户对网站的要求来看，网站的信息内容是至关重要的，其权重占整个网站评价权重的 2/5 左右。网站功能也在整个指标体系权重中占有重要的地位，其权重为 34.46%。而其他三项一级指标网站设计、网站影响力和网络安全的权重相对而言小得多。

就具体网站而言，在这五个一级指标下的二级指标不尽相同，略有差异。例如，对于学术网站而言，在信息内容下的二级指标中，权重较高的是信息内容的深度、信息内容的准确性、信息内容的客观性、信息内容的独特性和信息内容的权威性这五项指标。说明相对于学术信息资源的数量，学术信息资源的质量更有说服力。对于政府网站而言，信息内容的准确性、时效性和完整性三项指标得到了众多专家的重视，说明政府网站的信息内容应该准确、时时更新并且具有较高的完整性。

3.2.2.2 搜索引擎评价指标体系及其权重

表 3-7 显示了搜索引擎的评价指标体系及其权重。

表 3-7 搜索引擎评价指标体系及其权重

一级指标（权重）	二级指标（权重）		合成权重
C1 索引构成 （0.337）	C11 标引数量	0.316	0.107
	C12 标引范围	0.342	0.115
	C13 更新频率	0.342	0.115
C2 检索方式 （0.337）	C201 自然语言检索	0.206	0.070
	C202 多语种检索	0.040	0.013
	C203 布尔逻辑检索	0.119	0.040

（续表）

	C204 词组检索	0.191	0.064
	C205 模糊检索	0.139	0.047
	C206 概念检索	0.163	0.055
	C207 字段检索	0.037	0.012
	C208 目录式浏览检索	0.043	0.015
	C209 多媒体检索	0.037	0.012
	C210 其他检索	0.025	0.008
C3 检索效果 (0.288)	C31 查全率	0.134	0.039
	C32 查准率	0.232	0.067
	C33 重复率	0.038	0.011
	C34 响应时间	0.183	0.053
	C35 内容显示	0.198	0.057
	C36 相关性排序	0.214	0.062
C4 其他功能/服务 (0.038)	C41 界面设计	0.329	0.012
	C42 搜索帮助	0.110	0.004
	C43 个性服务	0.119	0.004
	C44 相关搜索服务	0.162	0.006
	C45 特色功能	0.119	0.004
	C46 过滤功能	0.162	0.006

从上表可以发现，对于搜索引擎来说，索引构成和检索方式是首先同等重要的评价指标，其次才是检索效果，至于像个性服务、特色功能、过滤功能等其他功能与服务所占的权重很低，几乎可以忽略不计。至于这四个一级指标之下的二级指标其权重也各不相同，差异较大。例如索引构成一级指标下的标引数量、标引范围和更新频率这三个二级指标其权重要远远大于检索方式一级指标下的各个二级指标。因此搜索引擎的评价应该着眼于收录网页的数量、领域和更新速度。

3.2.2.3 网络数据库评价指标体系及其权重

表 3-8 显示了网络数据的评价指标体系及其权重。

表 3-8　网络数据库评价指标体系及其权重

一级指标（权重）	二级指标（权重）		合成权重
C1 收录范围 (0.302)	C11 年度跨度	0.206	0.062
	C12 更新频率	0.191	0.058

（续表）

	C13 来源文献数量	0.191	0.058
	C14 来源文献质量	0.206	0.062
	C15 来源文献的全面性	0.163	0.049
	C16 特色收藏	0.043	0.013
C2 检索功能 （0.302）	C21 检索方式	0.272	0.082
	C22 检索入口	0.294	0.089
	C23 结果处理	0.041	0.013
	C24 检索效率	0.294	0.089
	C25 检索界面	0.098	0.030
C3 服务功能 （0.258）	C31 资源整合	0.280	0.072
	C32 个性化服务	0.109	0.028
	C33 交互功能	0.050	0.013
	C34 全文提供服务	0.280	0.072
	C35 链接功能	0.189	0.049
	C36 离线配套服务	0.043	0.011
	C37 检索结果分析	0.050	0.013
C4 收费情况 （0.046）	C41 收费方式	0.480	0.022
	C42 价格高低	0.520	0.024
C5 网络安全 （0.093）	C51 系统安全	0.559	0.052
	C52 用户信息安全	0.442	0.041

从上表很明显可以发现,收录范围和检索功能并列第一,并且两者权重之和超过了总数的 3/5 强,由此可知,网络数据库评价中收录文献内容及文献内容的检索是最重要的指标,最受用户的关注。

对于具体二级指标来说,收录范围一级指标下的年度跨度、更新频率、文献数量和文献质量四个二级指标明显得到众多专家的重视,说明网络数据库收录文献资源应该全面、及时、权威;检索功能一级指标下的检索方式、检索入口和检索效率三个二级指标也明显得到专家的重视,说明用户对检索方法及检索效率的要求很高;服务功能一级指标下的资源整合、链接功能、全文提供服务二级指标也受到专家的普遍关注,说明用户不仅仅需要直接检索出自己想要的完整的文献资源,还非常关注能否获得相关资源信息;收费情况一级指标下的收费方式和价格高低权重相当。由于专家大多是科研教学人员,普遍是通过单位包库方式来使用数据库,所以对价格高低没有给予应有的重点关注。如果作为网络数据库的直接购买用户,可能最先要考虑到经费问题,会最大程度上去关心价格高低;网络安全一级指标下的系统安全、用户信息安全二级指标的权重也无太大差异,说明网络数据库不但要保证自身系统安全,具有防病毒、防黑客的能力,而且还要保证注册用户信息安全,为用户提供诚信可靠的服务。

第　四　章

网络信息资源评价指标体系的实证分析

　　网络信息资源评价指标体系的建立并不是本研究的最终目的,还必须依据建立的评价指标体系进行实际测评,通过实证分析既可以验证第三章建立的网站、搜索引擎、网络数据库评价指标体系的科学性和合理性,又可以根据测评结果提出针对网络信息资源建设的改进建议。

　　首先,我们依据一定的选取原则选择了若干企业网站、商业网站、政府网站、学术网站、搜索引擎、网络数据库作为测评对象;其次根据已经建立的网络信息资源评价指标体系设计了针对它们的测评问卷调查表(见附录5);然后将问卷调查表通过电子邮件发放给随机抽取的20名南京大学信息管理系硕士研究生,其中有10名、7名、10名、9名被调查者分别回答了企业网站、商业网站、政府网站、学术网站测评的调查问卷,12名被调查者回答了搜索引擎测评的调查问卷,12名被调查者回答了网络数据库测评的调查问卷;最后对他们填写完成并返回的问卷调查表统一进行数据处理,得出每个网站每项指标的平均分,再根据平均分采用基于指数标度的层次分析法进行判断矩阵的构建和满意一致性的检验(见附录6),最终依据合成权重的顺序得出测评结果。

　　需要说明的是:

　　(1)由于网站评价指标体系中的一级指标"网站影响力"下属的二级指标属于客观性指标,因此在获得数据时不依据专家的判断,而是依据各自客观指标的具体数值,在附录5的网站实际测评的调查表上不再显示。这些客观性指标的定义如表4-1。

表 4 - 1　网站影响力二级指标中某些客观性指标的定义

网站影响力	访问量	用户的访问量。这里用 alexa 网站前三个月的访问量综合排名。
	外部链接数	在 www. altavista. com 中用 link：NOT host：语句得出。
	用户访问的深度（除学术网站外的其他网站）	用户浏览网页的页数。这里用 alexa 网站的前三个月用户平均浏览页面数。
	电子商务的交易量（仅限商业网站）	可以通过该网站年交易量或年交易增长量等指标来反映。

(2)在政府网站和学术网站评价指标体系中一级指标"网站影响力"下的二级指标"信息的转载量"和"学术研究引用量"，以及网站和网络数据库的一级指标"网络安全"下的二级指标"系统安全"和"交易安全"（仅限商业网站）由于无法获取相应数据，故假设被测评网站或网络数据库在该项指标上的评分相同；在网络数据库评价指标体系中一级指标"收费情况"下的二级指标"价格高低"①为客观性指标，它们在附录 5 的网站和网络数据库实际测评的调查表上都不再显示。

(3)收集完所有的调查表后，对最后结果按照每个网站每项指标的平均分进行处理，而没有采用第三章计算指标权重时使用的满分频度。主要原因在于：由于被调查者打分的主观性较强，对同一个指标的认识不同、评价的准则也不同。因此，在处理数据时，发现打分出现满分 5 分的情况很少，很多指标的满分频度都为 0，这为后面的测评带来很大的麻烦。采用平均分，虽然会因为评分者对同一个指标的认识不同、评价的准则也不同，得出的平均分会比较接近，也会导致最后的评价总分区分度较小，但由于无法获得满分频度的数据，因此，我们仍采用每项指标的平均分，计算所选每个评价对象每项指标的得分权重。

---

①　该项指标不具备可比性。外文数据库明显高于中文数据库，并且收费形式多样，受到个人卡号、单位卡号、流量、篇数、包库、并发端口数、数据库范围等影响，获取到的价格信息之间无法比较，鉴于各评估对象都是在市场上经历多年竞争，价格在市场经济调节下应该已得到平衡，所以在调查问卷中的该项指标指定了相同分数。

4.1 网站的测评

4.1.1 企业网站的测定和分析

4.1.1.1 测评对象的选择

本次实证研究的测评对象为在 2005 年"中国企业网站 100 强"评选前 5 位和 2005"中国商业网站 100 强"企业类网站评选中前 5 位的样本。由于上述两项评选的权威性目前无法考证,所以各选取前 5 名。这些网站都是一些知名企业的网站,每个网站的具体情况这里不一一介绍。之所以选择这些网站,是基于以下几点原因:

(1)由于目前的企业网站数量较多,质量参差不齐,针对本书的指标体系,一些小型企业的网站许多基本的指标都获取不到,这样的评价意义就不是很大。而"中国企业网站 100 强"评选和"中国商业网站 100 强"评选已进行了好几届,具有一定的知名度和权威性,在此基础上筛选出的企业网站,都属于国内大型企业的网站,网站质量都比较高,符合本书评价指标体系的要求。

(2)"中国企业网站 100 强"评选和"中国商业网站 100 强(企业类)"评选具有各自特色,结果也不尽相同。特别是,两个评选结果的前 5 名完全不一样,到第 6 名开始有重复,选择它们各自前 5 名的企业网站,可以进一步探讨这两个评价活动的指标设置特点和权重。

(3)从被选出的 10 个网站本身来看,这 10 个网站涉及的行业比较齐全,包含金融保险、零售、家电、IT、石油化工这五个行业,对不同行业的企业网站进行评价,也可以了解到这些行业的信息化建设水平,以及网站在这些企业的发展中的重要作用。

(4)由于本书进行的是与这两个评比类似的而非商业性目的评价,最后也会对这 10 个网站进行相应的排名,选择这些商业性评选的结果再进行评价,可以对两次结果进行比较,得出相关结论,也可以在一定程度上评价这两个优秀网站评选活动。

表 4 - 2   被测评的企业网站列表

网站名称	网址
HP 中国	http://www.hp.com.cn
IBM 中国	http://www.ibm.com.cn
UT 斯达康	http://www.utstar.com.cn
戴尔中国	http://www.dell.com.cn
国美电器	http://www.gome.com.cn
海尔集团	http://www.haier.com
金山在线	http://www.kingsoft.com
三星中国	http://www.samsung.com.cn
招商银行	http://www.cmbchina.com
中化集团	http://www.sinochem.com

注："2005 中国企业网站 100 强"评选中第三名的"全球采购中国"网站和 2005"中国商业网站 100 强"企业类评选中第三名的"UPS"网站，由于不符合本文研究对象的要求，故舍去，下面名次按顺序上移。

由此构建出这 10 个企业网站测评的层次分析结构，见图 4 - 1。

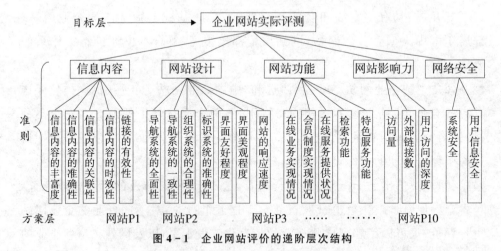

图 4 - 1   企业网站评价的递阶层次结构

4.1.1.2   调查结果的数据处理

根据上述选择的测评对象和企业网站评价指标体系，再次运用问卷调查的方法，对所列出的测评对象按照指标体系打分。

将回收的 10 份调查表汇集后，对最后结果按照每个网站每项指标的平均分进行处理，处理结果见下表：

表 4 – 3　企业网站指标测定平均分统计表

一级指标	二级指标	HP中国	IBM中国	UT斯达康	戴尔中国	国美电器	海尔集团	金山在线	三星中国	招商银行	中化集团
信息内容	信息内容的丰富度	4.0	4.8	3.5	3.4	5.0	3.9	4.7	3.3	4.8	3.4
	信息内容的准确性	4.5	4.7	4.8	4.4	4.1	4.2	3.5	4.4	4.6	4.6
	信息内容的关联性	5.0	5.0	4.9	4.9	4.8	5.0	3.4	4.9	4.8	4.7
	信息内容的时效性	3.6	4.6	4.0	3.5	4.8	4.3	4.4	3.8	4.7	3.5
	链接的有效性	4.5	4.9	3.5	4.6	3.8	4.3	4.7	4.8	4.8	4.6
网站设计	导航系统的全面性	4.4	4.6	4.7	4.2	4.5	4.4	3.8	3.8	4.2	4.5
	导航系统的一致性	4.0	4.3	4.4	4.1	4.4	4.0	3.7	4.2	4.4	4.4
	组织系统的合理性	3.7	4.5	4.3	4.1	3.9	4.1	3.3	4.2	4.1	4.1
	标识系统的准确性	4.4	4.6	4.5	4.4	4.2	4.4	4.2	4.3	4.3	4.2
	界面友好程度	4.0	4.3	4.2	4.1	4.1	4.0	3.4	4.1	4.2	4.2
	界面美观程度	3.5	4.3	4.3	3.8	3.8	3.8	3.0	3.7	4.1	4.2
	网站的响应速度	3.9	4.5	3.4	3.8	4.4	3.7	4.1	3.6	4.6	4.5
网站功能	在线业务功能	3.7	4.1	3.2	4.6	4.4	4.0	3.5	3.6	4.5	3.7
	会员制度实现情况	2.2	3.6	2.0	3.3	4.4	4.6	2.8	4.2	4.2	1.0
	在线服务与支持功能	3.8	4.8	3.3	4.3	4.3	4.1	4.3	4.4	4.3	2.6
	检索功能	3.7	4.2	3.8	3.3	4.7	3.6	4.7	4.0	4.6	3.0
	特色服务功能	3.1	4.4	3.0	3.4	3.2	3.7	4.4	3.2	4.1	2.8
网站影响力	访问量	3.0	1.0	1.5	3.0	3.0	2.0	3.0	3.0	5.0	1.4
	外部链接数	3.0	2.0	1.5	2.0	3.0	3.0	4.0	3.0	5.0	1.0
	用户访问的深度	1.8	1.0	3.3	1.0	4.8	2.9	2.0	3.7	2.5	5.0
网络安全	用户信息安全	5.0	5.0	4.0	5.0	5.0	5.0	4.0	5.0	5.0	4.0
	系统安全	5.0	5.0	5.0	5.0	5.0	5.0	5.0	5.0	5.0	5.0

　　计算各项指标下每一个网站的得分权重时,同样也使用第三章中基于指数标度的层次分析法。只是因为采用了平均分替代了满分频度,在计算过程的开始略有不同。具体方法如下。

　　假设在某一指标上,网站 A 的平均得分为 x,网站 B 的平均得分为 y,则网站 A 相对于网站 B 在这项指标上的优劣程度为:

$$a_{ij} = a^{(x-y)/[(5-1)/8]}$$

　　数字"5"表示一项指标的最高平均得分为 5 分,数字"1"表示一项指标的最低平均得分为 1 分,按照等距,将它们之间分为 8 等份。

　　根据判断矩阵计算出来的对应于最大特征根的特征向量就是各个网站在该项指标上的排序向量。特征向量的计算同样采用了第三章中的方根法,仍然采用 JAVA 程序计算得出结果。

用相关网站集合 P(P1,P2,P3,P4,P5,P6,P7,P8,P9,P10),针对指标体系中各二级指标建立判断矩阵,并得出判断矩阵 P(P1,P2,P3,P4,P5,P6,P7,P8,P9,P10)的排序向量,得到每个网站各个指标的得分权重。各自建立的判断矩阵及其得分权重见附录 6-1 所示。

将得分权重项汇总,得到表 4-4。最后每个网站的总分由这个网站每项指标的得分权重与指标的合成权重两两相乘得到。在 EXCEL 软件中,运用 SUMPRODUCT 函数,计算出总得分。

表 4-4 "中国企业网站 10 强"的再测评结果

指标	合成权重	HP中国	IBM中国	UT斯达康	戴尔中国	国美电器	海尔集团	金山在线	三星中国	招商银行	中化集团
C11	0.071	0.090	0.139	0.068	0.065	0.156	0.085	0.132	0.061	0.140	0.065
C12	0.124	0.105	0.117	0.124	0.099	0.084	0.089	0.061	0.099	0.111	0.111
C13	0.022	0.112	0.112	0.106	0.106	0.101	0.112	0.047	0.106	0.101	0.095
C14	0.134	0.073	0.126	0.090	0.069	0.140	0.107	0.113	0.081	0.133	0.069
C15	0.052	0.100	0.125	0.058	0.106	0.068	0.090	0.112	0.118	0.118	0.106
C21	0.013	0.104	0.116	0.122	0.093	0.110	0.104	0.074	0.074	0.093	0.110
C22	0.004	0.089	0.106	0.111	0.095	0.111	0.089	0.076	0.100	0.111	0.111
C23	0.016	0.082	0.128	0.114	0.102	0.092	0.102	0.066	0.108	0.102	0.102
C24	0.018	0.103	0.114	0.108	0.103	0.092	0.103	0.092	0.097	0.097	0.092
C25	0.008	0.096	0.113	0.107	0.101	0.101	0.096	0.069	0.101	0.107	0.107
C26	0.019	0.081	0.107	0.126	0.096	0.107	0.096	0.062	0.091	0.113	0.120
C27	0.013	0.090	0.125	0.068	0.085	0.118	0.080	0.100	0.076	0.132	0.125
C31	0.105	0.085	0.107	0.065	0.140	0.126	0.101	0.077	0.081	0.133	0.085
C32	0.017	0.048	0.103	0.043	0.088	0.161	0.179	0.066	0.144	0.144	0.025
C33	0.105	0.086	0.149	0.065	0.113	0.096	0.101	0.113	0.119	0.113	0.044
C34	0.096	0.083	0.109	0.087	0.066	0.143	0.078	0.143	0.098	0.136	0.056
C35	0.022	0.076	0.155	0.072	0.090	0.072	0.105	0.155	0.080	0.131	0.064
C41	0.058	0.085	0.028	0.038	0.085	0.085	0.049	0.255	0.085	0.255	0.036
C42	0.010	0.094	0.054	0.041	0.054	0.094	0.094	0.164	0.094	0.281	0.031
C43	0.010	0.044	0.028	0.100	0.028	0.228	0.080	0.049	0.125	0.064	0.254
C51	0.037	0.120	0.120	0.070	0.120	0.070	0.120	0.070	0.120	0.120	0.070
C52	0.047	0.1	0.1	0.1	0.1	0.1	0.1	0.1	0.1	0.1	0.1
总分	1.000	0.089	0.115	0.083	0.094	0.112	0.095	0.108	0.095	0.131	0.078

注:计算过程说明如下。假设网站 P_i 在指标 C_{ij} 上的权重用 $P_i(C_{ij})$ 表示,指标 C_{ij} 的合成权重用 W_{ij} 表示,则网站 P_i 的合成权重为:$P_i(C11) \times W_{11} + P_i(C12) \times W_{12} + P_i(C13) \times W_{13} + \cdots + P_i(C52) \times W_{52}$。下文中测评的合成权重也照此处理。

根据最后得分,得出"中国企业网站 10 强"的综合排名(见表 4－5)。

表 4－5　"中国企业网站 10 强"排名表

名次	网站	总分	网站网址
1	招商银行	0.131	http://www.cmbchina.com
2	IBM 中国	0.115	http://www.ibm.com.cn
3	国美电器	0.112	http://www.gome.com.cn
4	金山在线	0.108	http://www.kingsoft.com
5	海尔集团	0.095	http://www.haier.com
5	三星中国	0.095	http://www.samsung.com.cn
7	戴尔中国	0.094	http://www.dell.com.cn
8	HP 中国	0.089	http://www.hp.com.cn
9	UT 斯达康	0.083	http://www.utstar.com.cn
10	中化集团	0.078	http://www.sinochem.com

4.1.1.3 结果分析

(1)总体结果分析

上表的数字看起来比较烦琐,不能直观地反映各个企业网站的优势和不足,因此,总体分析时给出"10 强企业网站"各项指标的得分权重图(见图 4－2所示),并且由于网络安全指标无法获得,对于各个企业网站没有区分度,因此下图中不包含 C51 和 C52 两项指标。

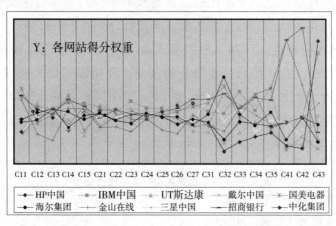

图 4－2　"10 强企业网站"各项指标得分权重图

①由于本次测评所选择的企业网站为在 2005 年"中国企业网站 100 强"评选和 2005"中国商业网站 100 强"企业类网站评选分别位居前五位的网站,

同时,这些企业大都是世界 500 强的知名企业,因此总的来说,网站质量都非常高。从最后的数据来看,位于第一名的招商银行得分为 0.131,而最后一名的中化集团为 0.078,第一名较之最后一名仅多了 0.053,差距不是非常大,足见本书所选择的网站水平相当。

②从上图来看,在"信息内容"和"网站设计"这两项一级指标(图中 C11 至 C27)下,指标变化幅度比较小,而在"网站功能"和"网站影响力"这两项一级指标(图中 C31 至 C43)下,指标变化幅度比较大。这个现象与企业网站的发展历程密不可分:在企业网站发展的初级阶段,企业比较重视网站的内容和设计,而对于以上一些知名企业来说,绝大一部分企业网站在这两方面已经发展成熟,没有多少发展的余地,因此这十个网站在这两项一级指标下变化很小,如果要对这两项一级指标打分,估计这十个企业的得分会非常接近;随着企业网站的发展,企业网站的各种功能不断被开拓,包括商城、会员、注册、下载等,企业网站功能包含的内容非常广,各个行业运用也不尽相同,加上各个企业对功能方面的重视程度不同,操作起来,就会呈现参差不齐的情况,也就出现了"网站功能"指标变化幅度比较大的现象。对于"网站影响力"这一指标,由于是采用 alexa 的数据,各个企业的宣传等各种因素都会影响到该数据。

③从选择对象来自两个评比的结果和本书测评的结果对比来看,2005 中国商业网站 100 强(企业类)评选名次排列较高,加上 IBM 与 DELL 还有一项得分偏低,名次应该更高一些。原因也不难发现,2005 中国商业网站 100 强(企业类)评选排名前 5 位的企业网站均是在企业功能应用上比较好的网站,注重网站服务质量和电子商务功能,而 2005 年中国企业网站 100 强评选前 5 的企业网站大多是国内大型企业,其中大部分网站美观性很强,但是在功能上不足,因此在本次测评中名次偏后,如表 4-6 所示:

表 4-6 本次测评名次与原名次对比表

原先名次	1	2	3	4	5
2005 中国商业网站 100 强(企业类)评选网站现在名次	HP 中国 (8)	IBM 中国	戴尔中国	国美电器 (3)	金山在线 (4)
2005 年中国企业网站 100 强评选网站现在名次	招商银行 (1)	海尔集团 (5)	中化集团	UT 斯达康	三星中国 (6)

（2）相关性分析

考虑到排名靠前的企业网站都是在网站功能上做得比较好的，因此这里探究一下这四项一级指标对于最后总得分的影响情况。将这十个网站每一项一级指标的得分，与最后的总得分进行相关性比较（由于网络安全指标无法获得，对于各个企业网站没有区分度，因此没有列出其得分）。

表 4-7　各网站一级指标得分权重与总得分比较表

得分	HP 中国	IBM 中国	UT 斯达康	戴尔 中国	国美 电器	海尔 集团	金山 在线	三星 中国	招商 银行	中化 集团
信息内容	0.0369	0.0502	0.0376	0.0340	0.0460	0.0386	0.0389	0.0359	0.0499	0.0352
网站设计	0.0084	0.0106	0.0099	0.0088	0.0094	0.0088	0.0070	0.0084	0.0098	0.0099
网站功能	0.0284	0.0425	0.0243	0.0364	0.0414	0.0341	0.0382	0.0346	0.0442	0.0208
网站影响力	0.0063	0.0024	0.0036	0.0058	0.0082	0.0046	0.0169	0.0071	0.0182	0.0049
总得分	0.089	0.115	0.083	0.094	0.112	0.095	0.108	0.095	0.131	0.078

注：每项得分＝各项一级指标下各二级指标与该项得分的乘积的和。下文中的网站测评也照此处理。

由于分析的是某一个一级指标得分与总分，属于对两个定距变量值，因此在相关性分析上，属于二元定距变量的相关分析[①]。本书选择 SPSS 软件来进行这个分析。

在"analyze"菜单"correlate"中选择 Bivariate 命令，由于是定距变量之间的线性关系，因此选择 Pearson 简单相关系数，并选择双侧（Two-tailed）检测。运行结果如表 4-8、表 4-9、表 4-10 和表 4-11 所示。

表 4-8　信息内容指标得分与总分相关性分析表

		信息内容得分	总分
信息内容得分	Pearson Correlation	1.000	0.865**
	Sig.（2-tailed）	0.0	0.001
	N	10	10
总分	Pearson Correlation	0.865**	1.000
	Sig.（2-tailed）	0.001	0.0
	N	10	10

＊＊　Correlation is significant at the 0.01 level（2-tailed）.

①　余建英、何旭宏：《数据统计分析与 SPSS 应用》[M]，北京：人民邮电出版社，2003：252—255。

表 4 - 9　网站设计指标得分与总分相关性分析表

		网站设计得分	总分
网站设计得分	Pearson Correlation	1.000	0.078**
	Sig. (2 - tailed)	0.0	0.829
	N	10	10
总分	Pearson Correlation	0.078**	1.000
	Sig. (2-tailed)	0.829	0.0
	N	10	10

＊＊Correlations is significant at the 0.01 level (2-tailed).

表 4 - 10　网站功能指标得分与总分相关性分析表

		网站功能得分	总分
网站功能得分	Pearson Correlation	1.000	0.931**
	Sig. (2-tailed)	0.0	0.000
	N	10	10
总分	Pearson Correlation	0.931**	1.000
	Sig. (2-tailed)	0.000	0.0
	N	10	10

＊＊Correlation is significant at the 0.01 level (2-tailed).

表 4 - 11　网站影响力指标得分与总分相关性分析表

		网站影响力得分	总分
网站影响力得分	Pearson Correlation	1.000	0.635*
	Sig. (2-tailed)	0.0	0.048
	N	10	10
总分	Pearson Correlation	0.635*	1.000
	Sig. (2-tailed)	0.048	0.0
	N	10	10

＊Correlation is significant at the 0.05 level (2-tailed).

从上面四张表可以总结得出表 4 - 12(按照相关性由大到小)。

表 4 - 12　各一级指标相关性比较表

	网站功能	信息内容	网站影响力	网站设计
Pearson 系数	0.931 ＞	0.865 ＞	0.635 ＞	0.078
相关程度	高度相关	高度相关	中度相关	不相关

由此得出如下结论：

①网站功能的相关系数达到 0.931，相关程度最高，也就是网站功能以及指标对最后的结果影响最大，排在前几位的招商银行、IBM 中国、国美电器和金山在线，尽管在设计上不是特别好，但是由于在功能上比较完善，如招商银行的网上银行、一网通支付以及个人业务数据发布等各种网上服务，因此都取得了较高的总分。

②信息内容的相关系数为 0.865，也达到了高度相关[1]，对最后的总分的影响程度仅次于网站功能。这个结果也与网站实际情况非常一致，排在前面的招商银行首页长度为 4 屏，而国美电器首页则达到了 5 屏，IBM 中国虽然只有 1 屏，但其全面的导航以及二级页面的丰富内容都是有目共睹的。而排名最后的 UT 斯达康和中化集团由于网站较新，在网站的整体设计和美观方面很不错，但都只有 1 屏，同时内容也较少，布局很松散，也影响了最后的总排名。

③网站影响力的相关系数为 0.635，视为中度相关，但由于这一指标的权重较低，具有这样的相关性已经实属不易。这一项指标一部分数据都是由 alexa 网站上得到的，可信度一般，但外部链接数这一指标还是非常有说服力的。其中招商银行的外部链接数是 650000，基本达到了这一指标第二名的十几倍，不过这也与企业本身重视网站宣传有很大联系。作者本人也是招行的用户，在使用中就发现，招商银行目前几乎所有新办理的信用卡的开通都要通过网站，同时还定期向用户的电子邮箱发送积分和各种活动的信件。鉴于权重较低，否则相信招商银行会拥有更高的总分。

④网站设计的相关系数为 0.078，不足 0.3，理论上可视为不相关。排名最后的 UT 斯达康和中化集团由于建站较晚，在网站的整体设计和美观方面很不错，但是这也容易造成企业网站空有一个架子，成为"花瓶"的现象。这一指标相关系数低的结果，对我们的企业是一个提醒：不仅要注意外表，更要注意内涵。

---

[1]　余建英、何旭宏：《数据统计分析与 SPSS 应用》[M]，北京：人民邮电出版社，2003：252—255。

（3）各企业网站得分分析

①招商银行网站以绝对优势排名第一位，在各项指标上，招商银行的网站表现都比较好，特别是在访问量和外部链接数上，招行网站占了绝对的优势。打开招商银行的网站，就可以感受到丰富多样的在线服务功能、优质高效的网站维护和管理、实用美观的网页设计。该网站不仅提供网上企业银行服务，同时提供网上个人银行服务和网上支付服务。网上企业银行使企业通过互联网即可实时了解财务运作情况，及时调度资金，轻松应付大批量的支付和工资业务。同时在个人服务中，提供账务查询、自助转账、财务分析、自助缴费、修改密码、账户挂失等全方位的理财服务，从而使"家庭银行"由理念到现实迈进了一大步。从这点也可以看出，银行金融业的网站建设程度高于其他行业。这些网站所提供的网上银行、在线支付等实用功能，正改变着人们日常生活的方式，并会随着网上信用机制的不断完善而日渐增强。联系到前面，可能是因为银行金融业网站建设水平普遍比较高，在2005"中国商业网站 100 强"评选中，在企业网站这类下，单独开设了一个"网银"的板块，将所有的银行网站放在一起排名，不过在此排名下招商银行仍然为第一位。

②IBM 中国网站以其各项指标的稳健表现位居第二，这也与前面的商业评价结果完全一致，网站导航丰富，服务完善，基本无懈可击。要说明的是，对于网站访问量和用户访问深度这两项指标，由于 IBM 网站本身的一些特殊措施，alexa 网站似乎没有办法统计，因此给的数字非常低，这与 IBM 这个蓝色巨人的实际情况非常不吻合，但鉴于这两项指标没有其他的办法获得，又为了保持选择数据的一致性，仍采用该数据。因此，如果从实际角度出发，IBM 中国的得分应该会更高。

③作为家电业巨头的国美电器大张旗鼓地在自己的网站上开起了家电超市，琳琅满目的手机、洗衣机、空调等产品页面，比传统媒体的宣传要生动得多，用户不仅能点击查看商品详细信息，还可以在线下订单。目前国美已经在全国开通了 32 家网上商城，仅 2005 年上半年，国美网上商城的业绩就接近一个亿。凭借其丰富的促销信息和大量的图片，吸引了人们的眼球。这些都使

得网站在线用户数比较多,因此在网站影响力的指标上得分较高,同时丰富的促销信息和详细分类的产品图片使得国美网站在信息内容这一项占尽优势,加上贴心、周全的各类搜索,国美的得分自然不会低。

④金山在线排在第四让人吃惊不小,因为乍一看金山在线的网站觉得非常平庸,特别是从美观的角度,但其功能还是非常丰富的,特别是首页上的"词霸、短句、病毒、新闻、商机"的搜索,不仅涵盖了金山公司的业务,也非常实用。虽然金山公司在杀毒软件上的优势已经不太明显,但公司也不断扩展自己业务,在 2005 年将更多的战略重心投入到网络游戏领域,这也吸引了大批游戏迷涌向其官方网站,形形色色的杀毒软件和无限服务同样也吸引了他们的目光,为金山在线集聚了相当的人气,在访问量和访问深度这两项指标很突出。

⑤海尔集团和三星中国的网站属于一个类型,纵观其网站一个大型的广告 flash 占了首页 2/3 的面积,其他内容中规中矩,由于将自己的网上商城、各个系列产品的网站与企业主页分离,因此在内容全面性和网站功能方面不占优势。

⑥戴尔中国和 HP 中国也属于一个类型,基本上就是模仿 IBM 中国网站的形式,各方面都没有什么特色。HP 中国网站在 2005"中国企业网站 100 强"评选中排名第一,觉得这个打分可能比较有问题;而戴尔公司作为全球网上电脑销售业绩最好的企业,其优势从网站本身较难看出,但要说明的是,在网站访问量和用户访问深度这两项指标上,Dell 网站与 IBM 网站一样由于本身的一些特殊措施,alexa 网站似乎没有办法统计,对于 Dell 这样销售方式的企业来说,结果也会受到不小的影响。

⑦最后两名是 UT 斯达康和中化集团,这两个网站打开后的第一感觉是很好的,页面非常清新、漂亮,但网站内容很少,能在网上提供的服务也很少,形式有点大于内容,希望能够充分地利用企业网站,不要成为空架子。

4.1.2　商业网站的测定和分析

4.1.2.1　测评对象的选择

中国互联网络信息中心(CNNIC)从 1997 年底开始进行第一次网上调

查,其中包括了十佳网站的排名,到 2000 年 7 月的第六次统计调查一共只做了 6 次网站排名。但从第七次调查开始,CNNIC 取消了排名统计,即同时取消了对十佳网站的评选。

取消的原因应该在于:因为十佳排名的存在,许多网站都不惜余力地参加 CNNIC 调查。但由于一些网站片面追求名次,导致作弊现象愈演愈烈,并直接影响了 CNNIC 调查的权威性,CNNIC 也受到了社会各界的不断质疑,成了作弊的最直接和最无辜的受害者。

从 CNNIC 的网站排名风波可以看出,对于网络信息资源评价而言,没有绝对的客观可言。指标体系的建立永远带有主观的和人为的因素。清楚了这点,便减轻了我们选取样本的压力。因为,我们要做的实证研究,只是对提出指标体系的一个测评与检验,只要基本符合项目需求、商业网站定义的样本便都可以选取。

因此,本次实证研究的测评对象为从互联网上搜索到的在 2005 年由《互联网周刊》主办的"第二届中国商业互联网发展论坛暨 2005 中国商业网站 100 强评比"中交易服务类的前七名网站。

这项评比将候评网站分为了六类:综合平台类、交易服务类、网络服务类、行业类、娱乐类、企业类,而其中的交易服务类网站是这样被描述的:能够满足企业和个人进行 B2B、B2C、C2C 等商务交易活动的网站,包括电子商务网站、银行支付网站等。这类网站以互联网为业务经营和商业交易的平台,从事直接商业交易活动、网络商务服务和交易辅助服务。这与本项目对于商业网站的定义——"对公众提供互联网信息服务,以网上虚拟业务为主的网站"在内涵上是一致的。因此我们选择了被评选出的交易服务类前七名网站作为测评对象。它们分别如表 4-13 所示。

表 4-13 被测评的商业网站列表

网站名称	网址
eBay 易趣	http://www.ebay.com.cn
北斗手机网	http://www.139shop.com
当当网	http://www.dangdang.com
淘宝网/支付宝	http://www.taobao.com
云网	http://www.cncard.net

（续表）

中国汽车网	http://www.chinacars.com
卓越网	http://www.joyo.com

由此构建出这 7 个企业网站测评的层次分析结构，见图 4-3。

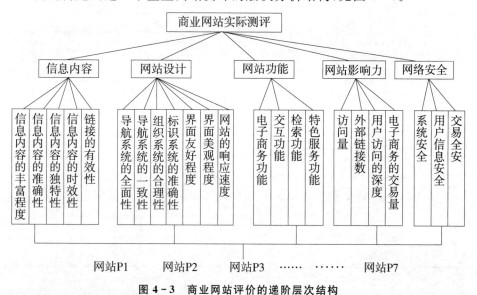

图 4-3 商业网站评价的递阶层次结构

4.1.2.2 调查结果的数据处理

根据上述选择的测评对象和企业网站评价指标体系，再次运用问卷调查的方法，对所列出的测评对象按照指标体系打分。

将回收的 7 份调查表汇集后，对最后结果按照每个网站每项指标的平均分进行处理，处理结果见下表：

表 4-14 商业网站指标测定平均分统计表

一级指标	二级指标	eBay易趣	北斗手机网	当当网	淘宝网/支付宝	云网	中国汽车网	卓越网
信息内容	信息内容的丰富程度	4.6	4.6	4.3	4.5	2.9	4.7	4.6
	信息内容的准确性	4.0	4.3	4.0	3.7	4.3	4.4	4.0
	信息内容的独特性	4.1	4.4	3.9	4.2	4.3	4.3	3.9
	信息内容的时效性	4.6	4.6	3.7	4.7	3.4	4.4	4.4
	链接的有效性	4.4	4.6	4.6	4.5	4.1	4.3	4.3

（续表）

网站设计	导航系统的全面性	4.0	4.6	4.1	4.7	3.7	3.9	4.4
	导航系统的一致性	4.1	4.4	4.1	4.7	4.0	3.9	4.7
	组织系统的合理性	4.1	4.4	4.0	4.5	3.1	3.9	4.1
	标识系统的准确性	4.4	4.7	4.7	4.5	3.9	4.4	4.7
	界面友好程度	4.0	4.3	4.1	4.5	3.3	4.4	4.1
	界面美观程度	3.9	4.1	3.7	4.2	3.7	3.9	3.7
	网站的响应速度	4.3	4.1	3.6	4.0	4.6	4.0	4.1
网站功能	电子商务功能	4.7	1.9	4.7	4.7	4.0	3.9	4.6
	交互功能	4.1	4.4	3.9	4.8	3.4	4.1	4.4
	检索功能	4.6	4.9	4.6	4.5	2.0	4.1	4.0
	特色服务功能	4.3	4.6	3.9	4.2	2.9	3.9	4.0
网站影响力	访问量	4.0	2.0	3.0	5.0	1.0	3.0	3.5
	外部链接数	4.0	2.5	3.0	5.0	1.0	3.5	2.0
	用户访问的深度	3.0	3.5	3.0	5.0	4.0	3.5	2.0
	电子商务的交易量	4.0	2.5	3.0	5.0	2.0	3.0	3.0
网络安全	系统安全	5.0	5.0	5.0	5.0	5.0	5.0	5.0
	用户信息安全	4.9	3.9	4.4	4.7	4.7	4.4	4.6
	交易安全	4.0	4.0	4.0	4.0	4.0	4.0	4.0

　　同企业网站测评采用的方法相同,根据上表中的平均分,用相关网站集合 P(P1,P2,P3,P4,P5,P6,P7),针对指标体系中各二级指标建立判断矩阵,并得出判断矩阵 P(P1,P2,P3,P4,P5,P6,P7)的排序向量,得到每个网站各个指标的得分权重。各自建立的判断矩阵及其得分权重见附录 6-2 所示。

　　将得分权重项汇总,得到表 4-15。最后每个网站的总分由这个网站每项指标的得分权重与指标的合成权重两两相乘得到。在 EXCEL 软件中,运用 SUMPRODUCT 函数,计算出总得分。

表 4-15　"商业网站前七强"的测评结果

指标	合成权重	eBay易趣	北斗手机网	当当网	淘宝网/支付宝	云网	中国汽车网	卓越网
C11	0.092	0.160	0.160	0.136	0.152	0.063	0.169	0.160
C12	0.099	0.134	0.158	0.134	0.114	0.158	0.167	0.134

（续表）

C13	0.079	0.138	0.162	0.123	0.146	0.154	0.154	0.123
C14	0.085	0.167	0.167	0.102	0.177	0.087	0.150	0.150
C15	0.049	0.142	0.159	0.159	0.151	0.121	0.135	0.135
C21	0.015	0.126	0.175	0.133	0.184	0.107	0.119	0.157
C22	0.004	0.128	0.151	0.128	0.178	0.121	0.115	0.178
C23	0.017	0.146	0.172	0.138	0.182	0.084	0.131	0.146
C24	0.019	0.136	0.160	0.160	0.144	0.103	0.136	0.160
C25	0.015	0.133	0.157	0.140	0.175	0.090	0.165	0.140
C26	0.003	0.143	0.160	0.128	0.169	0.128	0.143	0.128
C27	0.018	0.158	0.141	0.107	0.134	0.186	0.134	0.141
C31	0.124	0.182	0.039	0.182	0.182	0.124	0.117	0.173
C32	0.115	0.138	0.138	0.124	0.203	0.094	0.138	0.163
C33	0.084	0.171	0.202	0.171	0.162	0.041	0.130	0.123
C34	0.022	0.166	0.195	0.133	0.157	0.077	0.133	0.141
C41	0.036	0.194	0.064	0.112	0.335	0.037	0.112	0.147
C42	0.011	0.199	0.087	0.115	0.344	0.038	0.151	0.066
C43	0.005	0.100	0.133	0.100	0.302	0.174	0.133	0.058
C44	0.026	0.191	0.084	0.110	0.331	0.064	0.110	0.110
C51	0.023	0.143	0.143	0.143	0.143	0.143	0.143	0.143
C52	0.029	0.174	0.100	0.132	0.156	0.156	0.132	0.148
C53	0.032	0.143	0.143	0.143	0.143	0.143	0.143	0.143
总分	1.002	0.157	0.139	0.139	0.175	0.105	0.141	0.146

根据最后得分得出综合排名如表 4-16。

表 4-16　"商业网站前七强"排名表

名次	网站	总分	网站网址
1	淘宝网/支付宝	0.175	http://www.taobao.com
2	eBay 易趣	0.157	http://www.ebay.com.cn
3	卓越网	0.146	http://www.joyo.com
4	中国汽车网	0.141	http://www.chinacars.com
5	北斗手机网	0.139	http://www.139shop.com
6	当当网	0.139	http://www.dangdang.com
7	云网	0.105	http://www.cncard.net

4.1.2.3　结果分析

（1）总体结果分析

由于表 4-15 中的数字看起来比较烦琐，不能直观地反映各个商业网站的优势和不足，因此，总体分析时给出"商业网站前七强"各项指标的得分权重图（图4-4）。由于网络安全指标无法获得，对于各个企业网站没有区分度，因此图中不包含 C51、C52 和 C53 三项指标。

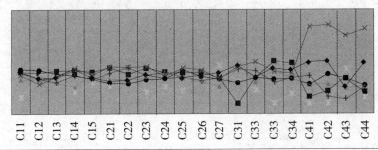

图4-4　"商业网站前七强"各项指标得分权重图

①本次测评所选择的商业网站为在"中国商业网站 100 强评比"中交易服务类的前七名网站，总的来说，网站质量都非常高。从最后的数据来看，位于第一名的淘宝网得分为 0.175，而最后一名的云网为 0.105，第一名较之最后一名仅多了 0.070，差距不是非常大，足见本书所选择的网站水平相当。

②从上图来看，在"信息内容"和"网站设计"这两项一级指标（图中 C11 至 C27）下，指标变化幅度比较小，而在"网站功能"和"网站影响力"这两项一级指标（图中 C31 至 C44）下，指标变化幅度比较大。这个现象与商业网站的发展历程密不可分：在商业网站发展的初级阶段，比较重视网站的内容和设计，而对于以上这些知名的商业网站来说，绝大一部分在这两方面已经发展成熟，没有多少发展的余地，因此这 7 个网站在这两项一级指标下变化很小，评分也是各有千秋，如果要对这两项一级指标打分，估计这 7 个网站的得分会非常接近；随着商业网站的发展，商业网站的各种功能不断开拓完善，包括电子商务功能、交互功能、检索功能和其他一些 E-mail 服务、个人空间服务、论坛服务、定制服务等特色服务功能，商业网站功能包含的内容非常广，各个行业

运用也不尽相同,加上各个商业网站对功能方面的重视程度不同,操作起来,就会呈现参差不齐的情况,也就出现了"网站功能"指标变化幅度比较大的现象。对于"网站影响力"这一指标,由于是采用 alexa 的数据,各个企业的宣传等各种因素都会影响到这些数据。

(2)相关性分析

考虑到排名靠前的商业网站都是在网站功能上做得比较好的,因此这里探究一下这 4 项一级指标对于最后总得分的影响情况。将这 7 个网站每一项一级指标的得分,与最后的总得分进行相关性比较(由于网络安全指标无法获得,对于各个企业网站没有区分度,因此没有列出其得分)。

表 4-17　各网站一级指标得分权重与总得分比较表

	eBay 易趣	北斗手机网	当当网	淘宝网/支付宝	云网	中国汽车网	卓越网
信息内容	0.060	0.065	0.052	0.059	0.047	0.064	0.057
网站设计	0.013	0.015	0.012	0.015	0.011	0.012	0.014
网站功能	0.056	0.042	0.054	0.063	0.031	0.044	0.054
网站影响力	0.015	0.006	0.009	0.026	0.004	0.009	0.009
总得分	0.157	0.139	0.139	0.175	0.105	0.141	0.146

同前述的企业网站测评一样,我们也选择 SPSS 软件来进行相关性分析。

在"analyze"菜单"correlate"中选择 Bivariate 命令,由于是定距变量之间的线性关系,因此选择 Pearson 简单相关系数,并选择双侧(Two-tailed)检测。运行结果如表 4-18、表 4-19、表 4-20 和表 4-21 所示。

表 4-18　信息内容指标得分与总得分相关性分析表

		信息内容	总得分
信息内容得分	Pearson Correlation	1	0.561
	Sig. (2-tailed)	0.0	0.190
	N	7	7
总得分	Pearson Correlation	0.561	1
	Sig. (2-tailed)	0.190	0.0
	N	7	7

表 4-19 网站设计指标得分与总得分相关性分析表

		网站设计	总得分
网站设计得分	Pearson Correlation	1	0.702
	Sig.（2-tailed）	0.0	0.079
	N	7	7
总得分	Pearson Correlation	0.702	1
	Sig.（2-tailed）	0.079	0.0
	N	7	7

表 4-20 网站功能指标得分与总得分相关性分析表

		网站功能	总得分
网站功能得分	Pearson Correlation	1	0.922**
	Sig.（2-tailed）	0.0	0.003
	N	7	7
总得分	Pearson Correlation	0.922**	1
	Sig.（2-tailed）	0.003	0.0
	N	7	7

＊＊ Correlation is significant at the 0.01 level (2-tailed).

表 4-21 网站影响力指标得分与总得分相关性分析表

		网站影响力	总得分
网站影响力得分	Pearson Correlation	1	0.880**
	Sig.（2-tailed）	0.0	0.009
	N	7	7
总得分	Pearson Correlation	0.880**	1
	Sig.（2-tailed）	0.009	0.0
	N	7	7

＊＊ Correlation is significant at the 0.01 level (2-tailed).

从上面四张表可以总结得出下表（按照相关性由大到小）。

表 4-22 各一级指标相关性比较表

	网站功能	网站影响力	网站设计	信息内容
Pearson 系数	0.922 ＞	0.880 ＞	0.702 ＞	0.561
相关程度	高度相关	高度相关	中度相关	中度相关

由此得出如下结论：

①网站功能的相关系数达到 0.922，相关程度最高，也就是网站功能以及

指标对最后的结果影响最大。排在前几位的淘宝网、易趣网和卓越网网站功能指标得分都是最高的几位,所以可以取得较高的总分。它们在商业网站最主要的电子商务功能和与用户的交互上都做得非常好。

②网站影响力的相关系数为 0.880,也达到了高度相关[1],对最后的总分的影响程度仅次于网站功能。这一指标的权重本身较低,但能得到高度相关实在出乎意料。这一项指标一部分数据都是由 alexa 网站上得到的,可信度一般,但外部链接数这一指标还是非常有说服力的。其中淘宝网的外部链接数是 14600000,基本达到了这一指标第二名的三倍,不过这也与企业本身重视网站宣传有很大联系。课题组成员及身边的人也通过淘宝购买过商品,甚至有人在淘宝开店,可见它的影响力确实很大。

③网站设计的相关系数为 0.702,中度相关。信息内容的相关系数是 0.561,也是中度相关的。

总的来说,四项一级指标都与总得分高度或中度相关,没有特别的出入。

(3)各商业网站得分分析

①淘宝网排名第一位,在各项指标上,淘宝网都表现得比较好。主要表现在网站设计和网站影响力这两项一级指标上。淘宝网在网站设计和网站影响力中的各个二级指标上几乎都占到了绝对的优势。打开淘宝网的网站,首先抓住人眼球的便是它实用美观的网页设计。从导航系统的一致、全面到界面的友好和美观程度,在网站设计的 7 个二级指标里,淘宝网就有 5 个指标得分排名第一。它不但拥有清晰的导航条,还有根据不同分类标准的分类目录,使用户不管从哪个角度入手都能够很清晰方便的找到想要买的货物。与总得分高度相关的网站影响力下的四个指标,该网站的得分也都排名 7 个网站之首。此外,对于商业网站而言至关重要且权重很高的网站功能一级指标下的电子商务功能和交互功能,该网站的指标得分也遥遥领先其他网站。

②中间的 2 至 5 名商业网站各有千秋。排名第二的 eBay 易趣网虽然网站设计和影响力都一般,但其制胜的一点是网站功能方面,也是与总得分相关度最高的指标,其各项二级指标的得分都非常高。

卓越网的导航系统和淘宝网一样,各项二级指标得分都不错,尤其是导航系统的一致性。但在两个客观性指标上却做得不尽如人意,它们分别是外部

---

[1] 余建英、何旭宏:《数据统计分析与 SPSS 应用》[M],北京:人民邮电出版社,2003:252—255。

链接数和用户访问的深度。当然这点也和 alexa 网站评价本身的权威性与客观性有关。

中国汽车网胜在信息内容上,其信息内容的丰富程度和信息内容的准确性两项指标都非常高,信息的丰富程度甚至达到云网的三倍,这点从网站首页内容的多少及页面的长短就能够比较出来。

当当网和北斗手机网并列第五,或者说并列倒数第二。当当网网站的响应速度最低直接影响到用户的访问,而且其网站设计得不是很合理,7 个二级指标都普遍偏低。而北斗手机网可能因为宣传力度不够,所以其访问量这一客观性指标的得分非常低,网站影响力下的其他二级指标也普遍偏低,而且其电子商务功能得分是 7 个网站中最低的,所以虽然该网站在信息内容的独特性和链接的有效性方面较为突出,在检索功能和特色服务功能方面也有优势,但网站设计分数的普遍偏低和电子商务功能的低得分高权重都直接影响到了其最后的总得分排名。况且,其信息内容的独特性可能也跟网站本身是专门的"手机网"相关,使得该网站与其他综合类商业网站比较的时候占有优势。

③最后一名是云网。"云网与全国多家主流银行及通信集团独立直接链接,真正实现了产品的实时在线交易,为电子商务合作伙伴提供网上支付的收费平台。云网支付网关是国内目前独立和各大银行进行在线实时结算的支付网关提供商,是国内交易信息均可在以秒为单位真正实时的交易的支付网关提供商。"以上是在云网网站上看到的该网站对自己的评价。但从我们的指标分析来看,这个网站不但内容匮乏、形式单调,提供的服务也并不丰富,网络影响力不管从访问量、外部链接数的角度,还是从我们的主观感受角度来看都大大不如其他几个网站。但云网的响应速度却很快,这应该跟其内容的不丰富有关。云网的种种表现使我们甚至质疑其在"商业网站前七强"榜单上出现的原因。

4.1.3　政府网站的测定和分析

4.1.3.1　测评研究对象选择

由于政府网站数量众多,分布很广,难以进行全面的调查,而本次调查的目的是为了运用已经建立的政府网站评价指标体系结合具体的网站进行实例分析。综合以上两个方面的需求,本次的调查采用抽样调查的方式选取政府网站进行实证分析。按照抽样调查的理论和经验总结,总体内各单位之间的差别愈小,则所抽出的样本的代表性会愈高,抽样误差便愈低。总体各单位之间的差别是客观存在的,如果能根据调查者对所调查对象的了解,把总体预先分成几类,使每一类各单位之间更加接近,那就可以按照所调查的标识或与它密切相关的标识,把总体单位预先分类,然后从每类之内随机抽选要调查的单位,这就是分类随机抽样。分类抽样是随机抽样中的一种,其优点在于,利用调查者对调查对象现有的知识,把全部单位预先分类,缩小各类以内的差异程度,从而提高样本的代表性。

　　分类随机抽样按照样本确定方法的不同又分为两种,等比例随机抽样和不等比例随机抽样。样本中所包含的单位数,可以根据各类所包含的单位多少,在各类之间按比例分配。这种办法叫做等比例分类抽样。有时候由于各类单位的数目相差悬殊,如果勉强维持同一比例抽样,便会使某些类内所抽单位过少,不能保证足够的代表性,或者有时由于各类单位之间的差异程度不同,为了保证从各类抽出的单位都具有相近的代表性,从而使整个样本的代表性达到最高,误差降至最低,在这些情况下,就需要在各类之间按不同的比例抽取样本单位。这种做法就叫做不等比例抽样。

　　按照所属部门的差异,政府网站可以分为各级职能部门政府网站和各级(中央、省、市、县)政府门户网站。本次调查等比例随机抽取省级、直辖市级和中央部委的政府网站进行实证分析。根据中国政府门户网站 http://www.gov.cn 上的链接,中国省、直辖市级的政府网站有 33 个,国务院部委网站有 76 个。两部分共随机抽取 10 个政府网站(12%的比例)见表 4-23 所示。

表 4-23　被测评的政府网站列表

网站名称	网址
文化部	http://www.ccnt.gov.cn
质检总局	http://www.aqsiq.gov.cn
国资委	http://www.sasac.gov.cn/index.html
社会保障基金理事会	http://www.ssf.gov.cn/web/index.asp
自然科学基金委员会	http://www.nsfc.gov.cn
信访局	http://www.gjxfj.gov.cn
天津市政府网站	http://www.tj.gov.cn
山西省政府网站	http://www.shanxi.gov.cn
上海市政府网站	http://www.shanghai.gov.cn
浙江省政府网站	http://www.zhejiang.gov.cn

由此构建出这 10 个政府网站测评的层次分析结构,见图 4-5 所示。

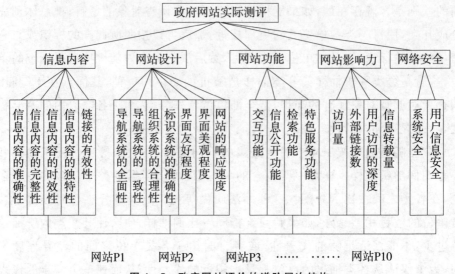

图 4－5　政府网站评价的递阶层次结构

4.1.3.2　调查结果的数据处理

根据上述选择的测评对象和政府网站评价指标体系,再次运用问卷调查的方法,对所列出的测评对象按照指标体系打分。

将回收的 10 份调查表汇集后,对最后结果按照每个网站每项指标的平均分进行处理,处理结果见下表:

表 4－24　政府网站指标测定平均分统计表

一级指标	二级指标	文化部	质检总局	国资委	社保基金会	自科基金委	信访局	天津市政府	山西省政府	上海市政府	浙江省政府
信息内容	信息内容的准确性	4.9	4.9	4.6	4.2	4.9	4.6	4.7	4.8	4.9	4.8
	信息内容的完整性	4.1	4.4	4.6	4.0	4.2	4.0	4.7	4.7	4.7	4.8
	信息内容的时效性	4.9	4.9	4.7	3.6	4.6	3.6	4.6	4.4	4.7	4.8
	信息内容的独特性	4.1	4.6	4.2	4.6	4.4	4.2	3.8	4.3	4.4	4.3
	链接的有效性	4.7	4.8	4.1	4.7	4.3	4.8	4.4	4.4	4.8	4.7
网络设计	导航系统的全面性	4.1	4.2	4.3	4.3	4.2	3.9	3.6	4.7	4.4	3.9
	导航系统的一致性	4.1	3.8	3.8	4.0	4.0	4.1	3.4	4.3	4.4	3.9
	组织系统的合理性	3.9	4.0	4.2	4.1	3.9	3.4	3.6	4.4	4.2	3.6
	标识系统的准确性	4.7	4.2	4.3	4.3	4.3	4.4	4.4	4.2	4.7	4.6
	界面友好程度	4.2	4.3	4.0	4.2	3.4	3.9	3.7	4.2	4.2	4.1

（续表）

	界面美观程度	4.4	4.3	4.1	3.7	3.8	4.1	3.8	4.0	4.0	4.1
	网站的响应速度	4.2	4.4	3.9	4.2	4.3	4.2	4.0	4.3	4.6	4.4
网站功能	交互功能	3.2	3.7	4.2	3.0	3.8	2.8	4.6	4.4	4.7	4.2
	信息公开功能	4.7	4.6	4.4	4.4	4.6	4.4	4.4	4.6	4.6	4.3
	检索功能	4.1	3.8	4.1	3.7	3.8	3.7	2.3	3.9	4.7	4.2
	特色服务功能	2.9	3.2	3.2	2.4	4.2	2.3	3.7	4.2	4.8	4.2
网站影响力	访问量	3.0	4.0	4.3	1.0	4.0	3.0	3.0	3.0	5.0	4.0
	外部链接数	5.0	4.0	3.0	1.0	3.0	2.0	3.0	2.0	5.0	4.0
	用户访问的深度	3.7	3.4	3.3	3.7	3.8	3.1	3.7	3.7	4.2	3.8
	信息的转载量	5.0	5.0	5.0	5.0	5.0	5.0	5.0	5.0	5.0	5.0
网络安全	系统安全	5.0	5.0	5.0	5.0	5.0	5.0	5.0	5.0	5.0	5.0
	用户信息安全	4.1	4.2	3.8	3.3	3.1	3.1	3.3	3.2	4.0	3.9

　　根据上表中的平均分,用相关网站集合 $P(P1,P2,P3,P4,P5,P6,P7,P8,P9,P10)$,针对指标体系中各二级指标建立判断矩阵,并得出判断矩阵 $P(P1,P2,P3,P4,P5,P6,P7,P8,P9,P10)$ 的排序向量,得到每个网站各个指标的得分权重。各自建立的判断矩阵及其得分权重见附录 6-3 所示。

　　将得分权重项汇总,得到表 4-25。最后每个网站的总分由这个网站每项指标的得分权重与指标的合成权重两两相乘得到。在 EXCEL 软件中,运用 SUMPRODUCT 函数,计算出总得分。

表 4-25　政府网站的测评结果

指标	合成权重	文化部	质检总局	国资委	社保基金会	自科基金委	信访局	天津市政府	山西省政府	上海市政府	浙江省政府
C11	0.114	0.110	0.110	0.091	0.076	0.110	0.091	0.097	0.103	0.110	0.103
C12	0.097	0.084	0.101	0.101	0.079	0.089	0.079	0.114	0.114	0.114	0.121
C13	0.011	0.123	0.123	0.109	0.059	0.103	0.059	0.103	0.096	0.109	0.116
C14	0.026	0.090	0.114	0.095	0.114	0.107	0.095	0.075	0.101	0.107	0.101
C15	0.061	0.105	0.112	0.077	0.105	0.087	0.112	0.093	0.093	0.112	0.105
C21	0.014	0.096	0.102	0.108	0.108	0.102	0.085	0.071	0.130	0.115	0.085
C22	0.005	0.106	0.088	0.088	0.099	0.099	0.106	0.073	0.119	0.127	0.094
C23	0.015	0.096	0.102	0.115	0.109	0.096	0.075	0.080	0.130	0.115	0.080
C24	0.019	0.114	0.089	0.095	0.095	0.095	0.101	0.101	0.089	0.114	0.107
C25	0.014	0.110	0.117	0.097	0.110	0.072	0.091	0.081	0.110	0.110	0.103

（续表）

C26	0.019	0.124	0.117	0.104	0.081	0.086	0.104	0.086	0.097	0.097	0.104
C27	0.007	0.097	0.110	0.081	0.097	0.103	0.097	0.086	0.103	0.117	0.110
C31	0.106	0.067	0.085	0.115	0.059	0.090	0.052	0.139	0.130	0.147	0.115
C32	0.124	0.109	0.103	0.097	0.097	0.103	0.097	0.097	0.103	0.103	0.091
C33	0.098	0.112	0.093	0.112	0.088	0.093	0.088	0.042	0.099	0.152	0.119
C34	0.016	0.064	0.077	0.077	0.050	0.134	0.048	0.099	0.134	0.182	0.134
C41	0.039	0.068	0.119	0.142	0.023	0.119	0.068	0.068	0.068	0.205	0.119
C42	0.019	0.215	0.124	0.072	0.024	0.072	0.041	0.072	0.041	0.215	0.124
C43	0.009	0.101	0.089	0.084	0.101	0.107	0.074	0.101	0.101	0.137	0.107
C44	0.010	0.100	0.100	0.100	0.100	0.100	0.100	0.100	0.100	0.100	0.100
C51	0.044	0.100	0.100	0.100	0.100	0.100	0.100	0.100	0.100	0.100	0.100
C52	0.040	0.128	0.136	0.107	0.084	0.074	0.074	0.084	0.079	0.121	0.114
总分	0.997	0.103	0.105	0.102	0.080	0.097	0.081	0.094	0.103	0.125	0.109

　　根据最后得分，得出政府网站评价的综合排名（表4-26）。

表4-26　政府网站评价排名表

名次	网站	总分	网站网址
1	上海市政府网站	0.125	http://www.shanghai.gov.cn
2	浙江省政府网站	0.109	http://www.zhejiang.gov.cn
3	质检总局	0.105	http://www.aqsiq.gov.cn
4	文化部	0.103	http://www.ccnt.gov.cn
5	山西省政府网站	0.103	http://www.shanxi.gov.cn
6	国资委	0.102	http://www.sasac.gov.cn/index.html
7	自然科学基金委员会	0.097	http://www.nsfc.gov.cn
8	天津市政府网站	0.094	http://www.tj.gov.cn
9	信访局	0.081	http://www.gjxfj.gov.cn
10	社会保障基金理事会	0.080	http://www.ssf.gov.cn/web/index.asp

4.1.3.3　结果分析

　　总体来讲，各级地方政府的网站得分高于国务院各部委的政府网站得分。这说明地方各级政府注重政府网站的建设，不断提高政府网站的水平。在信息内容的完善和网站功能的提供等方面领先于职能部门的政府网站。

　　通过统计和计算结果我们可以看出10个被调查和评估的政府网站的优劣所在。上海市政府网站排名第一，说明上海市政府网站提供准确、及时、完整的信息内容，并且保证了链接的有效性。上海市政府网站的四项功能得分均很高，说明上海市政府网站的网上办事功能比较齐备和完善。用户可以搜索网站上的信息，并且可以通过网站提供的交互功能与政府部门进行交互，反馈自己的意见和建议。上海市政府网站的点击率之高可以说明其具有较高的知名度和使用率。浙江省政府网站仅次于上海市政府网站，其后为两个国务院部委的网站质检总局和文化部的政府网站。山西省政府网站、国资委的得分比较接近，排在文化部之后。得分最低的为自然科学基金委、天津市政府网站、信访局和社会保障基金理事会。这几个网站的共同特征是网站功能不完善，并且网站流量和外部链接数较低。社会保障基金理事会在信息内容各项指标中的得分和网站影响力中各项指标的得分都很低，说明这个网站的建设水平、知名度和使用率远远低于排名靠前的政府网站。

具体来说，在一级评价指标"信息内容"方面，质检总局、上海市政府网站和浙江省政府网站的得分较高，而社会保障基金理事会和信访局的得分相对较低。在"网站设计"方面，上海市政府网站、山西省政府网站的得分较高，说明这些网站的标识系统、组织系统、导航系统比较完整、清晰，界面友好；而得分较低的网站有文化部和信访局的政府网站，说明这些网站需要在网站设计上花费更多的精力，以使网站具有更高的易用性。在"网站功能"方面，上海市政府网站和浙江省政府网站具有较强的交互功能、检索功能、信息公开功能和较多的特色服务；而文化部网站的功能得分偏低，说明其交互、检索、信息公开和特色服务方面需要进一步加强。在"网站影响力"方面，上海市政府网站和浙江省政府网站的访问量及外部链接数明显高于其他政府网站，说明这两个政府网站具有较高的知名度和影响力；社会保障基金理事会、信访局和天津市政府网站的访问量较低，说明这三个政府网站的影响较小。在"信息安全"方面，文化部、质检总局、上海市、浙江省政府网站的得分较高；而其他网站的得分相对较低。网站安全是政府网站存在和发展的必要条件，因此在政府网站建设过程中需要充分重视系统安全以及用户信息安全。

4.1.4　学术网站的测定和分析

4.1.4.1　测评对象的选择

同政府网站一样，学术网站数量众多，分布面广，难以进行全面的调查。鉴于目前我国自然科学领域的学术网站发展还不成熟的现状，人文社科领域学术网站更能代表我国学术网站的建设整体水平。因此学术网站的测评对象为"中国学术网导航"网站上列出的国内 50 多个在各自的研究领域比较有名的人文社科领域学术网站。同样采用抽样方法,随机抽取了 7 个网站作为评价对象进行实证分析。被调查网站和网址列表如下:

表 4 - 27 被测评的学术网站列表

网站名称	网址
中国学术论坛	http://www.frchina.net/
唐史网	http://www.tanghistory.net/
中国信息经济学会	http://www.cies.org.cn/
思问哲学网	http://www.siwen.org/
中国宋代历史研究	http://www.songdai.com/
文贝网	http://www.cclaa.org/
国学网	http://www.guoxue.com/

这些网站概述如下:

(1)中国学术论坛。综合性的学术网站,中国学术论坛是中国最大的学术类网站之一,开设有 30 多个主要栏目,每周推出专题,每月推出网刊,目前拥有中外知名教授、学者、专家和注册会员一千多名。中国学术论坛网以思想平台的建设为己任,倡导学术自由、知识共享,观念互动、智慧普世,努力建设成中国最好的学术思想网站,为国内外专家、学者、思想家提供一个学术研究、学术交流和思想传播的优秀平台。

(2)唐史网。专题性的学术网站,由中国社会科学院历史研究所唐史学科主办。主要包括四个栏目:学科专栏、论文集粹、学术交流、敦煌专页。

(3)中国信息经济学会。中国信息经济学会主办的学术网站,涉及的研究领域主要是信息经济、信息管理、信息系统三个方面。网站中还建设有学会动态、业界新闻、学会论坛等其他栏目。

(4)思问哲学网。四川大学哲学系和四川大学伦理研究中心主办,内容主要包括中国哲学史、外国哲学史、哲学问题研究、宗教问题研究、学界动态等。网站建设有本站首发专栏,专门提供在本网站上原创的学术文章。

(5)中国宋代历史研究。中国宋代历史研究会委托河南大学承办,提供有关宋代历史的学术信息及研究文章。总共有 10 个栏目:学会通讯、学术信息、宋代社会、史籍原文、宋代遗存、资料索引、宋代研究、学术批评、学人资讯、会员告白。

（6）文贝网。是国内首家比较文学的专业网站，由中国比较文学学会学术委员会、上海高校都市文化 E 研究院、上海师大人文传播学院和上海师大比较文学与世界文学研究中心联合主办。主要由学术动态、学术著述、经典专题、学人漫记等几个专栏。

（7）国学网。北京国学时代文化传播有限公司和首都师范大学中国诗歌研究中心联合主办的综合性学术网站，网站内容丰富，内容包括国学研究、佛学研究、唐代研究、诗歌研究、戏曲研究、小说研究等多个方面。网站还有二十五史、唐代文献、书画文献、李白研究等多个专题数据库可供检索。

由此构建出这 7 个学术网站测评的层次分析结构，见图 4-6 所示。

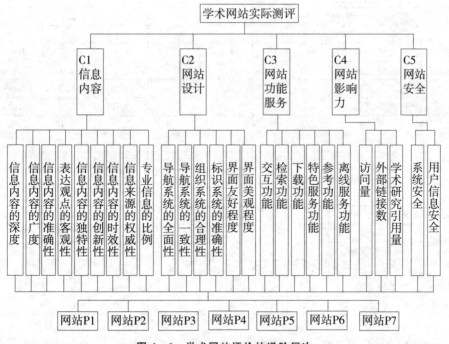

图 4-6　学术网站评价的递阶层次

4.1.4.2　调查结果的数据处理

根据上述选择的测评对象和学术网站评价指标体系，再次运用问卷调查的方法，对所列出的测评对象按照指标体系打分。

　　将回收的 9 份调查表汇集后,对最后结果按照每个网站每项指标的平均分进行处理,处理结果见下表所示。

表 4-28　学术网站指标测定平均分统计表

一级指标	二级指标	中国学术论坛	唐史网	中国信息经济学会	思问哲学网	中国宋代历史研究	文贝网	国学网
信息内容	信息内容的深度	4.7	4.6	4.6	4.8	3.1	4.7	4.8
	信息内容的广度	4.9	4.0	3.4	4.1	4.0	4.1	4.9
	信息内容的准确性	4.8	4.1	4.1	3.9	3.9	4.3	4.2
	表达观点的客观性	4.0	4.8	4.2	4.2	4.1	4.2	4.8
	信息内容的独特性	4.1	4.6	3.9	4.8	4.0	4.7	4.3
	信息内容的创新性	4.1	3.9	3.1	4.1	4.0	4.0	4.0
	信息内容的时效性	5.0	3.1	3.3	3.4	3.0	3.9	5.0
	信息来源的权威性	5.0	4.9	4.2	4.0	3.9	4.8	4.9
	专业信息的比例	4.7	4.8	4.6	4.8	3.8	4.8	4.8
网站设计	导航系统的全面性	5.0	4.8	5.0	4.9	4.9	4.2	4.3
	导航系统的一致性	3.6	4.0	5.0	4.8	4.8	4.3	3.6
	组织系统的合理性	4.4	4.1	4.3	4.0	4.1	4.7	3.6
	标识系统的准确性	5.0	4.0	4.9	5.0	5.0	5.0	5.0
	界面友好程度	4.0	3.1	4.9	4.9	4.0	4.0	3.6
	界面美观程度	5.0	4.1	5.0	5.0	3.3	5.0	4.2
网站功能	交互功能	3.7	3.1	3.2	3.2	2.9	4.1	2.6
	检索功能	3.2	1.3	3.3	3.2	4.1	3.4	3.3
	下载功能	3.5	2.8	3.3	3.2	2.9	4.2	3.7
	特色服务功能	4.0	2.1	3.1	4.0	2.9	4.1	4.2
	参考功能	3.1	4.2	3.3	4.1	3.2	4.2	4.9
	离线服务功能	3.0	3.0	3.0	3.0	3.0	3.0	4.0
网站影响力	访问量	4.0	2.0	1.0	3.0	2.0	1.0	5.0
	外部链接数	3.5	1.5	2.5	4.0	1.5	1.6	5.0
	学术研究引用量	5.0	5.0	5.0	5.0	5.0	5.0	5.0
网络安全	系统安全	5.0	5.0	5.0	5.0	5.0	5.0	5.0
	用户信息安全	4.7	2.8	4.6	4.8	4.2	4.6	3.6

　　根据上表中的平均分,用相关网站集合 P(P1,P2,P3,P4,P5,P6,P7),针对指标体系中各二级指标建立判断矩阵,并得出判断矩阵 P(P1,P2,P3,P4,P5,P6,P7)的排序向量,得到每个网站各个指标的得分权重。各自建立的判断矩阵及其得分权重见附录 6-4 所示。

将得分权重项汇总,得到表 4-29。最后每个网站的总分由这个网站每项指标的得分权重与指标的合成权重两两相乘得到。在 EXCEL 软件中,运用 SUMPRODUCT 函数,计算出总得分。

表 4-29 学术网站的测评结果

指标	合成权重	中国学术论坛	唐史网	中国信息经济学会	思问哲学网	中国宋代历史研究	文贝网	国学网
C11	0.060	0.155	0.147	0.147	0.165	0.066	0.155	0.165
C12	0.037	0.201	0.123	0.091	0.131	0.123	0.131	0.201
C13	0.051	0.195	0.135	0.135	0.120	0.120	0.152	0.143
C14	0.051	0.117	0.180	0.132	0.132	0.125	0.132	0.180
C15	0.051	0.125	0.159	0.110	0.180	0.117	0.169	0.140
C16	0.047	0.159	0.141	0.092	0.159	0.150	0.150	0.150
C17	0.044	0.247	0.087	0.099	0.104	0.082	0.134	0.247
C18	0.051	0.182	0.171	0.112	0.105	0.099	0.161	0.171
C19	0.012	0.147	0.156	0.138	0.156	0.090	0.156	0.156
C21	0.008	0.164	0.145	0.164	0.154	0.154	0.107	0.113
C22	0.005	0.092	0.117	0.202	0.179	0.179	0.140	0.092
C23	0.029	0.163	0.136	0.153	0.128	0.136	0.184	0.101
C24	0.029	0.153	0.089	0.144	0.153	0.153	0.153	0.153
C25	0.015	0.131	0.080	0.213	0.213	0.131	0.131	0.103
C26	0.004	0.177	0.108	0.177	0.177	0.071	0.177	0.115
C31	0.050	0.173	0.128	0.135	0.135	0.113	0.221	0.094
C32	0.128	0.138	0.049	0.147	0.138	0.225	0.156	0.147
C33	0.109	0.142	0.099	0.134	0.126	0.105	0.232	0.162
C34	0.018	0.175	0.062	0.108	0.175	0.095	0.186	0.198
C35	0.023	0.089	0.163	0.100	0.154	0.094	0.163	0.236
C36	0.017	0.129	0.129	0.129	0.129	0.129	0.129	0.224
C41	0.030	0.230	0.076	0.044	0.132	0.076	0.044	0.397
C42	0.009	0.162	0.054	0.093	0.213	0.054	0.057	0.368
C43	0.038	0.143	0.143	0.143	0.143	0.143	0.143	0.143
C51	0.040	0.143	0.143	0.143	0.143	0.143	0.143	0.143
C52	0.044	0.178	0.063	0.167	0.189	0.139	0.167	0.097
总分	1.000	0.159	0.116	0.130	0.143	0.129	0.160	0.165

根据最后得分,得出学术网站评价的综合排名(表 4-30)。

表 4 - 30　学术网站评价排名表

名次	网站	总分	网站网址
1	国学网	0.165	http://www.guoxue.com/
2	文贝网	0.160	http://www.cclaa.org/
3	中国学术论坛	0.159	http://www.frchina.net/
4	思问哲学网	0.143	http://www.siwen.org/
5	中国信息经济学会	0.130	http://www.cies.org.cn/
6	中国宋代历史研究	0.129	http://www.songdai.com/
7	唐史网	0.116	http://www.tanghistory.net/

4.1.4.3　结果分析

根据表 4 - 30 中的排序结果,这 7 个学术网站的排名顺序为(由好到差排列):国学网、文贝网、中国学术论坛、思问哲学网、中国信息经济学会、中国宋代历史研究、唐史网。国学网的建设水平最高,而唐史网则最差。文贝网和中国学术论坛分列第二和第三位,这两个网站的建设水平也较好,分数只比国学网略低。除了唐史网外,中国宋代历史研究和中国信息经济学会也相对来说较差。思问哲学网的建设水平介于较好和较差之间。

从一级指标的角度看,对表 4 - 29 按照各项二级指标所属的一级指标分别汇总,得到如表 4 - 31 中的结果。

表 4 - 31　一级指标统计排序

指标	中国学术论坛	唐史网	中国信息经济学会	思问哲学网	中国宋代历史研究	文贝网	国学网
C1	0.068	0.059	0.047	0.056	0.044	0.060	0.069
C2	0.014	0.010	0.015	0.014	0.013	0.014	0.011
C3	0.049	0.031	0.047	0.047	0.052	0.066	0.054
C4	0.014	0.008	0.008	0.011	0.008	0.007	0.021
C5	0.014	0.008	0.013	0.014	0.012	0.013	0.010
合成权重	0.159	0.116	0.130	0.143	0.129	0.160	0.165

(1)在信息内容方面,国学网、中国学术论坛做得最好,中国宋代历史研究最差。7 个网站从最好到最差的排列顺序为:国学网、中国学术论坛、文贝网、唐史网、思问哲学网、中国信息经济学会、中国宋代历史研究。

(2)在网站设计方面,做得最好的是中国信息经济学会,思问哲学网、文贝网、中国学术论坛也做得较好，最差的是唐史网。7 个网站从最好到最差的排列顺序为：中国信息经济学会、思问哲学网、文贝网、中国学术论坛、中国宋代历史研究、国学网、唐史网。在五项一级指标中，网站设计方面的得分是最接近的。从整体上来看，网站设计方面的得分对学术网站的整体评价影响不是很大。

（3）在网站功能/服务方面，做得最好的是文贝网，最差的是唐史网。7 个网站从最好到最差的排列顺序为：文贝网、国学网、中国宋代历史研究、中国学术论坛、思问哲学网、中国信息经济学会、唐史网。

（4）在网站影响力方面，国学网明显好于其他网站，文贝网相对较差。7 个网站从最好到最差的排列顺序为：国学网、中国学术论坛、思问哲学网、中国宋代历史研究、唐史网、中国信息经济学会、文贝网。

（5）在网络安全方面，因为系统安全指标不易获取，在测评的过程中采取了统一打分以避免影响整体结果。这里仅从用户信息安全的角度考虑。7 个网站中除了唐史网，其他 6 个网站的安全性指标都差别不大。7 个网站从最好到最差的排列顺序为：思问哲学网、中国学术论坛、中国信息经济学会、文贝网、中国宋代历史研究、国学网、唐史网。

综合看来，国学网在信息内容和网站影响力两项指标上都做得最好，在网站功能/服务上也比较好。在网站设计、网络安全上，国学网相对较差，但这两项一级指标的权重不大，所以对整体得分影响不大。五项一级指标中，唐史网在三项上排名最靠后，另一项指标网站影响力上也较差。这也是唐史网在整体评价中排名倒数第一的原因。

4.2　搜索引擎的测评

4.2.1　测评对象的选择

为了使中国互联网用户更清晰地了解与使用搜索引擎，同时也让相关公司了解其所处的竞争环境和市场位置，进而改善其服务，中国互联网络信息中心（CNNIC）于 2005 年 8 月电话抽样调查了互联网应用活跃的北京、上海和广州三个城市的互联网网民。据此次调查获得的关于中国搜索市场的大量用户数据而编写的《2005 年中国搜索引擎市场调查报告》，客观地揭示了中国搜索引擎用户的真实面貌,如搜索引擎用户概况、用户最常用的搜索引擎、各主要搜索引擎的用户特征对比;各搜索引擎公司的市场占有率在内的市场格局;以及搜索引擎与门户网站未来的竞争态势等。

该报告对三地用户首选的搜索引擎进行了调查统计,具体情况如图4-7、图4-8、图4-9所示①:

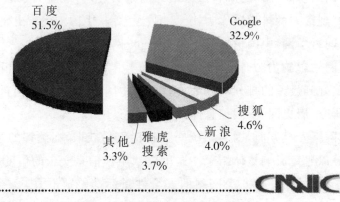

图4-7 北京市用户首选搜索引擎

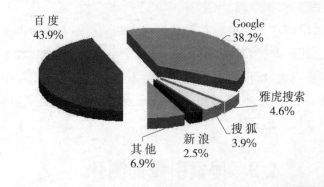

图4-8 上海市用户首选搜索引擎

---

① 吕伟钢:《2005年中国搜索引擎市场调查报告(北京部分)》调查结果与分析结论[EB/OL],
http://www.cnnic.net.cn/download/2005/2005083001.pdf,2006—03—30。

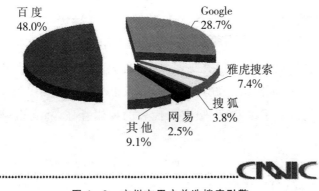

图 4 - 9　广州市用户首选搜索引擎

从图中我们可以看到,无论是北京、上海,还是广州,尽管用户首选的搜索引擎不尽相同,顺序有先有后,但是排名前几位的用户常用搜索引擎主要包括百度、Google、搜狐、新浪、雅虎搜索、网易等。调查统计的结果,一方面表明了用户的使用偏好,另一方面也反映了这些搜索引擎具有较强的市场竞争力和较高的市场占有率。

因此,搜索引擎测评对象的选择就以此调查结果为依据,即对百度、Google 简体中文、雅虎中国、搜狗搜索(搜狐)、新浪爱问搜索和网易搜索引擎这六大搜索引擎(见表 4 - 32 所示)进行评价研究。

表 4 - 32　被测评的搜索引擎列表

搜索引擎名称	网址
百度	http://www.baidu.com/
Google 简体中文	http://www.google.cn/
雅虎中国	http://www.yahoo.com.cn/
搜狗搜索(搜狐)	http://www.sogou.com/
新浪爱问搜索	http://iask.com/
网易搜索引擎	http://so.163.com/

这六个搜索引擎简单介绍如下:

(1)百度。号称全球最大的中文搜索引擎,于 2000 年 1 月创立于北京中关村。创立之初,百度将自己的目标定位于打造中国人自己的中文搜索引擎。2001 年 8 月,发布 Baidu.com 搜索引擎 Beta 版,从后台服务转向独立提供搜索服务,并且在中国首创了竞价排名商业模式,2001 年 10 月 22 日正式发布 Baidu 搜索引擎。① 百度网页搜索特色功能包括百度快照、相关搜索、拼音提示、错别字提示、英汉互译词典、计算器和度量衡转换、专业文档搜索、股票、列车时刻表和飞机航班查询、高级搜索语法、高级搜索、地区搜索和个性设置以及天气查询。除网页搜索外,还提供 MP3、文档、地图、传情、影视等多样化的搜索服务,率先创造了以贴吧、知道为代表的搜索社区,将无数网民头脑中的智慧融入了搜索。

(2)Google 简体中文。Google 是由美国斯坦福大学的两位博士生拉里·佩奇(Larry Page)和瑟基·布林(Sergey Brin)在 1998 年创建的,2000 年正式开始商业运营。Google 中文搜索引擎是收集亚洲网站最多的搜索引擎之一,信息采集方式是利用蜘蛛程序(Spider)以某种方法自动地在互联网中搜集和发现信息,并由索引器为搜集到的信息建立索引,从而为用户提供面向网页的全文检索服务,提供基本查询和高级搜索两种检索功能。基本检索部分最本质的是布尔检索功能;高级检索功能包括:①可以将检索结果局限在一个网站上,②可以排除某个特定站点的网页,③可以对网页以及检索结果页面的语言类型进行限制,④可以检索链向某个网页的所有页面,⑤可以检索与某个网页相关的所有网页。检索结果按相关性从大到小排序。其相关性判断的依据除了常用的检索词在网页中的出现词频、位置等,另外很重要的一个依据是通过与它链接的网页与提问的匹配程度来判断其相关度大小。检索结果显示格式包括标题、网页(站)简介、URL 长度、附带的全新功能等相关信息,还会根据具体情况显示最新更新日期、类别等信息。

(3)雅虎中国。雅虎是 1995 年由美籍华裔杨致远博士与其同事在斯坦福大学研制出来的搜索引擎。1997 年雅虎发布了雅虎中文搜索引擎,它的功能和形式与雅虎英文保持一致。1999 年 9 月,雅虎开通雅虎中国网站(yahoo. com. cn)。2005 年 8 月,阿里巴巴和雅虎达成战略合作,全资收购雅虎中国。同年 11 月,阿里巴巴宣布未来阿里巴巴雅虎的业务重点全面转向搜索领域。从此,雅虎就是搜索,搜索就是雅虎。作为全球搜索创新企业,阿里巴巴雅虎

---

① 百度简介[EB/OL],http://www.baidu.com/about/index.html,2006—04—23。

致力于打造"中国人做的面向全球的最好的搜索"。

雅虎中国收录了全球咨询网上数以万计的中文网址。支持简单和高级查询功能,简单查询功能支持布尔逻辑的进阶检索,进阶检索提供一些特殊检索格式;高级查询中,支持词语搜索等,它还提供日期限定、URL 和题名限制检索等。查询结果显示格式按下列顺序排列:首先是满足条件的雅虎目录和子目录,接着是满足查询条件的网站,最后是网页。网页只显示题名、摘要和URL。查询结果排序根据分类类目、网站信息与关键字串的相关程度排列出相关的类目和网站。匹配关键词越多,相关性越高。检索词出现在题名中的文献给出一个优先的排序;出现在分类目录中的级别,按目录的级别从高到低排序。①

(4)搜狗搜索(搜狐)。2004 年 8 月 3 日,搜狐正式推出完全自主技术开发的全新独立域名专业搜索网站"搜狗",成为全球首家第三代中文互动式搜索引擎服务提供商。搜狗以一种人工智能的新算法,分析和理解用户可能的查询意图,给予多个主题的"搜索提示",在用户查询和搜索引擎返回结果的人机交互过程中,引导用户更快速准确定位自己所关注的内容,帮助用户快速找到相关搜索结果,并可在用户搜索冲浪时,给予用户未曾意识到的主题提示。搜狗除了网页搜索外,还有多个专项搜索:新闻搜索、音乐搜索、购物搜索、地图搜索等,涵盖生活的方方面面。②

(5)新浪爱问搜索。"爱问"搜索引擎产品由全球最大的中文网络门户新浪采用目前最为领先的智慧型互动搜索技术完全自主研发完成。作为首款中文智慧型互动搜索引擎,新浪搜索"爱问"突破了由 Google、百度为代表的算法制胜的搜索模式。以独有的互动问答平台弥补传统算法技术在搜索界面上智慧性和互动性的先天不足。③ 爱问产品包括网页搜索、新闻搜索、图片搜索、音乐搜索、视频搜索、本地搜索、知识人、ViVi 收藏夹。搜索特色包括"就是这个!"、网页快照、相关搜索、拼音提示和错别字提示等。

---

① 《阿里巴巴雅虎——新方向的融合》[EB/OL],http://cn.about.yahoo.com/cn/company.html,2006—03—28。

② 《关于搜狗》[EB/OL],http://www.sogou.com/docs/about.htm,2006—04—23。

③ 《关于爱问》[EB/OL],http://www.sowang.com/search/china/iask.htm,2006—04—23。

　　(6)网易搜索引擎。2000 年 9 月,网易正式推出了全中文搜索引擎服务,并拥有国内唯一的互动性开放式目录管理系统(ODP)。目前,网易已经为广大网民创建了超过一万个类目,4000 多名各行各业的专家、学者和互联网爱好者在维护和完善着目录,活跃站点的信息量每日也在不断增加中。网易搜索自称是国内首屈一指的智能化搜索引擎,并提供中文、英文、日文、俄文等几十种语言关键词检索。[①]

　　根据第三章确立的搜索引擎评价指标体系以及选定的 6 个待评价的搜索引擎,依据层次分析法,构建搜索引擎评价的递阶层次结构图如下(见图 4 - 10 所示)。

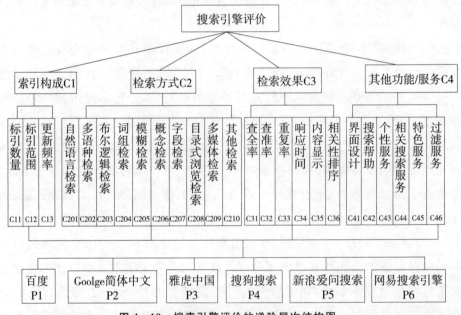

图 4 - 10　搜索引擎评价的递阶层次结构图

4.2.2　调查结果的数据处理

　　根据上述选择的测评对象和搜索引擎评价指标体系,再次运用问卷调查的方法,对所列出的测评对象按照指标体系打分。

　　将回收的 12 份调查表汇集后,对最后结果按照每个搜索引擎每项指标的平均分进行处理,处理结果见表 4 - 33 所示。

---

　　① 《网易搜索引擎介绍》[EB/OL],http://so.163.com/help/introduce.shtml,2006—4—16。

表 4 - 33　搜索引擎指标测定平均分统计表

一级指标	二级指标	百度	Google 简体中文	雅虎中国	搜狗搜索	新浪 爱问搜索	网易 搜索引擎
索引构成	索引数量	4.0	4.8	3.6	3.4	3.3	3.0
	索引范围	4.3	4.3	3.9	3.7	3.8	3.6
	更新频率	4.7	4.2	4.1	4.4	3.9	3.4
检索方式	自然语言检索	4.3	4.5	4.1	4.0	3.9	4.1
	多语种检索	3.5	4.9	4.6	3.2	3.2	3.4
	布尔逻辑检索	3.8	4.1	3.4	3.3	3.1	3.5
	词组检索	4.3	4.7	4.3	4.3	4.0	4.3
	模糊检索	2.4	3.8	2.6	2.4	2.3	2.8
	概念检索	2.8	2.8	2.5	2.3	2.6	2.3
	字段检索	4.3	4.6	3.8	2.8	2.8	2.3
	目录式浏览检索	3.7	3.2	3.9	3.2	2.7	3.3
	多媒体检索	4.6	4.2	4.4	4.2	4.5	3.3
	其他检索	2.8	2.9	2.8	2.7	2.6	2.8
检索效果	查全率	4.1	4.5	3.6	3.5	3.2	2.8
	查准率	4.2	4.2	3.9	3.8	3.3	3.1
	重复率	3.8	3.9	3.8	3.8	3.6	3.4
	响应时间	4.6	3.8	4.7	4.2	3.8	3.0
	内容显示	4.6	4.7	4.0	4.1	3.8	3.8
	相关性排序	4.2	4.2	3.9	3.9	3.8	3.6
其他功能/服务	界面设计	4.4	4.4	4.3	4.3	4.2	4.0
	搜索帮助	4.8	4.2	4.1	3.8	3.6	3.4
	个性服务	3.7	4.4	2.8	2.3	2.1	2.4
	相关搜索服务	4.5	4.2	4.3	4.2	4.1	3.5
	特色功能	3.8	4.6	3.8	3.5	3.7	3.7
	过滤功能	3.4	3.5	3.6	3.3	3.6	3.4

根据上表中的平均分,用相关搜索引擎集合 P(P1,P2,P3,P4,P5,P6),针对指标体系中各二级指标建立判断矩阵,并得出判断矩阵 P(P1,P2,P3,P4,P5,P6)的排序向量,得到每个搜索引擎各个指标的得分权重。各自建立的判断矩阵及其得分权重见附录 6-5 所示。

将得分权重项汇总,得到表 4-34。最后每个搜索引擎的总分由这个搜索引擎每项指标的得分权重与指标的合成权重两两相乘得到。在 EXCEL 软件中,运用 SUMPRODUCT 函数,计算出总得分。

表 4-34 搜索引擎的测评结果

指标	合成权重	百度	Google 简体中文	雅虎中国	搜狗搜索	新浪爱问搜索	网易搜索引擎
C11	0.107	0.187	0.296	0.149	0.136	0.124	0.108
C12	0.115	0.204	0.204	0.162	0.141	0.155	0.135
C13	0.115	0.221	0.168	0.161	0.193	0.146	0.111
C201	0.070	0.183	0.200	0.159	0.152	0.146	0.159
C202	0.013	0.131	0.286	0.238	0.109	0.109	0.126
C203	0.040	0.194	0.222	0.154	0.141	0.128	0.161
C204	0.064	0.161	0.202	0.168	0.168	0.140	0.161
C205	0.047	0.136	0.284	0.150	0.136	0.130	0.164
C206	0.055	0.186	0.194	0.162	0.148	0.169	0.141
C207	0.012	0.232	0.266	0.176	0.097	0.102	0.128
C208	0.015	0.198	0.151	0.228	0.151	0.115	0.158
C209	0.012	0.202	0.160	0.184	0.160	0.193	0.101
C210	0.008	0.173	0.181	0.173	0.158	0.151	0.165
C31	0.039	0.207	0.260	0.157	0.150	0.125	0.100
C32	0.067	0.206	0.206	0.180	0.164	0.130	0.114
C33	0.011	0.176	0.185	0.176	0.169	0.154	0.140
C34	0.053	0.220	0.139	0.230	0.175	0.145	0.092
C35	0.057	0.207	0.217	0.150	0.157	0.131	0.137
C36	0.062	0.189	0.189	0.164	0.164	0.157	0.137
C41	0.012	0.181	0.181	0.165	0.173	0.158	0.144
C42	0.004	0.248	0.180	0.172	0.150	0.131	0.119
C43	0.004	0.222	0.336	0.134	0.102	0.093	0.112
C44	0.006	0.202	0.168	0.184	0.168	0.161	0.117
C45	0.004	0.154	0.243	0.161	0.134	0.161	0.147
C46	0.006	0.162	0.169	0.177	0.154	0.177	0.162
总分	0.999	0.194	0.201	0.167	0.156	0.142	0.131

根据最后得分,得出搜索引擎评价的综合排名(表 4-35)。

表 4-35 搜索引擎评价排名表

名次	网站	总分	网站网址
1	Google 简体中文	0.201	http://www.google.cn/
2	百度	0.194	http://www.baidu.com/
3	雅虎中国	0.167	http://www.yahoo.com.cn/

(续表)

4	搜狗搜索	0.156	http://www.sogou.com/
5	新浪爱问搜索	0.142	http://iask.com/
6	网易搜索引擎	0.131	http://so.163.com/

4.2.3 结果分析

由表 4-35 可知,6 个搜索引擎的重要性排序为 Google 简体中文、百度、雅虎中国、搜狗搜索、新浪爱问搜索、网易搜索引擎。因此,这 6 个搜索引擎综合评价性能最优的是 Google 简体中文。

排名前两位的是 Google 简体中文和百度,从数据上看,两者性能相差不大,不分伯仲;雅虎中国排在第三位,它与前两名在数据上有了一定的差距,比第一名的 Google 简体中文低了 0.034,比百度低了 0.027;之后的第四名搜狗搜索、第五名新浪爱问搜索、第六名网易搜索引擎与雅虎中国在数据上也只有细微的差别。如果要将这 6 个搜索引擎,从综合性能的角度划分为两个层次的话,Google 简体中文和百度为一个层次,雅虎中国、搜狗搜索、新浪爱问搜索和网易搜索引擎为另一个层次。

在已有的评价文献中,同样可以检索到相关的评价分析结果。例如,黄德玲认为[①],Google 中文搜索引擎是收集亚洲网站最多的搜索引擎之一,也是目前最好用的搜索引擎之一。它提供了一系列革命性的新技术,包括完善的文本对应技术和先进的 PageRank 排序技术。而且,不同于大多数搜索引擎,将链接文本和它所在的页面相关联,Google 则是把链接的文本和它指向的文档联系到一起,从而起一步改善了查询质量;雅虎中文系统反应速度很快,界面友好,而且通过主题指南查询准确率高,内容丰富;搜狐搜索引擎,其系统反应速度快,查询准确率高,便于简单查询;新浪则是目前检索软件中功能最全面,查全率最高的优秀搜索引擎之一;网易搜索引擎很有特色,它先将用户的检索式在自己的分类库中进行查询,如果没有检索出结果,系统自动转向全文数据库进行搜索。如果在分类库中检索出结果,用户对检索结果不满意,可以直接按检索结果页面底部的全文检索按钮,继续在全文库中进行检索。这对于一个非专业用户来说,是非常实用的一种检索策略。

---

① 黄德玲:《网络中文搜索引擎的比较研究》[J],《安徽教育学院学报》,2004,22(4):110—112。

马彪、李恒以查准率、查全率、布尔函数支持、响应时间和死链比率的评价指标体系为基础,选择了搜狐、雅虎中文、Google 和新浪为评价对象,应用层次分析法,构建判断矩阵并求解,得出结论:Google 总体最优,次为搜狐,再次是雅虎中文,最后是新浪。[①]

陈继红、青晓认为 Google 和百度都是目前比较出色的检索网上中文信息的工具,它们各具特色。比较而言,Google 的检索功能强大、灵活,尤其是支持多种字段检索以及网页推荐功能,并可以按用户的习惯设置检索界面;而百度收录的中文信息覆盖面广、数量大,更新快,注重服务的本地化。[②]

百度/Google 组合、Google/百度组合是用户常用搜索引擎的经典组合,以上两类组合用户占了使用两个及两个以上搜索引擎用户的 55%。[③]"Google 一下"、"百度一下"已成为人们查找信息时的习惯用语。

在中国互联网络信息中心(CNNIC)《2005年中国搜索引擎市场调查报告》中,分析师吕伟刚指出,搜索将在未来的互联网市场网民眼球争夺战中扮演越来越重要的角色。中国搜索引擎市场是一个动态变化的市场,近期的特征体现为百度上升势头明显,门户搜索份额受到冲击;目前的中国搜索引擎市场是百度和 Google 两个"双寡头"竞争的市场。

通过实证研究,我们也得出了相同的结论。通过与现有评价结果的比较分析,进一步验证了本研究构建的评价指标体系的合理性、科学性与可操作性。

4.3　网络数据库的测评

4.3.1　测评对象的选择

考虑到网络数据库的使用大多有权限设置,不易进行全面的调查,所以本次调查的测评对象限定于南京大学图书馆购买了使用权的中外文数据库,即全部选自南京大学图书馆主页上的网络资源。同时考虑到运用层次分析法来进行测评,在同时进行比较的对象不超过(7±2)的情况下,人的判断具有良好

---

① 马彪、李恒:《搜索引擎的性能评价》[J],《新世纪图书馆》,2003(6):41—44。

② 陈继红、青晓:《四种搜索引擎的比较研究》[J],《情报科学》,2003,21(10):1084—1087。

③ 《搜索市场动态变化,呈两强多极竞争格局》[EB/OL],http://www.cnnic.net.cn/html/Dir/2005/08/29/3084.htm,2006—03—27。

的一致性,因此将本次测评对象的数量确定为 9 个;综合考虑到文献语种、文献类型、下载总量、单篇下载成本价格等因素,最终确定了以下 9 个网络数据库作为测评对象,见表 4－36 所示。

表 4－36　被测评的网络数据库列表

网络数据库名称	网络数据库网址
CNKI	http://202.119.47.27/kns50/
VIP	http://202.119.47.6/
SCI	http://portal01.isiknowledge.com/portal.cgi? SID=W5lFEAJNDFOco9Do151
EI	http://www.engineeringvillage2.org.cn/
ProQuest	http://lib.nju.edu.cn/ProQuest.htm
Blackwell	http://www.blackwell-synergy.com/
Springer	http://springer.lib.tsinghua.edu.cn/(nlixng55tw1sqz3w2xvhhhih)/app/home/main.asp? referrer=default
Wiley	http://www.interscience.wiley.com/
Elsevier	http://elsevier.lib.tsinghua.edu.cn/

这 9 种网络数据库简介如下:

(1)CNKI。CNKI 是最大的连续动态更新的中国期刊全文数据库。产品分为十大专辑:理工 A、理工 B、理工 C、农业、医药卫生、文史哲、政治军事与法律、教育与社会科学综合、电子技术与信息科学、经济与管理。产品形式多样,包括 WEB 版(网上包库)、镜像站版、光盘版、流量计费等形式。CNKI 中心网站及数据库交换服务中心每日更新,各镜像站点通过互联网或卫星传送数据可实现每日更新,专辑光盘每月更新,专题光盘年度更新。

(2)VIP。维普(VIP)中文科技期刊全文数据库是重庆维普公司出版的电子全文期刊,收录近 1 万种期刊全文,覆盖了自然科学、工程技术、医学卫生等学科的 27 个专题的中文科技全文期刊。文献类型包括期刊和论文,是国内最大的综合性文献数据库。《中文科技期刊数据库》(全文版)提供镜像安装、网上包库和网上免费检索流量计费下载方式等多种使用方式,供用户单位选择。包含了 1989 年至今 1370 余万篇文献,并以每年 150 万篇的速度递增。所有文献被分为 8 个专辑:社会科学、自然科学、工程技术、农业科学、医药卫生、经济管理、教育科学和图书情报。

(3)SCI。SCI 是数据库 ISI Web of Science 的俗称,是 Thomson ISI 建设的三

大引文数据库的 Web 版,由三个独立的数据库组成(既可以分库检索,也可以多库联合检索),分别是 Science Citation Index Expanded(简称 SCI Expanded)、Social Sciences Citation Index(简称 SSCI)和 Arts & Humanities Citation Index(简称 A&HCI)。内容涵盖自然科学、工程技术、社会科学、艺术与人文等诸多领域内的 8500 多种学术期刊,ISI Web of Science 的数据为每周更新。ISI Web of Science 不仅收录核心期刊中的学术论文,而且 ISI 把其认为有意义的其他文章类型也收录进数据库,包括期刊中发表的信件、更正、补正、编者按和评论、会议文摘等 17 种类型,其他文献数据库一般不收录这些类型的文献。ISI Web of Science 所独有的引文检索机制提供了强大检索能力。

(4)EI。EI 是由 Elsevier Engineering Information 公司出版的工程类文摘数据库,共收录 5100 种期刊、会议论文、技术报告等的文摘。

(5)ProQuest。ProQuest 博硕士论文全文数据库是由 ProQuest 公司提供的 ProQuest 博士论文全文数据库(PQDD 全文),收录有 1998 年以来的授予学位的 4 万多篇博士论文,每年以 1 万多篇的速度增长。

(6)Blackwell。它是数据库 Blackwell Synergy 的名称缩写,Blackwell 出版公司是世界上最大的期刊出版商之一,拥有总数达 697 种在物理学、医学、社会科学以及人文科学等学科领域享有盛誉的学术期刊。所有期刊都列入 List of All Journals,通过 Blackwell Synergy 获取网络版期刊,同时提供对引文和参考文献的链接。

(7)Springer。它是数据库 SpringerLink 的名称缩写,由 Springer 出版社出版,收录 499 种全文电子学术期刊,涵盖数学、物理学、天文学、化学等 11 个学科。

(8)Wiley。它是数据库 Wiley InterScience 的名称缩写,由 Wiley InterScience 公司出版的期刊全文数据库,收录自然科学、工程技术、医学、商业等领域 160 余种期刊,时间跨度从 1997 年开始至今,文献类型包括:参考工具书、期刊、论文、手册、图书。

(9)Elsevier。它是数据库 Elsevier ScienceDirect 的名称缩写,由 Elsevier 公司出版。收录 1800 余种电子期刊(其中 1500 余种为全文,200 余种为文摘),内容涉及数学、物理、化学、生命科学等 12 个学科,时间跨度从 1998 年开始至今,文献类型包括:期刊、论文。

根据第三章确立的网络数据库评价指标体系以及选定的以上 9 个待测评的网络数据库,依据层次分析法,构建网络数据库评价的递阶层次结构图如下(如图 4-11 所示)。

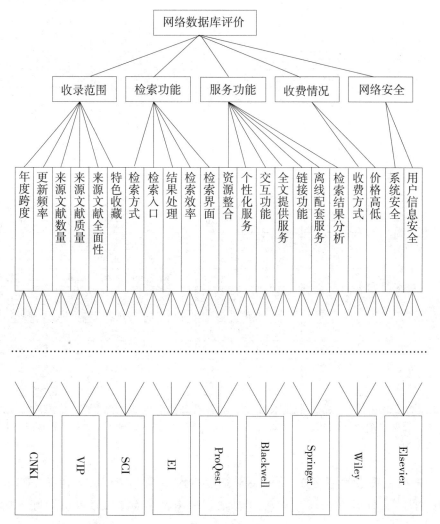

图 4-11 网络数据库评价的递阶层次结构图

4.3.2 调查结果的数据处理

根据上述选择的测评对象和网络数据库评价指标体系,再次运用问卷调查的方法,对所列出的测评对象按照指标体系打分。

将回收的 12 份调查表汇集后,对最后结果按照每个网络数据库每项指标的平均分进行处理,处理结果见表 4 - 37 所示。

表 4 - 37　网络数据库指标测定平均分统计表

一级指标	二级指标	P1	P2	P3	P4	P5	P6	P7	P8	P9
收录 范围	C11	4.33	4.25	4.50	4.58	4.75	4.00	4.17	4.50	4.08
	C12	4.83	4.83	4.58	4.50	4.17	4.08	4.17	4.17	4.58
	C13	4.08	4.08	4.83	4.50	4.17	4.08	4.33	4.08	4.58
	C14	3.75	3.67	4.92	4.75	4.50	4.42	4.75	4.25	4.75
	C15	4.42	4.42	4.75	4.50	3.92	4.33	4.25	3.92	4.75
	C16	3.25	3.25	4.08	4.58	4.00	3.33	3.83	3.58	3.58
检索 功能	C21	4.75	4.75	5.00	4.67	5.00	4.83	4.67	4.83	5.00
	C22	5.00	5.00	5.00	4.83	5.00	4.75	4.08	4.58	4.67
	C23	3.75	3.58	5.00	4.67	4.33	4.00	3.83	4.58	3.83
	C24	4.00	4.00	4.58	4.42	4.58	4.25	4.42	4.33	4.75
	C25	4.42	4.58	4.42	4.50	4.00	4.83	4.83	4.83	4.25
服务 功能	C31	3.75	3.00	5.00	3.33	5.00	4.00	4.00	4.33	4.75
	C32	3.08	3.75	4.08	4.08	4.25	4.17	3.42	3.75	3.08
	C33	3.67	3.67	3.83	4.58	3.83	3.83	4.25	4.33	3.83
	C34	5.00	4.75	4.17	3.83	4.00	4.83	4.25	4.42	4.42
	C35	4.17	4.17	5.00	4.00	4.75	4.00	4.25	4.00	4.67
	C36	3.17	3.17	3.58	3.17	3.75	3.58	3.58	3.58	3.42
	C37	2.83	2.83	4.17	4.25	3.75	3.25	3.00	3.00	3.08
收费 情况	C41	4.17	4.17	4.33	4.17	4.33	4.17	4.17	4.33	4.17
	C42	4.00	4.00	4.00	4.00	4.00	4.00	4.00	4.00	4.00
网络 安全	C51	4.00	4.00	4.00	4.00	4.00	4.00	4.00	4.00	4.00
	C52	3.92	3.92	4.33	4.33	4.42	4.33	4.17	4.42	4.17

注:由于篇幅关系,此处用 C11—C52 表示 22 个二级指标,用 P1—P9 表示 9 个被测评的网络
　数据库。

　　根据上表中的平均分,用相关网络数据库集合 P(P1,P2,P3,P4,P5,P6,
P7,P8,P9),针对指标体系中各二级指标建立判断矩阵,并得出判断矩阵 P
(P1,P2,P3,P4,P5,P6,P7,P8,P9)的排序向量,得到每个网络数据库各个指
标的得分权重。各自建立的判断矩阵及其得分权重见附录 6 - 6 所示。

　　将得分权重项汇总,得到表 4 - 38。最后每个网络数据库的总分由这个
网络数据库每项指标的得分权重与指标的合成权重两两相乘得到。在 EX-
CEL 软件中,运用 SUMPRODUCT 函数,计算出总得分。

表 4 - 38　网络数据库的测评结果

指标	合成权重	P1	P2	P3	P4	P5	P6	P7	P8	P9
C11	0.0622	0.1088	0.1042	0.1197	0.1249	0.1373	0.0908	0.0998	0.1197	0.0947
C12	0.0575	0.1366	0.1366	0.1188	0.1138	0.0951	0.0902	0.0951	0.0951	0.1188
C13	0.0575	0.0971	0.0971	0.1470	0.1225	0.1022	0.0971	0.1116	0.0971	0.1281
C14	0.0622	0.0751	0.0716	0.1428	0.1301	0.1132	0.1083	0.1301	0.0988	0.1301
C15	0.0492	0.1133	0.1133	0.1360	0.1184	0.0860	0.1076	0.1033	0.0860	0.1360
C16	0.0130	0.0833	0.0833	0.1318	0.1735	0.1261	0.0870	0.1149	0.1001	0.1001
C21	0.0820	0.1058	0.1058	0.1216	0.1013	0.1216	0.1105	0.1013	0.1105	0.1216
C22	0.0887	0.1249	0.1249	0.1249	0.1136	0.1249	0.1087	0.0750	0.0989	0.1040
C23	0.0125	0.0851	0.0775	0.1691	0.1411	0.1172	0.0978	0.0890	0.1343	0.0890
C24	0.0887	0.0898	0.0898	0.1237	0.1133	0.1237	0.1031	0.1133	0.1076	0.1359
C25	0.0296	0.0984	0.1070	0.0984	0.1024	0.1353	0.1230	0.1230	0.1230	0.0894
C31	0.0722	0.0845	0.0558	0.1680	0.0671	0.1680	0.0970	0.0970	0.1162	0.1464
C32	0.0281	0.0754	0.1086	0.1304	0.1304	0.1433	0.1371	0.0908	0.1086	0.0754
C33	0.0128	0.0926	0.0926	0.1007	0.1523	0.1007	0.1007	0.1270	0.1328	0.1007
C34	0.0722	0.1508	0.1315	0.0956	0.0792	0.0868	0.1372	0.0997	0.1096	0.1096
C35	0.0487	0.0996	0.0996	0.1571	0.0906	0.1370	0.0906	0.1039	0.0906	0.1309
C36	0.0110	0.0950	0.0950	0.1188	0.0950	0.1308	0.1188	0.1188	0.1188	0.1091
C37	0.0128	0.0797	0.0797	0.1667	0.1741	0.1323	0.1006	0.0877	0.0877	0.0916
C41	0.0221	0.1079	0.1079	0.1175	0.1079	0.1175	0.1079	0.1079	0.1175	0.1079
C42	0.0238	0.1111	0.1111	0.1111	0.1111	0.1111	0.1111	0.1111	0.1111	0.1111
C51	0.0519	0.1111	0.1111	0.1111	0.1111	0.1111	0.1111	0.1111	0.1111	0.1111
C52	0.0411	0.0936	0.0936	0.1171	0.1171	0.1233	0.1171	0.1075	0.1233	0.1075
总分	1.0000	0.1051	0.1022	0.1280	0.1102	0.1199	0.1070	0.1036	0.1068	0.1170

注：为了便于结果的区分，上表中的数据保留小数点后四位。

根据最后得分，得出网络数据库评价的综合排名（表 4 - 39）。

表 4 - 39　网络数据库评价排名表

名次	网络数据库名称	总分	网络数据库网址
1	SCI	0.1280	http://portal01. isiknowledge. com/portal. cgi? SID=W5lFEAJNDFOco9Do151
2	ProQuest	0.1199	http://lib. nju. cn/ProQuest. htm
3	Elsevier	0.1170	http://elsevier. lib. tsinghua. edu. cn/
4	EI	0.1102	http://www. engineeringvillage2. org. cn/
5	Blackwell	0.1070	http://www. blackwell-synergy. com/

6	Wiley	0.1068	http://www.interscience.wiley.com/
7	CNKI	0.1051	http://202.119.47.27/kns50/
8	Springer	0.1036	http://springer.lib.tsinghua.edu.cn/ (nlixng55tw1sqz3w2xvhhhih)/ app/home/main.asp? referrer=default
9	VIP	0.1022	http://202.119.47.6/

4.3.3　结果分析

根据表 4-39 中的排序结果，这 9 个网络数据库的排名顺序为：SCI、Pro-Quest、Elsevier、EI、Blackwell、Wiley、CNKI、Springer、VIP。SCI 排名第一，说明 SCI 在总体上各方面表现不俗。在一级指标层面上收录范围、服务功能、收费情况方面都排名第一，在检索功能和网站安全方面也名列前茅；二级层面上名列第一的有 11 项，排名前三的有 19 项之多。

ProQuest 以其检索功能方面第一的得分，确保了总体表现位居第二。这也说明，对于网络数据库而言，检索功能是用户和数据库建设者都需要关注的重点。

Elsevier 在二级指标来源文献全面性、检索方式、检索效率方面获得了排名第一的好成绩，从而获得总体上比较优秀的评价。作为著名出版商的埃思维尔公司（ELSEVIER），其麾下网络数据库在总体上有着显著优势。

VIP、Springer、CNKI 排名偏后，主要是在收录范围、检索功能、服务功能上的得分普遍较低。事实上这几个网络数据库的建设发展已经比较成熟，在商业竞争中也都取得一定的地位，但是由于本次实测对象都是著名网络数据库，所以在此没有明显优势。因此从著名网络数据库的层次上看，还需要不断加大数据库内容建设力度和强化数据库的检索功能。

就一级指标排名而言，对其结果分析如下：

从收录范围角度看，显然 SCI、EI、Elsevier 得分较高，而 Blackwell、Wiley、VIP、CNKI 得分较低，在收录范围方面 9 个网络数据库存在着明显差距，需要通过加快文献收集整理，加大文献回溯力度来缩短差距。

从检索功能角度看，ProQuest、SCI 得分较高，而 Springer、CNKI、VIP 得分较低。Springer、CNKI、VIP 在检索功能方面存在一定不足，需要加强检索系统功能的开发和提高。如:SCI 不仅能从引文方式检索,还可提供参考文献链接(Cited References)、被引次数链接(Times Cited)、相关记录链接(Related Records)来检索文献,为用户获取与当前文献相关的文献信息提供了很大方便。

从服务功能角度看,得分较高的是 SCI、ProQuest,相对而言,VIP、EI 在服务功能方面得分偏低,有待于加强。值得一提的是 SCI 的分析功能很有特色:系统提供了作者(author)、国别(country/territory)、文献类型(document type)、机构名称(institution name)、语种(language)、出版年代(publication year)、刊物名称(source title)及学科类别(subject category)八个项目对检索结果进行分析。分析数据上限(analyze)可以达到 10 万条,并能调整数据显示范围(set display options)和排序方式(sort by)。SCI 还提供"Citation Report"功能,以图文方式揭示年发文量和年引文量。

收费情况的二级指标价格高低,由于受到多方面因素影响,且该项指标不具备量化可比性,在实际测评过程中是采用了统一分数,对整体的评分结果没有影响。所以该项得分实际反映的是收费方式,SCI、ProQuest、Wiley 得分较高,而其他网络数据库此项得分较低,在收费方式上可以相互补充借鉴,以用户为中心,完善收费管理模式。

在网络安全方面,因为系统安全指标不易获取,在测评的过程中也是采取了统一打分,这里反映出来的是用户信息安全指标情况。显然 ProQuest、Wiley 得分较高,而 CNKI、VIP 得分较低,无论用户还是网站自身,信息安全都是一个非常重要的环节,是网络数据库稳定提供有效服务的基础。

第 五 章

网络信息资源建设的若干建议

经过前两章的分析,我们可以看出,以网站、搜索引擎和网络数据库为代表的网络信息资源建设已经取得了相当的成效,但也暴露出许多问题。无论是网络信息资源的生产者还是使用者都需要直面在网络信息资源建设和使用中存在的问题。结合已经构建的评价指标体系和完成的实证分析结果,本章将从网站资源建设、搜索引擎建设、网络数据库建设三个方面提出若干建议,以利网络信息资源建设的顺利开展,以利网络信息资源用户的有效使用。

5.1 网站资源建设的若干建议

5.1.1 对企业及商业网站建设的若干建议

由于企业网站和商业网站的相似程度较高,都是直接面向消费者的,因此我们在此不再严格区分两者之间的差别,从加强网站操控能力和提高网站建构能力两个方面,对企业及商业网站的有效运作提出以下建议。

5.1.1.1 提高网站操控能力六大策略

(1)关注受众需求,提供个性化服务

网络的普及,人们已经不再满足于网站上简单的信息服务了。为使企业及商业网站达到效果最大化,首先必须关注受众需求,尤其是已有消费者和潜在消费者的需求——利用网站与消费者进行互动沟通,收集、分析、归纳消费者资料,及时了解消费者对于企业产品和服务的评价、意见和建议,关注消费者的购买动机、习惯、爱好、消费意向等差异性,改进已有的产品和服务,加快新产品和服务的开发,为他们提供更加有针对性、人性化、个性化的产品和服务,吸引消费者主动、定期地前来浏览信息,旨在提高消费者的满意度和忠诚度,进而增加厂商的市场占有率,扩大网站的营销效益。这一点因为不符合指标选择共同性的特点,在评价体系中仅在"特色服务功能"解释中有所体现。在这方面也有许多成功的例子可以借鉴,比如:联邦快递(FedEx)将它的全球网首页变成 24 小时客户查询系统,使用者只要输入包裹号码,就可以立即在网络上查出目前包裹所在,以及未来可能到达的时间。同时,联邦快递还在网站上提供免费软件,这些软件可协助打印托运标准文件与条码,方便顾客在自己家中处理包裹[①]。此外,全球最有创新精神的 SONY 公司,在网站创新上也一点不马虎,针对 SONY 的用户大多是年轻人这一特点,将 playstation2 的游戏与 SONY 的产品结合起来,在网站中可以免费使用,在玩的同时可以了解许多 SONY 的产品[②]。

(2)加强链接,提高网站点击率

让消费者和经销商更容易地获知网站信息,推广网站知名度,吸引网友的访问,获取更多潜在消费者的关注,必须加强网站的链接,门户网站、行业网站、搜索引擎、E-mail 等都是可以考虑的对象。本次测评中,招商银行网站凭着对网站的强力宣传,在链接方面获得巨大优势,以致在最后的结果中一鸣惊人。企业要关注的链接主要有以下几类:

①在门户网站和行业网站上链接

门户网站拥有较高的点击率和知名度,厂商可以寻求和它们进行链接,或者投放网络广告或合作专题,以降低消费者的查询和检索难度,但是一般门户网站的链接费用较高。行业网站大多具有较高的权威性,访问者往往带有一定的目的性,企业的链接会在某种程度上提高消费者的可信度。厂商可以在门户网站和行业网站上,利用最能代表本企业设计感很强的图标做超链接,链接到本企业网站;也可以互换广告,这样无形中提升了网站的访问数量。或是在一些拜访流量很大的门户网站,购买网络的横幅广告。这种方式其成本较传统媒体便宜,但是也需要相当的预算,而且广告内容的设计也很重要。

---

① 联邦快递官方网站,http://www.fedex.com,2006—05—01。
② SONY 中国官方网站,http://www.sony.com.cn,2006—05—02。

②与同类厂商交换链接

同类厂商既是伙伴,也是竞争对手,参加广告联盟的许多网站提供免费广告互换服务。如果厂商在其网页中添加一段指定代码用于显示其他网站广告,与此同时,其他网站也会出现该厂商的广告条,就可以达到互相宣传的目的。

③各大搜索引擎的竞价排名

如百度这样的专业搜索引擎已经成为人们在网上必不可少的一个工具,过去许多网站通过使用META标签来提升自己的排名,当然这些知名搜索引擎也适时地推出了"竞价排名"这一业务。厂商支付一定的资金,提高关键词的排名,让需要的消费者可以很快地搜索到所要的网站,搜索引擎公司也可以给出通过此途径登录网站的人数,因此,这是一种便宜又相对有效率的方法。

④与传统媒体相结合

这是指利用传统媒体宣传企业及商业网站,包括广播、报纸、杂志、电视、户外广告等。现在传统媒体上许多广告的内容就是以宣传网址为主题的,将厂商的营销活动和网站联系在一起,借助于传统的营销资源,并使两者协调一致,相互促进,从而吸引消费者上网查询更丰富的信息,避免了传统媒体信息量有限的瓶颈。将厂商简介、产品手册、广告和其他营销材料经过整合,组织成网上资源,可以促进厂商的商品展销会、公共关系等其他传统营销活动。与此同时,传统的营销和推广活动也会提高顾客对网站的访问和使用率,许多厂商在这点上尝到了甜头,比如国泰航空公司。该公司原以亚洲地区为主要业务重点,为了拓展美国飞往亚洲的市场,拟举办一个大型抽奖活动,并在网络杂志上刊登了一个赠送百万里行抽奖的广告。与众不同的是,这个广告除了斗大的几个字"Win 1000000 miles"之外,并没有任何关于抽奖办法的说明,但却加了一行小字 http://www.catheyusa.com。顾客一旦访问此站点,就迎面看到这家公司所提供的各项讯息,其中当然包括抽奖的办法,要填写的问卷及参加抽奖的表格,填入相关资料及E-mail地址等要求[①]。这种以平面印刷广告结合企业网站的做法,真正掌握并切实地应用了互联网的特性:让广告商及潜在顾客之间产生了即时互动的关系。比起传统的做法,在时效上、效果上都

---

① 谭美丽:《宝洁的IT应用》[EB/OL],http://www.cn-cosmetic.com/frame/defaultasp? sendid=6527&,page=1,2006—03—30。

强化了许多,同时也会更经济。通过这种方法,收集到为数众多的 E-mail 地址时,就拥有了开发市场客源的绝佳资产。

(3)拓展服务领域,建立综合性网站

具备一定实力的厂商不仅可以开始利用网站进行销售,同时还可以建立与厂商产品和服务相关联的综合性的网站,进一步拓展服务领域,以综合性网站推动自身网站的发展,借此带动厂商的发展。在测评中排名靠前的招商银行、国美电器、金山在线以及 IBM 中国,都可以看成是功能非常齐全的综合性网站。

①在线商店

建立"在线商店"有助于增加企业销售量,它有别于"网上商城"的概念,后者是为商家出租或免费提供"网络空间"的形式。在线商店通常为消费者提供一份网上售货清单,借助于电子商务软件,消费者便可以使用信用卡进行在线订货和购买,这种方式不仅方便了企业的销售,同时可以挖掘更多的潜在消费者。

②信息咨询

一些厂商建立网站的目的并不是为了在网上销售产品或服务,而是用网站宣传公司,改进服务以及加强联系。这类网站一般提供有关公司的最新消息,电子邮箱等联系信息,以及符合目标对象特征的其他相关信息和各种有用资源。网站提供的信息越是丰富多彩,就越能吸引消费者。

③客户服务

提升客户服务,利用网站实现 24 小时不间断服务、解答客户问题、帮助客户核实订货处理情况、跟踪货物情况、收集消费者反馈信息等,这一点在一些快递公司网站中发挥得非常好。

④电子杂志

作为客户服务的一种特殊方式,电子杂志(E-magazine)是存在于网络上的出版物,通过企业或商业网站可以就某一特殊问题发送新闻和评论,类似于俱乐部会员的会刊。客户和消费者可以上网站订阅电子杂志,当然也可以退订。电子杂志很大一部分都是厂商的新产品目录、介绍,企业活动宣传等内容。

(4)建立专业工作团队

不论是厂家还是商家都需要建立相对专业的网站工作队伍,及时更新网站信息,回馈消费者的需求,解答问题和困惑。这样的专业服务,会增加用户对企业的信心,也树立了企业的信誉。软件屋(www.softhouse.com.cn)虽然是一家以卖各种软件为主的 IT 公司,但公司特别重视顾客的提问,软件屋网站后台每天都会收到上千封来自世界各地的用户来信和电子邮件,询问各种在软件使用、学习中遇到的问题,公司设有专人解答这些问题,实现给用户当天回复的承诺;即使在周末和假日,都会给以满意答复。为了以最快的速度将用户购买的产品送到,软件屋与国内最大的电子商务配送公司北京阳光运捷劳务服务公司签订速递协议,承诺北京用户 48 小时,外地用户最快 4 天送货到家。同时,所有提供的软件和服务都是经过严格检测和认证的。

(5)策划网站,提高知名度

厂商有意的策划网站的宣传活动,对于提高网站的注意力和知名度起到很大的作用。对网站进行策划,首先要考虑网站的发展战略和营销策略、科学评估所起的效果,还应考虑网站目标对象、注意力的真实性、承诺能否实现、目标对象的反应等。李嘉诚的 TOM.COM 上市,利用李嘉诚的名人效应,堆积一个网站的注意力;张朝阳的演讲以及个性化的炒作,都是为了提高搜狐的注意力;在网站内容策划方面,伊丽人的"美国之旅"推广、8848 的 72 小时网络生存、注册雅宝会员奖汽车、中国实效网的看广告送钱、网上选美、虚拟节目主持等活动,有效地吸引了消费者的关注,并为企业带来了不少的经济效益。

(6)建设虚拟社区

为了吸引更多的消费者,厂商可以根据自身特色,设立相关的虚拟社区。由于大多数虚拟社区都是免费的,在社区里消费者可以获得一定容量的存储空间,来安排布置自己的家园。虚拟社区对于网络服务商来说是没有收益的投资,但是一旦虚拟社区建成,吸引到足够的居民,厂商在网上创建一个虚拟社区,以不同的论坛形式,供会员就相关话题交流意见并张贴发布,不仅可提升厂商的形象,增强网站凝聚力,并可吸纳更多意见供决策参考,同时还可以进一步通过网络虚拟购物、社区生存、娱乐场所等项目进行赢利。"玉兰油俱乐部"就是宝洁公司的一个虚拟社区,大约有 400 万会员。俱乐部通过网站收集会员的信息,包括她们的购买行为和使用习惯等,作为回报,网站也提供优惠和打折。"玉兰油俱乐部"有超过 20% 的会员成了这个品牌的忠诚客户。通过这个俱乐部,宝洁发现会员年龄有"断层",缺乏年轻人,于是他们及时开发了一个新的美容品牌"Ohm"来吸引"新生代"①。此外,诺基亚早在 2003 年就在北京开通诺基亚俱乐部(Club Nokia)中文网站。作为一个独特的网上社区,该网站设立四个频道——音乐、电影、卡通和游戏,为诺基亚手机用户提供内容丰富的创新应用和服务。诺基亚俱乐部带给用户全面的信息、支持和乐趣,增强用户的通信体验。每一个诺基亚手机用户都可以通过下载诸如音乐铃声、待机图标、动画屏保、图片信息以及游戏软件等品牌化的数字内容,享受便捷、实用、充满趣味的沟通体验②。

5.1.1.2　提高网站建构能力四大策略

专业性的企业或商业网站建设是有效开展网络营销的基础,网站的功能、服务、内容等基本要素决定了网络营销的最终效果。网站的建设和维护本身并不等于有效地开展了网络营销,在企业或商业网站基本要素存在缺陷的情况下,厂商仍然无法取得理想的营销传播效果。因此,我们从以下四个方面提出建构网站的对策。

(1)兼顾网站形式和内容

企业或商业网站应该是内容和形式的有机组合。厂商在认真分析消费者心理的基础上,组合使用多种艺术元素,尊重消费者习惯的设计思想和内容,潜移默化地感染消费者,最终提高网站的亲和力和竞争力。归根结底,网站的表现形式是为了增加消费者的关注度,为消费者的信息查阅和检索提供便利。而网站的内容则是为消费者提供实在的服务,实现对消费者的承诺,进而增强消费者忠诚。就如我们在访问 IBM 中国网站时,第一感觉就是简单且实用,同时也发现,网站界面具有非常难得的统一性与连贯性。与那些看似清新脱俗或绚丽多姿却空洞乏味的站点不同,浏览 IBM 网站时,感到心情非常舒适、非常自由,而在其他站点上你也许被迫做这做那。IBM 中国网站也细心地研究用户的习惯,大量的内容不是被随便堆砌上去的,内容与位置的搭配经过细致的研究。与其他站点相比,IBM 中国会让访问者在站点上浏览的时间更长。

(2)运用多样化沟通模式,维系消费者关系

通过多种在线服务方式,加强和客户、消费者的沟通,稳定已有消费者,吸

① 谭美丽:《宝洁的 IT 应用》[EB/OL],http://www.cn-cosmetic.com/frame/defaultasp? sendid=6527&,page=1,2006—03—30。

② 诺基亚中国官方网站,http://www.nokia.com.cn,2006—05—03。

引潜在消费者。

①电子邮件

电子邮件方便快捷、经济且无时空限制,厂商可用它来加强与顾客之间的联系,及时了解并满足顾客需求。为此厂商必须加强对电子邮件的管理,确保邮路畅通,使邮件能够按照不同的类别有专人受理,尊重顾客来信,并且快速回应。值得一提的是,厂商发送电子邮件进行营销传播时,可以针对消费者越来越个性化的需求,提供更加周到的服务,例如在消费者生日时发送问候信息;提醒消费者试用新产品;提醒消费者所购买产品的保养周期等。但是要注意的是,厂商应该精心设计邮件内容,充分考虑消费者的感受,避免所发送的邮件由于内容空洞、卖方导向、占用宝贵的网络资源等而引发消费者的反感,反被视为网络垃圾。

②电子论坛

网站上设立相应的电子论坛,可以提供消费者与消费者、消费者与厂商在网络上的共同讨论区,借此了解消费者需求、市场趋势等,为厂商改进产品、服务提供参考。主管人员应经常主动参与讨论,引导消费者对核心业务发表意见和建议,这对提高服务水平、获取客户信息和捕捉商机有很大好处。

③会员服务系统

在会员登录系统后,依据客户需求,在适当时机自动通过网站向消费者提供有关产品与服务的信息。例如:汽车商在网络上提醒客户有关定期保养通知、花店提醒客户有关家人生日时间、银行提醒客户定期存款快到期、学校提醒学生考试日期与应做的准备等。这些非常贴心的提醒,会使用户对企业的好感倍增。

④常见问题解答

常见问题解答(Frequently Asked Questions,FAQ)是一举两得的服务方式。一方面消费者遇到这类问题无须费时费力地专门写信或发电子邮件咨询,而可直接在网上得到解答;另一方面,厂商能够节省大量人力物力。FAQ页面设计要选择合理格式,以满足消费者信息需求为准则。

(3)精心策划网页,凸显一站差异性

企业或商业网站代表着厂商自身的形象,因此需要精心策划其网页,使本网站的营销风格和运作套路与竞争者有所不同,形成差别化、排外性和独占性。具体表现在:独创性的、实效性的商业模式;专业性的人才;网站崭新理念;网站管理模式;独特的名称和域名;崭新服务理念和服务内容;改变传统传播途径等。

（4）网站优化

网站优化包括三个层面的含义:对用户优化、对网络环境(搜索引擎等)优化、对网站维护的优化。网站优化体现在网站建设的各个方面,因此可以说是企业或商业网站专业性的综合表现。

①首页优化

首页对一个网站很重要,目前大多企业或商业网站的首页都是用纯图片或者 flash 动画。厂商应该尽量使用静态页面,尽量使用文字而非图片,避免 flash 减缓网站速度,不利于搜索引擎的搜索。

②图片优化

因为大多数搜索引擎都具备图片搜索功能,所以厂商应该对图片进行优化。在网页制作的时候,对图片加入文字注释,且一定要注重关键词的使用。

③网站内部链接优化

对于网站的各个页面之间的链接,不能只靠导航栏,而是要尽量在页面内容中出现多种形式的链接,吸引消费者不断地浏览网页,从消费者的角度出发,保证链接结构的连贯性。例如,如果消费者需要给企业发送电子邮件,厂商不能只是留一个信箱地址,应该留一个"联系我们"的超链接,将链接直接连入厂商的信箱。

④网站文件目录优化

应该避免将网站的所有内容都放在一个文件夹里,应该将网站的每个栏目内容进行归类,分别设立相应合理的文件夹。一方面可以让自己的网站文件条理化,便于修改及查找;另外一方面可以有利于搜索引擎搜索。为避免网站的文件名在搜索引擎中是乱码,厂商对于网站文件名的设置,尽量使用英文,而不是采用中文,因为中文不太容易被搜索引擎搜索到。

⑤网页标签的优化

除了网站标题外,不少搜索引擎会搜索到厂商的标签,标签是一句综合说明网页内容的文字,它主要描述网页中用到的主要关键词、短语。如果企业或商业网站的关键词出现频率不够,可以在设计标签时,采用适当的重复,使关键词能够高频率的出现,增加搜索引擎搜索机会。

5.1.2　对政府网站建设的若干建议

我国政府网站自产生以来取得了长足的进步,从单纯的公布信息阶段发展到了注重交互功能和网上办事的阶段。各级政府部门对政府网站的发展也越来越重视,并且开始关注政府网站发展的各个方面。以用户为中心的思想开始在政府网站建设中体现,有越来越多的政府网站开始为用户考虑,尽可能地为用户查看和使用网站提供便利。尽管如此,我国政府网站仍然存在一些问题,需要进一步的改进和完善。

第一,很多政府网站以用户为中心的意识不强,仍然以政府为中心。以用户为中心体现在从网站使用者的角度出发提供服务项目,方便用户迅速获取所需要的服务,而不必四处查找。但是在我们的调查中发现许多政府网站的搜索功能薄弱,并且有部分政府网站存在导航系统不完善、标识系统不准确的情形,而这些严重影响到用户对政府网站的使用。

第二,政务公开内容还不够。我国政府网站政务公开的信息,主要集中在基本的政务信息领域,对公众最需要了解的政府决策信息和办事类信息的公开远远不够,而用户对政府网站公开信息具有很大的需求。一个好的政府网站应该充分考虑公众的知情权,及时高效地提供政府办事信息。

第三,互联互通不畅,共享程度低。政府网站信息资源缺乏整合和共建共享,形成彼此独立的"信息孤岛",使得民众在线办理各种事务的便利性大打折扣。我国政府网站在各自的主管部门下独立发展的情形较多,各个政府网站之间的互联互通需要进一步加强。

第四,信息资源开发滞后,利用效率低。社会公共信息数据大多是作为历史数据保存而没有加以开发利用,导致用户对电子政务网站的使用频率低。双向互动和网上事务处理整体薄弱。例如政府网站的交互更能具有很重要的地位,但是在实际的测评调查中发现,大多数政府网站的交互性得分很低。在网站的交互功能方面两极分化严重,有的地方政府网站基本上实现了在线政务、提议、投诉和反馈;而有的政府网站还停留在从静态发布到单向交互的层次。

第五,政府信息化缺少法律保障。目前,我国政府信息化缺乏相应的法律保障,尚未制定政府信息公开法、政府信息资源管理法、信息安全法等信息化的基本法律。政府信息网络系统在硬件、软件、系统和管理方面都还不同程度地存在着各种安全隐患。

面对政府网站目前存在的问题,充分考虑到电子政务的长远发展和公众对政府网站的各方面要求,对政府网站的建设提出如下若干建议。

第一,政府网站建设的目的是实现办公网络化、政务信息化、资源共享化、服务公开化,体现政府利民、便民办事的原则。因此,加强互动性、应用性是政府网站建设的主要方向。

第二,要尽量缩小地区之间的差距,促进地区间政府网站的平衡发展。不同省市的政府网站发展水平的不同会造成新的数字鸿沟。因此对于不同地区和不同部门的政府网站需要均衡控制,缩小差距。这样有利于各个地区之间和不同职能部门之间实现互联互通。并且从信息资源整合的角度来看,中央和各级地方政府网站的信息资源需要充分利用,因此要缩小不同层次和不同类型政府网站之间的差距。

第三,树立"用户中心"意识。电子政务的本质是要通过技术应用实现制度和管理的创新,优化服务,提高效率。政府门户网站是电子政务面向公众的主要窗口,但目前存在的最大问题是"政府中心"痕迹严重,"用户中心"意识不强。虽然绝大多数政府都建立了政府门户网站,但大都各自为政,给公众获取政务信息带来诸多不便。同时由于对用户需求了解不多、不深,使得在内容和功能的设计上,不够贴近百姓需求。这些都影响了电子政务和政府网站的实际运行绩效。因此,我们要坚持"以人为本、以服务对象为中心",把用户需求作为政府门户网站建设的出发点和落脚点,提高电子政务公共服务的用户满意度,提高公众对政府服务的信任度,这也是电子政务的生命力所在。将用户需求作为政府建设的出发点和落脚点,建立政府网站的需求机制,解决网站用户满意度的现状。建立严格的和可灵活扩展的用户管理权限;提供大容量的用户讨论组功能和各种信息反馈功能,以便加强政府与公众之间的联系与沟通。[①]

第四,整合资源,实现"互联互通"。在政府网站的建设中,提高政务信息资源的共享度是一个重点和难点。所以需要提高认识,转变封闭、保守的观念,树立开放、合作、共享的理念,打破部门间的界限和封锁,实现网络资源、信

---

① 英国、瑞典政府网站建设特点及启示,http://www.chinabbc.com.cn/lianmeng/news4.asp?newsid=2006418103116831&classid=110106,2006—04—21。

息资源的共享。以网站内容建设为重点,建立共建共享制度,整合跨部门、跨区域资源,为社会公众提供"一站式"服务。政府网站建设的难点和重点,是整合部门资源,创新行政模式,实现网上服务"实用、好用、够用"。

第五,充分公开政务信息,实现政务信息透明化。政府信息有多种,有一些属于国家军事与政治安全方面的,有一些属于政府工作决策过程不必加以公开的,有一些属于政务人员个人隐私,如上班路线、家庭住址、家庭电话、亲属工作单位等。政务信息透明化,应该是对政策、政府部门办事程序、负责人员姓氏、准备材料等的透明化,是政务信息根据国家安全与政务工作人员安全,实行的有权限有责任的透明化,不应是全部信息的透明化。随着 2008 年 5 月 1 日起《中华人民共和国政府信息公开条例》的实施,我国政府网站建设中政务信息的透明化程度将进一步提高,政府信息保密的内容将有所减少,其严格性将进一步增强。

第六,推进相关法规出台。从国外的实践看,电子政务的建设与发展,除了各类应用系统的构建、政务的整合等管理和技术因素外,还必须有配套的外部法制环境。政府门户网站需要相关政府部门的协同共建,其基础是信息公开和信息资源共享体系。如果有相关的法律明确各政府部门信息公开和信息资源共享的内容、方式和责任,政府门户网站就可以更好地发挥整合的作用,使信息公开的广度更广,深度更深。

5.1.3　对学术网站建设的若干建议

从第三章及第四章可以看到,信息内容、网站功能/服务这两个一级指标对网站的整体评价结果影响较大。这就说明学术网站的建设应该优先考虑这两方面的质量,以这两方面的建设为重点。尤其是信息内容,是衡量一个学术网站的最重要因素。除了考虑这些关系到学术网站自身建设水平的因素之外,学术网站的建设还需考虑规范性、原创性这些关系到学术网站整体发展的因素。

（1）注重信息内容的质量

对于学术网站来说,信息内容是重中之重。网站是为用户服务的,而用户访问学术网站的首要原因就是查找感兴趣的学术信息资源。是否拥有较高质量的学术信息资源,是一个学术网站的生命力之所在。学术网站的建设一定要坚持信息内容质量第一的原则。要提高信息内容的质量,就要做到以下几

点:

①注重信息内容的深度。学术网站的用户对象主要是高学历的学术研究人员,只有有一定深度的学术信息资源,才能对用户的学术研究具有参考价值。文章越有深度,学术价值就越高。

②确保信息内容的准确性。信息内容的准确性对用户来说也很重要。只有准确性高的信息资源才有足够的可信度。对于自然科学领域的研究人员而言,准确性更是从事科学研究的一个必备因素。

③表达观点要客观。网站提供的信息资源要公正合理,而最好不要有选择、有倾向性。一个优秀的学术网站应该以一种平衡的、理性的态度去论证和提供资料,而不应存在个人偏见和受利益冲突的影响。

④信息内容要有独特性。网站在栏目的设置和文章的取材上要有自己的特色。网站中如果有从其他同类型网站中无法获取的资源,必然会得到用户的青睐。

⑤多发布权威学者的文章。影响网站权威性的有两个因素,网站的背景和网站中文章的作者。由于大众都有信任权威学者的心理倾向,权威学者的文章往往更能让人信服。这必然会提升网站在用户眼中的地位。从客观上来说,权威学者的文章整体质量确实高于非权威作者。

⑥注重信息内容的创新性。学术网站应该多介绍本学科前沿方面的信息,多发布本领域新的研究方向的学术文章。用户(尤其是有较高知识水平的用户)往往对本领域的前沿研究课题比较感兴趣。有创新性观点的文章更容易引起用户的兴趣。

(2)加强检索功能、交互功能的建设

检索功能和交互功能也是学术网站建设必须重视的两项指标。检索功能的强大与否,关系到用户能否快速、准确地找到所需信息资源。交互功能则能提升用户访问网站的积极性,给用户提供探讨学术问题的空间。目前大部分学术网站的检索功能都比较简单,只能进行简单的全文检索。对于用户更复杂的信息需求,并不能很好的满足。学术网站用户在查找信息资源时,往往需要从多角度、多字段(如:作者、题名、主题等)查找信息资源,这就需要学术网站进一步改进和完善检索功能,提供高级检索功能。在交互功能上,不少学术网站的建设也不是很好,有些网站甚至没有提供论坛。交互功能可以促进用户的学术交流,活跃网上的学术氛围。同时用户与网站之间的交互还能帮助网站更好的建设,尽可能地符合用户的需要。从互联网的发展趋势来看,交互功能在今后的网站发展中将扮演越来越重要的角色。

(3)提供信息资源的下载

能否提供信息资源的下载也是学术网站用户普遍关注的一个因素。用户由于学习或学术研究的需要,需要长期保存参考学术资源。而访问学术网站需要花费不少的时间和金钱,在没有网络环境时更是无法访问。再加上网上阅读文章的不便,用户更愿意将文章或其他参考资料下载下来以供长期借鉴使用。因此,一个学术网站的是否提供信息资源的下载,下载是否方便,关系到网站在用户中的受欢迎程度。

(4)加强规范性

现有学术网站的建设普遍规范性不够,这主要体现在著作权问题和网站中文章的书写规范上。

在著作权问题上,部分学术网站没有给予足够的重视。作为学术网站存在的最大问题,著作权问题必须认真对待。有些学术网站肆意转载其他网站的文章,却不考虑原文是否允许被转载,更不注明其转载来源。这种转载是对原文作者和来源网站著作权的侵犯。另外一种常见的侵权行为是网站没有经过作者的授权,私自发布从报纸、期刊等其他信息源得来的文章。这些行为都属于侵犯作者的著作权,而侵犯作者的著作权,不仅侵犯了作者或来源网站的利益,而且严重挫伤了作者在网站中发表学术文章的积极性。《著作权法》保护网络著作权的条款制定后,很多学术网站已经开始重视对著作权的尊重。这一点,思问哲学网和国学网都做得较好。只有充分尊重文章作者或其他网站的著作权,按照保护网络著作权条款依法处理文章的转载或发布问题,学术网站才能健康、有序地发展。

网站中文章的书写规范也是一个不得不考虑的问题。不少学术网站中文章的书写很不规范,不仅排版凌乱,有的甚至没有标明原创作者。对于文章的参考文献,也很少列举。这虽然与作者自身有关,但与网站的管理的规范化与否也不无关系。文章的书写规范不仅影响整体视觉效果和用户的浏览,还会降低文章的学术参考意义。网络学术文章相比于期刊论文的最大差距就是规范性。

（5）加大对原创作品的支持

学术网站的作用不应该仅仅是把传统出版物搬到网上，它的价值更在于为广大用户提供一个较为自由的交流空间，这就需要更多的思考和更多的原创性的学术文章，也需要更多的学者和网友介入网络文化、学术空间之中，为建设中文思想空间贡献更多的智慧和力量。目前网上的原创性学术文章相对而言还不多，许多文章都是转自报刊书籍等传统出版物，而且不同网站之间，文章的转载现象也很频繁。原创性学术文章远远不能满足用户对网络学术信息资源的需求。学术网站的建设者应该鼓励用户在网站上发表原创学术文章。如果只是把网站作为一个转发文章的载体，网站的作用就永远不能超越报刊等其他载体。加强对原创文章的支持不仅可以给用户提供更多的有价值的学术文章，对提升学术网站自身的影响力也是有很大的帮助的。

另外，其他一些制约学术网站发展的因素并不是学术网站建设者自身能够解决的，如与现行学术认同机制兼容的问题和经费问题。目前的学术论文所遵循的学术规范尚不承认来自网络中的学术引文，这影响了网络作者学术成果的评定。因此，网络不是大部分学术研究人员的发文首选地。能否改变这一现状，有赖于社会对网络学术论文的认同。当然这也与学术网站自身的发展是分不开的，如果学术网站能够将自身的影响力扩大到与核心期刊同等的地位，那么则有理由相信离网络论文得到学术界权威机构认同的时间就不远了。

经费问题也是制约学术网站发展的一个重要问题，对于个人创办的学术网站尤其如此。有些由学术机构创办的学术网站虽然有一定的启动经费，但也存在后继乏力的现象。学术网站由于其公益性的特点，无法靠网站本身获得经济收益，网站的建设和维护费用只能靠社会的资助或创办方自掏腰包。如果缺乏有效的资金来源，学术网站难以为继。学术网站对丰富人们的文化生活，促进学术研究的作用是巨大的。学术网站的发展，需要国家和社会给予更大的关注和支持。

5.2　搜索引擎建设的若干建议

搜索引擎的未来发展主要体现在进一步改进、完善其技术，以提高检索服务的质量,改变网络信息检索不尽如人意的地方。WWW 站点数量每天都在增加,当前的问题不仅仅只是找到信息,更重要的是要查到准确的信息,目前的搜索引擎还不能有效解决这一问题,只有在既定的条件下进行复杂的提问,才能返回有限数量的可能相关的信息。为使检索更有效、更适用,需要智能化、专业化的搜索引擎。[①] 为此提出以下建议。

(1)在数据库的构建方面,要满足一定的标引范围,同时应突出专业特色并提供经深加工后的信息。注重突出专业特色,提供对一些专业性、学术性或较深入的核心数据库的访问。另外,基于用户不再希望仅获得有关答案的线索而更迫切地希望得到答案本身,搜索引擎应越来越致力于深化其服务内容,加强其信息组织、信息加工水平,提供更多经加工、编辑、评价、筛选的信息,以便更深层次的信息内容提供来吸引用户。

(2)智能化是未来搜索引擎的核心部分,搜索引擎要重视提高其在检索功能及检索服务上的智能化程度,如自动搜索软件的智能化,将能够对网页内容的相关性及该网页所包含的链接的质量等做一些判断;提供智能检索,搜索引擎要重视开发基于自然语言的检索形式,自然语言检索在评价指标体系中的权重也是相对较高的。

(3)提供更精确的搜索是搜索引擎最重要的发展方向。要想大幅度地提高搜索引擎效率和搜索结果准确度,必须建立在对收录信息和搜索请求的理解之上,也就是说,必须处理语义信息。这包含两方面的技术:①模糊语义查询技术,当用户提交一个关键词后,系统还可以使用这个关键词的同义词、近义词等查询,从而使查询更加准确。②精确语义查询技术,查询结果应是确切的查询关键词,而不是词的拼凑。人工智能技术将在这方面大有用武之地,这方面正是研究的热点。提高搜索精确度的另一个途径是提供"个性化的搜索",也就是将搜索建立在个性化的搜索环境之下,"个性化"将使搜索更符合每个用户的需求,而不仅仅是准确。[②]

(4)加强界面设计,不断提高对用户的友好性。用户在利用搜索引擎的过程中除关注搜索引擎的数据库质量、检索技术和信息服务功能外,也非常关注

---

① 徐群岭:《搜索引擎的定性、定量评价研究与合理选择》[J],《情报杂志》,2003(3):32—33。

② 蔡栋:《第二代搜索引擎模式探析》[J],《情报理论与实践》,2001,24(3):223—225。

搜索引擎对用户的友好性。搜索引擎要改善用户检索界面,提供更多的检索选择,更为先进的检索界面是要实现检索的可视化和图形化。此外,要改进检索结果的提供方式,可采取将所有来源于不同站点的检索结果分组汇集在一起显示,按相关程度由高到低排列等。

此外,因特网上的搜索引擎种类繁杂、数量众多,建议进行分类、分组管理。① 目前搜索引擎有综合型与专业型、大型与小型、集成与非集成、智能和非智能等多种类型。对用户来说,究竟选择哪一个更有效很难确定。用户对于搜索引擎的选择多是根据检索经验进行选择,尚未形成一套固定的选择原则和方法。若建立起分类、分级管理体系,使各搜索引擎对号入座,将会对用户的选择与使用带来很大的方便。同时,也使搜索引擎的比较研究者在分类、分级的基础上,对搜索引擎的比较研究更具科学性和准确性。

5.3　网络数据库建设的若干建议

计算机技术和网络通信技术的飞速发展为网络数据库建设提供了有力保障,国家信息基础设施建设也为网络数据库建设提供了新的动力,从而为网络数据库快速建设和发展提供了有利时机。在网络数据库建设方面有以下几点建议:

(1)加强沟通与合作,集中资源和资金,采用共建共享形式,发展国家级大型数据库;打破行业垄断现象,推进标准化进程,重视维护、改造、整合现有数据库,开发规模化的数据库,提高信息服务水平。

(2)积极开发建设技术起点高、利用价值大、面向社会公众服务的事实性与动态性数据库。

(3)把全文数据库的建设作为重点,提高资源建设的效率和数据库资源的利用率。

(4)重视数据库资源的二次开发,为用户提供适当的知识发现的手段。

(5)开发新型检索系统,提供简单易用、高效快捷、功能强大的检索接口,利用智能检索技术,真正实现基于内容特征的信息检索。

---

① 陈海龙:《搜索引擎的评价标准及方法研究》[J],《情报杂志》,2001(9):50—51。

　　总之,网络数据库建设要从高起点上起步,大力发展标准化、规模化、实用型数据库,加强检索功能开发,吸取国外的经验与教训,改进不足,逐步缩小同发达国家之间的差距。

第 六 章

结 语

6.1 主要结论

6.1.1 工作总结

与传统的信息资源相比,网络信息资源无论是在结构、分布,还是在传播的范围、载体形态、传递手段等方面都显示出新的特点。虽然网络信息资源已经发展成为具有多种形式和类别的一个极具价值的信息源,但人们在利用时往往无所适从,甚至由于信息内容良莠不分、真伪难辨,信息污染程度日益加深,用户无法获得所要的可靠信息。因此对网络信息资源的评价也就显得越来越重要。

由于网络信息资源数量庞大、种类繁多,尽管对网络信息资源评价的研究也已经十余年,国内外学者陆续发布了一些研究成果,但是目前并没有一个得到公众认可的完整、科学的评价指标体系。为此,本书主要开展了以下工作:

(1)首先界定了研究对象为网站、搜索引擎、网络数据库三种类型的信息资源,其中网站信息资源又区分出企业网站、商业网站、政府网站、学术网站四个子类;然后从特点、功能、不足等方面对其各自的发展现状进行较为深入的阐述,以利于对典型网络信息资源的全面把握和理解。

(2)在运用文献计量方法对研究现状进行分析的基础上,不仅从总体上对网络信息资源评价研究的现状进行分析,而且从网站、搜索引擎、网络数据库三方面分别予以深入分析。认为不论何种类型的网络信息资源的评价,都不能仅仅定性或者定量考虑,运用定性定量相结合的方法来评价才是科学合理的,它可以较好地克服定性方法主观性强、不够客观公允、可操作性差和定量方法过于简单化和片面化的弱点。

(3)在充分总结归纳大量已有文献的基础上,根据这三种类型网络信息资源的特点以及发展趋势,采用网上特尔菲法构建了各自的评价指标体系。具体做法是,首先拟定出三种类型初步的评价指标,接着采用网上特尔菲法进行三轮专家调查,对评价指标进行多次修正与反馈,然后选择基于指数标度的层次分析法,对专家打分的满分频度进行处理,确定了各项评价指标的权重,最终构建了这三类网络信息资源的评价指标体系。其中网站评价的一级指标分别为信息内容、网站设计、网站功能、网站影响力、网络安全五个;搜索引擎评价的一级指标分别为索引构成、检索方式、检索效果、其他功能/服务四个;网络数据库评价的一级指标分别为收录范围、检索功能、服务功能、收费情况、网络安全五个。

(4)为了验证构建的评价指标体系的合理性,本书还完成了实证分析。首先选择若干网站、搜索引擎和网络数据库作为评价对象,设计出实证研究的调查表;然后通过电子邮件发给若干用户进行问卷调查,并回收获取相关数据;最后基于构建好的评价指标体系,同样运用基于指数标度系统的层次分析法作为评价方法,对选定的实证分析对象进行实际测评。与已有评价结果的比较,测评的结果显示了本书构建的评价指标体系具有合理性、科学性与可操作性。

(5)根据本书构建的评价指标体系以及实证分析的结果,结合这三种网络信息资源的现状,分别对网站、搜索引擎、网络数据库的建设提出了若干建议。认为应该从加强网站操控能力和提高网站建构能力两个方面建设企业及商业网站;树立"用户中心"意识,加强互动性、应用性是政府网站建设的主要方向;注重信息内容的质量,加强检索功能、交互功能的建设,加强规范性等是学术网站建设的主要措施。通过提高检索功能和服务的智能化,增强专业性、开发用户友好界面等措施可以促进搜索引擎的建设;通过大力发展标准化、规模化、实用型数据库,加强检索功能开发等措施可以促进我国网络数据库的发展。这些具体的建议将有利于信息服务机构数字资源建设,有利于网络信息用户对网络信息资源的选择和使用。

6.1.2 主要贡献

本书的主要贡献之处在于：

(1)已有的网络信息资源评价的研究，很少明确指明是哪种类型，基本上都是以偏概全，用网站信息资源为代表，且对网站的类型也很少加以细分。本书明确指明以网站(包括企业、商业、政府、学术网站)、搜索引擎、网络数据库为研究对象，采用定性与定量相结合的综合评价方法，构建各自的评价指标体系并进行实证测评，保证了研究结果的合理性、准确性和可靠性。

(2)在确立网络信息资源评价指标体系时，大多数学者都认为应该采用专家调查法，但真正实施的很少。本书较为完整地实施了网上特尔菲法，弥补了主观确定指标体系的缺陷，并得到了较好的结果。由于建立的评价指标体系是在专家调查的基础上产生，因此具有较高权威性。与传统的特尔菲法相比，运用网上特尔菲法进行专家问卷调查，调查数据的处理采用 JAVA 编程自动实现，从而缩短了调查周期，节约了成本。

(3)运用传统的层次分析法(比例标度为 1—9 标度)来进行评价时，由于其固有的缺陷使评价结果的主观性较大。本书在实施层次分析法时，尝试使用了基于指数标度的层次分析法进行评价，这种方法改进了传统 AHP 方法中判断矩阵的一致性指标难以达到以及判断矩阵的一致性与人们决策思维的一致性存有差异的缺陷，有效地解决了一致性问题，从而避免了主观性评判。同样采用 JAVA 编程自动实现数据处理，可以快速获得满意的一致性检验结果，检验结果也验证了这个方法的可靠性。

6.2 问题不足

但是，本书在建立评价指标体系和实际测评时，也发现了一些问题：

(1)评价指标的可获得性问题。一些公认的很重要的指标，很难获得所有的数据。一旦没有数据，后续的评价也会受到影响。用户访问的深度这个指标从用户的角度很好地说明了该网站优劣，但是从研究者的角度，是很难获得数据的。尽管有些指标可以通过 alexa 网站获得，但 alexa 数据的权威性也一直是一个有争议的问题。又如对于一个网站来说，安全性是不能不谈的一个问题。而像"网络安全"这样的一级指标，除了网站维护人员了解，其他评价者根本无法简单获得。

（2）评价指标的量化问题。指标的量化问题，对于大多数评价系统来说都是一个难点。比如网站评价指标体系中"界面友好程度""界面美观程度"等是只能定性评价的"软指标"，这些定性指标的指标值是通过调查评估赋予的。在没有达到一定的评估样本的情况下，调查评估有时可能会存在较大的误差，因此通过调查评估赋值可能存在很大的弹性，导致指标评价的结果出现偏离。

（3）网上特尔菲法实施过程中存在的问题。首先，在设计调查表时，只考虑到了单个指标的取舍，没有考虑到指标之间两两比较进行打分，专家只能对单个指标进行打分，导致分值普遍较高，最后统计时只能用满分频度来计算的权重。虽然满分频度表明了该项指标相对重要性的大小，有一定的代表性和说服力，不影响结果的科学性，但不能够完全反映指标之间的相互关系和相对重要程度。其次，第一轮调查表设计中，在设计给专家添加指标的栏目中没有留出给专家填写新添加指标说明的地方，由此带来一些专家添加的指标不能完全了解其含义，这为第二轮调查表设计时，添加指标解释说明带来较大的麻烦。

（4）实证测评时问卷样本容量问题。从可行性角度出发，本书的实证分析部分只是选取了 20 位硕士研究生为调查对象，且回收率并不算高，这对测评结果会产生一定的负面影响。

6.3　研究展望

在后续研究中，将在以下几方面予以展开：

（1）关于研究对象的选择问题。网络信息资源种类繁杂、形式多样，本书仅限于网站、搜索引擎、网络数据库这三种代表性类型，并未涉及像 FTP、Telnet、电子邮件、电子期刊、新闻组等其他形式的网络信息资源。为了全面系统地评价网络信息资源，必须将这些类型的网络信息资源考虑在内。尤其是在 Web2.0 环境下，基于用户生成内容（UGC）的新兴网络信息资源（如 Blog、Wiki、RSS 等）更需要予以关注。今后需要对基于 UGC 的网络信息质量评价进行进一步深入研究。

（2）关于研究方法的比较问题。构建指标体系并且进行评价的方法多种多样，一般倾向于采用定性定量相结合的综合方法。但综合评价方法也有多种,本项目只是采用了基于指数标度的层次分析法,虽然这种方法具有科学性和合理性,但并不能说明这就是最合适的方法。今后的研究将在各种综合评价方法的比较和选择上作深入探讨。

参 考 文 献

1. 学术专著

[1]常大勇、张丽丽:《经济管理中的模糊数学方法》[M],北京:北京经济学院出版社,1995。

[2]董晓英:《网络环境下信息资源的管理与信息服务》[M],北京:中国对外翻译出版公司,2000。

[3]段宇峰:《网络链接分析与网站评价研究》[M],北京:北京图书馆出版社,2005。

[4]冯英键:《网络营销基础与实践》[M],北京:清华大学出版社,2002。

[5]黄如花:《网络信息组织:模式与评价》[M],北京:北京图书馆出版社,2003。

[6]刘宇:《顾客满意度测评》[M],北京:社会科学文献出版社,2003。

[7]罗作汉、耿斌:《网络营销实务》[M],北京:中国对外经济贸易出版社,2002。

[8]卢泰宏:《信息分析方法》[M],广州:中山大学出版社,1993。

[9]秦铁辉:《信息分析与决策》[M],北京:北京大学出版社,2001。

[10]邱均平、黄晓斌、段宇锋等:《网络数据分析》[M],北京:北京大学出版社,2004。

[11]余建英、何旭宏:《数据统计分析与 SPSS 应用》[M],北京:人民邮电出版社,2003。

[12]查先进:《信息分析与预测》[M],武汉:武汉大学出版社,2000。

[13]邹志仁、黄奇、孙建军:《情报研究定量方法》[M],南京:南京大学出版社,1992。

[14]Conger S. & Mason R. *Planning and Designing Effective Web Sites*[M]. Cambridge: Course Technology,1998.

[15]Lewandowski D, Höchstötter N. Web Searching: A Quality Measurement Perspective. [M], *Web Searching: Interdisciplinary Perspectives*, Dordrecht: Springer,2007.

2. 期刊论文

[1]包冬梅、周曰卿:《著名中英文搜索引擎检索性能测评》[J],《现代图书情报技术》,2004(1):

36—40。

[2]蔡栋:《第二代搜索引擎模式探析》[J],《情报理论与实践》,2001,24(3):223—225。

[3]陈斌:《网站学术资源的评价方法研究》[J],《情报探索》,2004(3):34—36。

[4]陈大平:《集成搜索引擎与元搜索引擎比较研究》[J],《大学图书情报学刊》,2005,23(1):42—43,84。

[5]陈海龙:《搜索引擎的评价标准及方法研究》[J],《情报杂志》,2001(9):50—51。

[6]陈继红、青晓:《四种搜索引擎的比较研究》[J],《情报科学》,2003,21(10):1084—1087。

[7]陈亮:《企业网站创新之旅》[J],《互联网周刊》,2005(12):42—43。

[8]崔双红:《网络信息资源的评价方法与指标体系》[J],《图书馆学刊》,2007(3):101—103。

[9]陈文静、陈耀盛:《网络信息资源评价研究述评》[J],《四川图书馆学报》,2004(1):25—31。

[10]陈雅、郑建明:《网站评价指标体系研究》[J],《中国图书馆学报》,2002(5):57—60。

[11]陈欣:《模糊层次分析法在方案优选方面的应用》[J],《计算机工程与设计》,2004,25(10):1847—1849。

[12]陈月希、蔡建峰:《基于数据包络分析的企业网站信息有效性分析》[J],《情报杂志》,2005,22(10):9—11。

[13]储荷婷:《国际互联网检索工具:特点、比较和发展方向》[J],《大学图书馆学报》,1997,15(3):6—11,14。

[14]杜佳、朱庆华:《信息构建在网站评价中的应用——以南京大学网站为例》[J],《情报资料工作》,2004(6):13—16。

[15]冯进:《浅谈网络搜索引擎》[J],《现代情报》,2002(11):101—102。

[16]范小华、谢德体、龙立霞:《图书馆数字资源评价指标体系研究》[J],《图书情报工作网刊》,2008(8):1—8。

[17]甘利人:《我国四大数据库网站IA评价研究(一)》[J],《图书情报工作》,2004,48(8):26—29。

[18]甘利人:《我国四大数据库网站IA评价研究(二)》[J],《图书情报工作》,2004,48(9):28—29,96。

[19]甘利人、马彪、李岳蒙:《我国四大数据库网站用户满意度评价研究》[J],《情报学报》,2004,23(5):524—530。

[20]高勇军、苏建军:《基于模糊层次分析法的ERP软件选型决策方法研究》[J],《决策参考》,2005,12(2):42—44。

[21]葛驰:《中文元搜索引擎万纬搜索探讨》[J],《情报杂志》,2005(4):110—112。

[22]郭建华、汪本聪、邹锐:《中外政府网站的比较及启示》[J],《经济师》,2005(9):136,189。

[23]郭丽芳:《网络信息资源类型研究》[J],《图书馆理论与实践》,2002(4):34—35。

[24]郭晓苗:《基于层次分析法的四大查询引擎性能评价》[J],《现代图书情报技术》,2000(5):29—32。

[25]何晓阳、吴治蓉、连丽红:《国内搜索引擎研究状况分析》[J],《现代情报》,2005(2):165—

167,173。

[26]胡冰川等:《企业网站评价指标体系初探》[J],《科技管理研究》,2004,18(2):99—101。

[27]胡广伟、仲伟俊:《政府网站建设水平调查和分析方法研究》[J],《情报学报》,2004,23(4):495—502。

[28]胡广伟、仲伟俊、梅姝娥:《我国政府网站建设现状研究》[J],《情报学报》,2004,23(5):537—546。

[29]胡亮、许永诚、高文等:《个性化高效元搜索引擎的设计与实现》[J],《计算机工程与设计》,2005,26(4):896—899。

[30]黄德玲:《网络中文搜索引擎的比较研究》[J],《安徽教育学院学报》,2004,22(4):110—112。

[31]黄澜、许青、程玲:《建立济南市政府网站评价指标体系的研究》[J],《山东科学》,2005,18(4):70—74。

[32]黄亚明、何钦成:《Internet 英文生物医学搜索引擎性能评价——(一)用层次分析法建立搜索引擎评价指标体系》[J],《医学情报工作》,2004(2):100—103。

[33]黄奇、郭晓苗:《Internet 上网站资源的评价》[J],《情报科学》,2000(4):350—352。

[34]洪颖、李培:《网上学术资源评价方法的研究》[J],《图书馆工作与研究》,2002(4):9—12。

[35]洪颖:《网上学术资源评价指标研究》[J],《津图学刊》,2003(2):16—19。

[36]姜芳禄、林世华:《特尔菲法在建筑工程司法鉴定中的应用》[J],《土木工程学报》,2003,36(9):96—99。

[37]矫健、刘煜、郑恒:《基于 AHP—BN 的网络信息资源综合评价研究》[J],《现代图书情报技术》,2007(9):66—71。

[38]蒋颖:《因特网学术资源评价:标准和方法》[J],《图书情报工作》,1998(11):27—31。

[39]金越:《网络信息资源的评价指标研究》[J],《情报杂志》,2004(1):64—66。

[40]孔怡青、孙燕唐:《元搜索引擎及其比较研究》[J],《电子计算机》,2000(6):7—12。

[41]蓝曦:《网络信息资源的类型及其评价》[J],《现代情报》,2003(9):73—74。

[42]李爱国:《Internet 信息资源的评价》[J],《东南大学学报(哲学社会科学版)》,2002,4(1A):24—26。

[43]李东曼:《企业信息资源网站的定位、聚类和综合评价模型研究》[J],《情报科学》,2005,23(5):767—772。

[44]粟慧:《网络信息资源评价:评价标准及元数据和 CORC 系统的应用》[J],《情报学报》,2001,21(3):295—300。

[45]李明:《中文元搜索引擎万纬搜索研究》[J],《现代图书情报技术》,2003(5):48—50,54。

[46]李薇、蒋绍忠:《层次分析法(AHP)在 ERP 需求分析中的应用》[J],《技术经济与管理研究》,2005(2):23—25。

[47]凌美秀:《关于搜索引擎当前存在的主要问题及其发展趋势的探讨》[J],《高校图书馆工作》,2001,21(5):29—33。

[48]刘畅、林剑锋、王雁杰:《元搜索引擎的调查分析》[J],《现代图书情报技术》,2004(9):40—43。

[49]刘传和、王志萍、何玮:《因特网信息资源评价研究进展》[J],《情报理论与实践》,2003,26(3):264—266。

[50]刘焕成、李维纯:《我国政府网站建设的若干问题研究》[J],《情报科学》,2004,22(11):1337—1341。

[51]刘焕成、燕惠兰:《我国省级政府网站建设现状分析》[J],《情报科学》,2004,22(2):147—153。

[52]刘记、沈祥兴:《网络信息资源评价现状及构建研究》[J],《图书情报工作》,2006,50(12):43,88—91。

[53]刘岚:《电子政务信息资源分析》[J],《情报探索》,2006(2):66—68。

[54]刘雷鸣、王艳:《关于网站评估模式的比较研究》[J],《情报学报》,2004,23(2):198—203。

[55]刘秋平、宋国梁:《我国电子政务的现状分析》[J],《中国管理信息化》,2006,9(2):68—70。

[56]刘雁书、方平:《Web网站站外链接类型与特征调查——链接分析法可行性研究》[J],《大学图书馆学报》,2001,19(5):65—68。

[57]刘雁书、方平:《网络信息质量评价指标体系及可获取性研究》[J],《情报杂志》,2002,21(6):10—12。

[58]刘峥:《政府信息化与政府网站信息资源》[J],《中国建设信息》,2005(7):39—43。

[59]刘正春、蒋福坤:《搜索引擎定量评价模型研究》[J],《大学数学》,2004,20(4):14—18。

[60]李杨:《政府网站绩效评估结果发布——电子政务应用水平有待提高》[J],《中国经济信息》,2005(6):62—63。

[61]陆宝益:《网络信息资源的评价》[J],《情报学报》,2002,21(1):71—76。

[62]卢恩资:《构建高校图书馆网络信息资源体系新思考》[J],《重庆职业技术学院学报》,2004,13(3):156—157。

[63]陆敬筠、仲伟俊、梅姝娥:《中国政府网站功能建设现状的实证分析》[J],《信息技术管理》,2004(10):81—84。

[64]罗春荣、曹树金:《因特网的信息资源的评价》[J],《中国图书馆学报》,2001(3):45—47。

[65]罗春荣:《国外网络数据库:当前特点与发展趋势》[J],《中国图书馆学报》,2003(3):44—47。

[66]罗春荣:《网络环境下数据库检索平台的评价与选择》[J],《图书馆理论与实践》,2004(4):1—4。

[67]卢晓慧:《中美政府网站及其信息资源的比较分析》[J],《中国信息导报》,2003(8):30—32。

[68]卢小莉、吴登生:《FCM/AHP在网络信息资源评价中的应用》[J],《情报探索》,2008(6):

112—114。

[69]吕跃进、张维:《指数标度在 AHP 标度系统中的重要作用》[J],《系统工程学报》,2003,18(5):452—456。

[70]吕跃进、张维、曾雪兰:《指数标度与 1—9 标度互不相容及其比较研究》[J],《工程数学学报》,2003,20(8):77—81。

[71]马彪、李恒:《搜索引擎的性能评价》[J],《新世纪图书馆》,2003(6):41—44。

[72]马大川、邱均平、段宇峰等:《中美学术型网站链接特征的比较研究》[J],《情报学报》,2003,22(6):659—664。

[73]马以林:《我国政府网站的建设现状与发展趋势——读 2004 年中国政府网站绩效评估报告》[J],《山东经济战略研究》,2005(4):32—35。

[74]庞恩旭:《基于模糊数学分析方法的网络信息资源评价研究》[J],《情报理论与实践》,2003(6):552—555。

[75]彭洪汇、林作铨:《ISeeker ——一个高效的元搜索引擎》[J],《计算机工程》,2003,29(10):41—42,52。

[76]齐燕、赵新力、朱礼军:《关于网站信息构建及其评价的现状及探讨》[J],《情报理论与实践》,2007,30(4):548—551。

[77]强自力:《利用搜索引擎高级检索功能评价大学图书馆 Web 站点》[J],《大学图书馆学报》,2000 (4):53—54,64。

[78]邱均平、李江:《链接分析与引文分析的比较》[J],《中国图书馆学报》,2008(1):60—64。

[79]邱燕燕:《基于层次分析法的网络信息资源评价》[J],《情报科学》,2001,19(6):599—602。

[80]沙勇忠、欧阳霞:《中国省级政府网站的影响力评价——网站链接分析及网络影响因子测度》[J],《情报资料工作》,2004(6):17—22。

[81]尚克聪、杨立英:《网络环境下情报检索系统性能评价研究》[J],《图书情报工作》,2002(1):68—71。

[82]邵波:《用户接受:网络信息资源开发与利用的重要因素》[J],《中国图书馆学报》,2004,30(1):51—54。

[83]邵华冬、艾晶晶、高洁:《2005—2006 企业网站攻略全报告》[J],《市场观察》,2005(6):50—60。

[84]邵艳丽等:《国外数字鸿沟问题研究述略》[J],《情报资料工作》,2003(4):77—80。

[85]沈红军:《用德尔菲法进行规划设计方案评价的探索》[J],《中国房地产信息》,2002(1):32—33。

[86]沈洁、朱庆华:《国内外网络信息资源评价指标研究述评》[J],《情报科学》,2005,23(7):1104—1109。

[87]石玉华、邓汝邦:《社会科学核心网站的评价标准与方法》[J],《情报资料工作》,2005(6):41—46。

[88]宋玉兰、杨高波:《Internet 元搜索引擎评析》[J],《宁波高等专科学校学报》,1999,11(2):

81—82。

[89]孙国锋:《我国政府网站绩效评估的理论基础、指标体系与初步结果》[J],《信息化建设》,
　　　2005(2):22—25。

[90]孙兰、李刚:《试论网络信息资源评价》[J],《图书馆建设》,1999(4):66—68。

[91]孙延蕙:《网络信息资源的特点与分类》[J],《情报资料工作》,2002(2):34—35。

[92]苏建华、王琼:《国内外全文数据库检索功能分析及选择策略》[J],《图书情报知识》,2005
　　　(2):84—86。

[93]唐钧:《政府网站:测评研究与建设原则》[J],《CPA中国行政管理》,2003(1):17—20。

[94]覃亮、王喜成:《层次分析法在制造业电子商务网站评价中的应用》[J],《桂林电子工业学
　　　院学报》,2006,26(1):72—76。

[95]陶跃华、孙茂松、王锡钢:《因特网搜索引擎评价系统》[J],《计算机工程与科学》,2001,23
　　　(3):25—27,31。

[96]田菁:《网络信息与网络信息的评价标准》[J],《图书馆工作与研究》,2001(3):29—30。

[97]孙国锋:《我国政府网站绩效评估的理论基础、指标体系与初步结果》[J],《信息化建设》,
　　　2005(3):22—25。

[98]田红梅、李强:《基于链接分析的学术性核心网站评价》[J],《情报科学》,2004,22(9):
　　　1078—1080。

[99]宛玲、杨秀丹、杜晓静:《试析中文搜索引擎的评价标准》[J],《情报科学》,2000,18(1):
　　　28—31,38。

[100]汪媛、赖茂生:《网络版全文数据库综合评价模型的测试应用分析》[J],《情报科学》,
　　　2005,23(7):1076—1084。

[101]汪媛:《我国高校图书馆引进网络版全文数据库的综合评价模型》[J],《情报科学》,2004,
　　　22(9):1061—1065。

[102]汪媛:《我国高校图书馆网络版全文数据库引进和利用的现状及发展研究》[J],《大学图
　　　书馆学报》,2003年增刊:68—71。

[103]王鉴辉:《数字图书馆评价体系问题研究》[J],《中国图书馆学报》,2004(4):55—57。

[104]王炼:《从用户角度评价网络搜索引擎》[J],《情报科学》,2005,23(3):457—463。

[105]王伟军:《电子商务网站评价研究与应用分析》[J],《情报科学》,2003,21(6):639—642。

[106]王欣、孟连生:《互联网上3种中文期刊全文数据库比较研究》[J],《图书情报工作》,2002
　　　(6):90—92,107。

[107]王英凯:《基于德尔菲法和层次分析法原理的科研项目评价模型》[J],《山西财经大学学
　　　报》,2001(S2):148—149。

[108]王玉婷:《网站排行榜评价模式与网站信息资源评价标准》[J],《现代情报》,2006(6):
　　　216—219。

[109]王渊:《网络信息资源评价的指标体系及其实现》[J],《情报杂志》,2004(10):20—21。

[110]汪祖柱、徐冬磊:《网络信息资源的模糊综合评价研究》[J],《情报理论与实践》,2009,32

(2):117—121。

[111]魏红梅:《搜索引擎的定量评价》[J],《情报杂志》,2005(4):113—114。

[112]邬晓鸥、李世新:《从指标的类型论网站评价指标的设置》[J],《情报学报》,2005,24(3):352—356。

[113]吴垠、张慧:《美、日、中企业网站角色各不同》[J],《科技智囊》,2004(10):89。

[114]肖珑、张宇红:《电子资源评价指标体系的建立初探》[J],《大学图书馆学报》,2002(3):35—42。

[115]肖珑:《国外网络数据库的引进与使用》[J],《现代图书情报技术》,2000(2):58—60,66。

[116]肖琼、汪春华、肖君:《基于模糊层次分析法的网络信息资源综合评价》[J],《情报杂志》,2006(3):63—65。

[117]肖英、陈亮:《中外电子政务评估标准及比较分析》[J],《图书情报知识》,2006(1):81—84。

[118]夏旭、李健康、方平:《WWW 网络信息资源搜索引擎的研究进展》[J],《图书馆论坛》,2000,20(5):32—35。

[119]西宝马娜、周世兵、刘渊:《电子商务网站设计与管理研究》[J],《现代计算机》,2002(11):53—56。

[120]徐群岭:《搜索引擎的定性、定量评价研究与合理选择》[J],《情报杂志》,2003(3):32—33。

[121]徐晓林、李卫东:《科技系统政府网站评价与科技电子政务发展对策建议》[J],《中国软科学》,2005(6):13—18。

[122]徐英:《网站排行榜评价模式及其评价方法研究》[J],《情报学报》,2002,21(1):149—151。

[123]杨天军:《对网络信息资源评价研究的分析》[J],《贵图学刊》,2005(1):37—39。

[124]叶晓峰、刘记:《Web2.0 环境下的信息构建研究(Ⅱ)——网站 IA2.0 的评估:以博客站点为例》[J],《图书·情报·知识》,2007(5):74—79。

[125]杨晓农:《网络信息资源评价体系及其实现》[J],《现代情报》,2006(10):53—55。

[126]杨玉圣:《学术网站前景光明》[N],《中国社会科学院院报》,2003—03—11。

[127]杨忠、全吴颖、袁德美:《德尔菲法的定量探讨》[J],《情报理论与实践》,1995(5):11—13。

[128]姚艳玲:《www 网络信息资源检索工具——搜索引擎》[J],《现代情报》,2003(9):106—107。

[129]殷感谢、陈国青:《电子商务与政府信息化建设——政府网站比较研究》[J],《计算机系统应用》,2002(2):4—7。

[130]游海燕:《预测、评价指标体系构建研究现状述评》[J],《数理医药学杂志》,2005,18(3):265—267。

[131]袁毅:《链接分析用于学术网站评价存在的问题及解决办法》[J],《情报学报》,2005,24(5):585—593。

[132]袁毅、王大勇:《引文用于评价学术网站的可靠性及可行性研究》[J],《图书情报工作》,
　　　2005,43(3):72—75。

[133]于亚芳、刘彩红:《图书馆面向内容管理的网络数据库建设》[J],《图书馆学研究》,2002
　　　(12):37—38。

[134]张东华:《网络信息资源评价方法的研究》[J],《科技情报开发与经济》,2007,17(1):41—
　　　42。

[135]曾民族:《网络信息检索现状和性能评价》[J],《情报学报》,1997,16(2):90—99。

[136]曾伟忠、徐昕:《搜索引擎及元搜索引擎工作原理及存在的不足》[J],《图书馆学刊》,2004
　　　(5):58—59。

[137]曾昭鸿:《国外网络数据库的采购策略》[J],《情报理论与实践》,2004,27(5):521—522,
　　　532。

[138]张高兴、曾宇航:《城市政府门户网站评估:指标体系与测评方法》[J],《统计与决策》,
　　　2005(9):34—36。

[139]张俭恭、陈定权、吴振新:《关于搜索引擎与元搜索引擎的讨论》[J],《现代图书情报技
　　　术》,2002(2):36—38。

[140]张吉军:《模糊层次分析法(FAHP)》[J],《模糊系统与数学》,2000,14(2):80—88。

[141]张丽霞、吴宏伟:《网络营销站点的评估分析》[J],《北方经贸》,2005,15(1):36—37。

[142]张丽园:《5种全文电子期刊数据库的评价分析》[J],《图书情报工作》,2003(2):35—39。

[143]张鹏刚、胡平:《西部地区政府网站建设水平分析》[J],《情报科学》,2005,23(9):1387—
　　　1391。

[144]张秋霞:《网络信息检索工具性能分析方法研究》[J],《洛阳师范学院学报》,2003(5):
　　　77—79。

[145]张秋霞、刘壮生:《试论网络检索工具检索性能的置信区间》[J],《现代图书情报技术》,
　　　2005(6):45—47。

[146]张廷华:《Web元搜索引擎的改进》[J],《计算机应用》,2002,22(2):105—107。

[147]张燕、惠佳颖:《网络搜索引擎评价》[J],《现代图书情报技术》,2001(4):34—36,58。

[148]张彦、朱庆华:《模糊综合层次分析法在企业网站评价中的应用》[J],《现代图书情报技
　　　术》,2006(2):58,68—71。

[149]张颖超、周媛、刘雨华:《基于范数灰关联度的指标权重确定方法》[J],《统计与决策》,
　　　2006(1):20—21。

[150]张咏:《网络信息资源评价的方法及指标》[J],《图书情报工作》,2001(12):25—29。

[151]赵科:《网络搜索引擎的评价与未来发展探析》[J],《廊坊师范学院学报》,2002,18(4):
　　　36—38。

[152]赵俊玲、陈兰杰:《国外网络信息资源评价研究综述》[J],《图书馆工作与研究》,2004(3):
　　　24—26。

[153]赵仪、赵熊、张成昱:《专业网站的评价指标分析》[J],《现代图书情报技术》,2002(4):

43—45。

[154]中国传媒大学广告主研究所:《中国广告生态调查——广告主生态调查研究报告》[J],《现代广告》,2004(1):77—80。

[155]中国信息协会赴欧盟电子政务考察团:《欧洲电子政务的成效与未来构想（下）》[J],《中国信息界》,2005(2):26—27。

[156]钟军、苏竣:《政府网站测评方法研究》[J],《科研管理》,2002,23(1):133—138。

[157]朱丽君:《网络数据库发展趋势及利用》[J],《图书馆学研究》,2004(4):21—22。

[158]左艺、魏良、赵玉虹:《国际互联网上信息资源优选与评价研究方法初探》[J],《情报学报》,1999,18(4):340—343。

[159]Ajiferuke I, Wolfram D. Modeling the Characteristics of Web Page outlinks[J]. *Scientometrics*,2004(2):119—123.

[160]Alastair G S. A Tale of Two Web Spaces: Comparing Sites Using Web Impact Factors [J]. *Journal of Documentation*,1999,55(5):577—592.

[161]Bar-Ilan J. Methods for Measuring Search Engine Performance Over Time[J]. *Journal of the American Society for Information Science and Technology*, 2002,53(4):308—319.

[162] Benbunan-Fich R. Using Protocol Analysis to Evaluate the Usability of a Commercial Web Site[J]. *Information & Management*,2001(39):151—163.

[163]Brier D J, Lebbin, V K. Evaluating Title Coverage of Full-Text Periodical Databases[J]. *Journal of Academic Librarianship*, 1999 (25) : 473—478.

[164]Can F, Nuray R, Sevdik A B. Automatic Performance Evaluation of Web Search Engines [J]. *Information Processing and Management*, 2004 (40): 495—514.

[165]Cullen R. Democracy Online: An Assessment of New Zealand Government Web Sites[J]. *Government Information Quarterly*,2000,17(3):243—267.

[166]De Jong M, Lentz L. Scenario Evaluation of Municipal Web Sites: Development and Use of an Expert-Focused Evaluation Tool[J]. *Government Information Quarterly*, 2005 (11): 1—16.

[167]De Marsico M, Levialdi S. Evaluating Web Sites: Exploiting User's Expectations[J]. *International Journal of Human-Computer Studies*,2004(60):381—416.

[168]Dragulanescu N-G. Website Quality Evaluations: Criteria and Tools[J]. *International. Information & Library Review*,2002(34):247—254.

[169]Loiacono ET,Watson RT,Goodhue DL. WebQual:An Instrument for Consumer Evaluation of Web Sites. *International Journal of Electronic Commerce*, 2007,(11),3:51—87.

[170]Gordon M, Pathak P. Finding Information on the World Wide Web: the Retrieval Effectiveness of Search Eengines[J]. *Information Processing and Management*, 1999,35(2), 141—180.

[171]Hawking D, Craswel N, Bailey P, et al. Measuring Search Engine Quality[J]. *Information Retrieval*, 2001, 4(1):33—59.

[172]Hernon P. Government on the Web: A Comparison Between the United States and New Zealand[J]. *Government Information Quarterly*, 1998(15): 419—443.

[173]Herrera-Viedma E et al. Evaluating the Information Quality of Web Sites:A Methodology Based on Fuzzy Computing with Words[J]. *Journal of the American Society for Information Science and Technology*, 2006,57(4):538—549.

[174]Ingwerson P. The Calculation of Web Impact Factors[J]. *Journal of Documentation*. 1998,54(2):236—243.

[175]Jaeger PT. Deliberative Democracy and the Conceptual Foundations of Electronic Government[J]. *Government Information Quarterly*, 2006(1):2—18.

[176]Jansen B J,Pooch U. A review of Web Searching and a Framework for Future Research [J]. *Journal of the American Society for Information Science and Technology*, 2001, 52(3): 235—246.

[177]Jim K. Teaching Undergrads Web Evaluation[J]. *College and Research Libraries News*. 1998(7/8):522—523.

[178]Jansen B J, Molina P R. The Electiveness of Web Search Engines for Retrieving Relevant Ecommerce Links[J]. *Information Processing and Management*, 2006(42):1075—1098.

[179]Kaylor C, Deshazo R, Van Eck D. Gauging E-Government: A Report on Implementing Services Among American Cities[J]. *Government Information Quarterly*, 2001(18): 293—307.

[180]Kobayashi M, Takeda K. Information Retrieval on the Web[J]. *ACM Computing Surveys*, 2000, 32(2): 144—173.

[181]Lawrence S, Giles CL. Accessibility of Information on the Web[J]. *Nature*, 1999(400): 107—109.

[182] Vaughan L. New Measurements for Search Engine Evaluation Proposed and Tested[J]. *Information Processing and Management*, 2004(40): 677—691.

[183]Layne K, Lee J. Developing Fully Functional E-Government: A Four Stage Model[J]. *Government Information Quarterly*, 2001(18):122—136.

[184]Leighton H V, Srivastava J. First Twenty Precision Among World Wide Web Search Services(search engines):Altavista, Excite, Hotbot, Infoseek, Lycos[J]. *Journal of the American Society for Information Science*,1999,50(10):870—881.

[185]Noruzi A. The Web impact factor: A Critical Review[J]. The Electronic Library. 2006, 24(4): 490—500.

[186]Perry M, Bodkin C D. Fortune 500 Manufacturer Web Sites Innovative Marketing Strate-

gies or Cyber Brochures？[J]. *Industrial Marketing Management*,2002(31):133—144.

[187]Samson S，Derry S，Eggleston H. Networked Resources，Assessment and Collection Development[J]. The Journal of Academic Librarianship，2004,30(6):476—481.

[188]Makri S，Blandford A，Cox AL. Using Information Behaviors to Evaluate the Functionality and Usability of Electronic Resources:From Ellis's Model to Evaluation[J] *Journal of the American Society for Information Science and Technology*,2008,59(14):2244—2267.

[189]Tenopir C. Database and Online System Usage[J]. Library Journal, 2001, 126 (16): 41—45.

[190]Tenopir C. Evaluation Criteria for Online CD-ROM[J]. *Library Journal*, 1992, 117 (4): 66—69.

[191]Voigt K，Bruggemann R. Evaluation Criteria for Environment and Chemical Databases[J] *Online & CD-ROM Review*, 1998, 22 (4) : 247—262.

[192]Vreeland R C. Law Libraries in Hyperspace: A Citation Analysis of World Wide Web Sites [J]. *Law Library Journal*, 2000,92(1):9—25.

[193]Wilkinson G，Bennett L，Oliver KM. Evaluation Criteria and Indicators of Quality for Internet Resources[J]. *Education Technology*,1997(3):52—59.

[194]Zhang P，Von Dran G M. Satisfiers and Dissatisfiers: A Two-Factor Model for Website Design and Evaluation[J]. *Journal of the American Society for Information Science*. 2000,51(14):1253—1268.

3. 网络文献

[1]2005 年度中国企业信息化 500 强调查主要结论[EB/OL]，
　　http://www. chinabyte. com/Enterprise/218709381208866816/20060117/
　　190894. shtml,2006—05—08。

[2]2005 中国企业网站 100 强评选网站[EB/OL],http://inc. icxo. com/TOP100,2006—03—01。

[3]2005 中国企业信息化 500 强评选网站[EB/OL],http://www. ipower500. com,2006—04—29。

[4]2005 中国商业网站 100 强评选网站,http://05www100. ciweekly. com,2006—03—01。

[5]阿里巴巴雅虎——新方向的融合[EB/OL]，http://cn. about. yahoo. com/cn/company. html,2006—03—28。

[6]2008 中国企业信息化 500 强评选网站[EB/OL],http://www. ipower500. com,2011—11—09。

[7]百度简介[EB/OL],http://www. baidu. com/about/index. html, 2006—04—23。

[8]陈娟:《中国电子商务发展现状及趋势分析》[EB/OL],http://www. 51paper. net/free/200632395035. htm。

［9］电子商务网站的发展趋势［EB/OL］，www. baidu. com，2006—12—10。

［10］冯英键：《调查分析：网站的可信度(1)》［EB/OL］，http://www. sowang. com/zhuanjia/fengy-
　　ingjian/yingxiao11. htm，2006—04—13。

［11］冯英键：《细节致胜——企业网站应避免"因小失大"(1)：小事情，大问题》［EB/OL］，ht-
　　tp://www. 10026. com/News/20040612/20040612851. html，2006—04—11。

［12］葛涛：《网络时代的中文学术网站》［EB/OL］，http://www. wsjk. com. cn/gb/paper18/54/
　　class001800001/ hwz229127. htm，2006—02—02。

［13］关于爱问［EB/OL］，http://www. sowang. com/search/china/iask. htm，2006—04—23。

［14］关于搜狗［EB/OL］，http://www. sogou. com/docs/about. htm，2006—04—23。

［15］互联网造就全新的消费方式［EB/OL］，www. usstec. com/info/2005062634. doc，2006—3—
　　12。

［16］加拿大政府门户网站，http://www. canada. gc. ca/about/site_e. htm，2006—4—23。

［17］建设政府门户网站全面深化电子政务［EB/OL］，http://www. 7784. cn/ziliao/286921/，
　　2006—4—21。

［18］可口可乐公司全球网站，http://www. coca-cola. com，2006—03—12。

［19］刘静、马金海：《21 世纪的营销——网络营销》［EB/OL］，http://www. nf114. net/data/504.
　　htm，2006—04—09。

［20］联邦快递官方网站，http://www. fedex. com，2006—05—01。

［21］联邦政府网站评价指标体系［EB/OL］，http://www. ers. usda. gov/AboutERS/OurSite/fed_
　　web_ performance_ measures_2. doc，2006—4—21。

［22］路红旗：《处理好我国电子政务发展中的几个问题》［EB/OL］，http://www. ebworld. com. cn/ht-
　　ml/ 2004—11—19/20041119134334. asp，2006—4—21。

［23］吕伟钢：《2005 年中国搜索引擎市场调查报告(北京部分)调查结果与分析结论》［EB/OL］，ht-
　　tp://www. cnnic.net. cn/download/2005/2005083001. pdf，2006—03—30。

［24］评价研究概述［EB/OL］，http://www. xiaoxue. com. cn/dispbbs. asp? boardid＝49&id＝32404，
　　2006—04—07。

［25］全球采购中国官方网站，http://www. 123trading. com，2006—04—05。

［26］深圳市竞争力科技有限公司官方网站，http://www. jingzhengli. cn，2011—11—08。

［27］时代财富公司官方网站，http://www. fortuneage. com，2011—11—09。

［28］搜索市场动态变化，呈两强多极竞争格局［EB/OL］，http://www. cnnic. net. cn/html/
　　Dir/2005/08/29/3084. htm，2006—03—27。

［29］谭美丽：《宝洁的 IT 应用》［EB/OL］，
　　http://www. cn-cosmetic. com/frame/defaultasp? sendid＝6527&，page＝1，2006—03—
　　30。

［30］网易搜索引擎介绍［EB/OL］，http://so. 163. com/help/introduce. shtml，2006—04—16。

［31］网易中文网站排行榜，http://best. netease. com，2006—04—18。

[32]消费者联盟网站,www. consumersunion. org,2006—05—01。

[33]新加坡政府门户网站,http://www. gov. sg/,2006—4—23。

[34]新加坡政府门户网站简介,http://www. gov. sg/about. htm,2006—4—23。

[35]新西兰政府门户网站,http://www. govt. nz/static? p=about&l=en,2006—4—23。

[36]新西兰电子政务发展战略[EB/OL],http://www. e. govt. nz/about-egovt/strategy/strategy—2003—complete. pdf,2006—4—21。

[37]杨斌艳:《Alexa 世界网站排名详细研究》[EB/OL],http://www. sowang. com/sousuo/20031228. htm,2006—04—16。

[38]英国电子政务发展情况分析[EB/OL],http://www. fzecp. com/Get/dzsw/092614363. htm,2006—4—21。

[39]英国、瑞典政府网站建设特点及启示[EB/OL],http://www. chinabbc. com. cn/lianmeng/news 4. asp ? newsid=2006418103116831&classid=110106,2006—4—21。

[40]张蕊:《发展中的搜索引擎模式》[EB/OL],http://itsearchccidnet. com/info/hygc000000g. htm,2006—04—30。

[41]中国互联网络信息中心网站,http://www. cnnic. net. cn,2006—04—18。

[42]中国竞赛在线,http://www. ctc. org. cn,2006—04—19。

[43]中国互联网络信息中心:《2004 年中国互联网络信息资源数量调查报告》[R],http://www. cnnic. net. cn/download/2005/2005041401. pdf,2006—04—15。

[44]中国互联网络信息中心:《2005 年中国互联网络信息资源数量调查报告》[R],http://www. cnnic. net. cn/uploadfiles/pdf/2006/5/16/183953. pdf,2006—05—17。

[45]中国互联网络信息中心:《中国互联网络发展状况统计报告》[R],http://www. cnnic. net. cn/images/2006/download/2006011701. pdf,2006—04—16。

[46]中国互联网络信息中心:《2005 年中国搜索引擎市场调查报告发布》,[EB/OL]. http://club. imc. com. cn/bbs/dispbbs. asp? boardid=15&id=11727,2006—03—30。

[47]中国网络媒体精品推荐网站,http://www. iresearch. com. cn,2006—03—10。

[48]中国政府门户网站,http://www. gov. cn/aboutus. htm,2006—4—23。

[49]中国政府网站绩效评估结果[R],http://www. cstcorg. cn/tabid/88/InfoID/82795/Default. aspx,2010—4—20。

[50]中国互联网络信息中心:《中国互联网络发展状况统计报告(第 26 次)》,http://www. cnnic. cn/dtygg/dtgg/201007/P020101101430932100766. pdf。

[51]中国互联网络信息中心:《中国互联网络发展状况统计报告(第 27 次)》,http://www. cnnic. cn/research/bgxz/tjbg/201101/P020110221534255749405. pdf。

[52]中国互联网络信息中心:《中国互联网络发展状况统计报告(第 28 次)》[EB/OL]. http://www. cnnic. com. cn/dtygg/dtgg/201107/W020110719521725234632. pdf,2011—11—04。

[53]About Intute[EB/OL],http://www. intute. ac. uk/about. html,2006—08—12.

[54]AC Nielsen 媒体研究所网站,www. eratings. com,2006—04—18。

［55］Alexa 网站，http：//www. alexa. com，2006—03—24。

［56］AltaVista 网站，http：//www. altavista. com，2006—05—04。

［57］Benchmarking E-government：A Global Perspective Assessing the Progress of the UN Member States ［EB/OL］. http://unpan1. un. org/intradoc/groups/public/documents/UN/UNPAN021547. pdf，2006—10—12.

［58］Bizrate 网站，www. bizrate. com，2006—04—20。

［59］The comScore. Data Passpor First Half 2010［R/OL］，
http：//www. comScore. com/Press _ Events/Presentations _ whitepapers/2010/The _ con-Store_Date_Passport_-_First_Half_2010.

［60］Fisher JH. Comparing electronic journals to print journals-Are there savings？［EB/OL］.
http：//www. eric. ed. gov/ERICWebPortal/contentdelivery/servlet/ERICServlet？accno＝ED414917.

［61］Intute collection development framework and policy［EB/OL］.
http：//www. intute. ac. uk/Intute_cdfp. doc，2006—08—12.

［62］Current web contents website selection criteria［EB/OL］.
http：//scientific. thomson. com/free/essays/selectionofmaterial/cwc-criteria/ ，2007—05—10.

［63］eGovernment leadership：rhetoric vs reality-closing the gap［EB/OL］.
http：//www. ucis. pitt. edu/euce/events/policyconf/01/Davies-eGovernmentLeadership. pdf，2006—10—10.

［64］http：//www2. iastate. edu/～CYBERSTACKS/signif. htm，2006—07—20.

［65］Evaluating internet resources for SOSIG［EB/OL］，http：//sosig. esrc. bris. ac. uk/desire/ecrit. html，2006—01—26.

［66］Gomez. www. gomez. com，2006—04—20.

［67］Harris R. Evaluating Internet Research Sources ［EB/OL］，http：//www. sccu. edu/faculty/ R-Harris/evalu8it. htm23/8/1997，2005—12—13.

［68］ISC. Internet domain survey-number of hosts advertised in the DNS(Jul 2011)［EB/OL］，http：//ftp. isc. org/www/survey/reports/current/ ，2011—11—04.

［69］Kapoun J. Teaching undergrads WEB evaluation：a guide for library instruction［R］，http：//www. ala. org/acrl/undwebev. html，2005—08—10.

［70］Media Metrix 公司网站，www. mediametrix. com，2006—04—18.

［71］McKiernan. Citedsites：Citation indexing of web resources［R］，
http：//lists. webjunction. org/wjlists/web4lib/1996-October/006124. html，2005—11—12.

［72］Richmond B. Ten C's for evaluating internet sources［R］，
http：//www. uwec. edu/library/Guides/tencs. html，2005—10—12.

［73］Smith A. G. testing the surf：criteria for evaluation information resources［R］. http：//info. lib. uh. edu/pr/v8/n3/smit8n3. html,2005—11—11.

[74]Stoker D. A Evaluation of networked information sources[EB/OL],
http://omni. ac. uk/agec/essen. html,2005—07—25.

[75]Testa J. current web content: developing web site selection indicator[EB/OL],http:// www.
isinet. coom/hot/essays/23. html,2005—12—23.

[76]Web marketing association web Award. Internet standards assessment report[EB/OL],http://
www. webaward. org/isar_report. asp, 2011—11—09.

[77]West, D M. WMRC Global e-government survey, October, 2001 [EB/OL],http://www. mdi.
gov. md/img/pdf/egovt01int. pdf,2006—10—10.

[78]Wilkinson G. Consolidated listing of evaluation indicator and quality indicators[EB/OL],http://
itechl. coe. uga. edu/faculty/gwilkinson/webeval. html,2006—03—23.

[79] Wittman S. Evaluating information on websites[EB/OL]. http://www. oakton. edu/user/%
7Ewittman/eval. htm,2006—02—17.

[80]Zhang J, Cheung C. Meta-search-engine feature analysis[EB/OL], http://proquest. umi. com/
pqdweb? index=0&did=534325561&SrchMode=1&sid=1&Fmt=4&VInst=PROD&VType
=PQD&RQT=309&VName=PQD&TS=1147101556&clientId=26487&cfc=1, 2006—04—
30.

4. 其他文献

[1]段宇锋:《网络链接分析与网站评价研究》[D],武汉:武汉大学信息管理学院,2004。

[2]范爱红:《中文搜索引擎的评价与综合研究》[D],北京:北京大学信息管理系,2001。

[3]傅欣:《搜索引擎质量评价研究——基于用户的搜索引擎质量评价体系之建立与中英文搜
索引擎比较研究》[D],北京:北京大学信息管理系,2003。

[4]吕跃进:《层次分析法标度系统评价研究》[C];中国系统工程学会决策科学专业委员会编:《决
策科学理论与方法》,北京:海洋出版社,2001;50—58。

[5]岳珍:《用户日志分析在搜索引擎性能评价中的应用》[D],北京:北京大学信息管理系,
2007。

[6]Bell S. Guidelines for the development of methodologies to evaluate Internet search engines:
Please do a couple of searches and send the feedback to me[D]. Glasgow: Department of In-
formation science, University of Strathclyde,1998.

[7] Chu H, Rosenthal M. Search engines for the World Wide Web: a comparative study and e-
valuation methodology[C]. Proceedings of the 59th Annual Meeting of the American Society
for Information Science. Baltimore, MD,1996.

[8] Tan F B, Tung L L. Exploring website evaluation criteria using the repertory grid tech-

nique: A web designers' perspective[C]. Proceedings of the second annual workshop on HCI research in MIS, seattle, WA, December 12—13, 2003.

附 录

附录1 专家意见调查表

附录1-1 第一轮专家意见调查表

网站评价一级指标调查表

为了深入研究网站信息资源的性质和内涵，参考中国互联网络信息中心（CNNIC）网络资源调查等文献资料，我们将网站信息资源进一步细分为四种类型：

商业网站：对公众提供互联网信息服务，以网上虚拟业务为主的网站。
企业网站：通过网站对自己的产品进行宣传，而业务主要是在网下进行的以实体业务为主的网站。
政府网站：中央或各级地方政府及各政府部门建立的、提供电子政务服务的网站。
学术网站：提供某一学科领域或者科学问题的研究进展及相关研究资料、学术性较强的网站。

一级指标	指标说明	相对重要性（从5到1重要性逐渐递减，5表示非常重要，1表示不重要）				
信息内容	最基本的指标，指的是网站所提供的以文本、声音、图像等各种数字形式存在的信息资源，是网站功能和服务的基础。	○5	○4	○3	○2	○1
网站设计	从网站本身的角度来考察和评价的一个指标，包含网站栏目内容的组织，外观的设计等，网站设计的合理与否关系到信息内容的表达效果和功能的体现。	○5	○4	○3	○2	○1
网站功能	指一个具备了信息内容，经过一定设计的网站可以为其用户提供的服务，网站功能的完备性以及有效性是从用户角度来评价网站的重要指标。	○5	○4	○3	○2	○1
网站影响力	指被公众及同行网站接受的程度大小。	○5	○4	○3	○2	○1
您认为还需要增加哪些一级指标？请列出，并给出相对重要程度。	指标名称：	○5	○4	○3	○2	○1
	指标名称：	○5	○4	○3	○2	○1
	指标名称：	○5	○4	○3	○2	○1
	指标名称：	○5	○4	○3	○2	○1
	指标名称：	○5	○4	○3	○2	○1

提交　　重填　　返回

企业网站评价指标体系调查表

一级指标	二级指标	指标说明	相对重要性（从5到1重要性逐渐递减，5表示非常重要，1表示不重要）				
信息内容	信息内容的丰富程度	是指信息内容的多少，以及表达形式是否多样。	○5	○4	○3	○2	○1
	信息内容的准确性	信息内容本身是否客观真实，来源可靠，语言表达准确。	○5	○4	○3	○2	○1
	信息内容的关联性	信息内容与企业实际业务联系的紧密程度。	○5	○4	○3	○2	○1
	信息内容的时效性	信息内容是否及时更新。	○5	○4	○3	○2	○1
此一级指标下，您认为还需要增加哪些二级指标？请列出，并给出重要程度。		指标名称：＿＿＿＿＿＿＿	○5	○4	○3	○2	○1
		指标名称：＿＿＿＿＿＿＿	○5	○4	○3	○2	○1
		指标名称：＿＿＿＿＿＿＿	○5	○4	○3	○2	○1
网站设计	导航系统的全面性	导航系统覆盖网站内容的全面程度。	○5	○4	○3	○2	○1
	导航系统的一致性	全局导航、局部导航、语境导航、补充导航在各页面中的位置和风格是否一致，与内容分布是否一致。	○5	○4	○3	○2	○1
	组织系统的合理性	分类结构是否科学、清晰、易理解，能否满足用户的多层次选择需求。	○5	○4	○3	○2	○1
	标识系统的准确性	能否准确地反映其所指的内容，能否让用户容易理解，表达相同内容是否使用相同标识。	○5	○4	○3	○2	○1
	界面友好程度	界面设计是否符合用户习惯、使用是否方便。	○5	○4	○3	○2	○1
	界面美观程度	网站整体色彩搭配是否合理，文字大小、字体及图片等排版是否合理。	○5	○4	○3	○2	○1
此一级指标下，您认为还需要增加哪些二级指标？请列出，并给出重要程度。		指标名称：＿＿＿＿＿＿＿	○5	○4	○3	○2	○1
		指标名称：＿＿＿＿＿＿＿	○5	○4	○3	○2	○1
		指标名称：＿＿＿＿＿＿＿	○5	○4	○3	○2	○1
网站功能	在线业务实现情况	是否能实现网上交易、网上招聘、网上银行等。	○5	○4	○3	○2	○1
	会员制度实现情况	包括是否能实现会员积分、是否提供会员电子杂志等。	○5	○4	○3	○2	○1
	在线服务支持提供情况	包括是否能提供在线咨询、下载、产品注册、在线售后服务等。	○5	○4	○3	○2	○1
	检索功能	能否提供多种检索方式、以及检索效率如何。	○5	○4	○3	○2	○1
	特色服务功能	论坛服务、定制服务、多语种界面等特色服务功能。	○5	○4	○3	○2	○1
此一级指标下，您认为还需要增加哪些二级指标？请列出，并给出重要程度。		指标名称：＿＿＿＿＿＿＿	○5	○4	○3	○2	○1
		指标名称：＿＿＿＿＿＿＿	○5	○4	○3	○2	○1
		指标名称：＿＿＿＿＿＿＿	○5	○4	○3	○2	○1
网站影响力	访问量	用户的访问量。	○5	○4	○3	○2	○1
	外部链接数	被其他网站链接的数量。	○5	○4	○3	○2	○1
此一级指标下，您认为还需要增加哪些二级指标？请列出，并给出重要程度。		指标名称：＿＿＿＿＿＿＿	○5	○4	○3	○2	○1
		指标名称：＿＿＿＿＿＿＿	○5	○4	○3	○2	○1
		指标名称：＿＿＿＿＿＿＿	○5	○4	○3	○2	○1

提交　　重填　　返回

商业网站评价指标体系调查表

一级指标	二级指标	指标说明	相对重要性（从5到1重要性逐渐递减，5表示非常重要，1表示不重要）				
信息内容	信息内容的丰富程度	是指信息内容的多少，以及表达形式是否多样。	○5	○4	○3	○2	○1
	信息内容的准确性	信息内容本身是否客观真实，来源可靠，语言表达准确。	○5	○4	○3	○2	○1
	信息内容的独特性	信息内容是否具有自己的特色，是否有一定原创性。	○5	○4	○3	○2	○1
	信息内容的时效性	信息内容是否及时更新。	○5	○4	○3	○2	○1
此一级指标下，您认为还需要增加哪些二级指标？请列出，并给出重要程度。		指标名称：▭	○5	○4	○3	○2	○1
		指标名称：▭	○5	○4	○3	○2	○1
		指标名称：▭	○5	○4	○3	○2	○1
网站设计	导航系统的全面性	导航系统覆盖网站内容的全面程度。	○5	○4	○3	○2	○1
	导航系统的一致性	全局导航、局部导航、语境导航、补充导航在各页面中的位置和风格是否一致，与内容分布是否一致。	○5	○4	○3	○2	○1
	组织系统的合理性	分类结构是否科学、清晰、易理解，能否满足用户的多层次选择需求。	○5	○4	○3	○2	○1
	标识系统的准确性	能否准确地反映其所指的内容，能否让用户容易理解，表达相同内容是否使用相同标识。	○5	○4	○3	○2	○1
	界面友好程度	界面设计是否符合用户习惯、使用是否方便。	○5	○4	○3	○2	○1
	界面美观程度	网站整体色彩搭配是否合理，文字大小、字体及图片等排版是否合理。	○5	○4	○3	○2	○1
此一级指标下，您认为还需要增加哪些二级指标？请列出，并给出重要程度。		指标名称：▭	○5	○4	○3	○2	○1
		指标名称：▭	○5	○4	○3	○2	○1
		指标名称：▭	○5	○4	○3	○2	○1
网站功能	电子商务功能	是否能实现网上交易、网上银行、短信、彩铃等电子商务。	○5	○4	○3	○2	○1
	交互功能	是否能实现常见问题解答、网上咨询，效率如何；是否支持用户意见反馈等。	○5	○4	○3	○2	○1
	检索功能	能否提供多种检索方式、以及检索效率如何。	○5	○4	○3	○2	○1
	特色服务功能	网站是否提供E-mail服务、个人空间服务、论坛服务、定制服务等特色服务功能。	○5	○4	○3	○2	○1
此一级指标下，您认为还需要增加哪些二级指标？请列出，并给出重要程度。		指标名称：▭	○5	○4	○3	○2	○1
		指标名称：▭	○5	○4	○3	○2	○1
		指标名称：▭	○5	○4	○3	○2	○1
网站影响力	访问量	用户的访问量。	○5	○4	○3	○2	○1
	外部链接数	被其他网站链接的数量。	○5	○4	○3	○2	○1
此一级指标下，您认为还需要增加哪些二级指标？请列出，并给出重要程度。		指标名称：▭	○5	○4	○3	○2	○1
		指标名称：▭	○5	○4	○3	○2	○1
		指标名称：▭	○5	○4	○3	○2	○1

提交　　重填　　返回

政府网站评价指标体系调查表

一级指标	二级指标	指标说明	相对重要性(从5到1重要性逐渐递减，5表示非常重要，1表示不重要)				
信息内容	信息内容的准确性	主要看信息资源提供数据和事实是否准确。	○5	○4	○3	○2	○1
	信息内容的完整性	信息内容是否全面，例如政府公报、政策法规、政务新闻等，各项内容是否完整。	○5	○4	○3	○2	○1
	信息内容的时效性	信息内容的更新反馈是否及时。	○5	○4	○3	○2	○1
	信息内容的独特性	网站提供的信息内容是否具有自己的特色，是否拥有从其他网站无法获取的独家资源。	○5	○4	○3	○2	○1
此一级指标下，您认为还需要增加哪些二级指标？请列出，并给出重要程度。	指标名称：		○5	○4	○3	○2	○1
	指标名称：		○5	○4	○3	○2	○1
	指标名称：		○5	○4	○3	○2	○1
网站设计	导航系统的全面性	导航系统覆盖网站内容的全面程度。	○5	○4	○3	○2	○1
	导航系统的一致性	全局导航、局部导航、语境导航、补充导航在各页面中的位置和风格是否一致，与内容分布是否一致。	○5	○4	○3	○2	○1
	组织系统的合理性	分类结构是否科学、清晰、易理解，能否满足用户的多层次选择需求。	○5	○4	○3	○2	○1
	标识系统的准确性	能否准确地反映其所指的内容，能否让用户容易理解，表达相同内容是否使用相同标识。	○5	○4	○3	○2	○1
	界面友好程度	界面设计是否符合用户习惯、使用是否方便。	○5	○4	○3	○2	○1
	界面美观程度	网站整体色彩搭配是否合理，文字大小、字体及图片等排版是否合理。	○5	○4	○3	○2	○1
此一级指标下，您认为还需要增加哪些二级指标？请列出，并给出重要程度。	指标名称：		○5	○4	○3	○2	○1
	指标名称：		○5	○4	○3	○2	○1
	指标名称：		○5	○4	○3	○2	○1
网站功能	交互功能	是否具有网上采购、咨询、申报、审批、投诉、监督等功能。	○5	○4	○3	○2	○1
	信息公开功能	是否提供政府公报、政策法规、政务新闻、机构设置及职权责、办事指南等政务信息。	○5	○4	○3	○2	○1
	检索功能	能否提供多种检索方式，以及检索效率如何。	○5	○4	○3	○2	○1
	特色服务功能	是否提供一些特色服务功能，如提供招商引资、旅游等特色信息；允许用户自己定制栏目；实现推送业务等。	○5	○4	○3	○2	○1
此一级指标下，您认为还需要增加哪些二级指标？请列出，并给出重要程度。	指标名称：		○5	○4	○3	○2	○1
	指标名称：		○5	○4	○3	○2	○1
	指标名称：		○5	○4	○3	○2	○1
网站影响力	访问量	用户的访问量。	○5	○4	○3	○2	○1
	外部链接数	被其他网站链接的数量。	○5	○4	○3	○2	○1
此一级指标下，您认为还需要增加哪些二级指标？请列出，并给出重要程度。	指标名称：		○5	○4	○3	○2	○1
	指标名称：		○5	○4	○3	○2	○1
	指标名称：		○5	○4	○3	○2	○1

提交　重填　返回

学术网站评价指标体系调查表

一级指标	二级指标	指标说明	相对重要性（从5到1重要性逐渐递减，5表示非常重要，1表示不重要）				
信息内容	信息内容的深度	信息内容涉及的本学科专业的层次水平及深入程度。	○5	○4	○3	○2	○1
	信息内容的广度	网页信息对本学科专业的覆盖面。	○5	○4	○3	○2	○1
	信息内容的准确性	主要看信息资源提供数据和事实是否准确。	○5	○4	○3	○2	○1
	表达观点的客观性	指信息资源是否提供公正合理的论证，而不是有选择、有倾向性的论证。	○5	○4	○3	○2	○1
	信息内容的独特性	网站提供的信息内容是否具有自己的特色，是否拥有从其他网站无法获取的独家资源。	○5	○4	○3	○2	○1
	信息内容的创新性	这主要看网页信息是否提出了新的观点，是否介绍了较多的本学科的前沿信息。	○5	○4	○3	○2	○1
	信息内容的时效性	主要看信息资源是否保持更新及更新频率。	○5	○4	○3	○2	○1
	信息来源的权威性	主要考虑信息资源是否具有较强的学术背景，是否有著名研究机构、学会和知名专家的支持。	○5	○4	○3	○2	○1
	专业信息的比例	网站信息资源中专业信息所占的比重。	○5	○4	○3	○2	○1
此一级指标下，您认为还需要增加哪些二级指标？请列出，并给出重要程度。		指标名称：	○5	○4	○3	○2	○1
		指标名称：	○5	○4	○3	○2	○1
		指标名称：	○5	○4	○3	○2	○1
网站设计	导航系统的全面性	导航系统覆盖网站内容的全面程度。	○5	○4	○3	○2	○1
	导航系统的一致性	全局导航、局部导航、语境导航、补充导航在各页面中的位置和风格是否一致，与内容分布是否一致。	○5	○4	○3	○2	○1
	组织系统的合理性	分类结构是否科学、清晰、易理解，能否满足用户的多层次选择需求。	○5	○4	○3	○2	○1
	标识系统的准确性	能否准确地反映其所指的内容，能否让用户容易理解，表达相同内容是否使用相同标识。	○5	○4	○3	○2	○1
	界面友好程度	界面设计是否符合用户习惯、使用是否方便。	○5	○4	○3	○2	○1
	界面美观程度	网站整体色彩搭配是否合理，文字大小、字体及图片等排版是否合理。	○5	○4	○3	○2	○1
此一级指标下，您认为还需要增加哪些二级指标？请列出，并给出重要程度。		指标名称：	○5	○4	○3	○2	○1
		指标名称：	○5	○4	○3	○2	○1
		指标名称：	○5	○4	○3	○2	○1
网站功能	交互功能	是否提供较好的交互功能，如常见问题解答、网上咨询；是否支持用户意见反馈等。	○5	○4	○3	○2	○1
	检索功能	能否提供多种检索方式、以及检索效率如何。	○5	○4	○3	○2	○1
	下载功能	是否提供信息资源和资料的下载，下载是否方便。	○5	○4	○3	○2	○1
	特色服务功能	是否提供一些特色服务功能，如提供会员服务；允许用户自己定制栏目；实现推送业务等。	○5	○4	○3	○2	○1
	参考功能	是否提供可供进一步学习的参考资源。	○5	○4	○3	○2	○1
此一级指标下，您认为还需要增加哪些二级指标？请列出，并给出重要程度。		指标名称：	○5	○4	○3	○2	○1
		指标名称：	○5	○4	○3	○2	○1
		指标名称：	○5	○4	○3	○2	○1
网站影响力	访问量	用户的访问量。	○5	○4	○3	○2	○1
	外部链接数	被其他网站链接的数量。	○5	○4	○3	○2	○1
此一级指标下，您认为还需要增加哪些二级指标？请列出，并给出重要程度。		指标名称：	○5	○4	○3	○2	○1
		指标名称：	○5	○4	○3	○2	○1
		指标名称：	○5	○4	○3	○2	○1

提交　　重填　　返回

搜索引擎一级指标调查表

一级指标	指标说明	相对重要性（从5到1重要性逐渐递减，5表示非常重要，1表示不重要）				
索引构成	被搜索资源的范围、数量和更新频率。	○ 5	○ 4	○ 3	○ 2	○ 1
检索方式	是否支持分类检索、多媒体检索、模糊检索等多种检索方式。	○ 5	○ 4	○ 3	○ 2	○ 1
检索效果	检索的效率和检索结果如何。	○ 5	○ 4	○ 3	○ 2	○ 1
其它功能/服务	除搜索以外的所有功能和服务。	○ 5	○ 4	○ 3	○ 2	○ 1
您认为还需要增加哪些一级指标？请列出，并给出相对重要程度。	指标名称：	○ 5	○ 4	○ 3	○ 2	○ 1
	指标名称：	○ 5	○ 4	○ 3	○ 2	○ 1
	指标名称：	○ 5	○ 4	○ 3	○ 2	○ 1
	指标名称：	○ 5	○ 4	○ 3	○ 2	○ 1
	指标名称：	○ 5	○ 4	○ 3	○ 2	○ 1

提交　　重填　　返回

搜索引擎二级指标调查表

一级指标	二级指标	指标说明	相对重要性(从5到1重要性逐渐递减，5表示非常重要，1表示不重要)
索引构成	标引数量	标引的网络资源总的数量。	○5 ○4 ○3 ○2 ○1
	标引范围	是否标引除网页之外的其他网络资源，如FTP资源、图片、视频等。	○5 ○4 ○3 ○2 ○1
	更新频率	索引库更新的频率，表现为检索结果的新颖程度。	○5 ○4 ○3 ○2 ○1
此一级指标下，您认为还需要增加哪些二级指标？请列出，并给出重要程度。	指标名称：_____		○5 ○4 ○3 ○2 ○1
	指标名称：_____		○5 ○4 ○3 ○2 ○1
	指标名称：_____		○5 ○4 ○3 ○2 ○1
检索方式	自然语言检索	直接采用自然语言中的字、词、或句子作提问式进行检索，是一般非专业检索者常用的检索方式。	○5 ○4 ○3 ○2 ○1
	多语种检索	是否支持多种语言的检索，中文、英文或其他。	○5 ○4 ○3 ○2 ○1
	布尔逻辑检索	是否支持NOT、AND、OR检索。	○5 ○4 ○3 ○2 ○1
	词组检索	词组检索是将一个词组(通常用英文双引号括起)当作一个独立运算单元，进行严格匹配检索。	○5 ○4 ○3 ○2 ○1
	模糊检索	又称截词检索，指利用"*"、"?"等通配符对具有相同特征的检索词进行检索。	○5 ○4 ○3 ○2 ○1
	概念检索	搜索引擎是否能够对检索词及其同义词进行检索，把表达同一个概念的网页都检索出来。	○5 ○4 ○3 ○2 ○1
	字段检索	限制检索的一种，在搜索引擎中，多表现为对资源所属站点、关键词位置、时间等进行限定的检索。	○5 ○4 ○3 ○2 ○1
	分类检索	将网站或网页信息内容按类型进行分类，提供目录式的检索服务。	○5 ○4 ○3 ○2 ○1
	多媒体检索	是否支持图像、音频、视频等检索。	○5 ○4 ○3 ○2 ○1
此一级指标下，您认为还需要增加哪些二级指标？请列出，并给出重要程度。	指标名称：_____		○5 ○4 ○3 ○2 ○1
	指标名称：_____		○5 ○4 ○3 ○2 ○1
	指标名称：_____		○5 ○4 ○3 ○2 ○1
检索效果	查全率	是搜索引擎在进行某一检索时，检出的相关文献量与系统文献库中相关文献总量的比率。	○5 ○4 ○3 ○2 ○1
	查准率	检索结果中符合查询要求的资源的比率。	○5 ○4 ○3 ○2 ○1
	重复率	搜索结果中重复资源的比率。	○5 ○4 ○3 ○2 ○1
	响应时间	搜索引擎反馈给用户检索结果的时间。	○5 ○4 ○3 ○2 ○1
	显示内容	显示检索结果条目，标题、摘要、链接等。	○5 ○4 ○3 ○2 ○1
	相关性排序	检索结果是否按照与关键词的相关程度进行排序。	○5 ○4 ○3 ○2 ○1
此一级指标下，您认为还需要增加哪些二级指标？请列出，并给出重要程度。	指标名称：_____		○5 ○4 ○3 ○2 ○1
	指标名称：_____		○5 ○4 ○3 ○2 ○1
	指标名称：_____		○5 ○4 ○3 ○2 ○1
其他功能/服务	界面友好程度	用户界面是否友好，是否易于使用。	○5 ○4 ○3 ○2 ○1
	搜索帮助	是否提供检索的帮助信息。	○5 ○4 ○3 ○2 ○1
	个性服务	是否提供用户自定义检索结果显示情况或使用偏好的个性设置服务。	○5 ○4 ○3 ○2 ○1
	相关搜索服务	如用户搜索"知识产权"时，搜索引擎提供"知识产权法"、"知识产权局"等检索词供用户搜索。	○5 ○4 ○3 ○2 ○1
	特色功能	网页快照、中英文翻译、智能推送等。	○5 ○4 ○3 ○2 ○1
此一级指标下，您认为还需要增加哪些二级指标？请列出，并给出重要程度。	指标名称：_____		○5 ○4 ○3 ○2 ○1
	指标名称：_____		○5 ○4 ○3 ○2 ○1
	指标名称：_____		○5 ○4 ○3 ○2 ○1

提交　　重填　　返回

网络数据库一级指标调查表（第一轮）

本调查所称的网络数据库，是指以后台数据库为基础，加上一定的前台程序，通过浏览器完成数据查询等操作的系统。例如中国学术期刊全文数据库（CNKI）、维普中文科技期刊全文数据库（VIP）、Web of Science、ProQuest Digital Dissertations（PQDD）等。

一级指标	指标说明	相对重要性（从5到1重要性逐渐递减，5表示非常重要，1表示不重要）				
收录范围	包括网络数据库的收录内容的来源，时间跨度和更新的频率，是评价数据库内容的最基本的指标。	○5	○4	○3	○2	○1
检索功能	网络数据库使用的核心，主要包括检索方式、检索入口、检索效率、检索界面以及检索结果的处理情况。	○5	○4	○3	○2	○1
服务功能	包括除在本数据库检索以外，该数据库能够提供给用户的其他功能，包括咨询服务、定题服务等。	○5	○4	○3	○2	○1
您认为还需要增加哪些一级指标？请列出，并给出相对重要程度。	指标名称：	○5	○4	○3	○2	○1
	指标名称：	○5	○4	○3	○2	○1
	指标名称：	○5	○4	○3	○2	○1
	指标名称：	○5	○4	○3	○2	○1
	指标名称：	○5	○4	○3	○2	○1

提交　　重填　　返回

一级指标	二级指标	指标说明	相对重要性(从5到1重要性逐渐递减，5表示非常重要，1表示不重要)				
收录范围	年度跨度	数据库中收录的文献的年度范围。	○5	○4	○3	○2	○1
	更新频率	更新的周期，周期越短，频率越快。	○5	○4	○3	○2	○1
	来源文献数量	收录的文献的总的数量。	○5	○4	○3	○2	○1
此一级指标下，您认为还需要增加哪些二级指标？请列出，并给出重要程度。		指标名称：	○5	○4	○3	○2	○1
		指标名称：	○5	○4	○3	○2	○1
		指标名称：	○5	○4	○3	○2	○1
检索功能	检索方式	是否可以进行布尔检索、组配检索、截词检索、二次检索等方式。	○5	○4	○3	○2	○1
	检索入口	是否可以从著者、著者单位、出版时间、文献类型、文献语种、文献篇名、出版物名称、文摘、主题词/关键词、分类号、ISSN/ISBN、材料识别号等角度检索。	○5	○4	○3	○2	○1
	结果处理	是否可以调整显示方式以及输出方式。	○5	○4	○3	○2	○1
	检索效率	是指检全率、检准率、响应时间、检索速度等方面。	○5	○4	○3	○2	○1
	检索界面	界面设计是否友好、是否易用。	○5	○4	○3	○2	○1
此一级指标下，您认为还需要增加哪些二级指标？请列出，并给出重要程度。		指标名称：	○5	○4	○3	○2	○1
		指标名称：	○5	○4	○3	○2	○1
		指标名称：	○5	○4	○3	○2	○1
服务功能	资源整合	是指能否进行跨库检索、一站式检索。	○5	○4	○3	○2	○1
	个性化服务	如用户界面定制、创建个人账户、邮件定题服务、个人期刊列表、文献传递服务等。	○5	○4	○3	○2	○1
	咨询服务	如是否可以提供在线帮助等。	○5	○4	○3	○2	○1
此一级指标下，您认为还需要增加哪些二级指标？请列出，并给出重要程度。		指标名称：	○5	○4	○3	○2	○1
		指标名称：	○5	○4	○3	○2	○1
		指标名称：	○5	○4	○3	○2	○1

网络数据库二级指标调查表（第一轮）

提交　　重填　　返回

附录 1－2　第二轮专家意见调查表

网站评价一级指标调查表

为了深入研究网站信息资源的性质和内涵，参考中国互联网络信息中心（CNNIC）网络资源调查等文献资料，我们将网站信息资源进一步细分为四种类型：

商业网站：对公众提供互联网信息服务，以网上虚拟业务为主的网站。

企业网站：通过网站对自己的产品进行宣传，而业务主要是在网下进行的以实体业务为主的网站。

政府网站：中央或各级地方政府及各政府部门建立的、提供电子政务服务的网站。

学术网站：提供某一学科领域或者科学问题的研究进展及相关研究资料、学术性较强的网站。

一级指标	指标说明（一级指标中，红体字指标为根据第一轮调查结果新增指标。）	相对重要性（从5到1重要性逐渐递减，5表示非常重要，1表示不重要。选项后面的百分数表示第一轮中选择该项的专家人数比例。）				
信息内容	最基本的指标，指的是网站所提供的以文本、声音、图像等各种数字形式存在的信息资源，是网站功能和服务的基础。	○ 5 (96.15%)	○ 4 (3.85%)	○ 3	○ 2	○ 1
网站设计	从网站本身的角度来考察和评价的一个指标，包含网站栏目内容的组织，外观的设计等，网站设计的合理与否关系到信息内容的表达效果和功能的体现。	○ 5 (26.92%)	○ 4 (53.85%)	○ 3 (19.23%)	○ 2	○ 1
网站功能	指一个具备了信息内容，经过一定设计的网站可以为其用户提供的服务，网站功能的完善性以及有效性是从用户角度来评价网站的重要指标。	○ 5 (73.08%)	○ 4 (26.92%)	○ 3	○ 2	○ 1
网站影响力	指被公众及同行网站接受的程度大小。	○ 5 (38.46%)	○ 4 (46.15%)	○ 3 (7.69%)	○ 2 (7.69%)	○ 1
网络安全	是否采取了防范病毒和黑客的措施。	○ 5	○ 4	○ 3	○ 2	○ 1
您认为还需要增加哪些一级指标？如需要，请列出，并给出相对重要程度。	指标名称及说明：	○ 5	○ 4	○ 3	○ 2	○ 1
	指标名称及说明：	○ 5	○ 4	○ 3	○ 2	○ 1
	指标名称及说明：	○ 5	○ 4	○ 3	○ 2	○ 1

提交　　重填　　返回

企业网站评价指标体系调查表

一级指标	二级指标	指标说明(一、二级指标中，红体字指标为根据第一轮调查结果新增指标。)	相对重要性(从5到1重要性逐渐递减，5表示非常重要，1表示不重要。选项后面的百分数表示第一轮中选择该项的专家人数比例。)
信息内容	信息内容的丰富程度	是指信息内容的多少，以及表达形式是否多样。	○5(52.00%)　○4(40.00%)　○3(8.00%)　○2　○1
	信息内容的准确性	信息内容本身是否客观真实，来源可靠，语言表达准确。	○5(76.00%)　○4(20.00%)　○3(4.00%)　○2　○1
	信息内容的关联性	信息内容与企业实际业务联系的紧密程度。	○5(28.00%)　○4(48.00%)　○3(24.00%)　○2　○1
	信息内容的时效性	信息内容是否及时更新。	○5(76.00%)　○4(20.00%)　○3(4.00%)　○2　○1
	链接的有效性	是否能正确指向被链接的对象。	○5　○4　○3　○2　○1
	此一级指标下，您认为还需要增加哪些二级指标？请列出，并给出重要程度。	指标名称及说明:[　]	○5　○4　○3　○2　○1
		指标名称及说明:[　]	○5　○4　○3　○2　○1
网站设计	导航系统的全面性	导航系统覆盖网站内容的全面程度。	○5(48.00%)　○4(44.00%)　○3(8.00%)　○2　○1
	导航系统的一致性	全局导航、局部导航、语境导航、补充导航在各页面中的位置和风格是否一致，与内容分布是否一致。	○5(32.00%)　○4(36.00%)　○3(32.00%)　○2　○1
	组织系统的合理性	分类结构是否科学、清晰、易理解，能否满足用户的多层次选择需求。	○5(60.00%)　○4(36.00%)　○3(4.00%)　○2　○1
	标识系统的准确性	能否准确地反映其所指的内容，能否让用户容易理解，表达相同内容是否使用相同标识。	○5(60.00%)　○4(40.00%)　○3　○2　○1
	界面友好程度	界面设计是否符合用户习惯、使用是否方便。	○5(44.00%)　○4(44.00%)　○3(12.00%)　○2　○1
	界面美观程度	网站整体色彩搭配是否合理，文字大小、字体及图片等排版是否合理。	○5(24.00%)　○4(40.00%)　○3(28.00%)　○2(8.00%)　○1
	网站的响应速度	用户在相同的条件下，访问网站时的响应速度。	○5　○4　○3　○2　○1
	此一级指标下，您认为还需要增加哪些二级指标？请列出，并给出重要程度。	指标名称及说明:[　]	○5　○4　○3　○2　○1
		指标名称及说明:[　]	○5　○4　○3　○2　○1
网站功能	在线业务功能	是否能实现网上交易、网上招聘、网上银行等服务及实现的程度如何。	○5(60.00%)　○4(40.00%)　○3　○2　○1
	会员制度实现情况	是否能实现会员积分、提供会员电子杂志等服务及实现的程度如何。	○5(4.00%)　○4(52.00%)　○3(32.00%)　○2(12.00%)　○1
	在线服务与支持功能	在线咨询、下载、产品注册、在线售后服务的提供情况及质量。	○5(60.00%)　○4(36.00%)　○3(4.00%)　○2　○1
	检索功能	能否提供多种检索方式、以及检索效率如何。	○5(52.00%)　○4(32.00%)　○3(16.00%)　○2　○1
	特色服务功能	论坛服务、定制服务、多语种界面等特色服务功能。	○5(48.00%)　○4(44.00%)　○3(8.00%)　○2　○1
	此一级指标下，您认为还需要增加哪些二级指标？请列出，并给出重要程度。	指标名称及说明:[　]	○5　○4　○3　○2　○1
		指标名称及说明:[　]	○5　○4　○3　○2　○1
网站影响力	访问量	用户的访问量。	○5(56.00%)　○4(28.00%)　○3(16.00%)　○2　○1
	外部链接数	被其他网站链接的数量。	○5(36.00%)　○4(48.00%)　○3(12.00%)　○2(4.00%)　○1
	用户访问的深度	用户浏览网页的层次深度。	○5　○4　○3　○2　○1
	此一级指标下，您认为还需要增加哪些二级指标？请列出，并给出重要程度。	指标名称及说明:[　]	○5　○4　○3　○2　○1
		指标名称及说明:[　]	○5　○4　○3　○2　○1
网络安全	此一级指标下，您认为需不需要增加二级指标？如需要，请列出，并给出重要程度。	指标名称及说明:[　]	○5　○4　○3　○2　○1
		指标名称及说明:[　]	○5　○4　○3　○2　○1
		指标名称及说明:[　]	○5　○4　○3　○2　○1

提交　　重填　　返回

商业网站评价指标体系调查表

一级指标	二级指标	指标说明(一、二级指标中，红体字指标为根据第一轮调查结果新增指标。)	相对重要性(从5到1重要性逐渐递减，5表示非常重要，1表示不重要。选项后面的百分数表示第一轮中选择该项的专家人数比例。)
信息内容	信息内容的丰富程度	是指信息内容的多少，以及表达形式是否多样。	○ 5 (64.00%)　○ 4 (32.00%)　○ 3 (4.00%)　○ 2　○ 1
	信息内容的准确性	信息内容本身是否客观真实，来源可靠，语言表达准确。	○ 5 (72.00%)　○ 4 (24.00%)　○ 3 (4.00%)　○ 2　○ 1
	信息内容的独特性	信息内容是否具有自己的特色，是否有一定原创性。	○ 5 (64.00%)　○ 4 (24.00%)　○ 3 (12.00%)　○ 2　○ 1
	信息内容的时效性	信息内容是否及时更新。	○ 5 (84.00%)　○ 4 (16.00%)　○ 3　○ 2　○ 1
	链接的有效性	是否能正确指向被链接的对象。	○ 5　○ 4　○ 3　○ 2　○ 1
	此一级指标下，您认为还需要增加哪些二级指标？请列出，并给出重要程度。	指标名称及说明：▭	○ 5　○ 4　○ 3　○ 2　○ 1
		指标名称及说明：▭	○ 5　○ 4　○ 3　○ 2　○ 1
网站设计	导航系统的全面性	导航系统覆盖网站内容的全面程度。	○ 5 (56.00%)　○ 4 (36.00%)　○ 3 (8.00%)　○ 2　○ 1
	导航系统的一致性	全局导航、局部导航、语境导航、补充导航在各页面中的位置和风格是否一致，与内容分布是否一致。	○ 5 (36.00%)　○ 4 (44.00%)　○ 3 (20.00%)　○ 2　○ 1
	组织系统的合理性	分类结构是否科学、清晰、易理解，能否满足用户的多层次选择需要。	○ 5 (60.00%)　○ 4 (36.00%)　○ 3 (4.00%)　○ 2　○ 1
	标识系统的准确性	能否准确地反映其所指的内容，能否让用户容易理解，表达相同内容是否使用相同标识。	○ 5 (68.00%)　○ 4 (28.00%)　○ 3　○ 2 (4.00%)　○ 1
	界面友好程度	界面设计是否符合用户习惯、使用是否方便。	○ 5 (72.00%)　○ 4 (20.00%)　○ 3 (8.00%)　○ 2　○ 1
	界面美观程度	网站整体色彩搭配是否合理，文字大小、字体及图片等排版是否合理。	○ 5 (28.00%)　○ 4 (48.00%)　○ 3 (20.00%)　○ 2 (4.00%)　○ 1
	网站的响应速度	用户在相同的条件下，访问网站时的响应速度。	○ 5　○ 4　○ 3　○ 2　○ 1
	此一级指标下，您认为还需要增加哪些二级指标？请列出，并给出重要程度。	指标名称及说明：▭	○ 5　○ 4　○ 3　○ 2　○ 1
		指标名称及说明：▭	○ 5　○ 4　○ 3　○ 2　○ 1
网站功能	电子商务功能	是否能实现网上交易、网上银行、短信、彩铃等电子商务。	○ 5 (96.00%)　○ 4 (4.00%)　○ 3　○ 2　○ 1
	交互功能	是否能实现常见问题解答、网上咨询，效率如何；是否支持用户意见反馈等。	○ 5 (68.00%)　○ 4 (28.00%)　○ 3 (4.00%)　○ 2　○ 1
	检索功能	能否提供多种检索方式，以及检索效率如何。	○ 5 (48.00%)　○ 4 (36.00%)　○ 3 (12.00%)　○ 2 (4.00%)　○ 1
	特色服务功能	网站是否提供E-mail服务、个人空间服务、论坛服务、定制服务等特色服务功能。	○ 5 (40.00%)　○ 4 (44.00%)　○ 3 (16.00%)　○ 2　○ 1
	此一级指标下，您认为还需要增加哪些二级指标？请列出，并给出重要程度。	指标名称及说明：▭	○ 5　○ 4　○ 3　○ 2　○ 1
		指标名称及说明：▭	○ 5　○ 4　○ 3　○ 2　○ 1
网站影响力	访问量	用户的访问量。	○ 5 (64.00%)　○ 4 (32.00%)　○ 3 (4.00%)　○ 2　○ 1
	外部链接数	被其他网站链接的数量。	○ 5 (48.00%)　○ 4 (44.00%)　○ 3 (8.00%)　○ 2　○ 1
	用户访问的深度	用户浏览网页的层次深度。	○ 5　○ 4　○ 3　○ 2　○ 1
	电子商务的交易量	可以通过该网站年交易量或年交易增长量等指标来反映。	○ 5　○ 4　○ 3　○ 2　○ 1
	此一级指标下，您认为还需要增加哪些二级指标？请列出，并给出重要程度。	指标名称及说明：▭	○ 5　○ 4　○ 3　○ 2　○ 1
		指标名称及说明：▭	○ 5　○ 4　○ 3　○ 2　○ 1
网络安全	此一级指标下，您认为需不需要增加二级指标？如需要，请列出，并给出重要程度。	指标名称及说明：▭	○ 5　○ 4　○ 3　○ 2　○ 1
		指标名称及说明：▭	○ 5　○ 4　○ 3　○ 2　○ 1
		指标名称及说明：▭	○ 5　○ 4　○ 3　○ 2　○ 1

提交　重填　返回

一级指标	二级指标	指标说明（一、二级指标中，红体字指标为根据第一轮调查结果新增指标。）	相对重要性（从5到1重要性逐渐递减，5表示非常重要，1表示不重要。选项后面的百分数表示第一轮中选择该项的专家人数比例。）
信息内容	信息内容的准确性	主要看信息资源提供数据和事实是否准确。	○5(96.00%) ○4(4.00%) ○3 ○2 ○1
	信息内容的完整性	信息内容是否全面，例如政府公报、政策法规、政务新闻等，各项内容是否完整。	○5(80.00%) ○4(16.00%) ○3(4.00%) ○2 ○1
	信息内容的时效性	信息内容的更新反馈是否及时。	○5(80.00%) ○4(20.00%) ○3 ○2 ○1
	信息内容的独特性	网站提供的信息内容是否具有自己的特色，是否拥有从其他网站无法获取的独家资源。	○5(36.00%) ○4(52.00%) ○3(12.00%) ○2 ○1
	链接的有效性	是否能正确指向被链接的对象。	○5 ○4 ○3 ○2 ○1
此一级指标下，您认为还需要增加哪些二级指标？请列出，并给出重要程度。	指标名称及说明：		○5 ○4 ○3 ○2 ○1
	指标名称及说明：		○5 ○4 ○3 ○2 ○1
网站设计	导航系统的全面性	导航系统覆盖网站内容的全面程度。	○5(52.00%) ○4(40.00%) ○3(8.00%) ○2 ○1
	导航系统的一致性	全局导航、局部导航、语境导航、补充导航在各页面中的位置和风格是否一致，与内容分布是否一致。	○5(40.00%) ○4(40.00%) ○3(16.00%) ○2(4.00%) ○1
	组织系统的合理性	分类结构是否科学、清晰、易理解，能否满足用户的多层次选择需求。	○5(48.00%) ○4(44.00%) ○3(4.00%) ○2 ○1(4.00%)
	标识系统的准确性	能否准确地反映其所指的内容，能否让用户容易理解，表达相同内容是否使用相同标识。	○5(64.00%) ○4(28.00%) ○3(8.00%) ○2 ○1
	界面友好程度	界面设计是否符合用户习惯、使用是否方便。	○5(48.00%) ○4(44.00%) ○3(8.00%) ○2 ○1
	界面美观程度	网站整体色彩搭配是否合理，文字大小、字体及图片等排版是否合理。	○5(12.00%) ○4(52.00%) ○3(28.00%) ○2(8.00%) ○1
	网站的稳定性	网站的结构、界面在一定的时期内相对稳定。	○5 ○4 ○3 ○2 ○1
此一级指标下，您认为还需要增加哪些二级指标？请列出，并给出重要程度。	指标名称及说明：		○5 ○4 ○3 ○2 ○1
	指标名称及说明：		○5 ○4 ○3 ○2 ○1
网站功能	交互功能	是否具有网上采购、咨询、申报、审批、投诉、监督等功能，及提供公众交流的平台，如论坛、市长信箱等。	○5(76.00%) ○4(20.00%) ○3(4.00%) ○2 ○1
	信息公开功能	是否提供政府公报、政策法规、政务新闻、机构设置及其职权责、办事指南等政务信息。	○5(96.00%) ○4(4.00%) ○3 ○2 ○1
	检索功能	能否提供多种检索方式、以及检索效率如何。	○5(48.00%) ○4(36.00%) ○3(16.00%) ○2 ○1
	特色服务功能	是否提供一些特色服务功能，如提供招商引资、旅游等特色信息；允许用户自己定制栏目；实现推送业务等。	○5(24.00%) ○4(52.00%) ○3(12.00%) ○2(12.00%) ○1
此一级指标下，您认为还需要增加哪些二级指标？请列出，并给出重要程度。	指标名称及说明：		○5 ○4 ○3 ○2 ○1
	指标名称及说明：		○5 ○4 ○3 ○2 ○1
网站影响力	访问量	用户的访问量。	○5(48.00%) ○4(36.00%) ○3(16.00%) ○2 ○1
	外部链接数	被其他网站链接的数量。	○5(44.00%) ○4(40.00%) ○3(4.00%) ○2(12.00%) ○1
	用户访问的深度	用户浏览网页的层次深度。	○5 ○4 ○3 ○2 ○1
	信息的转载量	被其他网站或其他媒体转载的数量。	○5 ○4 ○3 ○2 ○1
此一级指标下，您认为还需要增加哪些二级指标？请列出，并给出重要程度。	指标名称及说明：		○5 ○4 ○3 ○2 ○1
	指标名称及说明：		○5 ○4 ○3 ○2 ○1
网络安全	此一级指标下，您认为需不需要增加二级指标？如需要，请列出，并给出重要程度。	指标名称及说明：	○5 ○4 ○3 ○2 ○1
		指标名称及说明：	○5 ○4 ○3 ○2 ○1
		指标名称及说明：	○5 ○4 ○3 ○2 ○1

提交　重填　返回

学术网站评价指标体系调查表

一级指标	二级指标	指标说明(一、二级指标中，红体字指标为根据第一轮调查结果新增指标。)	相对重要性(从5到1重要性逐渐递减，5表示非常重要，1表示不重要。选项后面的百分数表示第一轮中选择该项的专家人数比例。)
信息内容	信息内容的深度	信息内容涉及的本学科专业的层次水平及深入程度。	○5(68.00%) ○4(32.00%) ○3 ○2 ○1
	信息内容的广度	网页信息对本学科专业的覆盖面。	○5(56.00%) ○4(36.00%) ○3(8.00%) ○2 ○1
	信息内容的准确性	主要看信息资源提供数据和事实是否准确。	○5(88.00%) ○4(12.00%) ○3 ○2 ○1
	表达观点的客观性	指信息资源是否提供公正合理的论证，而不是有选择、有倾向性的论证。	○5(56.00%) ○4(36.00%) ○3(8.00%) ○2 ○1
	信息内容的独特性	网站提供的信息内容是否具有自己的特色，是否拥有从其他网站无法获取的独家资源。	○5(64.00%) ○4(28.00%) ○3(8.00%) ○2 ○1
	信息内容的创新性	这主要看网页信息是否提出了新的观点，是否介绍了较多的本学科的前沿信息。	○5(68.00%) ○4(28.00%) ○3(4.00%) ○2 ○1
	信息内容的时效性	主要看信息资源是否保持更新及更新频率。	○5(68.00%) ○4(28.00%) ○3(4.00%) ○2 ○1
	信息来源的权威性	主要考虑信息资源是否具有较强的学术背景，是否有著名研究机构、学会和知名专家的支持。	○5(56.00%) ○4(36.00%) ○3(8.00%) ○2 ○1
	专业信息的比例	网站信息资源中专业信息所占的比重。	○5(24.00%) ○4(56.00%) ○3(20.00%) ○2 ○1
此一级指标下，您认为还需要增加哪些二级指标？请列出，并给出重要程度。		指标名称及说明：[　　　]	○5 ○4 ○3 ○2 ○1
		指标名称及说明：[　　　]	○5 ○4 ○3 ○2 ○1
网站设计	导航系统的全面性	导航系统覆盖网站内容的全面程度。	○5(32.00%) ○4(68.00%) ○3 ○2 ○1
	导航系统的一致性	全局导航、局部导航、语境导航、补充导航在各页面中的位置和风格是否一致，与内容分布是否一致。	○5(28.00%) ○4(60.00%) ○3(12.00%) ○2 ○1
	组织系统的合理性	分类结构是否科学、清晰、易理解，能否满足用户的多层次选择需求。	○5(64.00%) ○4(32.00%) ○3(4.00%) ○2 ○1
	标识系统的准确性	能否准确地反映其所指的内容，能否让用户容易理解，表达相同内容是否使用相同标识。	○5(76.00%) ○4(16.00%) ○3(4.00%) ○2(4.00%) ○1
	界面友好程度	界面设计是否符合用户习惯、使用是否方便。	○5(48.00%) ○4(32.00%) ○3(20.00%) ○2 ○1
	界面美观程度	网站整体色彩搭配是否合理，文字大小、字体及图片等排版是否合理。	○5(8.00%) ○4(40.00%) ○3(40.00%) ○2(12.00%) ○1
此一级指标下，您认为还需要增加哪些二级指标？请列出，并给出重要程度。		指标名称及说明：[　　　]	○5 ○4 ○3 ○2 ○1
		指标名称及说明：[　　　]	○5 ○4 ○3 ○2 ○1
网站功能	交互功能	是否提供较好的交互功能，如常见问题解答、网上咨询；是否支持用户意见反馈等。	○5(44.00%) ○4(44.00%) ○3(12.00%) ○2 ○1
	检索功能	能否提供多种检索方式，以及检索效率如何。	○5(80.00%) ○4(16.00%) ○3(4.00%) ○2 ○1
	下载功能	是否提供信息资源和资料的下载，下载是否方便。	○5(68.00%) ○4(32.00%) ○3 ○2 ○1
	特色服务功能	是否提供一些特色服务功能，如提供会员服务；允许用户自己定制栏目；实现推送业务等。	○5(28.00%) ○4(28.00%) ○3(40.00%) ○2 ○1(4.00%)
	参考功能	是否提供可供进一步学习的参考资源。	○5(16.00%) ○4(72.00%) ○3(8.00%) ○2(4.00%) ○1
	离线服务功能	是否提供给用户在离线状态下的服务。	○5 ○4 ○3 ○2 ○1
此一级指标下，您认为还需要增加哪些二级指标？请列出，并给出重要程度。		指标名称及说明：[　　　]	○5 ○4 ○3 ○2 ○1
		指标名称及说明：[　　　]	○5 ○4 ○3 ○2 ○1
网站影响力	访问量	用户的访问量。	○5(48.00%) ○4(44.00%) ○3(8.00%) ○2 ○1
	外部链接数	被其他网站链接的数量。	○5(36.00%) ○4(36.00%) ○3(16.00%) ○2(12.00%) ○1
	学术研究引用量	被其他网站或者其他媒体转载或引用的数量。	○5 ○4 ○3 ○2 ○1
此一级指标下，您认为还需要增加哪些二级指标？请列出，并给出重要程度。		指标名称及说明：[　　　]	○5 ○4 ○3 ○2 ○1
		指标名称及说明：[　　　]	○5 ○4 ○3 ○2 ○1
网络安全	此一级指标下，您认为需不需要增加二级指标？如需要，请列出，并给出重要程度。	指标名称及说明：[　　　]	○5 ○4 ○3 ○2 ○1
		指标名称及说明：[　　　]	○5 ○4 ○3 ○2 ○1
		指标名称及说明：[　　　]	○5 ○4 ○3 ○2 ○1

[提交]　[重填]　[返回]

搜索引擎一级指标调查表

一级指标	指标说明	相对重要性（从5到1重要性逐渐递减，5表示非常重要，1表示不重要。选项后面的百分数表示第一轮中选择该项的专家人数比例。）
索引构成	被搜索资源的范围、数量和更新频率。	○5(73.08%)　○4(26.92%)　○3　○2　○1
检索方式	是否支持分类检索、多媒体检索、模糊检索等多种检索方式。	○5(57.69%)　○4(30.77%)　○3(7.69%)　○2　○1(3.85%)
检索效果	检索的效率和检索结果如何。	○5(100.00%)　○4　○3　○2　○1
其他功能/服务	除搜索以外的所有功能和服务。	○5(7.69%)　○4(50.00%)　○3(30.77%)　○2(7.69%)　○1(3.85%)
您认为还需要增加哪些一级指标？如需要，请列出，并给出相对重要程度。	指标名称及说明：[ ]	○5　○4　○3　○2　○1
	指标名称及说明：[ ]	○5　○4　○3　○2　○1
	指标名称及说明：[ ]	○5　○4　○3　○2　○1

[提交]　　[重填]　　[返回]

搜索引擎二级指标调查表

一级指标	二级指标	指标说明（二级指标中，红体字指标为根据第一轮调查结果新增指标。）	相对重要性（从5到1重要性逐渐减弱，5表示非常重要，1表示不重要。选项后面的百分数表示第一轮中选择该项的专家人数比例。）
索引构成	标引数量	标引的网络资源总的数量。	○5(80.00%) ○4(16.00%) ○3(4.00%) ○2 ○1
	标引范围	是否标引除网页之外的其他网络资源，如FTP资源、图片、视频等。	○5(60.00%) ○4(32.00%) ○3(8.00%) ○2 ○1
	更新频率	索引库更新的频率，表现为检索结果的新颖程度。	○5(80.00%) ○4(16.00%) ○3 ○2(4.00%) ○1
	此一级指标下，您认为还需要增加哪些二级指标？请列出，并给出重要程度。	指标名称及说明：_____	○5 ○4 ○3 ○2 ○1
		指标名称及说明：_____	○5 ○4 ○3 ○2 ○1
检索方式	自然语言检索	直接采用自然语言中的字、词、或句子作提问式进行检索，是一般非专业检索者常用的检索方式。	○5(80.00%) ○4(20.00%) ○3 ○2 ○1
	多语种检索	是否支持多种语言的检索，中文、英文或其他。	○5(40.00%) ○4(44.00%) ○3(16.00%) ○2 ○1
	布尔逻辑检索	是否支持NOT、AND、OR检索。	○5(56.00%) ○4(36.00%) ○3(8.00%) ○2 ○1
	词组检索	词组检索是将一个词组（通常用英文双引号括起）当作一个独立运算单元，进行严格匹配检索。	○5(48.00%) ○4(28.00%) ○3(24.00%) ○2 ○1
	模糊检索	又称截词检索，指利用"*"、"?"等通配符对具有相同特征的检索词进行检索。	○5(48.00%) ○4(40.00%) ○3(12.00%) ○2 ○1
	概念检索	搜索引擎是否能够对检索词及其同义词进行检索，把表达同一个概念的网页都检索出来。	○5(48.00%) ○4(24.00%) ○3(28.00%) ○2 ○1
	字段检索	限制检索的一种，在搜索引擎中，多表现为对资源所属站点、关键词位置、时间等进行限定的检索。	○5(28.00%) ○4(56.00%) ○3(12.00%) ○2(4.00%) ○1
	目录式浏览检索	将网站或网页信息内容按类型进行分类，提供目录式的检索服务。	○5(24.00%) ○4(56.00%) ○3(20.00%) ○2 ○1
	多媒体检索	是否支持图像、音频、视频等检索。	○5(20.00%) ○4(52.00%) ○3(20.00%) ○2(8.00%) ○1
	其它检索	如是否支持邻近检索、区分大小写检索等。	○5 ○4 ○3 ○2 ○1
	此一级指标下，您认为还需要增加哪些二级指标？请列出，并给出重要程度。	指标名称及说明：_____	○5 ○4 ○3 ○2 ○1
		指标名称及说明：_____	○5 ○4 ○3 ○2 ○1
检索效果	查全率	是搜索引擎在进行某一检索时，检出的相关文献量与系统文献库中相关文献总量的比率。	○5(48.00%) ○4(48.00%) ○3(4.00%) ○2 ○1
	查准率	检索结果中符合查询要求的资源的比率。	○5(92.00%) ○4(8.00%) ○3 ○2 ○1
	重复率	搜索结果中重复资源的比率。	○5(28.00%) ○4(36.00%) ○3(28.00%) ○2(4.00%) ○1(4.00%)
	响应时间	搜索引擎反馈给用户检索结果的时间。	○5(52.00%) ○4(44.00%) ○3(4.00%) ○2 ○1
	内容显示	检索结果的显示是否完整（如标题、摘要、链接等），及结果能否调整。	○5(48.00%) ○4(40.00%) ○3(8.00%) ○2(4.00%) ○1
	相关性排序	检索结果是否按照与关键词的相关程度进行排序。	○5(60.00%) ○4(32.00%) ○3(8.00%) ○2 ○1
	此一级指标下，您认为还需要增加哪些二级指标？请列出，并给出重要程度。	指标名称及说明：_____	○5 ○4 ○3 ○2 ○1
		指标名称及说明：_____	○5 ○4 ○3 ○2 ○1
其他功能/服务	界面设计	用户界面是否友好，是否美观。	○5(68.00%) ○4(32.00%) ○3 ○2 ○1
	搜索帮助	是否提供检索的帮助信息。	○5(20.00%) ○4(56.00%) ○3(20.00%) ○2(4.00%) ○1
	个性服务	是否提供用户自定义检索结果显示情况或使用偏好的个性设置服务。	○5(36.00%) ○4(44.00%) ○3(20.00%) ○2 ○1
	相关搜索服务	如用户搜索"知识产权"时，搜索引擎提供"知识产权法"、"知识产权局"等检索词供用户搜索。	○5(36.00%) ○4(44.00%) ○3(16.00%) ○2(4.00%) ○1
	特色功能	网页快照、中英文翻译、智能推送等。	○5(24.00%) ○4(44.00%) ○3(32.00%) ○2 ○1
	过滤功能	是否通过人工干预方法，过滤掉不良网站和有害信息。	○5 ○4 ○3 ○2 ○1
	此一级指标下，您认为还需要增加哪些二级指标？请列出，并给出重要程度。	指标名称及说明：_____	○5 ○4 ○3 ○2 ○1
		指标名称及说明：_____	○5 ○4 ○3 ○2 ○1

提交　重填　返回

网络数据库一级指标调查表(第二轮)

本调查所称的网络数据库,是指以后台数据库为基础,加上一定的前台程序,通过浏览器完成数据查询等操作的系统。例如中国学术期刊全文数据库(CNKI)、维普中文科技期刊全文数据库(VIP)、Web of Science、ProQuest Digital Dissertations(PQDD)等。

一级指标	指标说明(一级指标中,红体字指标为根据第一轮调查结果新增指标。)	相对重要性(从5到1重要性逐渐递减, 5表示非常重要,1表示不重要。选项后面的百分数表示第一轮中选择该项的专家人数比例。)
收录范围	包括网络数据库的收录内容的来源数量,时间跨度和更新的频率等,是评价数据库内容的最基本的指标。	○5(57.69%)　○4(34.62%)　○3(3.85%)　○2　○1
检索功能	网络数据库使用的核心,主要包括检索方式、检索入口、检索效率、检索界面以及检索结果的处理情况。	○5(80.77%)　○4(15.38%)　○3　○2　○1
服务功能	包括除在本数据库检索以外,该数据库能够提供给用户的其他功能,包括咨询服务、定题服务等。	○5(53.85%)　○4(30.77%)　○3(11.54%)　○2　○1
收费情况	使用费用的高低,对个人用户而言,指获得一篇文献的费用。	○5　○4　○3　○2　○1
网络安全	是否采取了防范病毒和黑客的措施。	○5　○4　○3　○2　○1
您认为还需要增加哪些一级指标?如需要,请列出,并给出相对重要程度。	指标名称及说明: [　　　]	○5　○4　○3　○2　○1
	指标名称及说明: [　　　]	○5　○4　○3　○2　○1
	指标名称及说明: [　　　]	○5　○4　○3　○2　○1

[提交]　[重填]　[返回]

网络数据库二级指标调查表（第二轮）

一级指标	二级指标	指标说明（一、二级指标中，红体字指标为根据第一轮调查结果新增指标。）	相对重要性（从5到1重要性逐渐递减，5表示非常重要，1表示不重要。选项后面的百分数表示第一轮中选择该项的专家人数比例。）
收录范围	年度跨度	数据库中收录的文献的年度范围。	○5 (60.00%)　○4 (36.00%)　○3 (4.00%)　○2　○1
	更新频率	更新的周期，周期越短，频率越快。	○5 (84.00%)　○4 (16.00%)　○3　○2　○1
	来源文献数量	收录文献的数量多少。	○5 (56.00%)　○4 (32.00%)　○3 (12.00%)　○2　○1
	来源文献质量	收录文献的质量高低。	○5　○4　○3　○2　○1
	来源文献的全面性	收录本领域内文献的完备程度。	○5　○4　○3　○2　○1
	特色收藏	同类数据库中，收录文献的收藏特色。	○5　○4　○3　○2　○1
此一级指标下，您认为还需要增加哪些二级指标？请列出，并给出重要程度。		指标名称及说明：[　　　　　]	○5　○4　○3　○2　○1
		指标名称及说明：[　　　　　]	○5　○4　○3　○2　○1
检索功能	检索方式	是可以进行布尔检索、组配检索、截词检索、二次检索等方式。	○5 (72.00%)　○4 (28.00%)　○3　○2　○1
	检索入口	是可以从著者、著者单位、出版时间、文献类型、文献语种、文献篇名、出版物名称、文摘、主题词/关键词、分类号、ISSN/ISBN、材料识别号等角度检索。	○5 (96.00%)　○4 (4.00%)　○3　○2　○1
	结果处理	是可以调整显示方式以及输出方式。	○5 (44.00%)　○4 (44.00%)　○3 (8.00%)　○2 (4.00%)　○1
	检索效率	是指检全率、检准率、响应时间、检索速度等方面。	○5 (76.00%)　○4 (20.00%)　○3 (4.00%)　○2　○1
	检索界面	界面设计是否友好、是否易用。	○5 (48.00%)　○4 (40.00%)　○3 (12.00%)　○2　○1
此一级指标下，您认为还需要增加哪些二级指标？请列出，并给出重要程度。		指标名称及说明：[　　　　　]	○5　○4　○3　○2　○1
		指标名称及说明：[　　　　　]	○5　○4　○3　○2　○1
服务功能	资源整合	是指能否进行跨库检索、一站式检索。	○5 (64.00%)　○4 (36.00%)　○3　○2　○1
	个性化服务	如用户界面定制、创建个人账户、邮件定题服务、个人期刊列表等。	○5 (52.00%)　○4 (32.00%)　○3 (12.00%)　○2 (4.00%)　○1
	交互功能	如是否可以提供在线帮助、咨询，及定期咨询用户意见等。	○5 (32.00%)　○4 (52.00%)　○3 (16.00%)　○2　○1
	全文提供服务	能否提供全文及提供的方式，及是否提供不同格式的下载。	○5　○4　○3　○2　○1
	链接功能	如是否可以在检索结果中提供链接指向，如全文、引文、相关文献、其他数据库、网页等。	○5　○4　○3　○2　○1
	离线配套服务	如是否提供给用户在离线状态下的相关配套服务。	○5　○4　○3　○2　○1
	检索结果分析	是否对检索结果进行粗略的统计分析。	○5　○4　○3　○2　○1
此一级指标下，您认为还需要增加哪些二级指标？请列出，并给出重要程度。		指标名称及说明：[　　　　　]	○5　○4　○3　○2　○1
		指标名称及说明：[　　　　　]	○5　○4　○3　○2　○1
收费情况	此一级指标下，您认为需不需要增加二级指标？如需要，请列出，并给出重要程度。	指标名称及说明：[　　　　　]	○5　○4　○3　○2　○1
		指标名称及说明：[　　　　　]	○5　○4　○3　○2　○1
		指标名称及说明：[　　　　　]	○5　○4　○3　○2　○1
网络安全	此一级指标下，您认为需不需要增加二级指标？如需要，请列出，并给出重要程度。	指标名称及说明：[　　　　　]	○5　○4　○3　○2　○1
		指标名称及说明：[　　　　　]	○5　○4　○3　○2　○1
		指标名称及说明：[　　　　　]	○5　○4　○3　○2　○1

[提交]　[重填]　[返回]

附录 1－3　第三轮专家意见调查表

网站评价一级指标调查表（第三轮）

为了深入研究网站信息资源的性质和内涵，参考中国互联网络信息中心（CNNIC）网络资源调查等文献资料，我们将网站信息资源进一步细分为四种类型：

商业网站：对公众提供互联网信息服务，以网上虚拟业务为主的网站。

企业网站：通过网站对自己的产品进行宣传，而业务主要是在网下进行的以实体业务为主的网站。

政府网站：中央或各级地方政府及各政府部门建立的、提供电子政务服务的网站。

学术网站：提供某一学科领域或者科学问题的研究进展及相关研究资料、学术性较强的网站。

一级指标	指标说明	相对重要性（从5到1重要性逐渐递减，5表示非常重要，1表示不重要。选项后面的百分数表示第二轮中选择该项的专家人数比例。）
信息内容	最基本的指标，指的是网站所提供的以文本、声音、图像等各种数字形式存在的信息资源，是网站功能和服务的基础。	○ 5 (96.43%)　　○ 4 (3.57%)　　○ 3　　○ 2　　○ 1
网站设计	从网站本身的角度来考察和评价的一个指标，包含网站栏目内容的组织、外观的设计等，网站设计的合理与否关系到信息内容的表达效果和功能的体现。	○ 5 (17.86%)　　○ 4 (78.57%)　　○ 3 (3.57%)　　○ 2　　○ 1
网站功能	指一个具备了信息内容，经过一定设计的网站可以为其用户提供的服务，网站功能的完备性以及有效性是从用户角度来评价网站的重要指标。	○ 5 (89.29%)　　○ 4 (10.71%)　　○ 3　　○ 2　　○ 1
网站影响力	指被公众及同行网站接受的程度大小。	○ 5 (32.14%)　　○ 4 (57.14%)　　○ 3 (7.14%)　　○ 2 (3.57%)　　○ 1
网络安全	是否采取了防范病毒和黑客的措施。	○ 5 (39.29%)　　○ 4 (53.57%)　　○ 3 (3.57%)　　○ 2 (3.57%)　　○ 1

提交　　重填　　返回

企业网站评价指标体系调查表（第三轮）

一级指标	二级指标	指标说明（二级指标中，红体字指标为根据第二轮调查结果新增指标。）	相对重要性（从5到1重要性逐渐递减，5表示非常重要，1表示不重要。选项后面的百分数表示第二轮中选择该项的专家人数比例。）
信息内容	信息内容的丰富程度	是指信息内容的多少，以及表达形式是否多样。	○5 (60.71%)　○4 (39.29%)　○3　○2　○1
	信息内容的准确性	信息内容本身是否客观真实，来源可靠，语言表达准确。	○5 (100.00%)　○4　○3　○2　○1
	信息内容的关联性	信息内容与企业实际业务联系的紧密程度。	○5 (17.86%)　○4 (78.57%)　○3 (3.57%)　○2　○1
	信息内容的时效性	信息内容是否及时更新。	○5 (89.29%)　○4 (10.71%)　○3　○2　○1
	链接的有效性	是否能正确指向被链接的对象。	○5 (42.86%)　○4 (39.29%)　○3 (14.29%)　○2 (3.57%)　○1
网站设计	导航系统的全面性	导航系统覆盖网站内容的全面程度。	○5 (60.71%)　○4 (35.71%)　○3 (3.57%)　○2　○1
	导航系统的一致性	全局导航、局部导航、语境导航、补充导航在各页面中的位置和风格是否一致，与内容分布是否一致。	○5 (21.43%)　○4 (71.43%)　○3 (7.14%)　○2　○1
	组织系统的合理性	分类结构是否科学、清晰、易理解，能否满足用户的多层次选择需求。	○5 (78.57%)　○4 (21.43%)　○3　○2　○1
	标识系统的准确性	能否准确地反映其所指的内容，能否让用户容易理解，表达相同内容是否使用相同标识。	○5 (75.00%)　○4 (25.00%)　○3　○2　○1
	界面友好程度	界面设计是否符合用户习惯、使用是否方便。	○5 (50.00%)　○4 (46.43%)　○3 (3.57%)　○2　○1
	界面美观程度	网站整体色彩搭配是否合理，文字大小、字体及图片等排版是否合理。	○5 (10.71%)　○4 (71.43%)　○3 (14.29%)　○2 (3.57%)　○1
	网站的响应速度	用户在相同的条件下，访问网站时的响应速度。	○5 (50.00%)　○4 (32.14%)　○3 (17.86%)　○2　○1
网站功能	在线业务功能	是否能实现网上交易、网上招聘、网上银行等服务及实现的程度如何。	○5 (78.57%)　○4 (17.86%)　○3 (3.57%)　○2　○1
	会员制度实现情况	是否能实现会员积分、提供会员电子杂志等服务及实现的程度如何。	○5 (7.14%)　○4 (53.57%)　○3 (39.29%)　○2　○1
	在线服务与支持功能	在线咨询、下载、产品注册、在线售后服务的提供情况及质量。	○5 (82.14%)　○4 (17.86%)　○3　○2　○1
	检索功能	能否提供多种检索方式，以及检索效率如何。	○5 (75.00%)　○4 (21.43%)　○3 (3.57%)　○2　○1
	特色服务功能	论坛服务、定制服务、多语种界面等特色服务功能。	○5 (39.29%)　○4 (53.57%)　○3 (3.57%)　○2 (3.57%)　○1
网站影响力	访问量	用户的访问量。	○5 (78.57%)　○4 (17.86%)　○3 (3.57%)　○2　○1
	外部链接数	被其他网站链接的数量。	○5 (21.43%)　○4 (64.29%)　○3 (10.71%)　○2 (3.57%)　○1
	用户访问的深度	用户浏览网页的层次深度。	○5 (28.57%)　○4 (42.86%)　○3 (28.57%)　○2　○1
网络安全	系统安全	是否具有数据备份机制、防火墙、防病毒软件等。	○5　○4　○3　○2　○1
	用户信息安全	包括身份认证、用户权限设置与控制，以及个人信息的保密性等。	○5　○4　○3　○2　○1

　　提交　　　重填　　　返回

商业网站评价指标体系调查表（第三轮）

一级指标	二级指标	指标说明（二级指标中，红体字指标为根据第二轮调查结果新增指标。）	相对重要性（从5到1重要性逐渐递减，5表示非常重要，1表示不重要。选项后面的百分数表示第二轮中选择该项的专家人数比例。）
信息内容	信息内容的丰富程度	是指信息内容的多少，以及表达形式是否多样。	○ 5 (85.71%) ○ 4 (14.29%) ○ 3 ○ 2 ○ 1
	信息内容的准确性	信息内容本身是否客观真实，来源可靠，语言表达准确。	○ 5 (96.43%) ○ 4 (3.57%) ○ 3 ○ 2 ○ 1
	信息内容的独特性	信息内容是否具有自己的特色，是否有一定原创性。	○ 5 (75.00%) ○ 4 (25.00%) ○ 3 ○ 2 ○ 1
	信息内容的时效性	信息内容是否及时更新。	○ 5 (92.86%) ○ 4 (7.14%) ○ 3 ○ 2 ○ 1
	链接的有效性	是否能正确指向被链接的对象。	○ 5 (50.00%) ○ 4 (32.14%) ○ 3 (17.86%) ○ 2 ○ 1
网站设计	导航系统的全面性	导航系统覆盖网站内容的全面程度。	○ 5 (82.14%) ○ 4 (17.86%) ○ 3 ○ 2 ○ 1
	导航系统的一致性	全局导航、局部导航、语境导航、补充导航在各页面中的位置和风格是否一致，与内容分布是否一致。	○ 5 (25.00%) ○ 4 (75.00%) ○ 3 ○ 2 ○ 1
	组织系统的合理性	分类结构是否科学、清晰、易理解，能否满足用户的多层次选择需求。	○ 5 (78.57%) ○ 4 (21.43%) ○ 3 ○ 2 ○ 1
	标识系统的准确性	能否准确地反映其所指的内容，能否让用户容易理解，表达相同内容是否使用相同标识。	○ 5 (85.71%) ○ 4 (14.29%) ○ 3 ○ 2 ○ 1
	界面友好程度	界面设计是否符合用户习惯、使用是否方便。	○ 5 (89.29%) ○ 4 (10.71%) ○ 3 ○ 2 ○ 1
	界面美观程度	网站整体色彩搭配是否合理，文字大小、字体及图片等排版是否合理。	○ 5 (10.71%) ○ 4 (75.00%) ○ 3 (14.29%) ○ 2 ○ 1
	网站的响应速度	用户在相同的条件下，访问网站时的响应速度。	○ 5 (67.86%) ○ 4 (25.00%) ○ 3 (7.14%) ○ 2 ○ 1
网站功能	电子商务功能	是否能实现网上交易、网上银行、短信、彩铃等电子商务。	○ 5 (96.43%) ○ 4 (3.57%) ○ 3 ○ 2 ○ 1
	交互功能	是否能实现常见问题解答、网上咨询，效率如何；是否支持用户意见反馈等。	○ 5 (92.86%) ○ 4 (7.14%) ○ 3 ○ 2 ○ 1
	检索功能	能否提供多种检索方式、以及检索效率如何。	○ 5 (64.29%) ○ 4 (35.71%) ○ 3 ○ 2 ○ 1
	特色服务功能	网站是否提供E-mail服务、个人空间服务、论坛服务、定制服务等特色服务功能。	○ 5 (39.29%) ○ 4 (60.71%) ○ 3 ○ 2 ○ 1
网站影响力	访问量	用户的访问量。	○ 5 (96.43%) ○ 4 (3.57%) ○ 3 ○ 2 ○ 1
	外部链接数	被其他网站链接的数量。	○ 5 (50.00%) ○ 4 (46.43%) ○ 3 (3.57%) ○ 2 ○ 1
	用户访问的深度	用户浏览网页的层次深度。	○ 5 (25.00%) ○ 4 (53.57%) ○ 3 (21.43%) ○ 2 ○ 1
	电子商务的交易量	可以通过该网站年交易量或年交易增长量等指标来反映。	○ 5 (53.57%) ○ 4 (28.57%) ○ 3 (17.86%) ○ 2 ○ 1
网络安全	系统安全	是否具有数据备份机制、防火墙、防病毒软件等。	○ 5 ○ 4 ○ 3 ○ 2 ○ 1
	用户信息安全	包括身份认证、用户权限设置与控制，以及个人信息的保密性等。	○ 5 ○ 4 ○ 3 ○ 2 ○ 1
	交易安全	主要是指如何保障电子商务过程的顺利进行，即实现电子商务的机密性、有效性和不可抵赖性等。	○ 5 ○ 4 ○ 3 ○ 2 ○ 1

提交   重填   返回

政府网站评价指标体系调查表（第三轮）

一级指标	二级指标	指标说明（二级指标中，红色字指标为根据第二轮调查结果新增指标。）	相对重要性（从5到1重要性逐渐递减，5表示非常重要，1表示不重要。选项后面的百分数表示第二轮中选择该项的专家人数比例。）
信息内容	信息内容的准确性	主要看信息资源提供数据和事实是否准确。	○5 (100.00%)　○4　○3　○2　○1
	信息内容的完整性	信息内容是否全面，例如政府公报、政策法规、政务新闻等，各项内容是否完整。	○5 (89.29%)　○4 (10.71%)　○3　○2　○1
	信息内容的时效性	信息内容的更新反馈是否及时。	○5 (89.29%)　○4 (10.71%)　○3　○2　○1
	信息内容的独特性	网站提供的信息内容是否具有自己的特色，是否拥有从其他网站无法获取的独家资源。	○5 (28.57%)　○4 (71.43%)　○3　○2　○1
	链接的有效性	是否能正确指向被链接的对象。	○5 (53.57%)　○4 (35.71%)　○3 (10.71%)　○2　○1
网站设计	导航系统的全面性	导航系统覆盖网站内容的全面程度。	○5 (67.86%)　○4 (32.14%)　○3　○2　○1
	导航系统的一致性	全局导航、局部导航、语境导航、补充导航在各页面中的位置和风格是否一致，与内容分布是否一致。	○5 (46.43%)　○4 (53.57%)　○3　○2　○1
	组织系统的合理性	分类结构是否科学、清晰、易理解，能否满足用户的多层次选择需求。	○5 (71.43%)　○4 (28.57%)　○3　○2　○1
	标识系统的准确性	能准确地反映其所指的内容，能否让用户容易理解，表达相同内容是否使用相同标识。	○5 (82.14%)　○4 (17.86%)　○3　○2　○1
	界面友好程度	界面设计是否符合用户习惯、使用是否方便。	○5 (60.71%)　○4 (39.29%)　○3　○2　○1
	界面美观程度	网站整体色彩搭配是否合理，文字大小、字体及图片等排版是否合理。	○5 (3.57%)　○4 (89.29%)　○3 (7.14%)　○2　○1
	网站的稳定性	网站的结构、界面在一定的时期内相对稳定。	○5 (42.86%)　○4 (42.86%)　○3 (14.29%)　○2　○1
网站功能	交互功能	是否具有网上采购、咨询、申报、审批、投诉、监督等功能，以及提供公众交流的平台，如论坛、市长信箱等。	○5 (96.43%)　○4 (3.57%)　○3　○2　○1
	信息公开功能	是否提供政府公报、政策法规、政务新闻、机构设置及其职权责、办事指南等政务信息。	○5 (96.43%)　○4 (3.57%)　○3　○2　○1
	检索功能	能否提供多种检索方式、以及检索效率如何。	○5 (67.86%)　○4 (32.14%)　○3　○2　○1
	特色服务功能	是否提供一些特色服务功能，如提供招商引资、旅游等特色信息；允许用户自己定制栏目；实现推送业务等。	○5 (17.86%)　○4 (75.00%)　○3 (7.14%)　○2　○1
网站影响力	访问量	用户的访问量。	○5 (64.29%)　○4 (32.14%)　○3 (3.57%)　○2　○1
	外部链接数	被其他网站链接的数量。	○5 (46.43%)　○4 (42.86%)　○3 (10.71%)　○2　○1
	用户访问的深度	用户浏览网页的层次深度。	○5 (25.00%)　○4 (46.43%)　○3 (25.00%)　○2 (3.57%)　○1
	信息的转载量	被其他网站或其他媒体转载的数量。	○5 (17.86%)　○4 (57.14%)　○3 (21.43%)　○2 (3.57%)　○1
网络安全	系统安全	是否具有数据备份机制、防火墙、防病毒软件等。	○5　○4　○3　○2　○1
	用户信息安全	包括身份认证、用户权限设置与控制，以及个人信息的保密性。	○5　○4　○3　○2　○1

提交　　重填　　返回

学术网站评价指标体系调查表(第三轮)

一级指标	二级指标	指标说明(二级指标中,红体字指标为根据第二轮调查结果新增指标。)	相对重要性(从5到1重要性逐渐递减,5表示非常重要,1表示不重要。选项后面的百分数表示第二轮中选择该项的专家人数比例。)
信息内容	信息内容的深度	信息内容涉及的本学科专业的层次水平及深入程度。	○ 5(89.29%)　○ 4(10.71%)　○ 3　○ 2　○ 1
	信息内容的广度	网页信息对本学科专业的覆盖面。	○ 5(71.43%)　○ 4(28.57%)　○ 3　○ 2　○ 1
	信息内容的准确性	主要看信息资源提供数据和事实是否准确。	○ 5(92.86%)　○ 4(7.14%)　○ 3　○ 2　○ 1
	表达观点的客观性	指信息资源是否提供公正合理的论证,而不是有选择、有倾向性的论证。	○ 5(82.14%)　○ 4(17.86%)　○ 3　○ 2　○ 1
	信息内容的独特性	网站提供的信息内容是否具有自己的特色,是否拥有从其他网站无法获取的独家资源。	○ 5(82.14%)　○ 4(17.86%)　○ 3　○ 2　○ 1
	信息内容的创新性	这主要看网页信息是否提出了新的观点,是否介绍了较多的本学科的前沿信息。	○ 5(82.14%)　○ 4(14.29%)　○ 3(3.57%)　○ 2　○ 1
	信息内容的时效性	主要看信息资源是否保持更新及更新频率。	○ 5(78.57%)　○ 4(21.43%)　○ 3　○ 2　○ 1
	信息来源的权威性	主要考虑信息资源是否具有较强的学术背景,是否有著名研究机构、学会和知名专家的支持。	○ 5(78.57%)　○ 4(17.86%)　○ 3(3.57%)　○ 2　○ 1
	专业信息的比例	网站信息资源中专业信息所占的比重。	○ 5(28.57%)　○ 4(67.86%)　○ 3(3.57%)　○ 2　○ 1
网站设计	导航系统的全面性	导航系统覆盖网站内容的全面程度。	○ 5(21.43%)　○ 4(78.57%)　○ 3　○ 2　○ 1
	导航系统的一致性	全局导航、局部导航、语境导航,补充导航在各页面中的位置和风格是否一致,与内容分布是否一致。	○ 5(21.43%)　○ 4(78.57%)　○ 3　○ 2　○ 1
	组织系统的合理性	分类结构是否科学、清晰、易理解,能否满足用户的多层次选择需求。	○ 5(75.00%)　○ 4(25.00%)　○ 3　○ 2　○ 1
	标识系统的准确性	能否准确地反映其所指的内容,能否让用户容易理解,表达相同内容是否使用相同标识。	○ 5(89.29%)　○ 4(10.71%)　○ 3　○ 2　○ 1
	界面友好程度	界面设计是否符合用户习惯、使用是否方便。	○ 5(60.71%)　○ 4(39.29%)　○ 3　○ 2　○ 1
	界面美观程度	网站整体色彩搭配是否合理,文字大小、字体及图片等排版是否合理。	○ 5　○ 4(71.43%)　○ 3(28.57%)　○ 2　○ 1
网站功能	交互功能	是否提供较好的交互功能,如常见问题解答、网上咨询;是否支持用户意见反馈等。	○ 5(53.57%)　○ 4(42.86%)　○ 3(3.57%)　○ 2　○ 1
	检索功能	能否提供多种检索方式,以及检索效率如何。	○ 5(92.86%)　○ 4(7.14%)　○ 3　○ 2　○ 1
	下载功能	是否提供信息资源和资料的下载,下载是否方便。	○ 5(82.14%)　○ 4(17.86%)　○ 3　○ 2　○ 1
	特色服务功能	是否提供一些特色服务功能,如提供会员服务、允许用户自己定制栏目;实现推送业务等。	○ 5(14.29%)　○ 4(53.57%)　○ 3(32.14%)　○ 2　○ 1
	参考功能	是否提供可供进一步学习的参考资源。	○ 5(10.71%)　○ 4(82.14%)　○ 3(7.14%)　○ 2　○ 1
	离线服务功能	是否提供给用户在离线状态下的服务。	○ 5(3.57%)　○ 4(42.86%)　○ 3(35.71%)　○ 2(14.29%)　○ 1(3.57%)
网站影响力	访问量	用户的访问量。	○ 5(57.14%)　○ 4(42.86%)　○ 3　○ 2　○ 1
	外部链接数	被其他网站链接的数量。	○ 5(35.71%)　○ 4(60.71%)　○ 3(3.57%)　○ 2　○ 1
	学术研究引用量	被其他网站或者其他媒体转载或引用的数量。	○ 5(53.57%)　○ 4(35.71%)　○ 3(10.71%)　○ 2　○ 1
网络安全	系统安全	是否具有数据备份机制、防火墙、防病毒软件等。	○ 5　○ 4　○ 3　○ 2　○ 1
	用户信息安全	包括身份认证、用户权限设置与控制,以及个人信息的保密性等。	○ 5　○ 4　○ 3　○ 2　○ 1

提交　　重填　　返回

搜索引擎一级指标调查表(第三轮)

一级指标	指标说明	相对重要性(从5到1重要性逐渐递减，5表示非常重要，1表示不重要。选项后面的百分数表示第二轮中选择该项的专家人数比例。)
索引构成	被搜索资源的范围、数量和更新频率。	○5(100.00%) ○4 ○3 ○2 ○1
检索方式	是否支持分类检索、多媒体检索、模糊检索等多种检索方式。	○5(85.71%) ○4(14.29%) ○3 ○2 ○1
检索效果	检索的效率和检索结果如何。	○5(96.43%) ○4(3.57%) ○3 ○2 ○1
其他功能/服务	除搜索以外的所有功能和服务。	○5(3.57%) ○4(67.86%) ○3(25.00%) ○2(3.57%) ○1

提交　重填　返回

搜索引擎二级指标调查表(第三轮)

一级指标	二级指标	指标说明	相对重要性(从5到1重要性逐渐递减，5表示非常重要，1表示不重要。选项后面的百分数表示第二轮中选择该项的专家人数比例。)
索引构成	标引数量	标引的网络资源数的数量。	○5(92.86%) ○4(7.14%) ○3 ○2 ○1
	标引范围	是否标引除网页之外的其他网络资源，如FTP资源、图片、视频等。	○5(75.00%) ○4(25.00%) ○3 ○2 ○1
	更新频率	索引库更新的频率，表现为检索结果的新颖程度。	○5(92.86%) ○4(7.14%) ○3 ○2 ○1
检索方式	自然语言检索	直接采用自然语言中的字、词、或句子作提问式进行检索，是一般非专业检索者常用的检索方式。	○5(96.43%) ○4(3.57%) ○3 ○2 ○1
	多语种检索	是否支持多种语言的检索，中文、英文或其他。	○5(35.71%) ○4(64.29%) ○3 ○2 ○1
	布尔逻辑检索	是否支持NOT、AND、OR检索。	○5(71.43%) ○4(28.57%) ○3 ○2 ○1
	词组检索	词组检索是将一个词组（通常用英文双引号括起）当作一个独立运算单元，进行严格匹配检索。	○5(78.57%) ○4(17.86%) ○3(3.57%) ○2 ○1
	模糊检索	又称截词检索，指利用"*"、"?"等通配符对具有相同特征的检索词进行检索。	○5(67.86%) ○4(32.14%) ○3 ○2 ○1
	概念检索	搜索引擎是否能够对检索词及其同义词进行检索，把表达同一个概念的网页都检索出来。	○5(82.14%) ○4(17.86%) ○3 ○2 ○1
	字段检索	限制检索的一种，在搜索引擎中，多表现为对资源所属站点、关键词位置、时间等进行限定的检索。	○5(25.00%) ○4(67.86%) ○3(7.14%) ○2 ○1
	目录式浏览检索	将网站或网页信息内容按类型进行分类，提供目录式的检索服务。	○5(28.57%) ○4(71.43%) ○3 ○2 ○1
	多媒体检索	是否支持图像、音频、视频等检索。	○5(21.43%) ○4(71.43%) ○3(3.57%) ○2(3.57%) ○1
	其它检索	如是否支持邻近检索、区分大小写检索等。	○5(7.14%) ○4(39.29%) ○3(42.86%) ○2(7.14%) ○1(3.57%)
检索效果	查全率	是搜索引擎在进行某一检索时，检出的相关文献量与系统文献库中相关文献总量的比率。	○5(64.29%) ○4(35.71%) ○3 ○2 ○1
	查准率	检索结果中符合查询要求的资源的比率。	○5(96.43%) ○4(3.57%) ○3 ○2 ○1
	重复率	搜索结果中重复资源的比率。	○5(10.71%) ○4(71.43%) ○3(14.29%) ○2 ○1(3.57%)
	响应时间	搜索引擎反馈给用户检索结果的时间。	○5(71.43%) ○4(28.57%) ○3 ○2 ○1
	内容显示	检索结果的显示是否完整（如标题、摘要、链接等），及结果能否调整。	○5(67.86%) ○4(32.14%) ○3 ○2 ○1
	相关性排序	检索结果是否按照与关键词的相关程度进行排序。	○5(75.00%) ○4(25.00%) ○3 ○2 ○1
其他功能/服务	界面设计	用户界面是否友好，是否美观。	○5(57.14%) ○4(42.86%) ○3 ○2 ○1
	搜索帮助	是否提供检索的帮助信息。	○5(14.29%) ○4(78.57%) ○3(7.14%) ○2 ○1
	个性服务	是否提供用户自定义检索结果显示情况或使用偏好的个性设置服务。	○5(14.29%) ○4(75.00%) ○3(10.71%) ○2 ○1
	相关搜索服务	如用户搜索"知识产权"时，搜索引擎提供"知识产权法"、"知识产权局"等检索词用户搜索。	○5(21.43%) ○4(64.29%) ○3(14.29%) ○2 ○1
	特色功能	网页快照、中英文翻译、智能推送等。	○5(17.86%) ○4(71.43%) ○3(10.71%) ○2 ○1
	过滤功能	是否通过人工干预方法，过滤掉不良网站和有害信息。	○5(28.57%) ○4(42.86%) ○3(21.43%) ○2(3.57%) ○1(3.57%)

提交　重填　返回

网络数据库一级指标调查表（第三轮）

本调查所称的网络数据库，是指以后台数据库为基础，加上一定的前台程序，通过浏览器完成数据查询等操作的系统。例如中国学术期刊全文数据库（CNKI）、维普中文科技期刊全文数据库（VIP）、Web of Science、ProQuest Digital Dissertations（PQDD）等。

一级指标	指标说明	相对重要性（从5到1重要性逐渐递减，5表示非常重要，1表示不重要。选项后面的百分数表示第二轮中选择该项的专家人数比例。）
收录范围	包括网络数据库的收录内容的来源，时间跨度和更新的频率，是评价数据库内容的最基本的指标。	○ 5 (92.86%)　　○ 4 (7.14%)　　○ 3　　○ 2　　○ 1
检索功能	网络数据库使用的核心，主要包括检索方式、检索入口、检索效率、检索界面以及检索结果的处理情况。	○ 5 (96.43%)　　○ 4 (3.57%)　　○ 3　　○ 2　　○ 1
服务功能	包括除在本数据库检索以外，该数据库能够提供给用户的其他功能，包括咨询服务、定题服务等。	○ 5 (82.14%)　　○ 4 (17.86%)　　○ 3　　○ 2　　○ 1
收费情况	使用费用的高低，对个人用户而言，指获得一篇文献的费用。	○ 5 (25.00%)　　○ 4 (57.14%)　　○ 3 (14.29%)　　○ 2 (3.57%)　　○ 1
网络安全	是否采取了防范病毒和黑客的措施。	○ 5 (35.71%)　　○ 4 (50.00%)　　○ 3 (10.71%)　　○ 2 (3.57%)　　○ 1

提交　　重填　　返回

网络数据库二级指标调查表(第三轮)

一级指标	二级指标	指标说明(二级指标中,红体字指标为根据第二轮调查结果新增指标。)	相对重要性(从5到1重要性逐渐递减, 5表示非常重要,1表示不重要。选项后面的百分数表示第二轮中选择该项的专家人数比例。)
收录范围	年度跨度	数据库中收录的文献的年度范围。	○5(82.14%) ○4(17.86%) ○3 ○2 ○1
	更新频率	更新的周期,周期越短,频率越快。	○5(85.71%) ○4(14.29%) ○3 ○2 ○1
	来源文献数量	收录文献的数量多少。	○5(82.14%) ○4(17.86%) ○3 ○2 ○1
	来源文献质量	收录文献的质量高低。	○5(71.43%) ○4(25.00%) ○3(3.57%) ○2 ○1
	来源文献的全面性	收录本领域内文献的完备程度。	○5(64.29%) ○4(28.57%) ○3(7.14%) ○2 ○1
	特色收藏	同类数据库中,收录文献的收藏特色。	○5(32.14%) ○4(50.00%) ○3(17.86%) ○2 ○1
检索功能	检索方式	是否可以进行布尔检索、组配检索、截词检索、二次检索等方式。	○5(96.43%) ○4(3.57%) ○3 ○2 ○1
	检索入口	是否可以从著者、著者单位、出版时间、文献类型、文献语种、文献篇名、出版物名称、文摘、主题词/关键词、分类号、ISSN/ISBN、材料识别号等角度检索。	○5(100.00%) ○4 ○3 ○2 ○1
	结果处理	是否可以调整显示方式以及输出方式。	○5(28.57%) ○4(71.43%) ○3 ○2 ○1
	检索效率	是指检全率、检准率、响应时间、检索速度等方面。	○5(89.29%) ○4(10.71%) ○3 ○2 ○1
	检索界面	界面设计是否友好、是否易用。	○5(46.43%) ○4(53.57%) ○3 ○2 ○1
服务功能	资源整合	是指能否进行跨库检索、一站式检索。	○5(85.71%) ○4(14.29%) ○3 ○2 ○1
	个性化服务	如用户界面定制、创建个人账户、邮件定题服务、个人期刊列表等。	○5(53.57%) ○4(42.86%) ○3(3.57%) ○2 ○1
	交互功能	如是否可以提供在线帮助、咨询,及定期咨询用户意见等。	○5(25.00%) ○4(75.00%) ○3 ○2 ○1
	全文提供服务	能否提供全文及提供的方式,及是否提供不同格式的下载。	○5(75.00%) ○4(25.00%) ○3 ○2 ○1
	链接功能	如是否可以在检索结果中提供链接指向,如全文、引文、相关文献、其他数据库、网页等。	○5(53.57%) ○4(25.00%) ○3(17.86%) ○2(3.57%) ○1
	离线配套服务	如是否提供给用户在离线状态下的相关配套服务。	○5(3.57%) ○4(57.14%) ○3(35.71%) ○2(3.57%) ○1
	检索结果分析	是否对检索结果进行粗略的统计分析。	○5(28.57%) ○4(53.57%) ○3(14.29%) ○2(3.57%) ○1
收费情况	收费方式	是指收费的渠道及其便利性。	○5 ○4 ○3 ○2 ○1
	价格高低		○5 ○4 ○3 ○2 ○1
网络安全	系统安全	是否具有数据备份机制、防火墙、防病毒软件等。	○5 ○4 ○3 ○2 ○1
	用户信息安全	包括身份认证、用户权限设置与控制,以及个人信息的保密性等。	○5 ○4 ○3 ○2 ○1

提交　重填　返回

附录 2 第三轮专家意见调查结果

表附 2-1 网站评价一级指标评分统计表

一级指标	评分统计(总共 28 人回答)	评分情况
信息内容	140	5 分(100.00%)
网站设计	121	5 分(32.14%) 4 分(67.86%)
网站功能	138	5 分(92.86%) 4 分(7.14%)
网站影响力	119	5 分(25.00%) 4 分(75.00%)
网络安全	120	5 分(28.57%) 4 分(71.43%)

表附 2-2 企业网站评价指标体系评分统计表

一级指标	二级指标	评分统计(总共 28 人回答)	评分情况
信息内容	信息内容的丰富程度	132	5 分(71.43%) 4 分(28.57%)
	信息内容的准确性	139	5 分(96.43%) 4 分(3.57%)
	信息内容的关联性	117	5 分(17.86%) 4 分(82.14%)
	信息内容的时效性	140	5 分(100.00%)
	链接的有效性	128	5 分(57.14%) 4 分(42.86%)
网站设计	导航系统的全面性	134	5 分(78.57%) 4 分(21.43%)
	导航系统的一致性	119	5 分(25.00%) 4 分(75.00%)
	组织系统的合理性	137	5 分(89.29%) 4 分(10.71%)
	标识系统的准确性	138	5 分(92.86%) 4 分(7.14%)
	界面友好程度	128	5 分(57.14%) 4 分(42.86%)
	界面美观程度	111	4 分(96.43%) 3 分(3.57%)
	网站的响应速度	134	5 分(78.57%) 4 分(21.43%)
网站功能	在线业务功能	136	5 分(85.71%) 4 分(14.29%)
	会员制度实现情况	110	5 分(3.57%) 4 分(85.71%) 3 分(10.71%)
	在线服务与支持功能	136	5 分(85.71%) 4 分(14.29%)
	检索功能	135	5 分(82.14%) 4 分(17.86%)
	特色服务功能	115	5 分(14.29%) 4 分(82.14%) 3 分(3.57%)
网站影响力	访问量	137	5 分(89.29%) 4 分(10.71%)
	外部链接数	115	5 分(10.71%) 4 分(89.29%)
	用户访问的深度	113	5 分(10.71%) 4 分(82.14%) 3 分(7.14%)
网络安全	系统安全	126	5 分(50.00%) 4 分(50.00%)
	用户信息安全	129	5 分(60.71%) 4 分(39.29%)

表附 2-3　商业网站评价指标体系评分统计表

一级指标	二级指标	评分统计（总共 28 人回答）	评分情况
信息内容	信息内容的丰富程度	139	5 分(96.43%)｜ 4 分(3.57%)｜
	信息内容的准确性	140	5 分(100.00%)｜
	信息内容的独特性	137	5 分(89.29%)｜ 4 分(10.71%)｜
	信息内容的时效性	138	5 分(92.86%)｜ 4 分(7.14%)｜
	链接的有效性	131	5 分(67.86%)｜ 4 分(32.14%)｜
网站设计	导航系统的全面性	134	5 分(82.14%)｜ 4 分(14.29%)｜ 3 分(3.57%)｜
	导航系统的一致性	117	5 分(21.43%)｜ 4 分(75.00%)｜ 3 分(3.57%)｜
	组织系统的合理性	136	5 分(85.71%)｜ 4 分(14.29%)｜
	标识系统的准确性	138	5 分(92.86%)｜ 4 分(7.14%)｜
	界面友好程度	135	5 分(82.14%)｜ 4 分(17.86%)｜
	界面美观程度	113	5 分(3.57%)｜ 4 分(96.43%)｜
	网站的响应速度	137	5 分(89.29%)｜ 4 分(10.71%)｜
网站功能	电子商务功能	139	5 分(96.43%)｜ 4 分(3.57%)｜
	交互功能	138	5 分(92.86%)｜ 4 分(7.14%)｜
	检索功能	134	5 分(78.57%)｜ 4 分(21.43%)｜
	特色服务功能	117	5 分(17.86%)｜ 4 分(82.14%)｜
网站影响力	访问量	139	5 分(96.43%)｜ 4 分(3.57%)｜
	外部链接数	122	5 分(42.86%)｜ 4 分(50.00%)｜ 3 分(7.14%)｜
	用户访问的深度	114	5 分(10.71%)｜ 4 分(85.71%)｜ 3 分(3.57%)｜
	电子商务的交易量	134	5 分(82.14%)｜ 4 分(14.29%)｜ 3 分(3.57%)｜
网络安全	系统安全	131	5 分(71.43%)｜ 4 分(25.00%)｜ 3 分(3.57%)｜
	用户信息安全	134	5 分(82.14%)｜ 4 分(14.29%)｜ 3 分(3.57%)｜
	交易安全	135	5 分(85.71%)｜ 4 分(10.71%)｜ 3 分(3.57%)｜

表附 2-4　政府网站评价指标体系评分统计表

一级指标	二级指标	评分统计（总共 28 人回答）	评分情况
信息内容	信息内容的准确性	139	5 分(96.43%)｜ 4 分(3.57%)｜
	信息内容的完整性	137	5 分(89.29%)｜ 4 分(10.71%)｜
	信息内容的时效性	138	5 分(92.86%)｜ 4 分(7.14%)｜
	信息内容的独特性	120	5 分(28.57%)｜ 4 分(71.43%)｜
	链接的有效性	131	5 分(67.86%)｜ 4 分(32.14%)｜

（续表）

一级指标	二级指标		评分情况
网站设计	导航系统的全面性	135	5 分(82.14％)| 4 分(17.86％)|
	导航系统的一致性	123	5 分(39.29％)| 4 分(60.71％)|
	组织系统的合理性	136	5 分(85.71％)| 4 分(14.29％)|
	标识系统的准确性	139	5 分(96.43％)| 4 分(3.57％)|
	界面友好程度	135	5 分(82.14％)| 4 分(17.86％)|
	界面美观程度	111	4 分(96.43％)| 3 分(3.57％)|
	网站的响应速度	125	5 分(50.00％)| 4 分(46.43％)| 3 分(3.57％)|
网站功能	交互功能	138	5 分(92.86％)| 4 分(7.14％)|
	信息公开功能	140	5 分(100.00％)|
	检索功能	137	5 分(89.29％)| 4 分(10.71％)|
	特色服务功能	114	5 分(7.14％)| 4 分(92.86％)|
网站影响力	访问量	132	5 分(71.43％)| 4 分(28.57％)|
	外部链接数	123	5 分(39.29％)| 4 分(60.71％)|
	用户访问的深度	112	5 分(7.14％)| 4 分(85.71％)| 3 分(7.14％)|
	信息的转载量	114	5 分(10.71％)| 4 分(85.71％)| 3 分(3.57％)|
网络安全	系统安全	129	5 分(60.71％)| 4 分(39.29％)|
	用户信息安全	126	5 分(57.14％)| 4 分(35.71％)| 3 分(7.14％)|

表附 2 - 5   学术网站评价指标体系评分统计表

一级指标	二级指标	评分统计 （总共 28 人回答）	评分情况
信息内容	信息内容的深度	140	5 分(100.00％)|
	信息内容的广度	134	5 分(78.57％)| 4 分(21.43％)|
	信息内容的准确性	138	5 分(92.86％)| 4 分(7.14％)|
	表达观点的客观性	138	5 分(92.86％)| 4 分(7.14％)|
	信息内容的独特性	138	5 分(92.86％)| 4 分(7.14％)|
	信息内容的创新性	137	5 分(89.29％)| 4 分(10.71％)|
	信息内容的时效性	136	5 分(85.71％)| 4 分(14.29％)|
	信息来源的权威性	138	5 分(92.86％)| 4 分(7.14％)|
	专业信息的比例	120	5 分(28.57％)| 4 分(71.43％)|
网站设计	导航系统的全面性	123	5 分(39.29％)| 4 分(60.71％)|
	导航系统的一致性	117	5 分(17.86％)| 4 分(82.14％)|
	组织系统的合理性	139	5 分(96.43％)| 4 分(3.57％)|
	标识系统的准确性	139	5 分(96.43％)| 4 分(3.57％)|
	界面友好程度	130	5 分(64.29％)| 4 分(35.71％)|
	界面美观程度	112	5 分(3.57％)| 4 分(92.86％)| 3 分(3.57％)|

（续表）

网站功能	交互功能	127	5分(53.57%)| 4分(46.43%)|
	检索功能	139	5分(96.43%)| 4分(3.57%)|
	下载功能	137	5分(89.29%)| 4分(10.71%)|
	特色服务功能	113	5分(7.14%)| 4分(89.29%)| 3分(3.57%)|
	参考功能	117	5分(17.86%)| 4分(82.14%)|
	离线服务功能	101	5分(3.57%)| 4分(60.71%)| 3分(32.14%)| 1分(3.57%)|
网站影响力	访问量	131	5分(67.86%)| 4分(32.14%)|
	外部链接数	116	5分(14.29%)| 4分(85.71%)|
	学术研究引用量	134	5分(78.57%)| 4分(21.43%)|
网络安全	系统安全	125	5分(50.00%)| 4分(46.43%)| 3分(3.57%)|
	用户信息安全	125	5分(53.57%)| 4分(39.29%)| 3分(7.14%)|

表附 2-6　搜索引擎评价一级指标评分统计表

一级指标	评分统计(总共 28 人回答)	评分情况
索引构成	140	5分(100.00%)|
检索方式	140	5分(100.00%)|
检索效果	138	5分(92.86%)| 4分(7.14%)|
其他功能/服务	107	4分(85.71%)| 3分(10.71%)| 2分(3.57%)|

表附 2-7　搜索引擎评价二级指标评分统计表

一级指标	二级指标	评分统计（总共 28 人回答）	评分情况
索引构成	标引数量	138	5分(92.86%)| 4分(7.14%)|
	标引范围	139	5分(96.43%)| 4分(3.57%)|
	更新频率	139	5分(96.43%)| 4分(3.57%)|
检索方式	自然语言检索	139	5分(96.43%)| 4分(3.57%)|
	多语种检索	118	5分(21.43%)| 4分(78.57%)|
	布尔逻辑检索	132	5分(71.43%)| 4分(28.57%)|
	词组检索	138	5分(92.86%)| 4分(7.14%)|
	模糊检索	134	5分(78.57%)| 4分(21.43%)|
	概念检索	136	5分(85.71%)| 4分(14.29%)|
	字段检索	117	5分(17.86%)| 4分(82.14%)|
	目录式浏览检索	119	5分(25.00%)| 4分(75.00%)|
	多媒体检索	116	5分(17.86%)| 4分(78.57%)| 3分(3.57%)|
	其他检索	97	4分(50.00%)| 3分(46.43%)| 2分(3.57%)|

（续表）

检索效果	查全率	132	5 分(71.43%)│ 4 分(28.57%)│
	查准率	139	5 分(96.43%)│ 4 分(3.57%)│
	重复率	115	5 分(14.29%)│ 4 分(82.14%)│ 3 分(3.57%)│
	响应时间	136	5 分(85.71%)│ 4 分(14.29%)│
	内容显示	137	5 分(89.29%)│ 4 分(10.71%)│
	相关性排序	138	5 分(92.86%)│ 4 分(7.14%)│
其他功能/服务	界面设计	128	5 分(57.14%)│ 4 分(42.86%)│
	搜索帮助	114	5 分(7.14%)│ 4 分(92.86%)│
	个性服务	114	5 分(10.71%)│ 4 分(85.71%)│ 3 分(3.57%)│
	相关搜索服务	117	5 分(25.00%)│ 4 分(67.86%)│ 3 分(7.14%)│
	特色功能	114	5 分(10.71%)│ 4 分(85.71%)│ 3 分(3.57%)│
	过滤功能	114	5 分(25.00%)│ 4 分(64.29%)│ 3 分(7.14%)│ 1 分(3.57%)│

表附 2-8　网络数据库评价一级指标评分统计表

一级指标	评分统计(总共 28 人回答)	评分情况
收录范围	139	5 分(96.43%)│ 4 分(3.57%)│
检索功能	139	5 分(96.43%)│ 4 分(3.57%)│
服务功能	137	5 分(89.29%)│ 4 分(10.71%)│
收费情况	113	5 分(10.71%)│ 4 分(82.14%)│ 3 分(7.14%)│
网络安全	124	5 分(42.86%)│ 4 分(57.14%)│

表附 2-9　网络数据库评价二级指标评分统计表

一级指标	二级指标	评分统计（总共 28 人回答）	评分情况
收录范围	年度跨度	139	5 分(96.43%)│ 4 分(3.57%)│
	更新频率	138	5 分(92.86%)│ 4 分(7.14%)│
	来源文献数量	138	5 分(92.86%)│ 4 分(7.14%)│
	来源文献质量	139	5 分(96.43%)│ 4 分(3.57%)│
	来源文献的全面性	136	5 分(85.71%)│ 4 分(14.29%)│
	特色收藏	119	5 分(25.00%)│ 4 分(75.00%)│

（续表）

	检索方式	139	5 分(96.43%)｜4 分(3.57%)｜
	检索入口	140	5 分(100.00%)｜
检索功能	结果处理	115	5 分(10.71%)｜4 分(89.29%)｜
	检索效率	140	5 分(100.00%)｜
	检索界面	126	5 分(50.00%)｜4 分(50.00%)｜
	资源整合	138	5 分(92.86%)｜4 分(7.14%)｜
	个性化服务	126	5 分(50.00%)｜4 分(50.00%)｜
	交互功能	116	5 分(14.29%)｜4 分(85.71%)｜
	全文提供服务	138	5 分(92.86%)｜4 分(7.14%)｜
服务功能	链接功能	133	5 分(75.00%)｜4 分(25.00%)｜
	离线配套服务	108	5 分(7.14%)｜4 分(78.57%)｜3 分(10.71%)｜ 1 分(3.57%)｜
	检索结果分析	113	5 分(14.29%)｜4 分(75.00%)｜3 分(10.71%)｜
收费情况	收费方式	115	5 分(21.43%)｜4 分(67.86%)｜3 分(10.71%)｜
	价格高低	115	5 分(25.00%)｜4 分(60.71%)｜3 分(14.29%)｜
网络安全	系统安全	127	5 分(53.57%)｜4 分(46.43%)｜
	用户信息安全	122	5 分(42.86%)｜4 分(50.00%)｜3 分(7.14%)｜

附录3　计算指标权重的程序代码

```
class Matrix {
    / *
    * 这个程序是根据同一层次下各个指标的满分频度得出其判断矩
阵。需要人工对最后的输出结果作取舍，四舍五入，取小数点后两位小数。
    * /
    private int n;

    private float[] arrayOriginal;

    public void setOriginalArray(float[] array, int size) {
        arrayOriginal = array;
        n = size;
    }

    public float[][] getMatrix() {
```

```
        float max = 0;
        float min = 100;
        for (int i = 0; i < n; i++) {
            if (arrayOriginal[i] > max)
                max = arrayOriginal[i];
            if (arrayOriginal[i] < min)
                min = arrayOriginal[i];
        }
//        System. out. println("max=" + max);
//        System. out. println("min=" + min);
        float gap = (float) 100 / 8;
        float b[][] = new float[n][n];
        for (int i = 0; i < n; i++)
            for (int j = 0; j < n; j++) {
                if (arrayOriginal[i] >= arrayOriginal[j]) {
                    b[i][j] = (float)Math. pow(1. 316, (arrayOrig-
inal[i] - arrayOriginal[j]) / gap);
                } else {
                    b[i][j] = (float)Math. pow(1. 316, (arrayOrig-
inal[j] - arrayOriginal[i]) / gap);
                    b[i][j] = 1 / b[i][j];
                }
            }

        System. out. println("判断矩阵如下:");
        for (int i = 0; i < n; i++) {
            for (int j = 0; j < n; j++)
                System. out. print(b[i][j] + "\t\t");
            System. out. println();
        }
```

```
        return b;

    }

}


class Weight {
    / *

    * 这个程序是根据已经建立好的判断矩阵算出权重的值,需要根据
判断矩阵的阶数对程序进行微调。现在是针对五阶的。最终打印出的结果是
各个指标的权重值及最大特征根和一致性系数。
    * @author Grace Han @Date Apr 17th,2006
    * /
    static int ARRAY_SIZE = 0; //数组维数

    static float[] ri_array = { 0.00f, 0.00f, 0.58f, 0.90f, 1.12f, 1.24f,
            1.32f, 1.41f, 1.45f, 1.49f };

    public static void main(String[] args) {
        float arrayOriginal[] = { 71.43f, 82.14f ,85.71f}; // 对于不
同的阶数,只需修改"arrayOriginal"数组的初始化列表,其他地方不用更改
        ARRAY_SIZE = arrayOriginal.length;
        float a[] = new float[ARRAY_SIZE];// the value of AW
        float b[][] = new float[ARRAY_SIZE][ARRAY_SIZE];// 判断矩阵
        float c[] = new float[ARRAY_SIZE];// the value of w
        float d[] = new float[ARRAY_SIZE];
        float sumC = 0f;
        float lmd = 0f; // lanbuda
        float ci = 0f;
        float ri = ri_array[ARRAY_SIZE - 1];

        System.out.println("满分频度列表:");
        for (int i = 0; i < ARRAY_SIZE; i++) {
```

```
        System. out. println(arrayOriginal[i]+"%");
}

Matrix w = new Matrix();
w. setOriginalArray(arrayOriginal, arrayOriginal. length);
b = w. getMatrix();

/* get the multiple result of each row */
for (int i = 0; i < ARRAY_SIZE; i++) {
    c[i] = 1;
    for (int j = 0; j < ARRAY_SIZE; j++)
        c[i] = c[i] * b[i][j];
}

/* get the pow value of each element in the c array as wi' */
double d1 = 1. 0 / ARRAY_SIZE;
for (int i = 0; i < ARRAY_SIZE; i++)
    c[i] = (float) Math. pow(c[i], d1);
/* get the sum value of wi' */
for (int i = 0; i < ARRAY_SIZE; i++)
    sumC = sumC + c[i];
/* get the wi value and print them */
for (int i = 0; i < ARRAY_SIZE; i++)
    c[i] = c[i] / sumC;

System. out. println("各指标的权重:");
for (int i = 0; i < ARRAY_SIZE; i++) {
    System. out. println("c" + i + "=" + c[i]);
}
/*
 * the follwing is some compulation about consistency test
compute the
```

```
* value of lanbuda; ge the multiple value of two matrix AW.
*/
for (int i = 0; i < ARRAY_SIZE; i++)
    for (int j = 0; j < ARRAY_SIZE; j++)
        a[i] = a[i] + b[i][j] * c[j];

// get the value of (AW)/nWi
for (int i = 0; i < ARRAY_SIZE; i++)
    d[i] = a[i] / (c[i] * ARRAY_SIZE);

// compute the value of lanbuda
for (int i = 0; i < ARRAY_SIZE; i++)
    lmd = lmd + d[i];
ci = (lmd - ARRAY_SIZE) / (ARRAY_SIZE - 1);
float cr = ci / ri;
System. out. println("最大特征根：l=" + lmd);
System. out. println("随机一致性比率：CR=" + cr);

    }
}
```

附录4　判断矩阵及一致性检验

附录4-1　企业网站的判断矩阵及一致性检验

（1）一级指标

专家给出的一级指标的满分频度为：信息内容（C1）100.0％、网站设计（C2）32.14％、网站功能（C3）92.86％、网站影响力（C4）25.0％、网络安全（C5）28.57％。判断矩阵以及相对权重如下。

表附 4-1-1　企业网站一级指标判断矩阵以及相对权重

	C1	C2	C3	C4	C5	W_i（权重）
C1	1.000	4.440	1.170	5.194	4.803	0.403
C2	0.255	1.000	0.263	1.170	1.082	0.091

（续表）

C3	0.855	3.796	1.000	4.440	4.105	0.345
C4	0.193	0.855	0.225	1.000	0.925	0.078
C5	0.208	0.925	0.244	1.802	1.000	0.084

最大特征根：l＝5.0 随机一致性比率：CR＝0.0

（2）二级指标

①信息内容（C1）

专家给出的二级指标的满分频度为：信息内容的丰富程度（C11）71.43％、信息内容的准确性（C12）96.43％、信息内容的关联性（C13）17.86％、信息内容的时效性（C14）100.0％、链接的有效性（C15）57.14％。判断矩阵以及相对权重如下。

表附 4－1－2 信息内容（C1）判断矩阵以及相对权重

C1	C11	C12	C13	C14	C15	W_{ij}（权重）
C11	1.000	0.577	3.244	0.534	1.369	0.177
C12	1.732	1.000	5.618	0.925	2.371	0.307
C13	0.308	0.178	1.000	0.165	0.422	0.055
C14	1.873	1.082	6.077	1.000	2.564	0.332
C15	0.731	0.422	2.370	0.390	1.000	0.129

最大特征根：l＝5.0 随机一致性比率：CR＝0.0

②网站设计（C2）

专家给出的二级指标的满分频度为：导航系统的全面性（C21）78.57％、导航系统的一致性（C22）25.0％、组织系统的合理性（C23）89.29％、标识系统的准确性（C24）92.86％、界面友好程度（C25）57.14％、界面美观程度（C26）96.43％、网站的响应速度（C27）78.57％。判断矩阵以及相对权重如下。

表附 4－1－3 网站设计（C2）判断矩阵以及相对权重

C2	C21	C22	C23	C24	C25	C26	C27	W_{ij}（权重）
C21	1.000	3.244	0.790	0.731	1.601	0.675	1.000	0.142
C22	0.308	1.000	0.244	0.225	0.494	0.208	0.308	0.044
C23	1.266	4.105	1.000	0.925	2.026	0.855	1.266	0.180
C24	1.369	4.440	1.082	1.000	2.192	0.925	1.369	0.194
C25	0.625	2.026	0.493	0.456	1.000	0.422	0.625	0.089
C26	1.480	4.803	1.170	1.082	2.371	1.000	1.480	0.210
C27	1.000	3.244	0.790	0.731	1.601	0.675	1.000	0.142

最大特征根：l＝7.0 随机一致性比率：CR＝0.0

③网站功能(C3)

专家给出的二级指标的满分频度为:在线业务功能(C31)85.71%、会员制度实现情况(C32)3.57%、在线服务与支持功能(C33)85.71%、检索功能(C34)82.14%、特色服务功能(C35)14.29%。判断矩阵以及相对权重如下。

表附 4-1-4　网站功能(C3)判断矩阵以及相对权重

C3	C31	C32	C33	C34	C35	W$_{ij}$(权重)
C31	1.000	6.077	1.000	1.082	4.802	0.303
C32	0.165	1.000	0.165	0.178	0.790	0.050
C33	1.000	6.077	1.000	1.082	4.802	0.303
C34	0.925	5.618	0.925	1.000	4.439	0.280
C35	0.208	1.266	0.208	0.255	1.000	0.063

最大特征根:l=5.0　随机一致性比率:CR=0.0

④网站影响力(C4)

专家给出的二级指标的满分频度为:访问量(C41)89.29%、外部链接数(C42)10.71%、用户访问的深度(C43)10.71%。判断矩阵以及相对权重如下。

表附 4-1-5　网站影响力(C4)判断矩阵以及相对权重

C4	C41	C42	C43	W$_{ij}$(权重)
C41	1.000	5.619	5.619	0.738
C42	0.178	1.000	1.000	0.131
C43	0.178	1.000	1.000	0.131

最大特征根:l=3.0　随机一致性比率:CR=0.0

⑤网络安全(C5)

专家给出的二级指标的满分频度为:系统安全(C51)50.0%、用户信息安全(C52)60.71%。判断矩阵以及相对权重如下。

表附 4-1-6　网络安全(C5)判断矩阵以及相对权重

C5	C51	C52	W$_{ij}$(权重)
C51	1.000	0.790	0.441
C52	1.265	1.000	0.559

最大特征根:l=2.0　随机一致性比率:CR=0.0

附录 4－2　商业网站的判断矩阵及一致性检验

(1)一级指标

专家给出的一级指标的满分频度为:信息内容(C1)100.0％、网站设计(C2)32.14％、网站功能(C3)92.86％、网站影响力(C4)25.0％、网络安全(C5)28.57％。判断矩阵以及相对权重如下。

表附 4－2－1　商业网站一级指标判断矩阵以及相对权重

	C1	C2	C3	C4	C5	W_i(权重)
C1	1.000	4.440	1.170	5.194	4.803	0.403
C2	0.225	1.000	0.263	1.170	1.082	0.091
C3	0.855	3.796	1.000	4.440	4.105	0.345
C4	0.193	0.855	0.225	1.000	0.925	0.078
C5	0.208	0.925	0.244	1.082	1.000	0.084

最大特征根:l＝5.0　随机一致性比率:CR＝0.0

(2)二级指标

①信息内容(C1)

专家给出的二级指标的满分频度为:信息内容的丰富程度(C11)96.43％、信息内容的准确性(C12)100.0％、信息内容的独特性(C13)89.29％、信息内容的时效性(C14)92.86％、链接的有效性(C15)67.86％。判断矩阵以及相对权重如下。

表附 4－2－2　信息内容(C1)判断矩阵以及相对权重

C1	C11	C12	C13	C14	C15	W_{ij}(权重)
C11	1.000	0.925	1.170	1.082	1.873	0.228
C12	1.082	1.000	1.265	1.170	2.026	0.246
C13	0.855	0.790	1.000	0.925	1.601	0.195
C14	0.925	0.855	1.082	1.000	1.732	0.210
C15	0.534	0.494	0.625	0.577	1.000	0.121

最大特征根:l＝5.0　随机一致性比率:CR＝0.0

②网站设计(C2)

专家给出的二级指标的满分频度为:导航系统的全面性(C21)82.14％、导航系统的一致性(C22)21.43％、组织系统的合理性(C23)85.71％、标识系统的准确性(C24)92.86％、界面友好程度(C25)82.14％、界面美观程度(C26)

3.57％、网站的响应速度(C27)89.29％。判断矩阵以及相对权重如下。

表附 4 - 2 - 3　网站设计(C2)判断矩阵以及相对权重

C2	C21	C22	C23	C24	C25	C26	C27	W_{ij}(权重)
C21	1.000	3.795	0.925	0.790	1.000	5.618	0.855	0.168
C22	0.264	1.000	0.244	0.208	0.264	1.480	0.225	0.044
C23	1.082	4.105	1.000	0.855	1.082	6.077	0.924	0.182
C24	1.266	4.803	1.170	1.000	1.266	7.110	1.082	0.212
C25	1.000	3.795	0.925	0.790	1.000	5.618	0.855	0.168
C26	0.178	0.675	0.165	0.141	0.178	1.000	0.152	0.030
C27	1.170	4.440	1.082	0.925	1.170	6.574	1.000	0.196

最大特征根：l=7.0　随机一致性比率：CR=0.0

③网站功能(C3)

专家给出的二级指标的满分频度为：电子商务功能(C31)96.43％、交互功能(C32)92.86％、检索功能(C33)78.57％、特色服务功能(C34)17.86％。判断矩阵以及相对权重如下。

表附 4 - 2 - 4　网站功能(C3)判断矩阵以及相对权重

C3	C31	C32	C33	C34	W_{ij}(权重)
C31	1.000	1.082	1.480	5.618	0.360
C32	0.925	1.000	1.369	5.194	0.333
C33	0.675	0.731	1.000	3.795	0.243
C34	0.178	0.193	0.264	1.000	0.064

最大特征根：l=4.0　随机一致性比率：CR=0.0

④网站影响力(C4)

专家给出的二级指标的满分频度为：访问量(C41)96.43％、外部链接数(C42)42.86％、用户访问的深度(C43)10.71％、电子商务的交易量(C44)82.14％。判断矩阵以及相对权重如下。

表附 4 - 2 - 5　网站影响力(C4)判断矩阵以及相对权重

C4	C41	C42	C43	C44	W_{ij}(权重)
C41	1.000	3.244	6.574	1.369	0.456
C42	0.308	1.000	2.026	0.422	0.141
C43	0.152	0.493	1.000	0.208	0.069
C44	0.731	2.370	4.803	1.000	0.333

最大特征根：l=4.0　随机一致性比率：CR= 0.0

⑤网络安全(C5)

专家给出的二级指标的满分频度为:系统安全(C51)71.43％、用户信息安全(C52)82.14％、交易安全(C53)85.71％。判断矩阵以及相对权重如下。

表附 4-2-6　网络安全(C5)判断矩阵以及相对权重

C5	C51	C52	C53	W_{ij}(权重)
C51	1.000	0.790	0.731	0.275
C52	1.265	1.000	0.925	0.348
C53	1.368	1.082	1.000	0.377

最大特征根:l＝3.0　随机一致性比率:CR＝0.0

附录 4-3　政府网站的判断矩阵及一致性检验

(1)一级指标

专家给出的一级指标的满分频度为:信息内容(C1)100.0％、网站设计(C2)32.14％、网站功能(C3)92.86％、网站影响力(C4)25.0％、网络安全(C5)28.57％。判断矩阵以及相对权重如下。

表附 4-3-1　政府网站一级指标判断矩阵以及相对权重

	C1	C2	C3	C4	C5	W_i(权重)
C1	1.000	4.440	1.170	5.194	4.803	0.403
C2	0.255	1.000	0.263	1.170	1.082	0.091
C3	0.855	3.796	1.000	4.440	4.105	0.345
C4	0.193	0.855	0.225	1.000	0.925	0.078
C5	0.208	0.925	0.244	1.802	1.000	0.084

最大特征根:l＝5.0　随机一致性比率:CR＝0.0

(2)二级指标

①信息内容(C1)

专家给出的二级指标的满分频度为:信息内容的准确性(C11)96.43％、信息内容的完整性(C12)89.29％、信息内容的时效性(C13)92.86％、信息内容的独特性(C14)28.57％、链接的有效性(C15)67.86％。判断矩阵以及相对权重如下。

表附 4 - 3 - 2　信息内容(C1)判断矩阵以及相对权重

C1	C11	C12	C13	C14	C15	W$_{ij}$(权重)
C11	1.000	1.170	1.108	4.440	1.873	0.283
C12	0.855	1.000	0.925	3.796	1.601	0.242
C13	0.925	1.082	1.000	4.105	1.731	0.261
C14	0.225	0.263	0.244	1.000	0.422	0.064
C15	0.534	0.625	0.577	2.371	1.000	0.151

最大特征根:l=5.0　随机一致性比率:CR=0.0

②网站设计(C2)

专家给出的二级指标的满分频度为:导航系统的全面性(C21)82.14%、导航系统的一致性(C22)39.29%、组织系统的合理性(C23)85.71%、标识系统的准确性(C24)96.43%、界面友好程度(C25)82.14%、界面美观程度(C26)96.43%、网站的响应速度(C27)50.00%。判断矩阵以及相对权重如下。

表附 4 - 3 - 3　网站设计(C2)判断矩阵以及相对权重

C2	C21	C22	C23	C24	C25	C26	C27	W$_{ij}$(权重)
C21	1.000	2.563	0.925	0.731	1.000	0.731	2.026	0.149
C22	0.390	1.000	0.361	0.285	0.264	0.380	0.285	0.058
C23	1.082	2.772	1.000	0.790	1.082	0.790	2.191	0.161
C24	1.369	3.501	1.266	1.000	1.369	1.000	2.773	0.204
C25	1.000	2.563	0.925	0.731	1.000	0.731	2.026	0.149
C26	1.369	3.501	1.266	1.000	1.369	1.000	2.773	0.204
C27	0.494	1.265	0.456	0.361	0.494	0.361	1.000	0.074

最大特征根:l=7.0　随机一致性比率:CR=0.0

③网站功能(C3)

专家给出的二级指标的满分频度为:交互功能(C31)92.86%、信息公开功能(C32)100.00%、检索功能(C33)89.29%、特色服务功能(C34)7.14%。判断矩阵以及相对权重如下。

表附 4 - 3 - 4　网站功能(C3)判断矩阵以及相对权重

C3	C31	C32	C33	C34	W$_{ij}$(权重)
C31	1.000	0.855	1.082	6.574	0.308
C32	1.170	1.000	1.265	7.690	0.360
C33	0.925	0.790	1.000	6.078	0.285
C34	0.152	0.130	0.164	1.000	0.047

最大特征根:l=4.0　随机一致性比率:CR=0.0

④网站影响力(C4)

专家给出的二级指标的满分频度为:访问量(C41)71.43％、外部链接数(C42)39.29％、用户访问的深度(C43)7.14％、信息的转载量(C44)10.71％。判断矩阵以及相对权重如下。

表附 4-3-5　网站影响力(C4)判断矩阵以及相对权重

C4	C41	C42	C43	C44	W_{ij}(权重)
C41	1.000	2.026	4.105	3.796	0.500
C42	0.494	1.000	2.026	1.874	0.247
C43	0.244	0.493	1.000	0.925	0.122
C44	0.263	2.533	1.082	1.000	0.132

最大特征根:l=4.0　随机一致性比率:CR= 0.0

⑤网络安全(C5)

专家给出的二级指标的满分频度为:系统安全(C51)60.71％、用户信息安全(C52)57.14％。判断矩阵以及相对权重如下。

表附 4-3-6　网络安全(C5)判断矩阵以及相对权重

C5	C51	C52	W_{ij}(权重)
C51	1.000	1.082	0.520
C52	0.925	1.000	0.480

最大特征根:l=2.0　随机一致性比率:CR=0.0

附录 4-4　学术网站的判断矩阵及一致性检验

(1)一级指标

专家给出的一级指标的满分频度为:信息内容(C1)100.0％、网站设计(C2)32.14％、网站功能(C3)92.86％、网站影响力(C4)25.0％、网络安全(C5)28.57％。判断矩阵以及相对权重如下。

表附 4-4-1　学术网站一级指标判断矩阵以及相对权重

	C1	C2	C3	C4	C5	W_i(权重)
C1	1.000	4.440	1.170	5.194	4.803	0.403
C2	0.255	1.000	0.263	1.170	1.082	0.091
C3	0.855	3.796	1.000	4.440	4.105	0.345
C4	0.193	0.855	0.225	1.000	0.925	0.078
C5	0.208	0.925	0.244	1.802	1.000	0.084

最大特征根:l=5.0　随机一致性比率:CR=0.0

（2）二级指标

①信息内容（C1）

专家给出的二级指标的满分频度为：信息内容的深度（C11）100.00%、信息内容的广度（C12）78.57%、信息内容的准确性（C13）92.86%、表达观点的客观性（C14）92.86%、信息内容的独特性（C15）92.86%、信息内容的创新性（C16）89.29%、信息内容的时效性（C17）85.71%、信息来源的权威性（C18）92.86%、专业信息的比例（C19）28.57%。判断矩阵以及相对权重如下。

表附 4-4-2　信息内容（C1）判断矩阵以及相对权重

C1	C11	C12	C13	C14	C15	C16	C17	C18	C19	W_{ij}（权重）
C11	1.00	1.60	1.17	1.17	1.17	1.27	1.37	1.17	4.80	0.148
C12	0.62	1.00	0.73	0.73	0.73	0.79	0.85	0.73	3.00	0.092
C13	0.85	1.37	1.00	1.00	1.00	1.08	1.17	1.00	4.11	0.126
C14	0.85	1.37	1.00	1.00	1.00	1.08	1.17	1.00	4.11	0.126
C15	0.85	1.37	1.00	1.00	1.00	1.08	1.17	1.00	4.11	0.126
C16	0.79	1.27	0.92	0.92	0.92	1.00	1.08	0.92	3.80	0.117
C17	0.73	1.17	0.85	0.85	0.85	0.92	1.00	0.85	3.51	0.108
C18	0.85	1.37	1.00	1.00	1.00	1.08	1.17	1.00	4.11	0.126
C19	0.21	0.33	0.24	0.24	0.24	0.26	0.29	0.24	1.00	0.031

最大特征根：$l=9.0$　随机一致性比率：CR＝0.0

②网站设计（C2）

专家给出的二级指标的满分频度为：导航系统的全面性（C21）39.29%、导航系统的一致性（C22）17.86%、组织系统的合理性（C23）96.43%、标识系统的准确性（C24）96.43%、界面友好程度（C25）64.29%、界面美观程度（C26）3.57%。判断矩阵以及相对权重如下。

表附 4-4-3　网站设计（C2）判断矩阵以及相对权重

C2	C21	C22	C23	C24	C25	C26	W_{ij}（权重）
C21	1.00	1.60	0.29	0.29	0.58	2.19	0.092
C22	0.62	1.00	0.18	0.18	0.36	1.37	0.058
C23	3.51	5.62	1.00	1.00	2.03	7.69	0.324
C24	3.51	5.62	1.00	1.00	2.03	7.69	0.324

（续表）

C25	1.73	2.77	0.49	0.49	1.00	3.80	0.160
C26	0.46	0.73	0.13	0.13	0.26	1.00	0.042

最大特征根：$l=6.0$　随机一致性比率：$CR=0.0$

③网站功能（C3）

专家给出的二级指标的满分频度为：交互功能（C31）53.57％、检索功能（C32）96.43％、下载功能（C33）89.29％、特色服务功能（C34）7.14％、参考功能（C35）17.86％、离线服务功能（C36）3.57％。判断矩阵以及相对权重如下。

表附4-4-4　网站功能（C3）判断矩阵以及相对权重

C3	C31	C32	C33	C34	C35	C36	W_{ij}（权重）
C31	1.00	0.39	0.46	2.77	2.19	3.00	0.145
C32	2.56	1.00	1.17	7.11	5.62	7.69	0.371
C33	2.19	0.85	1.00	6.08	4.80	6.57	0.317
C34	0.36	0.14	0.16	1.00	0.79	1.08	0.052
C35	0.46	0.18	0.21	1.27	1.00	1.37	0.066
C36	0.33	0.13	0.15	0.92	0.73	1.00	0.048

最大特征根：$l=6.0$　随机一致性比率：$CR=0.0$

④网站影响力（C4）

专家给出的二级指标的满分频度为：访问量（C41）67.86％、外部链接数（C42）14.29％、学术研究引用量（C43）78.57％。判断矩阵以及相对权重如下。

表附4-4-5　网站影响力（C4）判断矩阵以及相对权重

C4	C41	C42	C43	W_{ij}（权重）
C41	1.00	3.24	0.79	0.389
C42	0.31	1.00	0.24	0.120
C43	1.27	4.10	1.00	0.492

最大特征根：$l=3.0$　随机一致性比率：$CR=0.0$

⑤网络安全（C5）

专家给出的二级指标的满分频度为：系统安全（C51）50.00％、用户信息安全(C52)53.57％。判断矩阵以及相对权重如下。

表附 4－4－6　网络安全(C5)判断矩阵以及相对权重

C5	C51	C52	W_{ij}(权重)
C51	1.00	0.92	0.480
C52	1.08	1.00	0.520

最大特征根:1＝2.0　随机一致性比率:CR＝0.0

附录 4－5　搜索引擎的判断矩阵及一致性检验

(1)一级指标

专家给出的一级指标的满分频度为:索引构成(C1)100.0％、检索方式(C2)100.0％、检索效果(C3)92.86％、其他功能/服务(C4)0.0％。判断矩阵以及相对权重如下。

表附 4－5－1　搜索引擎一级指标判断矩阵以及相对权重

	C1	C2	C3	C4	W_i(权重)
C1	1.000	1.000	1.170	8.996	0.337
C2	1.000	1.000	1.170	8.996	0.337
C3	0.855	0.855	1.000	7.690	0.288
C4	0.111	0.111	0.130	1.000	0.038

最大特征根:1＝4.0　随机一致性比率:CR＝0.0

(2)二级指标

①索引构成(C1)

专家给出的二级指标的满分频度为:标引数量(C11)92.86％、标引范围(C12)96.43％、更新频率(C13)96.43％。判断矩阵以及相对权重如下。

表附 4－5－2　索引构成(C1)判断矩阵以及相对权重

C1	C11	C12	C13	W_{ij}(权重)
C11	1.000	0.925	0.925	0.316
C12	1.082	1.000	1.000	0.342
C13	1.082	1.000	1.000	0.342

最大特征根:1＝3.0　随机一致性比率:CR＝0.0

②检索方式(C2)

专家给出的二级指标的满分频度为:自然语言检索(C201)96.43％、多语种检索(C202)21.43%、布尔逻辑检索(C203)71.43%、词组检索(C204) 92.86%、模糊检索(C205)78.57%、概念检索(C206)85.71%、字段检索(C207) 17.86%、目录式浏览检索(C208)25.00%、多媒体检索(C209)17.86%、其他检索 (C210)0.00%。判断矩阵以及相对权重如下。

表附 4-5-3 检索方式(C2)判断矩阵以及相对权重

C2	C201	C202	C203	C204	C205	C206	C207	C208	C209	C210	W_{ij}(权重)
C201	1.000	5.194	1.732	1.082	1.480	1.266	5.618	4.803	5.618	8.317	0.206
C202	0.193	1.000	0.333	0.208	0.285	0.244	1.082	0.925	1.082	1.601	0.040
C203	0.577	2.999	1.000	0.625	0.855	0.731	3.244	2.773	3.244	4.803	0.119
C204	0.925	4.803	1.601	1.000	1.369	1.170	5.194	4.440	5.194	7.690	0.191
C205	0.676	3.501	1.170	0.731	1.000	0.855	3.795	3.244	3.795	5.618	0.139
C206	0.790	4.105	1.369	0.855	1.170	1.000	4.440	3.795	4.440	6.572	0.163
C207	0.178	0.925	0.308	0.193	0.264	0.225	1.000	0.855	1.000	1.480	0.037
C208	0.208	1.082	0.361	0.225	0.308	0.264	1.170	1.000	1.170	1.732	0.043
C209	0.178	0.925	0.308	0.193	0.264	0.225	1.000	0.855	1.000	1.480	0.037
C210	0.120	0.625	0.208	0.130	0.178	0.152	0.676	0.577	0.676	1.000	0.025

最大特征根:l=10.0 随机一致性比率:CR=0.0

③检索效果(C3)

专家给出的二级指标的满分频度为:查全率(C31)71.43%、查准率(C32) 96.43%、重复率(C33)14.29%、响应时间(C34)85.71%、内容显示(C35)89.29%、 相关性排序(C36)92.86%。判断矩阵以及相对权重如下。

表附 4-5-4 检索效果(C3)判断矩阵以及相对权重

C3	C31	C32	C33	C34	C35	C36	W_{ij}(权重)
C31	1.000	0.577	3.509	0.731	0.676	0.625	0.134
C32	1.732	1.000	6.077	1.266	1.170	1.082	0.232
C33	0.285	0.165	1.000	0.208	0.193	0.178	0.038
C34	1.369	0.790	4.802	1.000	0.924	0.855	0.183
C35	1.480	0.855	5.194	1.082	1.000	0.925	0.198
C36	1.601	0.925	5.618	1.170	1.081	1.000	0.214

最大特征根:l=6.0 随机一致性比率:CR=0.0

④其他功能/服务(C4)

专家给出的二级指标的满分频度为:界面设计(C41)57.14%、搜索帮助

(C42)7.14％、个性服务(C43)10.71％、相关搜索服务(C44)25.00％、特色服务(C45)10.71％、过滤服务(C46)25.00％。判断矩阵以及相对权重如下。

表附 4-5-5　其他功能/服务(C4)判断矩阵以及相对权重

C4	C41	C42	C43	C44	C45	C46	W_{ij}(权重)
C41	1.000	2.999	2.773	2.026	2.773	2.026	0.329
C42	0.333	1.000	0.925	0.676	0.925	0.676	0.110
C43	0.361	1.082	1.000	0.731	1.000	0.731	0.119
C44	0.494	1.480	1.369	1.000	1.369	1.000	0.162
C45	0.361	1.082	1.000	0.731	1.000	0.731	0.119
C46	0.494	1.480	1.369	1.000	1.369	1.000	0.1623

最大特征根:$l=6.0$　随机一致性比率:$CR=0.0$

附录 4-6　网络数据库的判断矩阵及一致性检验

(1)一级指标

专家给出的一级指标的满分频度为:收录范围(C1)96.43％、检索功能(C2)96.43％、服务功能(C3)89.29％、收费情况(C4)10.71％、网络安全(C5)42.86％。判断矩阵以及相对权重如下。

表附 4-6-1　网络数据库一级指标判断矩阵以及相对权重

	C1	C2	C3	C4	C5	W_i(权重)
C1	1.000	1.000	1.170	6.574	3.244	0.302
C2	1.000	1.000	1.170	6.574	3.244	0.302
C3	0.855	0.855	1.000	5.620	2.773	0.258
C4	0.152	0.152	0.177	1.000	0.493	0.046
C5	0.308	0.308	0.361	2.026	1.000	0.093

最大特征根:$l=5.0$　随机一致性比率:$CR=0.0$

(2)二级指标

①收录范围(C1)

专家给出的二级指标的满分频度为:年度跨度(C11)96.43％、更新频率(C12)92.86％、来源文献数量(C13)92.86％、来源文献质量(C14)96.43％、来源文献的全面性(C15)85.71％、特色收藏(C16)25.00％。判断矩阵以及相对权重如下。

表附 4-6-2　收录范围(C1)判断矩阵以及相对权重

C1	C11	C12	C13	C14	C15	C16	W_{ij}(权重)
C11	1.000	1.082	1.082	1.000	1.266	4.802	0.206
C12	0.925	1.000	1.000	0.925	1.170	4.440	0.191
C13	0.925	1.000	1.000	0.925	1.170	4.440	0.191
C14	1.000	1.081	1.081	1.000	1.266	4.802	0.206
C15	0.790	0.855	0.855	0.790	1.000	3.795	0.163
C16	0.208	0.225	0.225	0.208	0.264	1.000	0.043

最大特征根:l=6.0　随机一致性比率:CR=0.0

②检索功能(C2)

专家给出的二级指标的满分频度为:检索方式(C21)、检索入口(C22)、结果处理(C23)、检索效率(C24)、检索界面(C25)。判断矩阵以及相对权重如下。

表附 4-6-3　检索功能(C2)判断矩阵以及相对权重

C2	C21	C22	C23	C24	C25	W_{ij}(权重)
C21	1.000	0.925	6.574	0.925	2.773	0.272
C22	1.082	1.000	7.110	1.000	2.999	0.294
C23	0.152	0.141	1.000	0.141	0.422	0.041
C24	1.082	1.000	7.110	1.000	2.999	0.294
C25	0.361	0.333	2.371	0.333	1.000	0.098

最大特征根:l=5.0　随机一致性比率:CR=0.0

③服务功能(C3)

专家给出的二级指标的满分频度为:资源整合(C31)92.86%、个性化服务(C32)50.00%、交互功能(C33)14.29%、全文提供服务(C34)92.86%、链接功能(C35)75.00%、离线配套服务(C36)7.14%、检索结果分析(C37)14.29%。判断矩阵以及相对权重如下。

表附 4-6-4　服务功能(C3)判断矩阵以及相对权重

C3	C31	C32	C33	C34	C35	C36	C37	W_{ij}(权重)
C31	1.000	2.564	5.618	1.000	1.480	6.574	5.618	0.280
C32	0.390	1.000	2.191	0.390	0.577	2.564	2.191	0.109
C33	0.178	0.456	1.000	0.178	0.264	1.170	1.000	0.050

（续表）

C34	1.000	2.564	5.618	1.000	1.480	6.574	5.618	0.280
C35	0.675	1.732	3.795	0.675	1.000	4.440	3.795	0.189
C36	0.152	0.390	0.855	0.152	0.225	1.000	0.855	0.043
C37	0.178	0.456	1.000	0.178	0.264	1.170	1.000	0.050

最大特征根:l＝7.0　随机一致性比率:CR＝0.0

④收费情况(C4)

专家给出的二级指标的满分频度为:收费方式(C41)21.43％、价格高低(C42)25.00％。判断矩阵以及相对权重如下。

表附 4－6－5　收费情况(C4)判断矩阵以及相对权重

C4	C41	C42	W_{ij}(权重)
C41	1.000	0.925	0.480
C42	1.082	1.000	0.520

最大特征根:l＝2.0　随机一致性比率:CR＝0.0

⑤网络安全(C5)

专家给出的二级指标的满分频度为:系统安全(C51)53.57％、用户信息安全(C52)42.86％。判断矩阵以及相对权重如下。

表附 4－6－6　网络安全(C5)判断矩阵以及相对权重

C5	C51	C52	W_{ij}(权重)
C51	1.000	1.265	0.559
C52	0.790	1.00	0.441

最大特征根:l＝2.0　随机一致性比率:CR＝0.0

附录5　网络信息资源测评问卷调查表

您好!

非常感谢您在百忙之中给予的大力支持。

本次网络信息资源测评问卷调查是国家社会科学基金项目“网络信息资源评价指标体系的建立与测定(04BTQ023)”的一个重要组成部分,调查非常需要得到您的帮助。

本次问卷调查的调查对象为网站(包括企业网站、商业网站、政府网站和学术网站)、搜索引擎、网络数据库,具体对象见调查表所示。调查目的是为了在已建立的评价指标体系的基础上,得到网络信息资源的质量与性能情况的量化评估结果。我们采用 1—5 分来表示各项指标的优劣情况,从 5 到 1 表示逐渐递减。其中 5 表示此项指标"非常好"、4 表示"比较好"、3 表示"一般"、2 表示"较差"、1 表示"很差"。请您根据您的判断在规定的空格中打分,并将结果返回。

最后,对您的理解和配合再次表示由衷的谢意!

"网络信息资源评价指标体系的建立与测定"课题组

2006 年 5 月

附录 5-1 企业网站测评问卷调查表

(1)被调查网站和网址

网站名称	网址
HP 中国	http://www.hp.com.cn
IBM 中国	http://www.ibm.com.cn
UT 斯达康	http://www.utstar.com.cn
戴尔中国	http://www.dell.com.cn
国美电器	http://www.gome.com.cn
海尔集团	http://www.haier.com
金山在线	http://www.kingsoft.com
三星中国	http://www.samsung.com.cn
招商银行	http://www.cmbchina.com
中化集团	http://www.sinochem.com

(2)一级指标"信息内容"的测评问卷

二级指标及其解释 / 被调查的网站	信息内容的丰富程度	信息内容的准确性	信息内容的关联性	信息内容的时效性	链接的有效性
	是指信息内容的多少,以及表达形式是否多样。	信息内容本身是否客观真实、来源可靠、语言表达准确。	信息内容与企业实际业务联系的紧密程度。	信息内容是否及时更新。	是否能正确指向被链接的对象。
HP 中国					

（续表）

IBM 中国					
UT 斯达康					
戴尔中国					
国美电器					
海尔集团					
金山在线					
三星中国					
招商银行					
中化集团					

（3）一级指标"网站设计"的测评问卷

二级指标及其解释　　被调查的网站	导航系统的全面性 导航系统覆盖网站内容的全面程度。	导航系统的一致性 各类导航在各页面中的位置和风格是否一致，与内容分布是否一致。	组织系统的合理性 分类结构是否科学、清晰、易理解，能否满足用户的多层次选择需求。	标示系统的准确性 能否准确地反映其所指的内容，能否让用户容易理解，表达相同内容是否使用相同标识。	友好程度 界面设计是否符合用户习惯，使用是否方便。	美观程度 网站整体色彩搭配是否合理，文字大小、字体及图片等排版是否合理。	网站的响应速度 用户在相同的条件下，访问网站时的响应速度。
HP 中国							
IBM 中国							
UT 斯达康							
戴尔中国							
国美电器							
海尔集团							
金山在线							
三星中国							
招商银行							
中化集团							

(4)一级指标"网站功能"的测评问卷

二级指标及其解释 / 被调查的网站	在线业务功能	会员制度实现情况	在线服务与支持功能	检索功能	特色服务功能
	是否能实现网上交易、网上招聘、网上银行等服务及实现的程度如何。	是否能实现会员或用户方面积分、提供会员电子杂志等其他用户服务及实现的程度如何。	在线咨询、下载、产品注册、在线售后服务的提供情况及质量。	能否提供多种检索方式,以及检索效率如何。	论坛服务、定制服务、多语种界面等特色服务功能。
HP 中国					
IBM 中国					
UT 斯达康					
戴尔中国					
国美电器					
海尔集团					
金山在线					
三星中国					
招商银行					
中化集团					

(5)一级指标"网络安全"的测评问卷

二级指标及其解释 / 被调查的网站	用户信息安全
	包括身份认证、用户权限设置与控制,以及个人信息的保密性等。
HP 中国	
IBM 中国	
UT 斯达康	
戴尔中国	
国美电器	
海尔集团	
金山在线	
三星中国	
招商银行	
中化集团	

附录 5－2 商业网站测评问卷调查表

（1）被调查网站和网址

网站名称	网址
eBay 易趣	http://www.ebay.com.cn
北斗手机网	http://www.139shop.com
当当网	http://www.dangdang.com
淘宝网/支付宝	http://www.taobao.com
云网	http://www.cncard.net
中国汽车网	http://www.chinacars.com
卓越网	http://www.joyo.com

（2）一级指标"信息内容"的测评问卷

二级指标及其解释 / 被调查的网站	信息内容的丰富程度	信息内容的准确性	信息内容的独特性	信息内容的时效性	链接的有效性
	是指信息内容的多少，以及表达形式是否多样。	信息内容本身是否客观真实、来源可靠、语言表达准确。	信息内容是否具有自己的特色，是否有一定的原创性。	信息内容是否及时更新。	是否能正确指向被链接的对象。
eBay 易趣					
北斗手机网					
当当网					
淘宝网/支付宝					
云网					
中国汽车网					
卓越网					

(3)一级指标"网站设计"的测评问卷

二级指标及其解释 被调查的网站	导航系统的全面性 导航系统覆盖网站内容的全面程度。	导航系统的一致性 各类导航在各页面中的位置和风格是否一致,与内容分布是否一致。	组织系统的合理性 分类结构是否科学、清晰、易理解,能否满足用户的多层次选择需求。	标示系统的准确性 能否准确地反映其所指的内容,能否让用户容易理解,表达相同内容是否使用相同标识。	友好程度 界面设计是否符合用户习惯,使用是否方便。	美观程度 网站整体色彩搭配是否合理,文字大小、字体及图片等排版是否合理。	网站的响应速度 用户在相同的条件下,访问网站时的响应速度。
eBay 易趣							
北斗手机网							
当当网							
淘宝网/支付宝							
云网							
中国汽车网							
卓越网							

(4)一级指标"网站功能"的测评问卷

二级指标及其解释 被调查的网站	电子商务功能 是否能实现网上交易、网上银行、短信、彩铃等电子商务。	交互功能 是否能实现常见问题解答、网上咨询,效率如何;是否支持用户意见反馈等。	检索功能 能否提供多种检索方式,以及检索效率如何。	特色服务功能 网站是否提供E-mail服务、个人空间服务、论坛服务、定制服务等特色服务功能。
eBay 易趣				
北斗手机网				
当当网				
淘宝网/支付宝				
云网				
中国汽车网				
卓越网				

(5)一级指标"网站安全"的测评问卷

二级指标及其解释	用户信息安全
被调查的网站	包括身份认证、用户权限设置与控制,以及个人信息的保密性等。
eBay易趣	
北斗手机网	
当当网	
淘宝网/支付宝	
云网	
中国汽车网	
卓越网	

附录5-3　政府网站测评问卷调查表

(1)被调查网站和网址

网站名称	网址
文化部	http://www.ccnt.gov.cn/
质检总局	http://www.aqsiq.gov.cn
国资委	http://www.sasac.gov.cn/index.html
社会保障基金理事会	http://www.ssf.gov.cn/web/index.asp
自然科学基金委员会	http://www.nsfc.gov.cn
信访局	http://www.gjxfj.gov.cn/
天津市政府网站	http://www.tj.gov.cn/
山西省政府网站	http://www.shanxi.gov.cn/
上海市政府网站	http://www.shanghai.gov.cn/
浙江省政府网站	http://www.zhejiang.gov.cn

(2)一级指标"信息内容"的测评问卷

二级指标及其解释	信息内容的准确性	信息内容的完整性	信息内容的时效性	信息内容的独特性	链接的有效性
	看信息资源提供数据和事实是否准确。	信息内容是否全面,例如政府公报、政策法规、政务新闻等,各项内容是否完整。	信息内容的更新反馈是否及时。	网站提供的信息内容是否具有自己的特色,是否拥有从其他网站无法获取的独家资源。	是否能正确指向被链接的对象。
被调查的网站					
文化部					

（续表）

质检总局					
国资委					
社会保障基金理事会					
自然科学基金委员会					
信访局					
天津市政府					
山西省政府					
上海市政府					
浙江省政府					

（3）一级指标"网站设计"的测评问卷

二级指标及其解释 / 被调查的网站	导航系统的全面性	导航系统的一致性	组织系统的合理性	标示系统的准确性	友好程度	美观程度	网站的稳定性
	导航系统覆盖网站内容的全面程度。	各类导航在各页面中的位置和风格是否一致，与内容分布是否一致。	分类结构是否科学、清晰、易理解，能否满足用户的多层次选择需求。	能否准确地反映其所指的内容，能否让用户容易理解，表达相同内容是否使用相同标识。	界面设计是否符合用户习惯、使用是否方便。	网站整体色彩搭配是否合理，文字大小、字体及图片等排版是否合理。	网站的结构、界面在一定的时期内相对稳定。
文化部							
质检总局							
国资委							
社会保障基金理事会							
自然科学基金委员会							
信访局							
天津市政府							
山西省政府							
上海市政府							
浙江省政府							

（4）一级指标"网站功能"的测评问卷

二级指标及其解释＼被调查的网站	交互功能　是否具有网上采购、咨询、申报、审批、投诉、监督等功能，及提供公众交流的平台，如论坛、市长信箱等。	信息公开功能　是否提供政府公报、政策法规、政务新闻、机构设置及其职权责、办事指南等政务信息。	检索功能　能否提供多种检索方式，以及检索效率如何。	特色服务功能　是否提供一些特色服务功能，如提供招商引资、旅游等特色信息；允许用户自己定制栏目；实现推送业务等。
文化部				
质检总局				
国资委				
社会保障基金理事会				
自然科学基金委员会				
信访局				
天津市政府				
山西省政府				
上海市政府				
浙江省政府				

（5）一级指标"网络安全"的测评问卷

二级指标及其解释＼被调查的网站	用户信息安全　包括身份认证、用户权限设置与控制，以及个人信息的保密性等。
文化部	
质检总局	
国资委	
社会保障基金理事会	
自然科学基金委员会	
信访局	
天津市政府	
山西省政府	
上海市政府	
浙江省政府	

附录 5-4 学术网站测评问卷调查表

(1)被调查网站和网址

网站名称	网址
中国学术论坛	http://www.frchina.net/
唐史网	http://www.tanghistory.net/
中国信息经济学会	http://www.cies.org.cn/
思问哲学网	http://www.siwen.org/
中国宋代历史研究	http://www.songdai.com/
文贝网	http://www.cclaa.org/
国学网	http://www.guoxue.com/

(2)一级指标"信息内容"的测评问卷

二级指标及其解释 / 被调查的网站	信息内容的深度	信息内容的广度	信息内容的准确性	表达观点的客观性	信息内容的独特性	信息内容的创新性	信息内容的时效性	信息来源的权威性	专业信息的比例
	信息内容涉及的本学科专业的层次水平及深入程度。	网页信息对本学科专业的覆盖面。	主要看信息资源提供数据和事实是否准确。	指信息资源是否提供公正合理的论证，而不是有选择、有倾向性的。	网站提供的信息内容是否具有自己的特色，是否拥有从其他网站无法获取的独家资源。	这主要看网页信息是否提出了新的观点，是否介绍了较多的本学科的前沿信息。	主要看信息资源是否保持更新及更新频率。	信息资源是否具有较强的学术背景，是否有著名研究机构、学会和知名专家的支持。	网站信息资源中专业信息所占的比重。
中国学术论坛									
唐史网									
中国信息经济学会									
思问哲学网									
中国宋代历史研究									
文贝网									
国学网									

(3) 一级指标"网站设计"的测评问卷

被调查的网站 \ 二级指标及其解释	导航系统的全面性 导航系统覆盖网站内容的全面程度。	导航系统的一致性 全局导航、局部导航、语境导航、补充导航在各页面中的位置和风格是否一致，与内容分布是否一致。	组织系统的合理性 分类结构是否科学、清晰、易理解，能否满足用户的多层次选择需求。	标识系统的准确性 能否准确地反映其所指的内容，能否让用户容易理解，表达相同内容是否使用相同标识。	友好程度 界面设计是否符合用户习惯、使用是否方便。	美观程度 网站整体色彩搭配是否合理，文字大小、字体及图片等排版是否合理。
中国学术论坛						
唐史网						
中国信息经济学会						
思问哲学网						
中国宋代历史研究						
文贝网						
国学网						

(4) 一级指标"网站功能"的测评问卷

被调查的网站 \ 二级指标及其解释	交互功能 是否提供较好的交互功能，如常见问题解答、网上咨询；是否支持用户意见反馈等。	检索功能 能否提供多种检索方式，以及检索效率如何。	下载功能 是否提供信息资源和资料的下载，下载是否方便。	特色服务功能 是否提供一些特色服务功能，如提供会员服务；允许用户自己定制栏目；实现推送业务等。	参考功能 是否提供可供进一步学习的参考资源。
中国学术论坛					
唐史网					
中国信息经济学会					
思问哲学网					
中国宋代历史研究					
文贝网					
国学网					

(5)一级指标"网络安全"的测评问卷

二级指标及其解释 \\ 被调查的网站	用户信息安全 包括身份认证、用户权限设置与控制,以及个人信息的保密性等。
中国学术论坛	
唐史网	
中国信息经济学会	
思问哲学网	
中国宋代历史研究	
文贝网	
国学网	

附录 5－5　搜索引擎测评问卷调查表

(1)被调查网站和网址

搜索引擎名称	网址
百度	http://www.baidu.com
Google 简体中文	http://www.google.cn/
雅虎中国	http://www.yahoo.com.cn/
搜狗搜索	http://www.sogou.com/
新浪爱问搜索	http://iask.com/
网易搜索引擎	http://so.163.com/

(2)一级指标"索引构成"的测评问卷

二级指标及其解释 \\ 被调查的搜索引擎	标引数量 标引的网络资源总的数量。	标引范围 是否标引除网页之外的其他网络资源,如FTP资源、图片、视频等。	更新频率 索引库更新的频率,表现为检索结果的新颖程度。
百度			
Google 简体中文			
雅虎中国			
搜狗搜索			
新浪爱问搜索			
网易搜索引擎			

(3)一级指标"检索方式"的测评问卷

二级指标及其解释 被调查的搜索引擎	自然语言检索	多语种检索	布尔逻辑检索	词组检索	模糊检索	概念检索	字段检索	目录式浏览检索	多媒体检索	其他检索
	直接采用自然语言中的字、词,或句子作提问式进行检索,是一般非专业检索者常用的检索方式。	是否支持多种语言的检索,中文、英文或其他。	是否支持 NOT、AND,OR 检索。	词组检索是将一个词组(通常用英文双引号括起)当作一个独立运算单元,进行严格匹配检索。	又称截词检索,指利用"＊"、"?"等通配符对具有相同特征的检索词进行检索。	搜索引擎是否能够对检索词及其同义词进行检索,把表达同一个概念的网页都检索出来。	限制检索的一种,在搜索引擎中,多表现为对资源所属站点、关键词位置、时间等进行限定的检索。	将网站或网页信息内容按类型进行分类,提供目录式的检索服务。	是否支持图像、音频、视频等检索。	如是否支持邻近检索、区分大小写检索等。
百度										
Google 简体中文										
雅虎中国										
搜狗搜索										
新浪爱问搜索										
网易搜索引擎										

(4)一级指标"检索效果"的测评问卷

二级指标及其解释 \\ 被调查的搜索引擎	查全率	查准率	重复率	响应时间	内容显示	相关性排序
	是搜索引擎在进行某一检索时,检出的相关文献量与系统文献库中相关文献总量的比率。	检索结果中符合查询要求的资源的比率。	搜索结果中重复资源的比率。	搜索引擎反馈给用户检索结果的时间。	检索结果的显示是否完整(如标题、摘要、链接等),及结果能否调整。	检索结果是否按照与关键词的相关程度进行排序。
百度						
Google 简体中文						
雅虎中国						
搜狗搜索						
新浪爱问搜索						
网易搜索引擎						

(5)一级指标"其他功能/服务"的测评问卷

二级指标及其解释 \\ 被调查的搜索引擎	界面设计	搜索帮助	个性服务	相关搜索服务	特色功能	过滤功能
	用户界面是否友好,是否美观。	是否提供检索的帮助信息。	是否提供用户自定义检索结果显示情况或使用偏好的个性设置服务。	如用户搜索"知识产权"时,搜索引擎提供"知识产权法"、"知识产权局"等检索词供用户搜索。	网页快照、中英文翻译、智能推送等。	是否通过人工干预方法,过滤掉不良网站和有害信息。
百度						
Google 简体中文						
雅虎中国						
搜狗搜索						
新浪爱问搜索						
网易搜索引擎						

附录 5－6　网络数据库测评问卷调查表

(1)被调查网络数据库和网址

网络数据库名称	网址
中国学术期刊全文数据库(CNKI)	http://202.119.47.27/knP50/
维普中文科技期刊全文数据库(VIP)	http://202.119.47.6/
SCI(科学引文索引)	http://portal01.isiknowledge.com/portal.cgi？PID=W5lFEAJNDFOco9Do151
EI(工程索引)	http://www.engineeringvillage2.org.cn/
ProQuest	http://lib.nju.edu.cn/ProQuest.htm
Blackwell	http://www.blackwell-synergy.com/
Springer	http://springer.lib.tsinghua.edu.cn/(nlixng55tw1sqz3w2xvhhhih)/app/home/main.asp？referrer=default
Wiley	http://www.interscience.wiley.com/
Elsevier	http://elsevier.lib.tsinghua.edu.cn/

(2)一级指标"收录范围"的测评问卷

二级指标及其解释　被调查的网络数据库	年度跨度 数据库中收录的文献的年度范围。	更新频率 更新的周期,周期越短,频率越快。	来源文献数量 收录文献的数量多少。	来源文献质量 收录文献的质量高低。	来源文献的全面性 收录本领域内文献的完备成度。	特色收藏 同类数据库中,收录文献的收藏特色。
CNKI						
维普						
SCI						
EI						
ProQuest						
Blackwell						
Springer						
Wiley						
Elsevier						

（3）一级指标"检索功能"的测评问卷

二级指标及其解释 / 被调查的网络数据库	检索方式	检索入口	结果处理	检索效率	检索界面
	是否可以进行布尔检索、组配检索、截词检索、二次检索等方式。	是否可以从著者、著者单位、出版时间、文献类型、文献语种、文献篇名、出版物名称、文摘、主题词/关键词、分类号、IPPN/IPBN、材料识别号等角度检索。	是否可以调整显示方式以及输出方式。	是指检全率、检准率、响应时间、检索速度等方面。	界面设计是否友好、是否易用。
CNKI					
维普					
SCI					
EI					
ProQuest					
Blackwell					
Springer					
Wiley					
Elsevier					

（4）一级指标"服务功能"的测评问卷

二级指标及其解释 / 被调查的网络数据库	资源整合	个性化服务	交互功能	全文提供服务	链接功能	离线配套服务	检索结果分析
	是指能否进行跨库检索、一站式检索。	如用户界面定制、创建个人账户、邮件定题服务、个人期刊列表等。	如是否可以提供在线帮助、咨询，及定期咨询用户意见等。	能否提供全文及提供的方式，及是否提供不同格式的下载。	如是否可以在检索结果中提供链接指向，如全文、引文、相关文献、其他数据库、网页等。	如是否提供给用户在离线状态下的相关配套服务。	是否对检索结果进行粗略的统计分析。
CNKI							

（续表）

维普							
SCI							
EI							
ProQuest							
Blackwell							
Springer							
Wiley							
Elsevier							

（5）一级指标"收费情况"的测评问卷

二级指标及其解释　　　被调查的网络数据库	收费方式
	是指收费的渠道及其便利性。
CNKI	
维普	
SCI	
EI	
ProQuest	
Blackwell	
Springer	
Wiley	
Elsevier	

（6）一级指标"网络安全"的测评问卷

二级指标及其解释　　　被调查的网络数据库	用户信息安全
	包括身份认证、用户权限设置与控制，以及个人信息的保密性等。
CNKI	
维普	
SCI	
EI	
ProQuest	
Blackwell	
Springer	
Wiley	
Elsevier	

附录 6 网络信息资源测评对象的
判断矩阵及一致性检验

附录 6-1 企业网站测评的判断矩阵及一致性检验

表附 6-1-1 信息内容的丰富度(C11)的判断矩阵以及相对权重

C11	P1	P2	P3	P4	P5	P6	P7	P8	P9	P10	W'$_{ij}$
P1	1.00	0.64	1.32	1.39	0.58	1.06	0.68	1.47	0.64	1.39	0.090
P2	1.55	1.00	2.04	2.16	0.90	1.64	1.06	2.28	1.00	2.16	0.139
P3	0.76	0.49	1.00	1.06	0.44	0.80	0.52	1.12	0.49	1.06	0.068
P4	0.72	0.46	0.95	1.00	0.42	0.76	0.49	1.06	0.46	1.00	0.065
P5	1.73	1.12	2.28	2.41	1.00	1.83	1.18	2.54	1.12	2.41	0.156
P6	0.95	0.61	1.25	1.32	0.55	1.00	0.64	1.39	0.61	1.32	0.085
P7	1.47	0.95	1.93	2.04	0.85	1.55	1.00	2.16	0.95	2.04	0.132
P8	0.68	0.44	0.90	0.95	0.39	0.72	0.46	1.00	0.44	0.95	0.061
P9	1.55	1.00	2.04	2.16	0.90	1.64	1.06	2.28	1.00	2.16	0.140
P10	0.72	0.46	0.95	1.00	0.42	0.76	0.49	1.06	0.46	1.00	0.065

最大特征根:l=10.006837 随机一致性比率:CR=5.0983526E-4

表附 6-1-2 信息内容的准确性(C12)的判断矩阵以及相对权重

C12	P1	P2	P3	P4	P5	P6	P7	P8	P9	P10	W'$_{ij}$
P1	1.00	0.90	0.85	1.06	1.25	1.18	1.73	1.06	0.95	0.95	0.105
P2	1.12	1.00	0.95	1.18	1.39	1.32	1.93	1.18	1.06	1.06	0.117
P3	1.18	1.06	1.00	1.25	1.47	1.39	2.04	1.25	1.12	1.12	0.124
P4	0.95	0.85	0.80	1.00	1.18	1.12	1.64	1.00	0.90	0.90	0.099
P5	0.80	0.72	0.68	0.85	1.00	0.95	1.39	0.85	0.76	0.76	0.084
P6	0.85	0.76	0.72	0.90	1.06	1.00	1.47	0.90	0.80	0.80	0.089
P7	0.58	0.52	0.49	0.61	0.72	0.68	1.00	0.61	0.55	0.55	0.061
P8	0.95	0.85	0.80	1.00	1.18	1.12	1.64	1.00	0.90	0.90	0.099
P9	1.06	0.95	0.90	1.12	1.32	1.25	1.83	1.12	1.00	1.00	0.111
P10	1.06	0.95	0.90	1.12	1.32	1.25	1.83	1.12	1.00	1.00	0.111

最大特征根:l=10.017742 随机一致性比率:CR=1.3230542E-3

表附 6－1－3　信息内容的关联性(C13)的判断矩阵以及相对权重

C13	P1	P2	P3	P4	P5	P6	P7	P8	P9	P10	W'$_{ij}$
P1	1.00	1.00	1.06	1.06	1.12	1.00	2.41	1.06	1.12	1.18	0.112
P2	1.00	1.00	1.06	1.06	1.12	1.00	2.41	1.06	1.12	1.18	0.112
P3	0.95	0.95	1.00	1.00	1.06	0.95	2.28	1.00	1.06	1.12	0.106
P4	0.95	0.95	1.00	1.00	1.06	0.95	2.28	1.00	1.06	1.12	0.106
P5	0.90	0.90	0.95	0.95	1.00	0.90	2.16	0.95	1.00	1.06	0.101
P6	1.00	1.00	1.06	1.06	1.12	1.00	2.41	1.06	1.12	1.18	0.112
P7	0.42	0.42	0.44	0.44	0.46	0.42	1.00	0.44	0.46	0.49	0.047
P8	0.95	0.95	1.00	1.00	1.06	0.95	2.28	1.00	1.06	1.12	0.106
P9	0.90	0.90	0.95	0.95	1.00	0.90	2.16	0.95	1.00	1.06	0.101
P10	0.85	0.85	0.90	0.90	0.95	0.85	2.04	0.90	0.95	1.00	0.095

最大特征根：l＝10.023259　随机一致性比率：CR＝1.7344641E-3

表附 6－1－4　信息内容的时效性(C14)的判断矩阵以及相对权重

C14	P1	P2	P3	P4	P5	P6	P7	P8	P9	P10	W'$_{ij}$
P1	1.00	0.58	0.80	1.06	0.52	0.68	0.64	0.90	0.55	1.06	0.073
P2	1.73	1.00	1.39	1.83	0.90	1.18	1.12	1.55	0.95	1.83	0.126
P3	1.25	0.72	1.00	1.32	0.64	0.85	0.80	1.12	0.68	1.32	0.090
P4	0.95	0.55	0.76	1.00	0.49	0.64	0.61	0.85	0.52	1.00	0.069
P5	1.93	1.12	1.55	2.04	1.00	1.32	1.25	1.73	1.06	2.04	0.140
P6	1.47	0.85	1.18	1.55	0.76	1.00	0.95	1.32	0.80	1.55	0.107
P7	1.55	0.90	1.25	1.64	0.80	1.06	1.00	1.39	0.85	1.64	0.113
P8	1.12	0.64	0.90	1.18	0.58	0.76	0.72	1.00	0.61	1.18	0.081
P9	1.83	1.06	1.47	1.93	0.95	1.25	1.18	1.64	1.00	1.93	0.133
P10	0.95	0.55	0.76	1.00	0.49	0.64	0.61	0.85	0.52	1.00	0.069

最大特征根：l＝10.00930　随机一致性比率：CR＝6.936007E-4

表附 6－1－5　链接的有效性(C15)的判断矩阵以及相对权重

C15	P1	P2	P3	P4	P5	P6	P7	P8	P9	P10	W'$_{ij}$
P1	1.00	0.80	1.73	0.95	1.47	1.12	0.90	0.85	0.85	0.95	0.100
P2	1.25	1.00	2.16	1.18	1.83	1.39	1.12	1.06	1.06	1.18	0.125
P3	0.58	0.46	1.00	0.55	0.85	0.64	0.52	0.49	0.49	0.55	0.058
P4	1.06	0.85	1.83	1.00	1.55	1.18	0.95	0.90	0.90	1.00	0.106
P5	0.68	0.55	1.18	0.64	1.00	0.76	0.61	0.58	0.58	0.64	0.068
P6	0.90	0.72	1.55	0.85	1.32	1.00	0.80	0.76	0.76	0.85	0.070
P7	1.12	0.90	1.93	1.06	1.64	1.25	1.00	0.95	0.95	1.06	0.112
P8	1.18	0.95	2.04	1.12	1.73	1.32	1.06	1.00	1.00	1.12	0.118
P9	1.18	0.95	2.04	1.12	1.73	1.32	1.06	1.00	1.00	1.12	0.118
P10	1.06	0.85	1.83	1.00	1.55	1.18	0.95	0.90	0.90	1.00	0.106

最大特征根：l＝10.014535　随机一致性比率：CR＝1.0838889E-3

表附 6-1-6 导航系统的全面性(C21)的判断矩阵以及相对权重

C21	P1	P2	P3	P4	P5	P6	P7	P8	P9	P10	W'$_{ij}$
P1	1.00	0.90	0.85	1.12	0.95	1.00	1.39	1.39	1.12	0.95	0.104
P2	1.12	1.00	0.95	1.25	1.06	1.12	1.55	1.55	1.25	1.06	0.116
P3	1.18	1.06	1.00	1.32	1.12	1.18	1.64	1.64	1.32	1.12	0.122
P4	0.90	0.80	0.76	1.00	0.85	0.90	1.25	1.25	1.00	0.85	0.093
P5	1.06	0.95	0.90	1.18	1.00	1.06	1.47	1.47	1.18	1.00	0.110
P6	1.00	0.90	0.85	1.12	0.95	1.00	1.39	1.39	1.12	0.95	0.104
P7	0.72	0.64	0.61	0.80	0.68	0.72	1.00	1.00	0.80	0.68	0.074
P8	0.72	0.64	0.61	0.80	0.68	0.72	1.00	1.00	0.80	0.68	0.074
P9	0.90	0.80	0.76	1.00	0.85	0.90	1.25	1.25	1.00	0.85	0.093
P10	1.06	0.95	0.90	1.18	1.00	1.06	1.47	1.47	1.18	1.00	0.110

最大特征根：l=10.012367　随机一致性比率：CR=9.222408E-4

表附 6-1-7 导航系统的一致性(C22)的判断矩阵以及相对权重

C22	P1	P2	P3	P4	P5	P6	P7	P8	P9	P10	W'$_{ij}$
P1	1.00	0.85	0.80	0.95	0.80	1.00	1.18	0.90	0.80	0.80	0.089
P2	1.18	1.00	0.95	1.12	0.95	1.18	1.39	1.06	0.95	0.95	0.106
P3	1.25	1.06	1.00	1.18	1.00	1.25	1.47	1.12	1.00	1.00	0.111
P4	1.06	0.90	0.85	1.00	0.85	1.06	1.25	0.95	0.85	0.85	0.095
P5	1.25	1.06	1.00	1.18	1.00	1.25	1.47	1.12	1.00	1.00	0.111
P6	1.00	0.85	0.80	0.95	0.80	1.00	1.18	0.90	0.80	0.80	0.089
P7	0.85	0.72	0.68	0.80	0.68	0.85	1.00	0.76	0.68	0.68	0.076
P8	1.12	0.95	0.90	1.06	0.90	1.12	1.32	1.00	0.90	0.90	0.100
P9	1.25	1.06	1.00	1.18	1.00	1.25	1.47	1.12	1.00	1.00	0.111
P10	1.25	1.06	1.00	1.18	1.00	1.25	1.47	1.12	1.00	1.00	0.111

最大特征根：l=10.013829　随机一致性比率：CR=1.0312626E-3

表附 6-1-8 组织系统的合理性(C23)的判断矩阵以及相对权重

C23	P1	P2	P3	P4	P5	P6	P7	P8	P9	P10	W'$_{ij}$
P1	1.00	0.64	0.72	0.80	0.90	0.80	1.25	0.76	0.80	0.80	0.082
P2	1.55	1.00	1.12	1.25	1.39	1.25	1.93	1.18	1.25	1.25	0.128
P3	1.39	0.90	1.00	1.12	1.25	1.12	1.73	1.06	1.12	1.12	0.114
P4	1.25	0.80	0.90	1.00	1.12	1.00	1.55	0.95	1.00	1.00	0.102
P5	1.12	0.72	0.80	0.90	1.00	0.90	1.39	0.85	0.90	0.90	0.092
P6	1.25	0.80	0.90	1.00	1.12	1.00	1.55	0.95	1.00	1.00	0.102
P7	0.80	0.52	0.58	0.64	0.72	0.64	1.00	0.61	0.64	0.64	0.066
P8	1.32	0.85	0.95	1.06	1.18	1.06	1.64	1.00	1.06	1.06	0.108
P9	1.25	0.80	0.90	1.00	1.12	1.00	1.55	0.95	1.00	1.00	0.102
P10	1.25	0.80	0.90	1.00	1.12	1.00	1.55	0.95	1.00	1.00	0.102

最大特征根：l=10.009396　随机一致性比率：CR=7.0064125E-4

表附 6 - 1 - 9　标识系统的准确性(C24)的判断矩阵以及相对权重

C24	P1	P2	P3	P4	P5	P6	P7	P8	P9	P10	W'$_{ij}$
P1	1.00	0.90	0.95	1.00	1.12	1.00	1.12	1.06	1.06	1.12	0.103
P2	1.12	1.00	1.06	1.12	1.25	1.12	1.25	1.18	1.18	1.25	0.114
P3	1.06	0.95	1.00	1.06	1.18	1.06	1.18	1.12	1.12	1.18	0.108
P4	1.00	0.90	0.95	1.00	1.12	1.00	1.12	1.06	1.06	1.12	0.103
P5	0.90	0.80	0.85	0.90	1.00	0.90	1.00	0.95	0.95	1.00	0.092
P6	1.00	0.90	0.95	1.00	1.12	1.00	1.12	1.06	1.06	1.12	0.103
P7	0.90	0.80	0.85	0.90	1.00	0.90	1.00	0.95	0.95	1.00	0.092
P8	0.95	0.85	0.90	0.95	1.06	0.95	1.06	1.00	1.00	1.06	0.097
P9	0.95	0.85	0.90	0.95	1.06	0.95	1.06	1.00	1.00	1.06	0.097
P10	0.90	0.80	0.85	0.90	1.00	0.90	1.00	0.95	0.95	1.00	0.092

最大特征根：$l=10.023862$　随机一致性比率：$CR=0.0017794097$

表附 6 - 1 - 10　界面友好程度(C25)的判断矩阵以及相对权重

C25	P1	P2	P3	P4	P5	P6	P7	P8	P9	P10	W'$_{ij}$
P1	1.00	0.85	0.90	0.95	0.95	1.00	1.39	0.95	0.90	0.90	0.096
P2	1.18	1.00	1.06	1.12	1.12	1.18	1.64	1.12	1.06	1.06	0.113
P3	1.12	0.95	1.00	1.06	1.06	1.12	1.55	1.06	1.00	1.00	0.107
P4	1.06	0.90	0.95	1.00	1.00	1.06	1.47	1.00	0.95	0.95	0.101
P5	1.06	0.90	0.95	1.00	1.00	1.06	1.47	1.00	0.95	0.95	0.101
P6	1.00	0.85	0.90	0.95	0.95	1.00	1.39	0.95	0.90	0.90	0.096
P7	0.72	0.61	0.64	0.68	0.68	0.72	1.00	0.68	0.64	0.64	0.069
P8	1.06	0.90	0.95	1.00	1.00	1.06	1.47	1.00	0.95	0.95	0.101
P9	1.12	0.95	1.00	1.06	1.06	1.12	1.55	1.06	1.00	1.00	0.107
P10	1.12	0.95	1.00	1.06	1.06	1.12	1.55	1.06	1.00	1.00	0.107

最大特征根：$l=10.018049$　随机一致性比率：$CR=1.3459538E-3$

表附 6 - 1 - 11　界面美观程度(C26)的判断矩阵以及相对权重

C26	P1	P2	P3	P4	P5	P6	P7	P8	P9	P10	W'$_{ij}$
P1	1.00	0.76	0.64	0.85	0.76	0.85	1.32	0.90	0.72	0.68	0.081
P2	1.32	1.00	0.85	1.12	1.00	1.12	1.73	1.18	0.95	0.90	0.107
P3	1.55	1.18	1.00	1.32	1.18	1.32	2.04	1.39	1.12	1.06	0.126
P4	1.18	0.90	0.76	1.00	0.90	1.00	1.55	1.06	0.85	0.80	0.096
P5	1.32	1.00	0.85	1.12	1.00	1.12	1.73	1.18	0.95	0.90	0.107
P6	1.18	0.90	0.76	1.00	0.90	1.00	1.55	1.06	0.85	0.80	0.096
P7	0.76	0.58	0.49	0.64	0.58	0.64	1.00	0.68	0.55	0.52	0.062
P8	1.12	0.85	0.72	0.95	0.85	0.95	1.47	1.00	0.80	0.76	0.091
P9	1.39	1.06	0.90	1.18	1.06	1.18	1.83	1.25	1.00	0.95	0.113
P10	1.47	1.12	0.95	1.25	1.12	1.25	1.93	1.32	1.06	1.00	0.120

最大特征根：$l=10.014235$　随机一致性比率：$CR=1.0614871E-3$

表附 6 - 1 - 12　网站的响应速度(C27)的判断矩阵以及相对权重

C27	P1	P2	P3	P4	P5	P6	P7	P8	P9	P10	W'ᵢⱼ
P1	1.00	0.72	1.32	1.06	0.76	1.12	0.90	1.18	0.68	0.72	0.090
P2	1.39	1.00	1.83	1.47	1.06	1.55	1.25	1.64	0.95	1.00	0.125
P3	0.76	0.55	1.00	0.80	0.58	0.85	0.68	0.90	0.52	0.55	0.068
P4	0.95	0.68	1.25	1.00	0.72	1.06	0.85	1.12	0.64	0.68	0.085
P5	1.32	0.95	1.73	1.39	1.00	1.47	1.18	1.55	0.90	0.95	0.118
P6	0.90	0.64	1.18	0.95	0.68	1.00	0.80	1.06	0.61	0.64	0.080
P7	1.12	0.80	1.47	1.18	0.85	1.25	1.00	1.32	0.76	0.80	0.100
P8	0.85	0.61	1.12	0.90	0.64	0.95	0.76	1.00	0.58	0.61	0.076
P9	1.47	1.06	1.93	1.55	1.12	1.64	1.32	1.73	1.00	1.06	0.132
P10	1.39	1.00	1.83	1.47	1.06	1.55	1.25	1.64	0.95	1.00	0.125

最大特征根：$l=10.010666$　随机一致性比率：$CR=7.953686E\text{-}4$

表附 6 - 1 - 13　在线业务功能(C31)的判断矩阵以及相对权重

C31	P1	P2	P3	P4	P5	P6	P7	P8	P9	P10	W'ᵢⱼ
P1	1.00	0.80	1.32	0.61	0.68	0.85	1.12	1.06	0.64	1.00	0.085
P2	1.25	1.00	1.64	0.76	0.85	1.06	1.39	1.32	0.80	1.25	0.107
P3	0.76	0.61	1.00	0.46	0.52	0.64	0.85	0.80	0.49	0.76	0.065
P4	1.64	1.32	2.16	1.00	1.12	1.39	1.83	1.73	1.06	1.64	0.140
P5	1.47	1.18	1.93	0.90	1.00	1.25	1.64	1.55	0.95	1.47	0.126
P6	1.18	0.95	1.55	0.72	0.80	1.00	1.32	1.25	0.76	1.18	0.101
P7	0.90	0.72	1.18	0.55	0.61	0.76	1.00	0.95	0.58	0.90	0.077
P8	0.95	0.76	1.25	0.58	0.64	0.80	1.06	1.00	0.61	0.95	0.081
P9	1.55	1.25	2.04	0.95	1.06	1.32	1.73	1.64	1.00	1.55	0.133
P10	1.00	0.80	1.32	0.61	0.68	0.85	1.12	1.06	0.64	1.00	0.085

最大特征根：$l=10.007803$　随机一致性比率：$CR=5.8187643E\text{-}4$

表附 6 - 1 - 14　会员制度实现情况(C32)的判断矩阵以及相对权重

C32	P1	P2	P3	P4	P5	P6	P7	P8	P9	P10	W'ᵢⱼ
P1	1.00	0.46	1.12	0.55	0.30	0.27	0.72	0.33	0.33	1.93	0.048
P2	2.16	1.00	2.41	1.18	0.64	0.58	1.55	0.72	0.72	4.17	0.103
P3	0.90	0.42	1.00	0.49	0.27	0.24	0.64	0.30	0.30	1.73	0.043
P4	1.83	0.85	2.04	1.00	0.55	0.49	1.32	0.61	0.61	3.54	0.088
P5	3.35	1.55	3.74	1.83	1.00	0.90	2.41	1.12	1.12	6.47	0.161
P6	3.74	1.73	4.17	2.04	1.12	1.00	2.69	1.25	1.25	7.22	0.179
P7	1.39	0.64	1.55	0.76	0.42	0.37	1.00	0.46	0.46	2.69	0.066
P8	3.00	1.39	3.35	1.64	0.90	0.80	2.16	1.00	1.00	5.80	0.144
P9	3.00	1.39	3.35	1.64	0.90	0.80	2.16	1.00	1.00	5.80	0.144
P10	0.52	0.24	0.58	0.28	0.15	0.14	0.37	0.17	0.17	1.00	0.025

最大特征根：$l=9.999652$　随机一致性比率：$CR=-2.5957579E\text{-}5$

表附 6-1-15　在线服务与支持功能(C33)的判断矩阵以及相对权重

C33	P1	P2	P3	P4	P5	P6	P7	P8	P9	P10	W'$_{ij}$
P1	1.00	0.58	1.32	0.76	0.90	0.85	0.76	0.72	0.76	1.93	0.086
P2	1.73	1.00	2.28	1.32	1.55	1.47	1.32	1.25	1.32	3.35	0.149
P3	0.76	0.44	1.00	0.58	0.68	0.64	0.58	0.55	0.58	1.47	0.065
P4	1.32	0.76	1.73	1.00	1.18	1.12	1.00	0.95	1.00	2.54	0.113
P5	1.12	0.64	1.47	0.85	1.00	0.95	0.85	0.8	0.85	2.16	0.096
P6	1.18	0.68	1.55	0.90	1.06	1.00	0.90	0.85	0.90	2.28	0.101
P7	1.32	0.76	1.73	1.00	1.18	1.12	1.00	0.95	1.00	2.54	0.113
P8	1.39	0.80	1.83	1.06	1.25	1.18	1.06	1.00	1.06	2.69	0.119
P9	1.32	0.76	1.73	1.00	1.18	1.12	1.00	0.95	1.00	2.54	0.113
P10	0.52	0.30	0.68	0.39	0.46	0.44	0.39	0.37	0.39	1.00	0.044

最大特征根：l=10.007673　随机一致性比率：CR=5.722046E-4

表附 6-1-16　检索功能(C34)的判断矩阵以及相对权重

C34	P1	P2	P3	P4	P5	P6	P7	P8	P9	P10	W'$_{ij}$
P1	1.00	0.76	0.95	1.25	0.58	1.06	0.58	0.85	0.61	1.47	0.083
P2	1.32	1.00	1.25	1.64	0.76	1.39	0.76	1.12	0.80	1.93	0.109
P3	1.06	0.80	1.00	1.32	0.61	1.12	0.61	0.90	0.64	1.55	0.087
P4	0.80	0.61	0.76	1.00	0.46	0.85	0.46	0.68	0.49	1.18	0.066
P5	1.73	1.32	1.64	2.16	1.00	1.83	1.00	1.47	1.06	2.54	0.143
P6	0.95	0.72	0.90	1.18	0.55	1.00	0.55	0.80	0.58	1.39	0.078
P7	1.73	1.32	1.64	2.16	1.00	1.83	1.00	1.47	1.06	2.54	0.143
P8	1.18	0.90	1.12	1.47	0.68	1.25	0.68	1.00	0.72	1.73	0.098
P9	1.64	1.25	1.55	2.04	0.95	1.73	0.95	1.39	1.00	2.41	0.136
P10	0.68	0.52	0.64	0.85	0.39	0.72	0.39	0.58	0.42	1.00	0.056

最大特征根：l=10.007055　随机一致性比率：CR=5.26121E-4

表附 6-1-17　特色服务功能(C35)的判断矩阵以及相对权重

C35	P1	P2	P3	P4	P5	P6	P7	P8	P9	P10	W'$_{ij}$
P1	1.00	0.49	1.06	0.85	1.06	0.72	0.49	0.95	0.58	1.18	0.076
P2	2.04	1.00	2.16	1.73	2.16	1.47	1.00	1.93	1.18	2.41	0.155
P3	0.95	0.46	1.00	0.80	1.00	0.68	0.46	0.90	0.55	1.12	0.072
P4	1.18	0.58	1.25	1.00	1.25	0.85	0.58	1.12	0.68	1.39	0.090
P5	0.95	0.46	1.00	0.80	1.00	0.68	0.46	0.90	0.55	1.12	0.072
P6	1.39	0.68	1.47	1.18	1.47	1.00	0.68	1.32	0.80	1.64	0.105
P7	2.04	1.00	2.16	1.73	2.16	1.47	1.00	1.93	1.18	2.41	0.155
P8	1.06	0.52	1.12	0.90	1.12	0.76	0.52	1.00	0.61	1.25	0.080
P9	1.73	0.85	1.83	1.47	1.83	1.25	0.85	1.64	1.00	2.04	0.131
P10	0.85	0.42	0.90	0.72	0.90	0.61	0.42	0.80	0.49	1.00	0.064

最大特征根：l=10.0107565　随机一致性比率：CR=8.021247E-4

表附 6-1-18 访问量(C41)的判断矩阵以及相对权重

C41	P1	P2	P3	P4	P5	P6	P7	P8	P9	P10	W'$_{ij}$
P1	1.00	3.00	2.28	1.00	1.00	1.73	0.33	1.00	0.33	2.41	0.085
P2	0.33	1.00	0.76	0.33	0.33	0.58	0.11	0.33	0.11	0.80	0.028
P3	0.44	1.32	1.00	0.44	0.44	0.76	0.15	0.44	0.15	1.06	0.038
P4	1.00	3.00	2.28	1.00	1.00	1.73	0.33	1.00	0.33	2.41	0.085
P5	1.00	3.00	2.28	1.00	1.00	1.73	0.33	1.00	0.33	2.41	0.085
P6	0.58	1.73	1.32	0.58	0.58	1.00	0.19	0.58	0.19	1.39	0.049
P7	3.00	9.00	6.84	3.00	3.00	5.19	1.00	3.00	1.00	7.22	0.255
P8	1.00	3.00	2.28	1.00	1.00	1.73	0.33		0.33	2.41	0.085
P9	3.00	9.00	6.84	3.00	3.00	5.19	1.00	3.00	1.00	7.22	0.255
P10	0.42	1.25	0.95	0.42	0.42	0.72	0.14	0.42	0.14	1.00	0.036

最大特征根：l＝9.999852　随机一致性比率：CR＝－1.102308E-5

表附 6-1-19 外部链接数(C42)的判断矩阵以及相对权重

C42	P1	P2	P3	P4	P5	P6	P7	P8	P9	P10	W'$_{ij}$
P1	1.00	1.73	2.28	1.73	1.00	1.00	0.58	1.00	0.33	3.00	0.094
P2	0.58	1.00	1.32	1.00	0.58	0.58	0.33	0.58	0.19	1.73	0.054
P3	0.44	0.76	1.00	0.76	0.44	0.44	0.25	0.44	0.15	1.32	0.041
P4	0.58	1.00	1.32	1.00	0.58	0.58	0.33	0.58	0.19	1.73	0.054
P5	1.00	1.73	2.28	1.73	1.00	1.00	0.58	1.00	0.33	3.00	0.094
P6	1.00	1.73	2.28	1.73	1.00	1.00	0.58	1.00	0.33	3.00	0.094
P7	1.73	3.00	3.95	3.00	1.73	1.73	1.00	1.73	0.58	5.19	0.164
P8	1.00	1.73	2.28	1.73	1.00	1.00	0.58	1.00	0.33	3.00	0.094
P9	3.00	5.19	6.84	5.19	3.00	3.00	1.73	3.00	1.00	9.00	0.281
P10	0.33	0.58	0.76	0.58	0.33	0.33	0.19	0.33	0.11	1.00	0.031

最大特征根：l＝9.993523　随机一致性比率：CR＝－4.830243E-4

表附 6-1-20 用户访问的深度(C43)的判断矩阵以及相对权重

C43	P1	P2	P3	P4	P5	P6	P7	P8	P9	P10	W'$_{ij}$
P1	1.00	1.55	0.44	1.55	0.19	0.55	0.90	0.35	0.68	0.17	0.044
P2	0.64	1.00	0.28	1.00	0.12	0.35	0.58	0.23	0.44	0.11	0.028
P3	2.28	3.54	1.00	3.54	0.44	1.25	2.04	0.8	1.55	0.39	0.100
P4	0.64	1.00	0.28	1.00	0.12	0.35	0.58	0.23	0.44	0.11	0.028
P5	5.19	8.06	2.28	8.06	1.00	2.84	4.65	1.83	3.54	0.90	0.228
P6	1.83	2.84	0.80	2.84	0.35	1.00	1.64	0.64	1.25	0.32	0.080
P7	1.12	1.73	0.49	1.73	0.21	0.61	1.00	0.39	0.76	0.19	0.049
P8	2.84	4.41	1.25	4.41	0.55	1.55	2.54	1.00	1.93	0.49	0.125
P9	1.47	2.28	0.64	2.28	0.28	0.80	1.32	0.52	1.00	0.25	0.064
P10	5.80	9.00	2.54	9.00	1.12	3.17	5.19	2.04	3.95	1.00	0.254

最大特征根：l＝9.983256　随机一致性比率：CR＝－1.2485951E-3

表附 6-1-21　用户信息安全(C51)的判断矩阵以及相对权重

C51	P1	P2	P3	P4	P5	P6	P7	P8	P9	P10	W'$_{ij}$
P1	1.00	1.00	1.73	1.00	1.73	1.00	1.73	1.00	1.00	1.73	0.120
P2	1.00	1.00	1.73	1.00	1.73	1.00	1.73	1.00	1.00	1.73	0.120
P3	0.58	0.58	1.00	0.58	1.00	0.58	1.00	0.58	0.58	1.00	0.070
P4	1.00	1.00	1.73	1.00	1.73	1.00	1.73	1.00	1.00	1.73	0.120
P5	0.58	0.58	1.00	0.58	1.00	0.58	1.00	0.58	0.58	1.00	0.070
P6	1.00	1.00	1.73	1.00	1.73	1.00	1.73	1.00	1.00	1.73	0.120
P7	0.58	0.58	1.00	0.58	1.00	0.58	1.00	0.58	0.58	1.00	0.070
P8	1.00	1.00	1.73	1.00	1.73	1.00	1.73	1.00	1.00	1.73	0.120
P9	1.00	1.00	1.73	1.00	1.73	1.00	1.73	1.00	1.00	1.73	0.120
P10	0.58	0.58	1.00	0.58	1.00	0.58	1.00	0.58	0.58	1.00	0.070

最大特征根：l=10.008154　随机一致性比率：CR=6.0804735E-4

附录 6-2　商业网站测评的判断矩阵及一致性检验

表附 6-2-1　信息内容的丰富程度(C11)的判断矩阵以及相对权重

C11	P1	P2	P3	P4	P5	P6	P7	W'$_{ij}$
P1	1.00	1.00	1.18	1.06	2.54	0.95	1.00	0.160
P2	1.00	1.00	1.18	1.06	2.54	0.95	1.00	0.160
P3	0.85	0.85	1.00	0.90	2.16	0.80	0.85	0.136
P4	0.95	0.95	1.12	1.00	2.41	0.90	0.95	0.152
P5	0.39	0.39	0.46	0.42	1.00	0.37	0.39	0.063
P6	1.06	1.06	1.25	1.12	2.69	1.00	1.06	0.169
P7	1.00	1.00	1.18	1.06	2.54	0.95	1.00	0.160

最大特征根：l=7.0056925　随机一致性比率：CR=7.187477E-4

表附 6-2-2　信息内容的准确性(C12)的判断矩阵以及相对权重

C12	P1	P2	P3	P4	P5	P6	P7	W'$_{ij}$
P1	1.00	0.85	1.00	1.18	0.85	0.80	1.00	0.134
P2	1.18	1.00	1.18	1.39	1.00	0.95	1.18	0.158
P3	1.00	0.85	1.00	1.18	0.85	0.80	1.00	0.134
P4	0.85	0.72	0.85	1.00	0.72	0.68	0.85	0.114
P5	1.18	1.00	1.18	1.39	1.00	0.95	1.18	0.158
P6	1.25	1.06	1.25	1.47	1.06	1.00	1.25	0.167
P7	1.00	0.85	1.00	1.18	0.85	0.80	1.00	0.134

最大特征根：l=7.0060244　随机一致性比率：CR=7.606516E-4

表附 6 - 2 - 3 信息内容的独特性(C13)的判断矩阵以及相对权重

C13	P1	P2	P3	P4	P5	P6	P7	W'_{ij}
P1	1.00	0.85	1.12	0.95	0.90	0.90	1.12	0.138
P2	1.18	1.00	1.32	1.12	1.06	1.06	1.32	0.162
P3	0.90	0.76	1.00	0.85	0.80	0.80	1.00	0.123
P4	1.06	0.90	1.18	1.00	0.95	0.95	1.18	0.146
P5	1.12	0.95	1.25	1.06	1.00	1.00	1.25	0.154
P6	1.12	0.95	1.25	1.06	1.00	1.00	1.25	0.154
P7	0.90	0.76	1.00	0.85	0.80	0.80	1.00	0.123

最大特征根：$l=7.0128994$ 随机一致性比率：$CR=1.6287118E\text{-}3$

表附 6 - 2 - 4 信息内容的时效性(C14)的判断矩阵以及相对权重

C14	P1	P2	P3	P4	P5	P6	P7	W'_{ij}
P1	1.00	1.00	1.64	0.95	1.93	1.12	1.12	0.167
P2	1.00	1.00	1.64	0.95	1.93	1.12	1.12	0.167
P3	0.61	0.61	1.00	0.58	1.18	0.68	0.68	0.102
P4	1.06	1.06	1.73	1.00	2.04	1.18	1.18	0.177
P5	0.52	0.52	0.85	0.49	1.00	0.58	0.58	0.087
P6	0.90	0.90	1.47	0.85	1.73	1.00	1.00	0.150
P7	0.90	0.90	1.47	0.85	1.73	1.00	1.00	0.150

最大特征根：$l=7.010273$ 随机一致性比率：$CR=1.2970933E\text{-}3$

表附 6 - 2 - 5 链接的有效性(C15)的判断矩阵以及相对权重

C15	P1	P2	P3	P4	P5	P6	P7	W'_{ij}
P1	1.00	0.90	0.90	0.95	1.18	1.06	1.06	0.142
P2	1.12	1.00	1.00	1.06	1.32	1.18	1.18	0.159
P3	1.12	1.00	1.00	1.06	1.32	1.18	1.18	0.159
P4	1.06	0.95	0.95	1.00	1.25	1.12	1.12	0.151
P5	0.85	0.76	0.76	0.80	1.00	0.90	0.90	0.121
P6	0.95	0.85	0.85	0.90	1.12	1.00	1.00	0.135
P7	0.95	0.85	0.85	0.90	1.12	1.00	1.00	0.135

最大特征根：$l=7.0148935$ 随机一致性比率：$CR=1.8804963E\text{-}3$

表附 6 - 2 - 6 导航系统的全面性(C21)的判断矩阵以及相对权重

C21	P1	P2	P3	P4	P5	P6	P7	W'_{ij}
P1	1.00	0.72	0.95	0.68	1.18	1.06	0.80	0.126
P2	1.39	1.00	1.32	0.95	1.64	1.47	1.12	0.175

（续表）

P3	1.06	0.76	1.00	0.72	1.25	1.12	0.85	0.133
P4	1.47	1.06	1.39	1.00	1.73	1.55	1.18	0.184
P5	0.85	0.61	0.80	0.58	1.00	0.90	0.68	0.107
P6	0.95	0.68	0.90	0.64	1.12	1.00	0.76	0.119
P7	1.25	0.90	1.18	0.85	1.47	1.32	1.00	0.157

最大特征根：$l=7.008075$　随机一致性比率：$CR=1.0196007E-3$

表附 6-2-7　导航系统的一致性(C22)的判断矩阵以及相对权重

C22	P1	P2	P3	P4	P5	P6	P7	W'_{ij}
P1	1.00	0.85	1.00	0.72	1.06	1.12	0.72	0.128
P2	1.18	1.00	1.18	0.85	1.25	1.32	0.85	0.151
P3	1.00	0.85	1.00	0.72	1.06	1.12	0.72	0.128
P4	1.39	1.18	1.39	1.00	1.47	1.55	1.00	0.178
P5	0.95	0.80	0.95	0.68	1.00	1.06	0.68	0.121
P6	0.90	0.76	0.90	0.64	0.95	1.00	0.64	0.115
P7	1.39	1.18	1.39	1.00	1.47	1.55	1.00	0.178

最大特征根：$l=7.005505$　随机一致性比率：$CR=6.9508643E-4$

表附 6-2-8　组织系统的合理性(C23)的判断矩阵以及相对权重

C23	P1	P2	P3	P4	P5	P6	P7	W'_{ij}
P1	1.00	0.85	1.06	0.80	1.73	1.12	1.00	0.146
P2	1.18	1.00	1.25	0.95	2.04	1.32	1.18	0.172
P3	0.95	0.80	1.00	0.76	1.64	1.06	0.95	0.138
P4	1.25	1.06	1.32	1.00	2.16	1.39	1.25	0.182
P5	0.58	0.49	0.61	0.46	1.00	0.64	0.58	0.084
P6	0.90	0.76	0.95	0.72	1.55	1.00	0.90	0.131
P7	1.00	0.85	1.06	0.80	1.73	1.12	1.00	0.146

最大特征根：$l=7.007079$　随机一致性比率：$CR=8.938288E-4$

表附 6-2-9　标识系统的准确性(C24)的判断矩阵以及相对权重

C24	P1	P2	P3	P4	P5	P6	P7	W'_{ij}
P1	1.00	0.85	0.85	0.95	1.32	1.00	0.85	0.136
P2	1.18	1.00	1.00	1.12	1.55	1.18	1.00	0.160
P3	1.18	1.00	1.00	1.12	1.55	1.18	1.00	0.160
P4	1.06	0.90	0.90	1.00	1.39	1.06	0.90	0.144
P5	0.76	0.64	0.64	0.72	1.00	0.76	0.64	0.103
P6	1.00	0.85	0.85	0.95	1.32	1.00	0.85	0.136
P7	1.18	1.00	1.00	1.12	1.55	1.18	1.00	0.160

最大特征根：$l=7.005591$　随机一致性比率：$CR=7.0592365E-4$

表附 6 - 2 - 10　界面友好程度(C25)的判断矩阵以及相对权重

C25	P1	P2	P3	P4	P5	P6	P7	W'$_{ij}$
P1	1.00	0.85	0.95	0.76	1.47	0.8	0.95	0.133
P2	1.18	1.00	1.12	0.90	1.73	0.95	1.12	0.157
P3	1.06	0.90	1.00	0.80	1.55	0.85	1.00	0.140
P4	1.32	1.12	1.25	1.00	1.93	1.06	1.25	0.175
P5	0.68	0.58	0.64	0.52	1.00	0.55	0.64	0.090
P6	1.25	1.06	1.18	0.95	1.83	1.00	1.18	0.165
P7	1.06	0.90	1.00	0.80	1.55	0.85	1.00	0.140

最大特征根：l＝7.008752　随机一致性比率：CR＝1.1050339E-3

表附 6 - 2 - 11　界面美观程度(C26)的判断矩阵以及相对权重

C26	P1	P2	P3	P4	P5	P6	P7	W'$_{ij}$
P1	1.00	0.90	1.12	0.85	1.12	1.00	1.12	0.143
P2	1.12	1.00	1.25	0.95	1.25	1.12	1.25	0.160
P3	0.90	0.80	1.00	0.76	1.00	0.90	1.00	0.128
P4	1.18	1.06	1.32	1.00	1.32	1.18	1.32	0.169
P5	0.90	0.80	1.00	0.76	1.00	0.90	1.00	0.128
P6	1.00	0.90	1.12	0.85	1.12	1.00	1.12	0.143
P7	0.90	0.80	1.00	0.76	1.00	0.90	1.00	0.128

最大特征根：l＝7.0123544　随机一致性比率：CR＝1.5598956E-3

表附 6 - 2 - 12　网站的响应速度(C27)的判断矩阵以及相对权重

C27	P1	P2	P3	P4	P5	P6	P7	W'$_{ij}$
P1	1.00	1.12	1.47	1.18	0.85	1.18	1.12	0.158
P2	0.90	1.00	1.32	1.06	0.76	1.06	1.00	0.141
P3	0.68	0.76	1.00	0.80	0.58	0.80	0.76	0.107
P4	0.85	0.95	1.25	1.00	0.72	1.00	0.95	0.134
P5	1.18	1.32	1.73	1.39	1.00	1.39	1.32	0.186
P6	0.85	0.95	1.25	1.00	0.72	1.00	0.95	0.134
P7	0.90	1.00	1.32	1.06	0.76	1.06	1.00	0.141

最大特征根：l＝7.010048　随机一致性比率：CR＝1.2686758E-3

表附 6 - 2 - 13　电子商务功能(C31)的判断矩阵以及相对权重

C31	P1	P2	P3	P4	P5	P6	P7	W'$_{ij}$
P1	1.00	4.65	1.00	1.00	1.47	1.55	1.06	0.182
P2	0.21	1.00	0.21	0.21	0.32	0.33	0.23	0.039

（续表）

	P1	P2	P3	P4	P5	P6	P7	W'_{ij}
P3	1.00	4.65	1.00	1.00	1.47	1.55	1.06	0.182
P4	1.00	4.65	1.00	1.00	1.47	1.55	1.06	0.182
P5	0.68	3.17	0.68	0.68	1.00	1.06	0.72	0.124
P6	0.64	3.00	0.64	0.64	0.95	1.00	0.68	0.117
P7	0.95	4.41	0.95	0.95	1.39	1.47	1.00	0.173

最大特征根：l＝6.993037　随机一致性比率：CR＝－8.791384E-4

表附 6－2－14　交互功能(C32)的判断矩阵以及相对权重

C32	P1	P2	P3	P4	P5	P6	P7	W'_{ij}
P1	1.00	1.00	1.12	0.68	1.47	1.00	0.85	0.138
P2	1.00	1.00	1.12	0.68	1.47	1.00	0.85	0.138
P3	0.90	0.90	1.00	0.61	1.32	0.90	0.76	0.124
P4	1.47	1.47	1.64	1.00	2.16	1.47	1.25	0.203
P5	0.68	0.68	0.76	0.46	1.00	0.68	0.58	0.094
P6	1.00	1.00	1.12	0.68	1.47	1.00	0.85	0.138
P7	1.18	1.18	1.32	0.80	1.73	1.18	1.00	0.163

最大特征根：l＝7.004912　随机一致性比率：CR＝6.2018936E-4

表附 6－2－15　检索功能(C33)的判断矩阵以及相对权重

C33	P1	P2	P3	P4	P5	P6	P7	W'_{ij}
P1	1.00	0.85	1.00	1.06	4.17	1.32	1.39	0.171
P2	1.18	1.00	1.18	1.25	4.92	1.55	1.64	0.202
P3	1.00	0.85	1.00	1.06	4.17	1.32	1.39	0.171
P4	0.95	0.80	0.95	1.00	3.95	1.25	1.32	0.162
P5	0.24	0.20	0.24	0.25	1.00	0.32	0.33	0.041
P6	0.76	0.64	0.76	0.80	3.17	1.00	1.06	0.130
P7	0.72	0.61	0.72	0.76	3.00	0.95	1.00	0.123

最大特征根：l＝7.00115　随机一致性比率：CR＝1.4521858E-4

表附 6－2－16　特色服务功能(C34)的判断矩阵以及相对权重

C34	P1	P2	P3	P4	P5	P6	P7	W'_{ij}
P1	1.00	0.85	1.25	1.06	2.16	1.25	1.18	0.166
P2	1.18	1.00	1.47	1.25	2.54	1.47	1.39	0.195
P3	0.80	0.68	1.00	0.85	1.73	1.00	0.95	0.133
P4	0.95	0.80	1.18	1.00	2.04	1.18	1.12	0.157
P5	0.46	0.39	0.58	0.49	1.00	0.58	0.55	0.077

（续表）

P6	0.80	0.68	1.00	0.85	1.73	1.00	0.95	0.133
P7	0.85	0.72	1.06	0.90	1.83	1.06	1.00	0.141

最大特征根：$l=7.00544$　随机一致性比率：$CR=6.8689836E\text{-}4$

表附 6 - 2 - 17　访问量(C41)的判断矩阵以及相对权重

C41	P1	P2	P3	P4	P5	P6	P7	W'_{ij}
P1	1.00	3.00	1.73	0.58	5.19	1.73	1.32	0.194
P2	0.33	1.00	0.58	0.19	1.73	0.58	0.44	0.064
P3	0.58	1.73	1.00	0.33	3.00	1.00	0.76	0.112
P4	1.73	5.19	3.00	1.00	9.00	3.00	2.28	0.335
P5	0.19	0.58	0.33	0.11	1.00	0.33	0.25	0.037
P6	0.58	1.73	1.00	0.33	3.00	1.00	0.76	0.112
P7	0.76	2.28	1.32	0.44	3.95	1.32	1.00	0.147

最大特征根：$l=6.9908624$　随机一致性比率：$CR=-1.1537411E\text{-}3$

表附 6 - 2 - 18　外部链接数(C42)的判断矩阵以及相对权重

C42	P1	P2	P3	P4	P5	P6	P7	W'_{ij}
P1	1.00	2.28	1.73	0.58	5.19	1.32	3.00	0.199
P2	0.44	1.00	0.76	0.25	2.28	0.58	1.32	0.087
P3	0.58	1.32	1.00	0.33	3.00	0.76	1.73	0.115
P4	1.73	3.95	3.00	1.00	9.00	2.28	5.19	0.344
P5	0.19	0.44	0.33	0.11	1.00	0.25	0.58	0.038
P6	0.76	1.73	1.32	0.44	3.95	1.00	2.28	0.151
P7	0.33	0.76	0.58	0.19	1.73	0.44	1.00	0.066

最大特征根：$l=6.9928207$　随机一致性比率：$CR=-9.064722E\text{-}4$

表附 6 - 2 - 19　用户访问的深度(C43)的判断矩阵以及相对权重

C43	P1	P2	P3	P4	P5	P6	P7	W'_{ij}
P1	1.00	0.76	1.00	0.33	0.58	0.76	1.73	0.100
P2	1.32	1.00	1.32	0.44	0.76	1.00	2.28	0.133
P3	1.00	0.76	1.00	0.33	0.58	0.76	1.73	0.100
P4	3.00	2.28	3.00	1.00	1.73	2.28	5.19	0.302
P5	1.73	1.32	1.73	0.58	1.00	1.32	3.00	0.174
P6	1.32	1.00	1.32	0.44	0.76	1.00	2.28	0.133
P7	0.58	0.44	0.58	0.19	0.33	0.44	1.00	0.058

最大特征根：$l=7.0007305$　随机一致性比率：$CR=9.2236674E\text{-}5$

表附 6 - 2 - 20　电子商务的交易量(C44)的判断矩阵以及相对权重

C44	P1	P2	P3	P4	P5	P6	P7	W'$_{ij}$
P1	1.00	2.28	1.73	0.58	3.00	1.73	1.73	0.191
P2	0.44	1.00	0.76	0.25	1.32	0.76	0.76	0.084
P3	0.58	1.32	1.00	0.33	1.73	1.00	1.00	0.110
P4	1.73	3.95	3.00	1.00	5.19	3.00	3.00	0.331
P5	0.33	0.76	0.58	0.19	1.00	0.58	0.58	0.064
P6	0.58	1.32	1.00	0.33	1.73	1.00	1.00	0.110
P7	0.58	1.32	1.00	0.33	1.73	1.00	1.00	0.110

最大特征根：l=6.996202　随机一致性比率：CR=-4.7954643E-4

表附 6 - 2 - 21　用户信息安全(C52)的判断矩阵以及相对权重

C52	P1	P2	P3	P4	P5	P6	P7	W'$_{ij}$
P1	1.00	1.73	1.32	1.12	1.12	1.32	1.18	0.174
P2	0.58	1.00	0.76	0.64	0.64	0.76	0.68	0.100
P3	0.76	1.32	1.00	0.85	0.85	1.00	0.90	0.132
P4	0.90	1.55	1.18	1.00	1.00	1.18	1.06	0.156
P5	0.90	1.55	1.18	1.00	1.00	1.18	1.06	0.156
P6	0.76	1.32	1.00	0.85	0.85	1.00	0.90	0.132
P7	0.85	1.47	1.12	0.95	0.95	1.12	1.00	0.148

最大特征根：l=7.0086737　随机一致性比率：CR=1.09516E-3

附录 6 - 3　政府网站测评的判断矩阵及一致性检验

表附 6 - 3 - 1　信息内容的准确性(C11)的判断矩阵以及相对权重

C11	P1	P2	P3	P4	P5	P6	P7	P8	P9	P10	W'$_{ij}$
P1	1.00	1.00	1.16	1.34	1.00	1.16	1.10	1.05	1.00	1.05	0.110
P2	1.00	1.00	1.16	1.34	1.00	1.16	1.10	1.05	1.00	1.05	0.110
P3	0.86	0.86	1.00	1.16	0.86	1.00	0.95	0.91	0.86	0.91	0.091
P4	0.75	0.75	0.86	1.00	0.75	0.86	0.82	0.78	0.75	0.78	0.076
P5	1.00	1.00	1.16	1.34	1.00	1.16	1.10	1.05	1.00	1.05	0.110
P6	0.86	0.86	1.00	1.16	0.86	1.00	0.95	0.91	0.86	0.91	0.091
P7	0.91	0.91	1.05	1.22	0.91	1.05	1.00	0.95	0.91	0.95	0.097
P8	0.95	0.95	1.10	1.28	0.95	1.10	1.05	1.00	0.95	1.00	0.103
P9	1.00	1.00	1.16	1.34	1.00	1.16	1.10	1.05	1.00	1.05	0.110
P10	0.95	0.95	1.10	1.28	0.95	1.10	1.05	1.00	0.95	1.00	0.103

最大特征根：l=10.00　随机一致性比率：CR=0.00

表附 6-3-2　信息内容的完整性(C12)的判断矩阵以及相对权重

C12	P1	P2	P3	P4	P5	P6	P7	P8	P9	P10	W'$_{ij}$
P1	1.00	0.86	0.82	1.05	0.95	1.05	0.78	0.78	0.78	0.75	0.084
P2	1.16	1.00	0.95	1.22	1.10	1.22	0.91	0.91	0.91	0.86	0.101
P3	1.22	1.05	1.00	1.28	1.16	1.28	0.95	0.95	0.95	0.91	0.101
P4	0.95	0.82	0.78	1.00	0.91	1.00	0.75	0.75	0.75	0.71	0.079
P5	1.05	0.91	0.86	1.10	1.00	1.10	0.82	0.82	0.82	0.78	0.089
P6	0.95	0.82	0.78	1.00	0.91	1.00	0.75	0.75	0.75	0.71	0.079
P7	1.28	1.10	1.05	1.34	1.22	1.34	1.00	1.00	1.00	0.95	0.114
P8	1.28	1.10	1.05	1.34	1.22	1.34	1.00	1.00	1.00	0.95	0.114
P9	1.28	1.10	1.05	1.34	1.22	1.34	1.00	1.00	1.00	0.95	0.114
P10	1.34	1.16	1.10	1.41	1.28	1.41	1.05	1.05	1.05	1.00	0.121

最大特征根：l＝10.00　随机一致性比率：CR＝0.00

表附 6-3-3　信息内容的时效性(C13)的判断矩阵以及相对权重

C13	P1	P2	P3	P4	P5	P6	P7	P8	P9	P10	W'$_{ij}$
P1	1.00	1.00	1.10	1.80	1.16	1.80	1.16	1.22	1.10	1.05	0.123
P2	1.00	1.00	1.10	1.80	1.16	1.80	1.16	1.22	1.10	1.05	0.123
P3	0.91	0.91	1.00	1.63	1.05	1.63	1.05	1.10	1.00	0.95	0.109
P4	0.56	0.56	0.61	1.00	0.64	1.00	0.64	0.68	0.61	0.58	0.059
P5	0.86	0.86	0.95	1.55	1.00	1.55	1.00	1.05	0.95	0.91	0.103
P6	0.56	0.56	0.61	1.00	0.64	1.00	0.64	0.68	0.61	0.58	0.059
P7	0.86	0.86	0.95	1.55	1.00	1.55	1.00	1.05	0.95	0.91	0.103
P8	0.82	0.82	0.91	1.48	0.95	1.48	0.95	1.00	0.91	0.86	0.096
P9	0.91	0.91	1.00	1.63	1.05	1.63	1.05	1.10	1.00	0.95	0.109
P10	0.95	0.95	1.05	1.71	1.10	1.71	1.10	1.16	1.05	1.00	0.116

最大特征根：l＝10.00　随机一致性比率：CR＝0.00

表附 6-3-4　信息内容的独特性(C14)的判断矩阵以及相对权重

C14	P1	P2	P3	P4	P5	P6	P7	P8	P9	P10	W'$_{ij}$
P1	1.00	0.82	0.95	0.82	0.86	0.95	1.16	0.91	0.86	0.91	0.090
P2	1.22	1.00	1.16	1.00	1.05	1.16	1.41	1.10	1.05	1.10	0.114
P3	1.05	0.86	1.00	0.86	0.91	1.00	1.22	0.95	0.91	0.95	0.095
P4	1.22	1.00	1.16	1.00	1.05	1.16	1.41	1.10	1.05	1.10	0.114
P5	1.16	0.95	1.10	0.95	1.00	1.10	1.34	1.05	1.00	1.05	0.107
P6	1.05	0.86	1.00	0.86	0.91	1.00	1.22	0.95	0.91	0.95	0.095
P7	0.86	0.71	0.82	0.71	0.75	0.82	1.00	0.78	0.75	0.78	0.075

（续表）

P8	1.10	0.91	1.05	0.91	0.95	1.05	1.28	1.00	0.95	1.00	0.101
P9	1.16	0.95	1.10	0.95	1.00	1.10	1.34	1.05	1.00	1.05	0.107
P10	1.10	0.91	1.05	0.91	0.95	1.05	1.28	1.00	0.95	1.00	0.101

最大特征根：l＝10.00　随机一致性比率：CR＝0.00

表附 6－3－5　链接的有效性（C15）的判断矩阵以及相对权重

C15	P1	P2	P3	P4	P5	P6	P7	P8	P9	P10	W'$_{ij}$
P1	1.00	0.95	1.28	1.00	1.16	0.95	1.10	1.10	0.95	1.00	0.105
P2	1.05	1.00	1.34	1.05	1.22	1.00	1.16	1.16	1.00	1.05	0.112
P3	0.78	0.75	1.00	0.78	0.91	0.75	0.86	0.86	0.75	0.78	0.077
P4	1.00	0.95	1.28	1.00	1.16	0.95	1.10	1.10	0.95	1.00	0.105
P5	0.86	0.82	1.10	0.86	1.00	0.82	0.95	0.95	0.82	0.86	0.087
P6	1.05	1.00	1.34	1.05	1.22	1.00	1.16	1.16	1.00	1.05	0.112
P7	0.91	0.86	1.16	0.91	1.05	0.86	1.00	1.00	0.86	0.91	0.093
P8	0.91	0.86	1.16	0.91	1.05	0.86	1.00	1.00	0.86	0.91	0.093
P9	1.05	1.00	1.34	1.05	1.22	1.00	1.16	1.16	1.00	1.05	0.112
P10	1.00	0.95	1.28	1.00	1.16	0.95	1.10	1.10	0.95	1.00	0.105

最大特征根：l＝10.00　随机一致性比率：CR＝0.00

表附 6－3－6　导航系统的全面性（C21）的判断矩阵以及相对权重

C21	P1	P2	P3	P4	P5	P6	P7	P8	P9	P10	W'$_{ij}$
P1	1.00	0.95	0.91	0.91	0.95	1.10	1.28	0.78	0.86	1.10	0.096
P2	1.05	1.00	0.95	0.95	1.00	1.16	1.34	0.82	0.91	1.16	0.102
P3	1.10	1.05	1.00	1.00	1.05	1.22	1.41	0.86	0.95	1.22	0.108
P4	1.10	1.05	1.00	1.00	1.05	1.22	1.41	0.86	0.95	1.22	0.108
P5	1.05	1.00	0.95	0.95	1.00	1.16	1.34	0.82	0.91	1.16	0.102
P6	0.91	0.86	0.82	0.82	0.86	1.00	1.16	0.71	0.78	1.00	0.085
P7	0.78	0.75	0.71	0.71	0.75	0.86	1.00	0.61	0.68	0.86	0.071
P8	1.28	1.22	1.16	1.16	1.22	1.41	1.63	1.00	1.10	1.41	0.130
P9	1.16	1.10	1.05	1.05	1.10	1.28	1.48	0.91	1.00	1.28	0.115
P10	0.91	0.86	0.82	0.82	0.86	1.00	1.16	0.71	0.78	1.00	0.085

最大特征根：l＝10.00　随机一致性比率：CR＝0.00

表附 6－3－7　导航系统的一致性（C22）的判断矩阵以及相对权重

C22	P1	P2	P3	P4	P5	P6	P7	P8	P9	P10	W'$_{ij}$
P1	1.00	1.16	1.16	1.05	1.05	1.00	1.34	0.91	0.86	1.10	0.106
P2	0.86	1.00	1.00	0.91	0.91	0.86	1.16	0.78	0.75	0.95	0.088
P3	0.86	1.00	1.00	0.91	0.91	0.86	1.16	0.78	0.75	0.95	0.088

（续表）

	P1	P2	P3	P4	P5	P6	P7	P8	P9	P10	
P4	0.95	1.10	1.10	1.00	1.00	0.95	1.28	0.86	0.82	1.05	0.099
P5	0.95	1.10	1.10	1.00	1.00	0.95	1.28	0.86	0.82	1.05	0.099
P6	1.00	1.16	1.16	1.05	1.05	1.00	1.34	0.91	0.86	1.10	0.106
P7	0.75	0.86	0.86	0.78	0.78	0.75	1.00	0.68	0.64	0.82	0.073
P8	1.10	1.28	1.28	1.16	1.16	1.10	1.48	1.00	0.95	1.22	0.119
P9	1.16	1.34	1.34	1.22	1.22	1.16	1.55	1.05	1.00	1.28	0.127
P10	0.91	1.05	1.05	0.95	0.95	0.91	1.22	0.82	0.78	1.00	0.094

最大特征根：l＝10.00　随机一致性比率：CR＝0.00

表附 6-3-8　组织系统的合理性（C23）的判断矩阵以及相对权重

C23	P1	P2	P3	P4	P5	P6	P7	P8	P9	P10	W'_{ij}
P1	1.00	0.95	0.86	0.91	1.00	1.22	1.16	0.78	0.86	1.16	0.096
P2	1.05	1.00	0.91	0.95	1.05	1.28	1.22	0.82	0.91	1.22	0.102
P3	1.16	1.10	1.00	1.05	1.16	1.41	1.34	0.91	1.00	1.34	0.115
P4	1.10	1.05	0.95	1.00	1.10	1.34	1.28	0.86	0.95	1.28	0.109
P5	1.00	0.95	0.86	0.91	1.00	1.22	1.16	0.78	0.86	1.16	0.096
P6	0.82	0.78	0.71	0.75	0.82	1.00	0.95	0.64	0.71	0.95	0.075
P7	0.86	0.82	0.75	0.78	0.86	1.05	1.00	0.68	0.75	1.00	0.080
P8	1.28	1.22	1.10	1.16	1.28	1.55	1.48	1.00	1.10	1.48	0.130
P9	1.16	1.10	1.00	1.05	1.16	1.41	1.34	0.91	1.00	1.34	0.115
P10	0.86	0.82	0.75	0.78	0.86	1.05	1.00	0.68	0.75	1.00	0.080

最大特征根：l＝10.00　随机一致性比率：CR＝0.00

表附 6-3-9　标识系统的准确性（C24）的判断矩阵以及相对权重

C24	P1	P2	P3	P4	P5	P6	P7	P8	P9	P10	W'_{ij}
P1	1.00	1.22	1.16	1.16	1.16	1.10	1.10	1.22	1.00	1.05	0.114
P2	0.82	1.00	0.95	0.95	0.95	0.91	0.91	1.00	0.82	0.86	0.089
P3	0.86	1.05	1.00	1.00	1.00	0.95	0.95	1.05	0.86	0.91	0.095
P4	0.86	1.05	1.00	1.00	1.00	0.95	0.95	1.05	0.86	0.91	0.095
P5	0.86	1.05	1.00	1.00	1.00	0.95	0.95	1.05	0.86	0.91	0.095
P6	0.91	1.10	1.05	1.05	1.05	1.00	1.00	1.10	0.91	0.95	0.101
P7	0.91	1.10	1.05	1.05	1.05	1.00	1.00	1.10	0.91	0.95	0.101
P8	0.82	1.00	0.95	0.95	0.95	0.91	0.91	1.00	0.82	0.86	0.089
P9	1.00	1.22	1.16	1.16	1.16	1.10	1.10	1.22	1.00	1.05	0.114
P10	0.95	1.16	1.10	1.10	1.10	1.05	1.05	1.16	0.95	1.00	0.107

最大特征根：l＝10.00　随机一致性比率：CR＝0.00

表附 6 - 3 - 10　界面友好程度(C25)的判断矩阵以及相对权重

C25	P1	P2	P3	P4	P5	P6	P7	P8	P9	P10	W'ᵢⱼ
P1	1.00	0.95	1.10	1.00	1.41	1.16	1.28	1.00	1.00	1.05	0.110
P2	1.05	1.00	1.16	1.05	1.48	1.22	1.34	1.05	1.05	1.10	0.117
P3	0.91	0.86	1.00	0.91	1.28	1.05	1.16	0.91	0.91	0.95	0.097
P4	1.00	0.95	1.10	1.00	1.41	1.16	1.28	1.00	1.00	1.05	0.110
P5	0.71	0.68	0.78	0.71	1.00	0.82	0.91	0.71	0.71	0.75	0.072
P6	0.86	0.82	0.95	0.86	1.22	1.00	1.10	0.86	0.86	0.91	0.091
P7	0.78	0.75	0.86	0.78	1.10	0.91	1.00	0.78	0.78	0.82	0.081
P8	1.00	0.95	1.10	1.00	1.41	1.16	1.28	1.00	1.00	1.05	0.110
P9	1.00	0.95	1.10	1.00	1.41	1.16	1.28	1.00	1.00	1.05	0.110
P10	0.95	0.91	1.05	0.95	1.34	1.10	1.22	0.95	0.95	1.00	0.103

最大特征根：l＝10.00　随机一致性比率：CR＝0.00

表附 6 - 3 - 11　界面美观程度(C26)的判断矩阵以及相对权重

C26	P1	P2	P3	P4	P5	P6	P7	P8	P9	P10	W'ᵢⱼ
P1	1.00	1.05	1.16	1.41	1.34	1.16	1.34	1.22	1.22	1.16	0.124
P2	0.95	1.00	1.10	1.34	1.28	1.10	1.28	1.16	1.16	1.10	0.117
P3	0.86	0.91	1.00	1.22	1.16	1.00	1.16	1.05	1.05	1.00	0.104
P4	0.71	0.75	0.82	1.00	0.95	0.82	0.95	0.86	0.86	0.82	0.081
P5	0.75	0.78	0.86	1.05	1.00	0.86	1.00	0.91	0.91	0.86	0.086
P6	0.86	0.91	1.00	1.22	1.16	1.00	1.16	1.05	1.05	1.00	0.104
P7	0.75	0.78	0.86	1.05	1.00	0.86	1.00	0.91	0.91	0.86	0.086
P8	0.82	0.86	0.95	1.16	1.10	0.95	1.10	1.00	1.00	0.95	0.097
P9	0.82	0.86	0.95	1.16	1.10	0.95	1.10	1.00	1.00	0.95	0.097
P10	0.86	0.91	1.00	1.22	1.16	1.00	1.16	1.05	1.05	1.00	0.104

最大特征根：l＝10.00　随机一致性比率：CR＝0.00

表附 6 - 3 - 12　网站的响应速度(C27)的判断矩阵以及相对权重

C27	P1	P2	P3	P4	P5	P6	P7	P8	P9	P10	W'ᵢⱼ
P1	1.00	0.91	1.16	1.00	0.95	1.00	1.10	0.95	0.86	0.91	0.097
P2	1.10	1.00	1.28	1.10	1.05	1.10	1.22	1.05	0.95	1.00	0.110
P3	0.86	0.78	1.00	0.86	0.82	0.86	0.95	0.82	0.75	0.78	0.081
P4	1.00	0.91	1.16	1.00	0.95	1.00	1.10	0.95	0.86	0.91	0.097
P5	1.05	0.95	1.22	1.05	1.00	1.05	1.16	1.00	0.91	0.95	0.103
P6	1.00	0.91	1.16	1.00	0.95	1.00	1.10	0.95	0.86	0.91	0.097
P7	0.91	0.82	1.05	0.91	0.86	0.91	1.00	0.86	0.78	0.82	0.086

（续表）

P8	1.05	0.95	1.22	1.05	1.00	1.05	1.16	1.00	0.91	0.95	0.103
P9	1.16	1.05	1.34	1.16	1.10	1.16	1.28	1.10	1.00	1.05	0.117
P10	1.10	1.00	1.28	1.10	1.05	1.10	1.22	1.05	0.95	1.00	0.110

最大特征根：$l=10.00$　随机一致性比率：$CR=0.00$

表附 6-3-13　交互功能(C31)的判断矩阵以及相对权重

C31	P1	P2	P3	P4	P5	P6	P7	P8	P9	P10	W'_{ij}
P1	1.00	0.82	0.64	1.10	0.78	1.22	0.56	0.58	0.53	0.64	0.067
P2	1.22	1.00	0.78	1.34	0.95	1.48	0.68	0.71	0.64	0.78	0.085
P3	1.55	1.28	1.00	1.71	1.22	1.89	0.86	0.91	0.82	1.00	0.115
P4	0.91	0.75	0.58	1.00	0.71	1.10	0.50	0.53	0.48	0.58	0.059
P5	1.28	1.05	0.82	1.41	1.00	1.55	0.71	0.75	0.68	0.82	0.090
P6	0.82	0.68	0.53	0.91	0.64	1.00	0.46	0.48	0.44	0.53	0.052
P7	1.80	1.48	1.16	1.98	1.41	2.18	1.00	1.05	0.95	1.16	0.139
P8	1.71	1.41	1.10	1.89	1.34	2.08	0.95	1.00	0.91	1.10	0.130
P9	1.89	1.55	1.22	2.08	1.48	2.29	1.05	1.10	1.00	1.22	0.147
P10	1.55	1.28	1.00	1.71	1.22	1.89	0.86	0.91	0.82	1.00	0.115

最大特征根：$l=10.00$　随机一致性比率：$CR=0.00$

表附 6-3-14　信息公开功能(C32)的判断矩阵以及相对权重

C32	P1	P2	P3	P4	P5	P6	P7	P8	P9	P10	W'_{ij}
P1	1.00	1.05	1.10	1.10	1.05	1.10	1.10	1.05	1.05	1.16	0.109
P2	0.95	1.00	1.05	1.05	1.00	1.05	1.05	1.00	1.00	1.10	0.103
P3	0.91	0.95	1.00	1.00	0.95	1.00	1.00	0.95	0.95	1.05	0.097
P4	0.91	0.95	1.00	1.00	0.95	1.00	1.00	0.95	0.95	1.05	0.097
P5	0.95	1.00	1.05	1.05	1.00	1.05	1.05	1.00	1.00	1.10	0.103
P6	0.91	0.95	1.00	1.00	0.95	1.00	1.00	0.95	0.95	1.05	0.097
P7	0.91	0.95	1.00	1.00	0.95	1.00	1.00	0.95	0.95	1.05	0.097
P8	0.95	1.00	1.05	1.05	1.00	1.05	1.05	1.00	1.00	1.10	0.103
P9	0.95	1.00	1.05	1.05	1.00	1.05	1.05	1.00	1.00	1.10	0.103
P10	0.86	0.91	0.95	0.95	0.91	0.95	0.95	0.91	0.91	1.00	0.091

最大特征根：$l=10.00$　随机一致性比率：$CR=0.00$

表附 6-3-15　检索功能(C33)的判断矩阵以及相对权重

C33	P1	P2	P3	P4	P5	P6	P7	P8	P9	P10	W'_{ij}
P1	1.00	1.16	1.00	1.22	1.16	1.22	2.18	1.10	0.78	0.95	0.112
P2	0.86	1.00	0.86	1.05	1.00	1.05	1.89	0.95	0.68	0.82	0.093
P3	1.00	1.16	1.00	1.22	1.16	1.22	2.18	1.10	0.78	0.95	0.112

（续表）

P4	0.82	0.95	0.82	1.00	0.95	1.00	1.80	0.91	0.64	0.78	0.088
P5	0.86	1.00	0.86	1.05	1.00	1.05	1.89	0.95	0.68	0.82	0.093
P6	0.82	0.95	0.82	1.00	0.95	1.00	1.80	0.91	0.64	0.78	0.088
P7	0.46	0.53	0.46	0.56	0.53	0.56	1.00	0.50	0.36	0.44	0.042
P8	0.91	1.05	0.91	1.10	1.05	1.10	1.98	1.00	0.71	0.86	0.099
P9	1.28	1.48	1.28	1.55	1.48	1.55	2.79	1.41	1.00	1.22	0.152
P10	1.05	1.22	1.05	1.28	1.22	1.28	2.29	1.16	0.82	1.00	0.119

最大特征根：l＝10.00　随机一致性比率：CR＝0.00

表附 6 - 3 - 16　特色服务功能(C34)的判断矩阵以及相对权重

C34	P1	P2	P3	P4	P5	P6	P7	P8	P9	P10	W'_{ij}
P1	1.00	0.86	0.86	1.22	0.56	1.28	0.71	0.56	0.44	0.56	0.064
P2	1.16	1.00	1.00	1.41	0.64	1.48	0.82	0.64	0.50	0.64	0.077
P3	1.16	1.00	1.00	1.41	0.64	1.48	0.82	0.64	0.50	0.64	0.077
P4	0.82	0.71	0.71	1.00	0.46	1.05	0.58	0.46	0.36	0.46	0.050
P5	1.80	1.55	1.55	2.18	1.00	2.29	1.28	1.00	0.78	1.00	0.134
P6	0.78	0.68	0.68	0.95	0.44	1.00	0.56	0.44	0.34	0.44	0.048
P7	1.41	1.22	1.22	1.71	0.78	1.80	1.00	0.78	0.61	0.78	0.099
P8	1.80	1.55	1.55	2.18	1.00	2.29	1.28	1.00	0.78	1.00	0.134
P9	2.29	1.98	1.98	2.79	1.28	2.93	1.63	1.28	1.00	1.28	0.182
P10	1.80	1.55	1.55	2.18	1.00	2.29	1.28	1.00	0.78	1.00	0.134

最大特征根：l＝10.00　随机一致性比率：CR＝0.00

表附 6 - 3 - 17　访问量(C41)的判断矩阵以及相对权重

C41	P1	P2	P3	P4	P5	P6	P7	P8	P9	P10	W'_{ij}
P1	1.00	0.64	0.56	2.41	0.64	1.00	1.00	1.00	0.42	0.64	0.068
P2	1.55	1.00	0.86	3.74	1.00	1.55	1.55	1.55	0.64	1.00	0.119
P3	1.80	1.16	1.00	4.33	1.16	1.80	1.80	1.80	0.75	1.16	0.142
P4	0.42	0.27	0.23	1.00	0.27	0.42	0.42	0.42	0.17	0.27	0.023
P5	1.55	1.00	0.86	3.74	1.00	1.55	1.55	1.55	0.64	1.00	0.119
P6	1.00	0.64	0.56	2.41	0.64	1.00	1.00	1.00	0.42	0.64	0.068
P7	1.00	0.64	0.56	2.41	0.64	1.00	1.00	1.00	0.42	0.64	0.068
P8	1.00	0.64	0.56	2.41	0.64	1.00	1.00	1.00	0.42	0.64	0.068
P9	2.41	1.55	1.34	5.80	1.55	2.41	2.41	2.41	1.00	1.55	0.205
P10	1.55	1.00	0.86	3.74	1.00	1.55	1.55	1.55	0.64	1.00	0.119

最大特征根：l＝9.999999　随机一致性比率：CR＝7.111665E-8

表附 6－3－18　外部链接数（C42）的判断矩阵以及相对权重

C42	P1	P2	P3	P4	P5	P6	P7	P8	P9	P10	W'_{ij}
P1	1.00	1.55	2.41	5.80	2.41	3.74	2.41	3.74	1.00	1.55	0.215
P2	0.64	1.00	1.55	3.74	1.55	2.41	1.55	2.41	0.64	1.00	0.124
P3	0.42	0.64	1.00	2.41	1.00	1.55	1.00	1.55	0.42	0.64	0.072
P4	0.17	0.27	0.42	1.00	0.42	0.64	0.42	0.64	0.17	0.27	0.024
P5	0.42	0.64	1.00	2.41	1.00	1.55	1.00	1.55	0.42	0.64	0.072
P6	0.27	0.42	0.64	1.55	0.64	1.00	0.64	1.00	0.27	0.42	0.041
P7	0.42	0.64	1.00	2.41	1.00	1.55	1.00	1.55	0.42	0.64	0.072
P8	0.27	0.42	0.64	1.55	0.64	1.00	0.64	1.00	0.27	0.42	0.041
P9	1.00	1.55	2.41	5.80	2.41	3.74	2.41	3.74	1.00	1.55	0.215
P10	0.64	1.00	1.55	3.74	1.55	2.41	1.55	2.41	0.64	1.00	0.124

最大特征根：l＝10.00　随机一致性比率：CR＝0.00

表附 6－3－19　用户访问的深度（C43）的判断矩阵以及相对权重

C43	P1	P2	P3	P4	P5	P6	P7	P8	P9	P10	W'_{ij}
P1	1.00	1.10	1.16	1.00	0.95	1.28	1.00	1.00	0.78	0.95	0.101
P2	0.91	1.00	1.05	0.91	0.86	1.16	0.91	0.91	0.71	0.86	0.089
P3	0.86	0.95	1.00	0.86	0.82	1.10	0.86	0.86	0.68	0.82	0.084
P4	1.00	1.10	1.16	1.00	0.95	1.28	1.00	1.00	0.78	0.95	0.101
P5	1.05	1.16	1.22	1.05	1.00	1.34	1.05	1.05	0.82	1.00	0.107
P6	0.78	0.86	0.91	0.78	0.75	1.00	0.78	0.78	0.61	0.75	0.074
P7	1.00	1.10	1.16	1.00	0.95	1.28	1.00	1.00	0.78	0.95	0.101
P8	1.00	1.10	1.16	1.00	0.95	1.28	1.00	1.00	0.78	0.95	0.101
P9	1.28	1.41	1.48	1.28	1.22	1.63	1.28	1.28	1.00	1.22	0.137
P10	1.05	1.16	1.22	1.05	1.00	1.34	1.05	1.05	0.82	1.00	0.107

最大特征根：l＝10.00　随机一致性比率：CR＝0.00

表附 6－3－20　用户信息安全（C52）的判断矩阵以及相对权重

C52	P1	P2	P3	P4	P5	P6	P7	P8	P9	P10	W'_{ij}
P1	1.00	0.95	1.16	1.41	1.55	1.55	1.41	1.48	1.05	1.10	0.128
P2	1.05	1.00	1.22	1.48	1.63	1.63	1.48	1.55	1.10	1.16	0.136
P3	0.86	0.82	1.00	1.22	1.34	1.34	1.22	1.28	0.91	0.95	0.107
P4	0.71	0.68	0.82	1.00	1.10	1.10	1.00	1.05	0.75	0.78	0.084
P5	0.64	0.61	0.75	0.91	1.00	1.00	0.91	0.95	0.68	0.71	0.074
P6	0.64	0.61	0.75	0.91	1.00	1.00	0.91	0.95	0.68	0.71	0.074
P7	0.71	0.68	0.82	1.00	1.10	1.10	1.00	1.05	0.75	0.78	0.084

（续表）

P8	0.68	0.64	0.78	0.95	1.05	1.05	0.95	1.00	0.71	0.75	0.079
P9	0.95	0.91	1.10	1.34	1.48	1.48	1.34	1.41	1.00	1.05	0.121
P10	0.91	0.86	1.05	1.28	1.41	1.41	1.28	1.34	0.95	1.00	0.114

最大特征根：$l=10.00$　随机一致性比率：$CR=0.00$

附录 6－4　学术网站测评的判断矩阵及一致性检验

表附 6－4－1　信息内容的深度（C11）的判断矩阵以及相对权重

C11	P1	P2	P3	P4	P5	P6	P7	W'_{ij}
P1	1.00	1.06	1.06	0.94	2.36	1.00	0.94	0.155
P2	0.94	1.00	1.00	0.89	2.22	0.94	0.89	0.147
P3	0.94	1.00	1.00	0.89	2.22	0.94	0.89	0.147
P4	1.06	1.13	1.13	1.00	2.50	1.06	1.00	0.165
P5	0.42	0.45	0.45	0.40	1.00	0.42	0.40	0.066
P6	1.00	1.06	1.06	0.94	2.36	1.00	0.94	0.155
P7	1.06	1.13	1.13	1.00	2.50	1.06	1.00	0.165

最大特征根：$l=7.00$　随机一致性比率：$CR=0.00$

表附 6－4－2　信息内容的广度（C12）的判断矩阵以及相对权重

C12	P1	P2	P3	P4	P5	P6	P7	W'_{ij}
P1	1.00	1.63	2.22	1.53	1.63	1.53	1.00	0.201
P2	0.61	1.00	1.36	0.94	1.00	0.94	0.61	0.123
P3	0.45	0.74	1.00	0.69	0.74	0.69	0.45	0.091
P4	0.65	1.06	1.44	1.00	1.06	1.00	0.65	0.131
P5	0.61	1.00	1.36	0.94	1.00	0.94	0.61	0.123
P6	0.65	1.06	1.44	1.00	1.06	1.00	0.65	0.131
P7	1.00	1.63	2.22	1.53	1.63	1.53	1.00	0.201

最大特征根：$l=7.00$　随机一致性比率：$CR=0.00$

表附 6－4－3　信息内容的准确性（C13）的判断矩阵以及相对权重

C13	P1	P2	P3	P4	P5	P6	P7	W'_{ij}
P1	1.00	1.44	1.44	1.63	1.63	1.28	1.36	0.195
P2	0.69	1.00	1.00	1.13	1.13	0.89	0.94	0.135
P3	0.69	1.00	1.00	1.13	1.13	0.89	0.94	0.135
P4	0.61	0.89	0.89	1.00	1.00	0.79	0.83	0.120
P5	0.61	0.89	0.89	1.00	1.00	0.79	0.83	0.120

（续表）

P6	0.78	1.13	1.13	1.27	1.27	1.00	1.06	0.152
P7	0.74	1.06	1.06	1.20	1.20	0.94	1.00	0.143

最大特征根：l＝7.00　随机一致性比率：CR＝0.00

表附 6－4－4　表达观点的客观性（C14）的判断矩阵以及相对权重

C14	P1	P2	P3	P4	P5	P6	P7	W'$_{ij}$
P1	1.00	0.65	0.89	0.89	0.94	0.89	0.65	0.117
P2	1.53	1.00	1.36	1.36	1.44	1.36	1.00	0.180
P3	1.13	0.74	1.00	1.00	1.06	1.00	0.74	0.132
P4	1.13	0.74	1.00	1.00	1.06	1.00	0.74	0.132
P5	1.06	0.69	0.94	0.94	1.00	0.94	0.69	0.125
P6	1.13	0.74	1.00	1.00	1.06	1.00	0.74	0.132
P7	1.53	1.00	1.36	1.36	1.44	1.36	1.00	0.180

最大特征根：l＝7.00　随机一致性比率：CR＝0.00

表附 6－4－5　信息内容的独特性（C15）的判断矩阵以及相对权重

C15	P1	P2	P3	P4	P5	P6	P7	W'$_{ij}$
P1	1.00	0.78	1.13	0.69	1.06	0.74	0.89	0.125
P2	1.28	1.00	1.44	0.89	1.36	0.94	1.13	0.159
P3	0.89	0.69	1.00	0.61	0.94	0.65	0.79	0.110
P4	1.44	1.13	1.63	1.00	1.53	1.06	1.28	0.180
P5	0.94	0.74	1.06	0.65	1.00	0.69	0.83	0.117
P6	1.36	1.06	1.53	0.94	1.44	1.00	1.21	0.169
P7	1.13	0.88	1.27	0.78	1.20	0.83	1.00	0.140

最大特征根：l＝7.00　随机一致性比率：CR＝0.00

表附 6－4－6　信息内容的创新性（C16）的判断矩阵以及相对权重

C16	P1	P2	P3	P4	P5	P6	P7	W'$_{ij}$
P1	1.00	1.13	1.73	1.00	1.06	1.06	1.06	0.159
P2	0.89	1.00	1.53	0.89	0.94	0.94	0.94	0.141
P3	0.58	0.65	1.00	0.58	0.61	0.61	0.61	0.092
P4	1.00	1.13	1.73	1.00	1.06	1.06	1.06	0.159
P5	0.94	1.06	1.63	0.94	1.00	1.00	1.00	0.150
P6	0.94	1.06	1.63	0.94	1.00	1.00	1.00	0.150
P7	0.94	1.06	1.63	0.94	1.00	1.00	1.00	0.150

最大特征根：l＝7.00　随机一致性比率：CR＝0.00

表附 6 - 4 - 7　信息内容的时效性(C17)的判断矩阵以及相对权重

C17	P1	P2	P3	P4	P5	P6	P7	W'$_{ij}$
P1	1.00	2.82	2.50	2.36	3.00	1.84	1.00	0.247
P2	0.35	1.00	0.89	0.83	1.06	0.65	0.35	0.087
P3	0.40	1.13	1.00	0.94	1.20	0.74	0.40	0.099
P4	0.42	1.20	1.06	1.00	1.27	0.78	0.42	0.104
P5	0.33	0.94	0.83	0.79	1.00	0.61	0.33	0.082
P6	0.54	1.53	1.36	1.28	1.63	1.00	0.54	0.134
P7	1.00	2.82	2.50	2.36	3.00	1.84	1.00	0.247

最大特征根:$l=7.00$　随机一致性比率:$CR=0.00$

表附 6 - 4 - 8　信息来源的权威性(C18)的判断矩阵以及相对权重

C18	P1	P2	P3	P4	P5	P6	P7	W'$_{ij}$
P1	1.00	1.06	1.62	1.73	1.84	1.13	1.06	0.182
P2	0.94	1.00	1.53	1.63	1.73	1.06	1.00	0.171
P3	0.62	0.66	1.00	1.07	1.13	0.70	0.66	0.112
P4	0.58	0.61	0.94	1.00	1.06	0.65	0.61	0.105
P5	0.54	0.58	0.88	0.94	1.00	0.61	0.58	0.099
P6	0.89	0.94	1.44	1.53	1.63	1.00	0.94	0.161
P7	0.94	1.00	1.53	1.63	1.73	1.06	1.00	0.171

最大特征根:$l=7.00$　随机一致性比率:$CR=0.00$

表附 6 - 4 - 9　专业信息的比例(C19)的判断矩阵以及相对权重

C19	P1	P2	P3	P4	P5	P6	P7	W'$_{ij}$
P1	1.00	0.94	1.06	0.94	1.63	0.94	0.94	0.147
P2	1.06	1.00	1.13	1.00	1.73	1.00	1.00	0.156
P3	0.94	0.89	1.00	0.89	1.53	0.89	0.89	0.138
P4	1.06	1.00	1.13	1.00	1.73	1.00	1.00	0.156
P5	0.61	0.58	0.65	0.58	1.00	0.58	0.58	0.090
P6	1.06	1.00	1.13	1.00	1.73	1.00	1.00	0.156
P7	1.06	1.00	1.13	1.00	1.73	1.00	1.00	0.156

最大特征根:$l=7.00$　随机一致性比率:$CR=0.00$

表附 6 - 4 - 10　导航系统的全面性(C21)的判断矩阵以及相对权重

C21	P1	P2	P3	P4	P5	P6	P7	W'$_{ij}$
P1	1.00	1.13	1.00	1.06	1.06	1.53	1.44	0.164
P2	0.89	1.00	0.89	0.94	0.94	1.36	1.28	0.145

（续表）

	P1	P2	P3	P4	P5	P6	P7	
P3	1.00	1.13	1.00	1.06	1.06	1.53	1.44	0.164
P4	0.94	1.06	0.94	1.00	1.00	1.44	1.36	0.154
P5	0.94	1.06	0.94	1.00	1.00	1.44	1.36	0.154
P6	0.65	0.74	0.65	0.69	0.69	1.00	0.94	0.107
P7	0.69	0.78	0.69	0.74	0.74	1.06	1.00	0.113

最大特征根：l＝7.00　随机一致性比率：CR＝0.00

表附 6-4-11　导航系统的一致性(C22)的判断矩阵以及相对权重

C22	P1	P2	P3	P4	P5	P6	P7	W'_{ij}
P1	1.00	0.79	0.45	0.51	0.51	0.66	1.00	0.092
P2	1.27	1.00	0.58	0.65	0.65	0.83	1.27	0.117
P3	2.21	1.73	1.00	1.13	1.13	1.44	2.21	0.202
P4	1.95	1.53	0.89	1.00	1.00	1.28	1.95	0.179
P5	1.95	1.53	0.89	1.00	1.00	1.28	1.95	0.179
P6	1.53	1.20	0.69	0.78	0.78	1.00	1.53	0.140
P7	1.00	0.79	0.45	0.51	0.51	0.66	1.00	0.092

最大特征根：l＝7.00　随机一致性比率：CR＝0.00

表附 6-4-12　组织系统的合理性(C23)的判断矩阵以及相对权重

C23	P1	P2	P3	P4	P5	P6	P7	W'_{ij}
P1	1.00	1.20	1.06	1.27	1.20	0.88	1.62	0.163
P2	0.83	1.00	0.89	1.06	1.00	0.74	1.35	0.136
P3	0.94	1.13	1.00	1.20	1.13	0.83	1.53	0.153
P4	0.79	0.94	0.83	1.00	0.94	0.69	1.27	0.128
P5	0.83	1.00	0.89	1.06	1.00	0.74	1.35	0.136
P6	1.13	1.36	1.21	1.44	1.36	1.00	1.84	0.184
P7	0.62	0.74	0.66	0.79	0.74	0.54	1.00	0.101

最大特征根：l＝7.00　随机一致性比率：CR＝0.00

表附 6-4-13　标示系统的准确性(C24)的判断矩阵以及相对权重

C24	P1	P2	P3	P4	P5	P6	P7	W'_{ij}
P1	1.00	1.73	1.06	1.00	1.00	1.00	1.00	0.153
P2	0.58	1.00	0.61	0.58	0.58	0.58	0.58	0.089
P3	0.94	1.63	1.00	0.94	0.94	0.94	0.94	0.144
P4	1.00	1.73	1.06	1.00	1.00	1.00	1.00	0.153
P5	1.00	1.73	1.06	1.00	1.00	1.00	1.00	0.153

（续表）

P6	1.00	1.73	1.06	1.00	1.00	1.00	1.00	0.153
P7	1.00	1.73	1.06	1.00	1.00	1.00	1.00	0.153

最大特征根：l＝7.00　随机一致性比率：CR＝0.00

表附 6－4－14　友好程度(C25)的判断矩阵以及相对权重

C25	P1	P2	P3	P4	P5	P6	P7	W'_{ij}
P1	1.00	1.63	0.61	0.61	1.00	1.00	1.27	0.131
P2	0.61	1.00	0.38	0.38	0.61	0.61	0.78	0.080
P3	1.63	2.66	1.00	1.00	1.63	1.63	2.08	0.213
P4	1.63	2.66	1.00	1.00	1.63	1.63	2.08	0.213
P5	1.00	1.63	0.61	0.61	1.00	1.00	1.27	0.131
P6	1.00	1.63	0.61	0.61	1.00	1.00	1.27	0.131
P7	0.79	1.28	0.48	0.48	0.79	0.79	1.00	0.103

最大特征根：l＝7.00　随机一致性比率：CR＝0.00

表附 6－4－15　美观程度(C26)的判断矩阵以及相对权重

C26	P1	P2	P3	P4	P5	P6	P7	W'_{ij}
P1	1.00	1.63	1.00	1.00	2.50	1.00	1.53	0.177
P2	0.61	1.00	0.61	0.61	1.53	0.61	0.94	0.108
P3	1.00	1.63	1.00	1.00	2.50	1.00	1.53	0.177
P4	1.00	1.63	1.00	1.00	2.50	1.00	1.53	0.177
P5	0.40	0.65	0.40	0.40	1.00	0.40	0.61	0.071
P6	1.00	1.63	1.00	1.00	2.50	1.00	1.53	0.177
P7	0.65	1.06	0.65	0.65	1.63	0.65	1.00	0.115

最大特征根：l＝7.00　随机一致性比率：CR＝0.00

表附 6－4－16　交互功能(C31)的判断矩阵以及相对权重

C31	P1	P2	P3	P4	P5	P6	P7	W'_{ij}
P1	1.00	1.36	1.28	1.28	1.53	0.79	1.84	0.173
P2	0.74	1.00	0.94	0.94	1.13	0.58	1.35	0.128
P3	0.78	1.06	1.00	1.00	1.20	0.61	1.44	0.135
P4	0.78	1.06	1.00	1.00	1.20	0.61	1.44	0.135
P5	0.65	0.89	0.83	0.83	1.00	0.51	1.20	0.113
P6	1.27	1.73	1.63	1.63	1.95	1.00	2.34	0.221
P7	0.54	0.74	0.70	0.70	0.83	0.43	1.00	0.094

最大特征根：l＝7.00　随机一致性比率：CR＝0.00

表附 6 − 4 − 17　检索功能(C32)的判断矩阵以及相对权重

C32	P1	P2	P3	P4	P5	P6	P7	W'_{ij}
P1	1.00	2.82	0.94	1.00	0.61	0.89	0.94	0.138
P2	0.35	1.00	0.33	0.35	0.22	0.31	0.33	0.049
P3	1.06	3.00	1.00	1.06	0.65	0.94	1.00	0.147
P4	1.00	2.82	0.94	1.00	0.61	0.89	0.94	0.138
P5	1.63	4.60	1.53	1.63	1.00	1.44	1.53	0.225
P6	1.13	3.19	1.06	1.13	0.69	1.00	1.06	0.156
P7	1.06	3.00	1.00	1.06	0.65	0.94	1.00	0.147

最大特征根：$l = 7.00$　随机一致性比率：$CR = 0.00$

表附 6 − 4 − 18　下载功能(C33)的判断矩阵以及相对权重

C33	P1	P2	P3	P4	P5	P6	P7	W'_{ij}
P1	1.00	1.44	1.07	1.13	1.36	0.66	0.89	0.145
P2	0.69	1.00	0.74	0.79	0.94	0.45	0.61	0.100
P3	0.94	1.35	1.00	1.06	1.27	0.61	0.83	0.135
P4	0.88	1.27	0.94	1.00	1.20	0.58	0.78	0.128
P5	0.74	1.06	0.79	0.83	1.00	0.48	0.65	0.107
P6	1.53	2.21	1.63	1.73	2.08	1.00	1.35	0.221
P7	1.13	1.63	1.21	1.28	1.53	0.74	1.00	0.164

最大特征根：$l = 7.00$　随机一致性比率：$CR = 0.00$

表附 6 − 4 − 19　特色服务功能(C34)的判断矩阵以及相对权重

C34	P1	P2	P3	P4	P5	P6	P7	W'_{ij}
P1	1.00	2.82	1.63	1.00	1.84	0.94	0.89	0.175
P2	0.35	1.00	0.58	0.35	0.65	0.33	0.31	0.062
P3	0.61	1.73	1.00	0.61	1.13	0.58	0.54	0.108
P4	1.00	2.82	1.63	1.00	1.84	0.94	0.89	0.175
P5	0.54	1.53	0.89	0.54	1.00	0.51	0.48	0.095
P6	1.06	3.00	1.73	1.06	1.95	1.00	0.94	0.186
P7	1.13	3.19	1.84	1.13	2.08	1.06	1.00	0.198

最大特征根：$l = 7.00$　随机一致性比率：$CR = 0.00$

表附 6 − 4 − 20　参考功能(C35)的判断矩阵以及相对权重

C35	P1	P2	P3	P4	P5	P6	P7	W'_{ij}
P1	1.00	0.54	0.89	0.58	0.94	0.54	0.38	0.089
P2	1.84	1.00	1.63	1.06	1.73	1.00	0.69	0.163

（续表）

P3	1.13	0.61	1.00	0.65	1.06	0.61	0.42	0.100
P4	1.73	0.94	1.53	1.00	1.63	0.94	0.65	0.154
P5	1.06	0.58	0.94	0.61	1.00	0.58	0.40	0.094
P6	1.84	1.00	1.63	1.06	1.73	1.00	0.69	0.163
P7	2.66	1.44	2.36	1.53	2.50	1.44	1.00	0.236

最大特征根：$l=7.00$　随机一致性比率：$CR=0.00$

表附 6-4-21　离线服务功能(C36)的判断矩阵以及相对权重

C36	P1	P2	P3	P4	P5	P6	P7	W'_{ij}
P1	1.00	1.00	1.00	1.00	1.00	1.00	0.58	0.129
P2	1.00	1.00	1.00	1.00	1.00	1.00	0.58	0.129
P3	1.00	1.00	1.00	1.00	1.00	1.00	0.58	0.129
P4	1.00	1.00	1.00	1.00	1.00	1.00	0.58	0.129
P5	1.00	1.00	1.00	1.00	1.00	1.00	0.58	0.129
P6	1.00	1.00	1.00	1.00	1.00	1.00	0.58	0.129
P7	1.73	1.73	1.73	1.73	1.73	1.73	1.00	0.224

最大特征根：$l=7.00$　随机一致性比率：$CR=0.00$

表附 6-4-22　访问量(C41)的判断矩阵以及相对权重

C41	P1	P2	P3	P4	P5	P6	P7	W'_{ij}
P1	1.00	3.00	5.19	1.73	3.00	5.19	0.58	0.230
P2	0.33	1.00	1.73	0.58	1.00	1.73	0.19	0.076
P3	0.19	0.58	1.00	0.33	0.58	1.00	0.11	0.044
P4	0.58	1.73	3.00	1.00	1.73	3.00	0.33	0.132
P5	0.33	1.00	1.73	0.58	1.00	1.73	0.19	0.076
P6	0.19	0.58	1.00	0.33	0.58	1.00	0.11	0.044
P7	1.73	5.19	9.00	3.00	5.19	9.00	1.00	0.397

最大特征根：$l=7.00$　随机一致性比率：$CR=0.00$

表附 6-4-23　外部链接数(C42)的判断矩阵以及相对权重

C42	P1	P2	P3	P4	P5	P6	P7	W'_{ij}
P1	1.00	3.00	1.73	0.76	3.00	2.84	0.44	0.162
P2	0.33	1.00	0.58	0.25	1.00	0.95	0.15	0.054
P3	0.58	1.73	1.00	0.44	1.73	1.64	0.25	0.093
P4	1.32	3.95	2.28	1.00	3.95	3.74	0.58	0.213
P5	0.33	1.00	0.58	0.25	1.00	0.95	0.15	0.054

（续表）

P6	0.35	1.06	0.61	0.27	1.06	1.00	0.15	0.057
P7	2.28	6.84	3.95	1.73	6.84	6.47	1.00	0.368

最大特征根：l＝7.00　随机一致性比率：CR＝0.00

表附6-4-24　用户信息安全(C52)的判断矩阵以及相对权重

C52	P1	P2	P3	P4	P5	P6	P7	W'$_{ij}$
P1	1.00	2.82	1.06	0.94	1.28	1.06	1.84	0.178
P2	0.35	1.00	0.38	0.33	0.45	0.38	0.65	0.063
P3	0.94	2.66	1.00	0.89	1.21	1.00	1.73	0.167
P4	1.06	3.00	1.13	1.00	1.36	1.13	1.95	0.189
P5	0.78	2.21	0.83	0.74	1.00	0.83	1.44	0.139
P6	0.94	2.66	1.00	0.89	1.21	1.00	1.73	0.167
P7	0.54	1.53	0.58	0.51	0.70	0.58	1.00	0.097

最大特征根：l＝7.00　随机一致性比率：CR＝0.00

附录6-5　搜索引擎测评各指标的判断矩阵

表附6-5-1　标引数量(C11)的判断矩阵以及相对权重

C11	P1	P2	P3	P4	P5	P6	W'$_{ij}$
P1	1.0	0.6328	1.2572	1.3776	1.5097	1.7319	0.1872
P2	1.5803	1.0	1.9867	2.1771	2.3858	2.7369	0.2959
P3	0.7954	0.5033	1.0	1.0958	1.2009	1.3776	0.1489
P4	0.7259	0.4593	0.9126	1.0	1.0959	1.2572	0.1359
P5	0.6624	0.4191	0.8327	0.9125	1.0	1.1472	0.1240
P6	0.5774	0.3654	0.7259	0.7954	0.8717	1.0	0.1081

最大特征根：l＝6.00　随机一致性比率：CR＝0.00

表附6-5-2　标引范围(C12)的判断矩阵以及相对权重

C12	P1	P2	P3	P4	P5	P6	W'$_{ij}$
P1	1.0	1.0	1.2571	1.4421	1.316	1.5097	0.2036
P2	1.0	1.0	1.2571	1.4421	1.316	1.5097	0.2036
P3	0.7955	0.7955	1.0	1.1472	1.0469	1.2009	0.1620
P4	0.6934	0.6934	0.8717	1.0	0.9126	1.0469	0.1412
P5	0.7599	0.7599	0.9552	1.0958	1.0	1.1472	0.1547
P6	0.6624	0.6624	0.8327	0.9552	0.8717	1.0	0.1349

最大特征根：l＝6.00　随机一致性比率：CR＝0.00

表附 6-5-3　更新频率(C13)的判断矩阵以及相对权重

C13	P1	P2	P3	P4	P5	P6	W'$_{ij}$
P1	1.0	1.316	1.3777	1.1472	1.5097	1.9867	0.2211
P2	0.7599	1.0	1.0469	0.8717	1.1472	1.5097	0.1680
P3	0.7259	0.9552	1.0	0.8327	1.0958	1.4421	0.1605
P4	0.8717	1.1472	1.2009	1.0	1.316	1.7319	0.1927
P5	0.6624	0.8717	0.9126	0.7599	1.0	1.316	0.1464
P6	0.5033	0.6624	0.6934	0.5774	0.7599	1.0	0.1113

最大特征根：1＝6.00　随机一致性比率：CR＝0.00

表附 6-5-4　自然语言检索(C201)的判断矩阵以及相对权重

C201	P1	P2	P3	P4	P5	P6	W'$_{ij}$
P1	1.0	0.9125	1.1472	1.2009	1.2571	1.1472	0.1829
P2	1.0959	1.0	1.2572	1.316	1.3776	1.2572	0.2004
P3	0.8717	0.7954	1.0	1.0468	1.0958	1.0	0.1594
P4	0.8327	0.7599	0.9553	1.0	1.0468	0.9553	0.1523
P5	0.7955	0.7259	0.9126	0.9553	1.0	0.9126	0.1455
P6	0.8717	0.7954	1.0	1.0468	1.0958	1.0	0.1594

最大特征根：1＝6.00　随机一致性比率：CR＝0.00

表附 6-5-5　多语种检索(C202)的判断矩阵以及相对权重

C202	P1	P2	P3	P4	P5	P6	W'$_{ij}$
P1	1.0	0.4593	0.5516	1.2009	1.2009	1.0468	0.1314
P2	2.1772	1.0	1.2009	2.6145	2.6145	2.2791	0.2861
P3	1.8129	0.8327	1.0	2.1771	2.1771	1.8978	0.2382
P4	0.8327	0.3825	0.4593	1.0	1.0	0.8717	0.1094
P5	0.8327	0.3825	0.4593	1.0	1.0	0.8717	0.1094
P6	0.9553	0.4388	0.5269	1.1472	1.1472	1.0	0.1255

最大特征根：1＝6.00　随机一致性比率：CR＝0.00

表附 6-5-6　布尔逻辑检索(C203)的判断矩阵以及相对权重

C203	P1	P2	P3	P4	P5	P6	W'$_{ij}$
P1	1.0	0.8717	1.2571	1.3776	1.5097	1.2009	0.1937
P2	1.1472	1.0	1.4421	1.5803	1.7319	1.3776	0.2222
P3	0.7955	0.6934	1.0	1.0959	1.2009	0.9553	0.1541
P4	0.7259	0.6328	0.9125	1.0	1.0959	0.8717	0.1406
P5	0.6624	0.5774	0.8327	0.9125	1.0	0.7954	0.1283
P6	0.8327	0.7259	1.0468	1.1472	1.2572	1.0	0.1613

最大特征根：1＝6.00　随机一致性比率：CR＝0.00

表附 6-5-7　词组检索(C204)的判断矩阵以及相对权重

C204	P1	P2	P3	P4	P5	P6	W'$_{ij}$
P1	1.0	0.7954	0.9553	0.9553	1.1472	1.0	0.1607
P2	1.2572	1.0	1.2009	1.2009	1.4422	1.2572	0.2020
P3	1.0468	0.8327	1.0	1.0	1.2009	1.0468	0.1682
P4	1.0468	0.8327	1.0	1.0	1.2009	1.0468	0.1682
P5	0.8717	0.6934	0.8327	0.8327	1.0	0.8717	0.1401
P6	1.0	0.7954	0.9553	0.9553	1.1472	0.8717	0.1607

最大特征根：l=6.00　随机一致性比率：CR=0.00

表附 6-5-8　模糊检索(C205)的判断矩阵以及相对权重

C205	P1	P2	P3	P4	P5	P6	W'$_{ij}$
P1	1.0	0.4808	0.9126	1.0	1.0469	0.8327	0.1364
P2	2.0797	1.0	1.8979	2.0797	2.1772	1.7319	0.2837
P3	1.0958	0.5269	1.0	1.0958	1.1472	0.9125	0.1495
P4	1.0	0.4808	0.9126	1.0	1.0469	0.8327	0.1364
P5	0.9552	0.4593	0.8717	0.9552	1.0	0.7954	0.1303
P6	1.2009	0.5774	1.0959	1.2009	1.2572	1.0	0.1638

最大特征根：l=6.00　随机一致性比率：CR=0.00

表附 6-5-9　概念检索(C206)的判断矩阵以及相对权重

C206	P1	P2	P3	P4	P5	P6	W'$_{ij}$
P1	1.0	0.9553	1.1472	1.2572	1.0959	1.316	0.1857
P2	1.0468	1.0	1.2009	1.316	1.1472	1.3776	0.1943
P3	0.8717	0.8327	1.0	1.0959	0.9553	1.1472	0.1618
P4	0.7954	0.7599	0.9125	1.0	0.8717	1.0468	0.1477
P5	0.9125	0.8717	1.0468	1.1472	1.0	1.2009	0.1694
P6	0.7599	0.7259	0.8717	0.9553	0.8327	1.0	0.1412

最大特征根：l=6.00　随机一致性比率：CR=0.00

表附 6-5-10　字段检索(C207)的判断矩阵以及相对权重

C207	P1	P2	P3	P4	P5	P6	W'$_{ij}$
P1	1.0	0.8717	1.316	2.3858	2.2791	1.8129	0.2317
P2	1.1472	1.0	1.5097	2.7369	2.6145	2.0797	0.2658
P3	0.7599	0.6624	1.0	1.8129	1.7319	1.3776	0.1760
P4	0.4191	0.3654	0.5516	1.0	0.9553	0.7599	0.0971
P5	0.4388	0.3825	0.5774	1.0468	1.0	0.7954	0.1016
P6	0.5516	0.4808	0.7259	1.316	1.2572	1.0	0.1278

最大特征根：l=6.00　随机一致性比率：CR=0.00

表附 6－5－11 目录式浏览检索（C208）的判断矩阵以及相对权重

C208	P1	P2	P3	P4	P5	P6	W'_{ij}
P1	1.0	1.316	0.8717	1.316	1.7319	1.2572	0.1984
P2	0.7599	1.0	0.6624	1.0	1.316	0.9553	0.1508
P3	1.1472	1.5097	1.0	1.5097	1.9867	1.4422	0.2276
P4	0.7599	1.0	0.6624	1.0	1.316	0.9553	0.1508
P5	0.5774	0.7599	0.5033	0.7599	1.0	0.7259	0.1146
P6	0.7954	1.0468	0.6934	1.0468	1.3776	1.0	0.1578

最大特征根：l＝6.00 随机一致性比率：CR＝0.00

表附 6－5－12 多媒体检索（C209）的判断矩阵以及相对权重

C209	P1	P2	P3	P4	P5	P6	W'_{ij}
P1	1.0	1.2571	1.0958	1.2571	1.0468	1.9867	0.2015
P2	0.7955	1.0	0.8717	1.0	0.8327	1.5804	0.1603
P3	0.9126	1.1472	1.0	1.1472	0.9553	1.8130	0.1839
P4	0.7955	1.0	0.8717	1.0	0.8327	1.5804	0.1603
P5	0.9553	1.2009	1.0468	1.2009	1.0	1.8979	0.1925
P6	0.5033	0.6327	0.5516	0.6327	0.5269	1.0	0.1014

最大特征根：l＝6.00 随机一致性比率：CR＝0.00

表附 6－5－13 其他检索（C210）的判断矩阵以及相对权重

C210	P1	P2	P3	P4	P5	P6	W'_{ij}
P1	1.0	0.9552	1.0	1.0958	1.1472	1.0468	0.1728
P2	1.0469	1.0	1.0469	1.1472	1.2009	1.0959	0.1809
P3	1.0	0.9552	1.0	1.0958	1.1472	1.0468	0.1728
P4	0.9126	0.8717	0.9126	1.0	1.0469	0.9553	0.1577
P5	0.8717	0.8327	0.8717	0.9552	1.0	0.9125	0.1506
P6	0.9553	0.9125	0.9553	1.0468	1.0959	1.0	0.1651

最大特征根：l＝6.00 随机一致性比率：CR＝0.00

表附 6－5－14 查全率（C31）的判断矩阵以及相对权重

C31	P1	P2	P3	P4	P5	P6	W'_{ij}
P1	1.0	0.7954	1.316	1.3776	1.6543	2.0797	0.2071
P2	1.2572	1.0	1.6544	1.7319	2.0797	2.6145	0.2604
P3	0.7599	0.6044	1.0	1.0468	1.2571	1.5803	0.1574
P4	0.7259	0.5774	0.9553	1.0	1.2009	1.5097	0.1503
P5	0.6045	0.4808	0.7955	0.8327	1.0	1.2572	0.1252
P6	0.4808	0.3825	0.6328	0.6624	0.7954	1.0	0.0996

最大特征根：l＝6.00 随机一致性比率：CR＝0.00

表附 6 - 5 - 15　查准率(C32)的判断矩阵以及相对权重

C32	P1	P2	P3	P4	P5	P6	W'ij
P1	1.0	1.0	1.1472	1.2572	1.5804	1.8130	0.2061
P2	1.0	1.0	1.1472	1.2572	1.5804	1.8130	0.2061
P3	0.8717	0.8717	1.0	1.0959	1.3777	1.5804	0.1797
P4	0.7954	0.7954	0.9125	1.0	1.2572	1.4422	0.1640
P5	0.6327	0.6327	0.7259	0.7954	1.0	1.1472	0.1304
P6	0.5516	0.5516	0.6327	0.6934	0.8717	1.0	0.1137

最大特征根：l＝6.00　随机一致性比率：CR＝0.00

表附 6 - 5 - 16　重复率(C33)的判断矩阵以及相对权重

C33	P1	P2	P3	P4	P5	P6	W'ij
P1	1.0	0.9552	1.0	1.0468	1.1472	1.2571	0.1764
P2	1.0469	1.0	1.0469	1.0959	1.2009	1.316	0.1847
P3	1.0	0.9552	1.0	1.0468	1.1472	1.2571	0.1764
P4	0.9553	0.9125	0.9553	1.0	1.0959	1.2009	0.1685
P5	0.8717	0.8327	0.8717	0.9125	1.0	1.0958	0.1538
P6	0.7955	0.7599	0.7955	0.8327	0.9126	1.0	0.1403

最大特征根：l＝6.00　随机一致性比率：CR＝0.00

表附 6 - 5 - 17　响应时间(C34)的判断矩阵以及相对权重

C34	P1	P2	P3	P4	P5	P6	W'ij
P1	1.0	1.5803	0.9552	1.2571	1.5097	2.3858	0.2195
P2	0.6328	1.0	0.6044	0.7954	0.9553	1.5097	0.1389
P3	1.0469	1.6544	1.0	1.316	1.5804	2.4976	0.2297
P4	0.7955	1.2572	0.7599	1.0	1.2009	1.8979	0.1746
P5	0.6624	1.0468	0.6327	0.8327	1.0	1.5803	0.1454
P6	0.4191	0.6624	0.4004	0.5269	0.6328	1.0	0.0920

最大特征根：l＝6.00　随机一致性比率：CR＝0.00

表附 6 - 5 - 18　内容显示(C35)的判断矩阵以及相对权重

C35	P1	P2	P3	P4	P5	P6	W'ij
P1	1.0	0.9552	1.3776	1.316	1.5803	1.5097	0.2071
P2	1.0469	1.0	1.4422	1.3777	1.6544	1.5804	0.2168
P3	0.7259	0.6934	1.0	0.9553	1.1472	1.0959	0.1504
P4	0.7599	0.7256	1.0468	1.0	1.2009	1.1472	0.1574
P5	0.6328	0.6044	0.8717	0.8327	1.0	0.9553	0.1311
P6	0.6624	0.6327	0.9125	0.8717	1.0468	1.0	0.1372

最大特征根：l＝6.00　随机一致性比率：CR＝0.00

表附 6 - 5 - 19　相关性排序(C36)的判断矩阵以及相对权重

C36	P1	P2	P3	P4	P5	P6	W'$_{ij}$
P1	1.0	1.0	1.1472	1.1472	1.2009	1.3777	0.1886
P2	1.0	1.0	1.1472	1.1472	1.2009	1.3777	0.1886
P3	0.8717	0.8717	1.0	1.0	1.0469	1.2009	0.1644
P4	0.8717	0.8717	1.0	1.0	1.0469	1.2009	0.1644
P5	0.8327	0.8327	0.9552	0.9552	1.0	1.1472	0.1571
P6	0.7259	0.7259	0.8327	0.8327	0.8717	1.0	0.1369

最大特征根：l＝6.00　随机一致性比率：CR＝0.00

表附 6 - 5 - 20　界面设计(C41)的判断矩阵以及相对权重

C41	P1	P2	P3	P4	P5	P6	W'$_{ij}$
P1	1.0	1.0	1.0959	1.0469	1.1472	1.2572	0.1807
P2	1.0	1.0	1.0959	1.0469	1.1472	1.2572	0.1807
P3	0.9125	0.9125	1.0	0.9553	1.0468	1.1472	0.1649
P4	0.9552	0.9552	1.0468	1.0	1.0958	1.2009	0.1726
P5	0.8717	0.8717	0.9553	0.9126	1.0	1.0959	0.1575
P6	0.7954	0.7954	0.8717	0.8327	0.9125	1.0	0.1437

最大特征根：l＝6.00　随机一致性比率：CR＝0.00

表附 6 - 5 - 21　搜索帮助(C42)的判断矩阵以及相对权重

C42	P1	P2	P3	P4	P5	P6	W'$_{ij}$
P1	1.0	1.3776	1.4422	1.6544	1.8979	2.0797	0.2480
P2	0.7259	1.0	1.0469	1.2009	1.3777	1.5097	0.1801
P3	0.6934	0.9552	1.0	1.1472	1.316	1.4421	0.1720
P4	0.6044	0.8327	0.8717	1.0	1.1472	1.2571	0.1499
P5	0.5269	0.7259	0.7599	0.8717	1.0	1.0958	0.1307
P6	0.4808	0.6624	0.6934	0.7955	0.9126	1.0	0.1193

最大特征根：l＝6.00　随机一致性比率：CR＝0.00

表附 6 - 5 - 22　个性服务(C43)的判断矩阵以及相对权重

C43	P1	P2	P3	P4	P5	P6	W'$_{ij}$
P1	1.0	0.6624	1.6541	2.1772	2.3859	1.9867	0.2224
P2	1.5097	1.0	2.4976	3.2869	3.6020	2.9993	0.3358
P3	0.6044	0.4004	1.0	1.316	1.4422	1.2009	0.1344
P4	0.4593	0.3042	0.7599	1.0	1.0959	0.9125	0.1022
P5	0.4191	0.2776	0.6934	0.9125	1.0	0.8327	0.0932
P6	0.5033	0.3334	0.8327	1.0959	1.2009	1.0	0.1120

最大特征根：l＝6.00　随机一致性比率：CR＝0.00

表附 6 - 5 - 23　相关搜索服务(C44)的判断矩阵以及相对权重

C44	P1	P2	P3	P4	P5	P6	W'$_{ij}$
P1	1.0	1.2009	1.0959	1.2009	1.2572	1.7319	0.2020
P2	0.8327	1.0	0.9126	1.0	1.0469	1.4422	0.1682
P3	0.9125	1.0958	1.0	1.0958	1.1472	1.5803	0.1843
P4	0.8327	1.0	0.9126	1.0	1.0469	1.4422	0.1682
P5	0.7954	0.9552	0.8717	0.9552	1.0	1.3776	0.1607
P6	0.5774	0.6934	0.6328	0.6934	0.7259	1.0	0.1166

最大特征根：l＝6.00　随机一致性比率：CR＝0.00

表附 6 - 5 - 24　特色功能(C45)的判断矩阵以及相对权重

C45	P1	P2	P3	P4	P5	P6	W'$_{ij}$
P1	1.0	0.6328	0.9553	1.1472	0.9553	1.0468	0.1538
P2	1.5803	1.0	1.5097	1.8129	1.5097	1.6543	0.2431
P3	1.0468	0.6624	1.0	1.2009	1.0	1.0958	0.1610
P4	0.8717	0.5516	0.8327	1.0	0.8327	0.9125	0.1341
P5	1.0468	0.6624	1.0	1.2009	1.0	1.0958	0.1610
P6	0.9553	0.6045	0.9126	1.0959	0.9126	1.0	0.1469

最大特征根：l＝6.00　随机一致性比率：CR＝0.00

表附 6 - 5 - 25　过滤功能(C46)的判断矩阵以及相对权重

C46	P1	P2	P3	P4	P5	P6	W'$_{ij}$
P1	1.0	0.9553	0.9126	1.0469	0.9126	1.0	0.1615
P2	1.0468	1.0	0.9553	1.0959	0.9553	1.0468	0.1690
P3	1.0958	1.0468	1.0	1.1472	1.0	1.0958	0.1769
P4	0.9552	0.9125	0.8717	1.0	0.8717	0.9552	0.1542
P5	1.0958	1.0468	1.0	1.1472	1.0	1.0958	0.1769
P6	1.0	0.9553	0.9126	1.0469	0.9126	1.0	0.1615

最大特征根：l＝6.00　随机一致性比率：CR＝0.00

附录 6 - 6　网络数据库测评各指标的判断矩阵

表附 6 - 6 - 1　年度跨度(C11) 的判断矩阵以及相对权重

C11	P1	P2	P3	P4	P5	P6	P7	P8	P9	W'$_{ij}$
P1	1.00	1.04	0.91	0.87	0.79	1.20	1.09	0.91	1.15	0.1088
P2	0.96	1.00	0.87	0.83	0.76	1.15	1.04	0.87	1.10	0.1042
P3	1.10	1.15	1.00	0.96	0.87	1.32	1.20	1.00	1.26	0.1197

（续表）

	P1	P2	P3	P4	P5	P6	P7	P8	P9	
P4	1.15	1.20	1.04	1.00	0.91	1.38	1.25	1.04	1.32	0.1249
P5	1.26	1.32	1.15	1.10	1.00	1.51	1.38	1.15	1.44	0.1373
P6	0.83	0.87	0.76	0.73	0.66	1.00	0.91	0.76	0.96	0.0908
P7	0.92	0.96	0.83	0.80	0.73	1.10	1.00	0.83	1.05	0.0998
P8	1.10	1.15	1.00	0.96	0.87	1.32	1.20	1.00	1.26	0.1197
P9	0.87	0.91	0.79	0.76	0.69	1.04	0.95	0.79	1.00	0.0947

最大特征根：$l=8.998758$　随机一致性比率：$CR=-1.0704172E-4$

表附 6-6-2　更新频率（C12）的判断矩阵以及相对权重

C12	P1	P2	P3	P4	P5	P6	P7	P8	P9	W'_{ij}
P1	1.00	1.00	1.15	1.20	1.44	1.51	1.44	1.44	1.15	0.1366
P2	1.00	1.00	1.15	1.20	1.44	1.51	1.44	1.44	1.15	0.1366
P3	0.87	0.87	1.00	1.04	1.25	1.32	1.25	1.25	1.00	0.1188
P4	0.83	0.83	0.96	1.00	1.20	1.26	1.20	1.20	0.96	0.1138
P5	0.70	0.70	0.80	0.83	1.00	1.05	1.00	1.00	0.80	0.0951
P6	0.66	0.66	0.76	0.79	0.95	1.00	0.95	0.95	0.76	0.0902
P7	0.70	0.70	0.80	0.83	1.00	1.05	1.00	1.00	0.80	0.0951
P8	0.70	0.70	0.80	0.83	1.00	1.05	1.00	1.00	0.80	0.0951
P9	0.87	0.87	1.00	1.04	1.25	1.32	1.25	1.25	1.00	0.1188

最大特征根：$l=9.001588$　随机一致性比率：$CR=1.3688515E-4$

表附 6-6-3　收录范围下的来源文献数量（C13）的判断矩阵以及相对权重

C13	P1	P2	P3	P4	P5	P6	P7	P8	P9	W'_{ij}
P1	1.00	1.00	0.66	0.79	0.95	1.00	0.87	1.00	0.76	0.0971
P2	1.00	1.00	0.66	0.79	0.95	1.00	0.87	1.00	0.76	0.0971
P3	1.51	1.51	1.00	1.20	1.44	1.51	1.32	1.51	1.15	0.1470
P4	1.26	1.26	0.83	1.00	1.20	1.26	1.10	1.26	0.96	0.1225
P5	1.05	1.05	0.70	0.83	1.00	1.05	0.92	1.05	0.80	0.1022
P6	1.00	1.00	0.66	0.79	0.95	1.00	0.87	1.00	0.76	0.0971
P7	1.15	1.15	0.76	0.91	1.09	1.15	1.00	1.15	0.87	0.1116
P8	1.00	1.00	0.66	0.79	0.95	1.00	0.87	1.00	0.76	0.0971
P9	1.32	1.32	0.87	1.04	1.25	1.32	1.15	1.32	1.00	0.1281

最大特征根：$l=8.997689$　随机一致性比率：$CR=-1.9920283E-4$

表附 6－6－4　收录范围下的来源文献质量(C14)的判断矩阵以及相对权重

C14	P1	P2	P3	P4	P5	P6	P7	P8	P9	W'$_{ij}$
P1	1.00	1.04	0.53	0.58	0.66	0.69	0.58	0.76	0.58	0.0751
P2	0.96	1.00	0.50	0.55	0.63	0.66	0.55	0.73	0.55	0.0716
P3	1.90	1.99	1.00	1.10	1.26	1.32	1.10	1.44	1.10	0.1428
P4	1.73	1.81	0.91	1.00	1.15	1.20	1.00	1.32	1.00	0.1301
P5	1.51	1.58	0.79	0.87	1.00	1.04	0.87	1.15	0.87	0.1132
P6	1.44	1.51	0.76	0.83	0.96	1.00	0.83	1.10	0.83	0.1083
P7	1.73	1.81	0.91	1.00	1.15	1.20	1.00	1.32	1.00	0.1301
P8	1.32	1.38	0.69	0.76	0.87	0.91	0.76	1.00	0.76	0.0988
P9	1.73	1.81	0.91	1.00	1.15	1.20	1.00	1.32	1.00	0.1301

最大特征根：l＝8.998241　随机一致性比率：CR＝－1.5160133E-4

表附 6－6－5　收录范围下的来源文献的全面性(C15)的判断矩阵以及相对权重

C15	P1	P2	P3	P4	P5	P6	P7	P8	P9	W'$_{ij}$
P1	1.00	1.00	0.83	0.96	1.32	1.05	1.10	1.32	0.83	0.1133
P2	1.00	1.00	0.83	0.96	1.32	1.05	1.10	1.32	0.83	0.1133
P3	1.20	1.20	1.00	1.15	1.58	1.26	1.32	1.58	1.00	0.1360
P4	1.04	1.04	0.87	1.00	1.38	1.10	1.15	1.38	0.87	0.1184
P5	0.76	0.76	0.63	0.73	1.00	0.80	0.83	1.00	0.63	0.0860
P6	0.95	0.95	0.79	0.91	1.25	1.00	1.04	1.25	0.79	0.1076
P7	0.91	0.91	0.76	0.87	1.20	0.96	1.00	1.20	0.76	0.1033
P8	0.76	0.76	0.63	0.73	1.00	0.80	0.83	1.00	0.63	0.0860
P9	1.20	1.20	1.00	1.15	1.58	1.26	1.32	1.58	1.00	0.1360

最大特征根：l＝8.997454　随机一致性比率：CR＝－2.1950951E-4

表附 6－6－6　收录范围下的特色收藏(C16)的判断矩阵以及相对权重

C16	P1	P2	P3	P4	P5	P6	P7	P8	P9	W'$_{ij}$
P1	1.00	1.00	0.63	0.48	0.66	0.96	0.73	0.83	0.83	0.0833
P2	1.00	1.00	0.63	0.48	0.66	0.96	0.73	0.83	0.83	0.0833
P3	1.58	1.58	1.00	0.76	1.04	1.51	1.15	1.32	1.32	0.1318
P4	2.08	2.08	1.32	1.00	1.38	1.99	1.51	1.73	1.73	0.1735
P5	1.51	1.51	0.96	0.73	1.00	1.44	1.10	1.26	1.26	0.1261
P6	1.04	1.04	0.66	0.50	0.69	1.00	0.76	0.87	0.87	0.0870
P7	1.38	1.38	0.87	0.66	0.91	1.32	1.00	1.15	1.15	0.1149
P8	1.20	1.20	0.76	0.58	0.79	1.15	0.87	1.00	1.00	0.1001
P9	1.20	1.20	0.76	0.58	0.79	1.15	0.87	1.00	1.00	0.1001

最大特征根：l＝8.997545　随机一致性比率：CR＝－2.1161704E-4

表附 6 - 6 - 7　检索功能下的检索方式(C21)的判断矩阵以及相对权重

C21	P1	P2	P3	P4	P5	P6	P7	P8	P9	W'$_{ij}$
P1	1.00	1.00	0.87	1.04	0.87	0.96	1.04	0.96	0.87	0.1058
P2	1.00	1.00	0.87	1.04	0.87	0.96	1.04	0.96	0.87	0.1058
P3	1.15	1.15	1.00	1.20	1.00	1.10	1.20	1.10	1.00	0.1216
P4	0.96	0.96	0.83	1.00	0.83	0.92	1.00	0.92	0.83	0.1013
P5	1.15	1.15	1.00	1.20	1.00	1.10	1.20	1.10	1.00	0.1216
P6	1.04	1.04	0.91	1.09	0.91	1.00	1.09	1.00	0.91	0.1105
P7	0.96	0.96	0.83	1.00	0.83	0.92	1.00	0.92	0.83	0.1013
P8	1.04	1.04	0.91	1.09	0.91	1.00	1.09	1.00	0.91	0.1105
P9	1.15	1.15	1.00	1.20	1.00	1.10	1.20	1.10	1.00	0.1216

最大特征根：l=8.998163　随机一致性比率：CR＝－1.5834282E-4

表附 6 - 6 - 8　检索功能下的检索入口(C22)的判断矩阵以及相对权重

C22	P1	P2	P3	P4	P5	P6	P7	P8	P9	W'$_{ij}$
P1	1.00	1.00	1.00	1.10	1.00	1.15	1.66	1.26	1.20	0.1249
P2	1.00	1.00	1.00	1.10	1.00	1.15	1.66	1.26	1.20	0.1249
P3	1.00	1.00	1.00	1.10	1.00	1.15	1.66	1.26	1.20	0.1249
P4	0.91	0.91	0.91	1.00	0.91	1.04	1.51	1.15	1.09	0.1136
P5	1.00	1.00	1.00	1.10	1.00	1.15	1.66	1.26	1.20	0.1249
P6	0.87	0.87	0.87	0.96	0.87	1.00	1.44	1.10	1.04	0.1087
P7	0.60	0.60	0.60	0.66	0.60	0.69	1.00	0.76	0.72	0.0750
P8	0.79	0.79	0.79	0.87	0.79	0.91	1.32	1.00	0.95	0.0989
P9	0.83	0.83	0.83	0.92	0.83	0.96	1.38	1.05	1.00	0.1040

最大特征根：l=8.993465　随机一致性比率：CR＝－5.6332554E-4

表附 6 - 6 - 9　检索功能下的结果处理(C23)的判断矩阵以及相对权重

C23	P1	P2	P3	P4	P5	P6	P7	P8	P9	W'$_{ij}$
P1	1.00	1.10	0.50	0.60	0.73	0.87	0.96	0.63	0.96	0.0851
P2	0.91	1.00	0.46	0.55	0.66	0.79	0.87	0.58	0.87	0.0775
P3	1.99	2.18	1.00	1.20	1.44	1.73	1.90	1.26	1.90	0.1691
P4	1.66	1.82	0.83	1.00	1.21	1.44	1.59	1.05	1.59	0.1411
P5	1.38	1.51	0.69	0.83	1.00	1.20	1.32	0.87	1.32	0.1172
P6	1.15	1.26	0.58	0.69	0.83	1.00	1.10	0.73	1.10	0.0978
P7	1.04	1.15	0.53	0.63	0.76	0.91	1.00	0.66	1.00	0.0890
P8	1.58	1.73	0.79	0.95	1.15	1.38	1.51	1.00	1.51	0.1343
P9	1.04	1.15	0.53	0.63	0.76	0.91	1.00	0.66	1.00	0.0890

最大特征根：l=8.999896　随机一致性比率：CR＝－8.9612495E-6

表附 6 - 6 - 10　检索功能下的检索效率(C24) 的判断矩阵以及相对权重

C24	P1	P2	P3	P4	P5	P6	P7	P8	P9	W'_{ij}
P1	1.00	1.00	0.73	0.79	0.73	0.87	0.79	0.83	0.66	0.0898
P2	1.00	1.00	0.73	0.79	0.73	0.87	0.79	0.83	0.66	0.0898
P3	1.38	1.38	1.00	1.09	1.00	1.20	1.09	1.15	0.91	0.1237
P4	1.26	1.26	0.92	1.00	0.92	1.10	1.00	1.05	0.83	0.1133
P5	1.38	1.38	1.00	1.09	1.00	1.20	1.09	1.15	0.91	0.1237
P6	1.15	1.15	0.83	0.91	0.83	1.00	0.91	0.96	0.76	0.1031
P7	1.26	1.26	0.92	1.00	0.92	1.10	1.00	1.05	0.83	0.1133
P8	1.20	1.20	0.87	0.95	0.87	1.04	0.95	1.00	0.79	0.1076
P9	1.51	1.51	1.10	1.20	1.10	1.32	1.20	1.26	1.00	0.1359

最大特征根：$l = 8.998844$　随机一致性比率：$CR = -9.964252E-5$

表附 6 - 6 - 11　检索功能下的检索界面(C25) 的判断矩阵以及相对权重

C25	P1	P2	P3	P4	P5	P6	P7	P8	P9	W'_{ij}
P1	1.00	0.92	1.00	0.96	0.73	0.80	0.80	0.80	1.10	0.0984
P2	1.09	1.00	1.09	1.04	0.79	0.87	0.87	0.87	1.20	0.1070
P3	1.00	0.92	1.00	0.96	0.73	0.80	0.80	0.80	1.10	0.0984
P4	1.04	0.96	1.04	1.00	0.76	0.83	0.83	0.83	1.15	0.1024
P5	1.38	1.26	1.38	1.32	1.00	1.10	1.10	1.10	1.51	0.1353
P6	1.25	1.15	1.25	1.20	0.91	1.00	1.00	1.00	1.38	0.1230
P7	1.25	1.15	1.25	1.20	0.91	1.00	1.00	1.00	1.38	0.1230
P8	1.25	1.15	1.25	1.20	0.91	1.00	1.00	1.00	1.38	0.1230
P9	0.91	0.83	0.91	0.87	0.66	0.73	0.73	0.73	1.00	0.0894

最大特征根：$l = 9.002664$　随机一致性比率：$CR = 2.2962174E-4$

表附 6 - 6 - 12　服务功能下的资源整合(C31) 的判断矩阵以及相对权重

C31	P1	P2	P3	P4	P5	P6	P7	P8	P9	W'_{ij}
P1	1.00	1.51	0.50	1.26	0.50	0.87	0.87	0.73	0.58	0.0845
P2	0.66	1.00	0.33	0.83	0.33	0.58	0.58	0.48	0.38	0.0558
P3	1.99	3.00	1.00	2.50	1.00	1.73	1.73	1.44	1.15	0.1680
P4	0.79	1.20	0.40	1.00	0.40	0.69	0.69	0.58	0.46	0.0671
P5	1.99	3.00	1.00	2.50	1.00	1.73	1.73	1.44	1.15	0.1680
P6	1.15	1.73	0.58	1.44	0.58	1.00	1.00	0.83	0.66	0.0970
P7	1.15	1.73	0.58	1.44	0.58	1.00	1.00	0.83	0.66	0.0970
P8	1.38	2.08	0.69	1.73	0.69	1.20	1.20	1.00	0.79	0.1162
P9	1.73	2.61	0.87	2.18	0.87	1.51	1.51	1.26	1.00	0.1464

最大特征根：$l = 8.993626$　随机一致性比率：$CR = -5.495137E-4$

表附 6-6-13　服务功能下的个性化服务(C32)的判断矩阵以及相对权重

C32	P1	P2	P3	P4	P5	P6	P7	P8	P9	W'_{ij}
P1	1.00	0.69	0.58	0.58	0.53	0.55	0.83	0.69	1.00	0.0754
P2	1.44	1.00	0.83	0.83	0.76	0.79	1.20	1.00	1.44	0.1086
P3	1.73	1.20	1.00	1.00	0.91	0.95	1.44	1.20	1.73	0.1304
P4	1.73	1.20	1.00	1.00	0.91	0.95	1.44	1.20	1.73	0.1304
P5	1.90	1.32	1.10	1.10	1.00	1.04	1.58	1.32	1.90	0.1433
P6	1.82	1.26	1.05	1.05	0.96	1.00	1.51	1.26	1.82	0.1371
P7	1.21	0.83	0.70	0.70	0.63	0.66	1.00	0.83	1.21	0.0908
P8	1.44	1.00	0.83	0.83	0.76	0.79	1.20	1.00	1.44	0.1086
P9	1.00	0.69	0.58	0.58	0.53	0.55	0.83	0.69	1.00	0.0754

最大特征根：$l=8.998802$　随机一致性比率：$CR=-1.032599E\text{-}4$

表附 6-6-14　服务功能下的交互功能(C33)的判断矩阵以及相对权重

C33	P1	P2	P3	P4	P5	P6	P7	P8	P9	W'_{ij}
P1	1.00	1.00	0.92	0.61	0.92	0.92	0.73	0.70	0.92	0.0926
P2	1.00	1.00	0.92	0.61	0.92	0.92	0.73	0.70	0.92	0.0926
P3	1.09	1.09	1.00	0.66	1.00	1.00	0.79	0.76	1.00	0.1007
P4	1.65	1.65	1.51	1.00	1.51	1.51	1.20	1.15	1.51	0.1523
P5	1.09	1.09	1.00	0.66	1.00	1.00	0.79	0.76	1.00	0.1007
P6	1.09	1.09	1.00	0.66	1.00	1.00	0.79	0.76	1.00	0.1007
P7	1.38	1.38	1.26	0.83	1.26	1.26	1.00	0.96	1.26	0.1270
P8	1.44	1.44	1.32	0.87	1.32	1.32	1.04	1.00	1.32	0.1328
P9	1.09	1.09	1.00	0.66	1.00	1.00	0.79	0.76	1.00	0.1007

最大特征根：$l=9.004649$　随机一致性比率：$CR=4.0078984E\text{-}4$

表附 6-6-15　服务功能下的全文提供服务(C34)的判断矩阵以及相对权重

C34	P1	P2	P3	P4	P5	P6	P7	P8	P9	W'_{ij}
P1	1.00	1.15	1.58	1.90	1.73	1.10	1.51	1.38	1.38	0.1508
P2	0.87	1.00	1.38	1.66	1.51	0.96	1.32	1.20	1.20	0.1315
P3	0.63	0.73	1.00	1.21	1.10	0.70	0.96	0.87	0.87	0.0956
P4	0.53	0.60	0.83	1.00	0.91	0.58	0.79	0.72	0.72	0.0792
P5	0.58	0.66	0.91	1.10	1.00	0.87	0.79	0.79	0.79	0.0868
P6	0.91	1.04	1.44	1.73	1.58	1.00	1.38	1.25	1.25	0.1372
P7	0.66	0.76	1.04	1.26	1.15	0.73	1.00	0.91	0.91	0.0997
P8	0.73	0.83	1.15	1.38	1.26	0.80	1.10	1.00	1.00	0.1096
P9	0.73	0.83	1.15	1.38	1.26	0.80	1.10	1.00	1.00	0.1096

最大特征根：$l=9.0009$　随机一致性比率：$CR=7.760936E\text{-}5$

表附 6 - 6 - 16 服务功能下的链接功能(C35) 的判断矩阵以及相对权重

C35	P1	P2	P3	P4	P5	P6	P7	P8	P9	W'_{ij}
P1	1.00	1.00	0.63	1.10	0.73	1.10	0.96	1.10	0.76	0.0996
P2	1.00	1.00	0.63	1.10	0.73	1.10	0.96	1.10	0.76	0.0996
P3	1.58	1.58	1.00	1.73	1.15	1.73	1.51	1.73	1.20	0.1571
P4	0.91	0.91	0.58	1.00	0.66	1.00	0.87	1.00	0.69	0.0906
P5	1.38	1.38	0.87	1.51	1.00	1.51	1.32	1.51	1.04	0.1370
P6	0.91	0.91	0.58	1.00	0.66	1.00	0.87	1.00	0.69	0.0906
P7	1.04	1.04	0.66	1.15	0.76	1.15	1.00	1.15	0.79	0.1039
P8	0.91	0.91	0.58	1.00	0.66	1.00	0.87	1.00	0.69	0.0906
P9	1.32	1.32	0.83	1.44	0.96	1.44	1.26	1.44	1.00	0.1309

最大特征根：$l = 8.998584$ 随机一致性比率：$CR = -1.2208676E-4$

表附 6 - 6 - 17 服务功能下的离线配套服务(C36) 的判断矩阵以及相对权重

C36	P1	P2	P3	P4	P5	P6	P7	P8	P9	W'_{ij}
P1	1.00	1.00	0.80	1.00	0.73	0.80	0.80	0.80	0.87	0.0950
P2	1.00	1.00	0.80	1.00	0.73	0.80	0.80	0.80	0.87	0.0950
P3	1.25	1.25	1.00	1.25	0.91	1.00	1.00	1.00	1.09	0.1188
P4	1.00	1.00	0.80	1.00	0.73	0.80	0.80	0.80	0.87	0.0950
P5	1.38	1.38	1.10	1.38	1.00	1.10	1.10	1.10	1.20	0.1308
P6	1.25	1.25	1.00	1.25	0.91	1.00	1.00	1.00	1.09	0.1188
P7	1.25	1.25	1.00	1.25	0.91	1.00	1.00	1.00	1.09	0.1188
P8	1.25	1.25	1.00	1.25	0.91	1.00	1.00	1.00	1.09	0.1188
P9	1.15	1.15	0.92	1.15	0.83	0.92	0.92	0.92	1.00	0.1091

最大特征根：$l = 9.003876$ 随机一致性比率：$CR = 3.3411485E-4$

表附 6 - 6 - 18 服务功能下的检索结果分析(C37) 的判断矩阵以及相对权重

C37	P1	P2	P3	P4	P5	P6	P7	P8	P9	W'_{ij}
P1	1.00	1.00	0.48	0.46	0.60	0.79	0.91	0.91	0.87	0.0797
P2	1.00	1.00	0.48	0.46	0.60	0.79	0.91	0.91	0.87	0.0797
P3	2.09	2.09	1.00	0.96	1.26	1.66	1.90	1.90	1.82	0.1667
P4	2.18	2.18	1.04	1.00	1.32	1.73	1.99	1.99	1.90	0.1741
P5	1.66	1.66	0.79	0.76	1.00	1.32	1.51	1.51	1.44	0.1323
P6	1.26	1.26	0.60	0.58	0.76	1.00	1.15	1.15	1.10	0.1006
P7	1.10	1.10	0.53	0.50	0.66	0.87	1.00	1.00	0.96	0.0877
P8	1.10	1.10	0.53	0.50	0.66	0.87	1.00	1.00	0.96	0.0877
P9	1.15	1.15	0.55	0.53	0.69	0.91	1.04	1.04	1.00	0.0916

最大特征根：$l = 8.999679$ 随机一致性比率：$CR = -2.7705883E-5$

表附 6 - 6 - 19　**收费情况下的收费方式(C41) 的判断矩阵以及相对权重**

C41	P1	P2	P3	P4	P5	P6	P7	P8	P9	W'$_{ij}$
P1	1.00	1.00	0.92	1.00	0.92	1.00	1.00	0.92	1.00	0.1079
P2	1.00	1.00	0.92	1.00	0.92	1.00	1.00	0.92	1.00	0.1079
P3	1.09	1.09	1.00	1.09	1.00	1.09	1.09	1.00	1.09	0.1175
P4	1.00	1.00	0.92	1.00	0.92	1.00	1.00	0.92	1.00	0.1079
P5	1.09	1.09	1.00	1.09	1.00	1.09	1.00	1.00	1.09	0.1175
P6	1.00	1.00	0.92	1.00	0.92	1.00	1.00	0.92	1.00	0.1079
P7	1.00	1.00	0.92	1.00	0.92	1.00	1.00	0.92	1.00	0.1079
P8	1.09	1.09	1.00	1.09	1.00	1.09	1.09	1.00	1.09	0.1175
P9	1.00	1.00	0.92	1.00	0.92	1.00	1.00	0.92	1.00	0.1079

最大特征根：l=9.005596　随机一致性比率：CR=4.8242765E-4

表附 6 - 6 - 20　**收费情况下的价格高低(C42) 的判断矩阵以及相对权重**

C42	P1	P2	P3	P4	P5	P6	P7	P8	P9	W'$_{ij}$
P1	1.00	1.00	1.00	1.00	1.00	1.00	1.00	1.00	1.00	0.1111
P2	1.00	1.00	1.00	1.00	1.00	1.00	1.00	1.00	1.00	0.1111
P3	1.00	1.00	1.00	1.00	1.00	1.00	1.00	1.00	1.00	0.1111
P4	1.00	1.00	1.00	1.00	1.00	1.00	1.00	1.00	1.00	0.1111
P5	1.00	1.00	1.00	1.00	1.00	1.00	1.00	1.00	1.00	0.1111
P6	1.00	1.00	1.00	1.00	1.00	1.00	1.00	1.00	1.00	0.1111
P7	1.00	1.00	1.00	1.00	1.00	1.00	1.00	1.00	1.00	0.1111
P8	1.00	1.00	1.00	1.00	1.00	1.00	1.00	1.00	1.00	0.1111
P9	1.00	1.00	1.00	1.00	1.00	1.00	1.00	1.00	1.00	0.1111

最大特征根：l=9.0　随机一致性比率：CR=0.0

表附 6 - 6 - 21　**网络安全下的系统安全(C51) 的判断矩阵以及相对权重**

C51	P1	P2	P3	P4	P5	P6	P7	P8	P9	W'$_{ij}$
P1	1.00	1.00	1.00	1.00	1.00	1.00	1.00	1.00	1.00	0.1111
P2	1.00	1.00	1.00	1.00	1.00	1.00	1.00	1.00	1.00	0.1111
P3	1.00	1.00	1.00	1.00	1.00	1.00	1.00	1.00	1.00	0.1111
P4	1.00	1.00	1.00	1.00	1.00	1.00	1.00	1.00	1.00	0.1111
P5	1.00	1.00	1.00	1.00	1.00	1.00	1.00	1.00	1.00	0.1111
P6	1.00	1.00	1.00	1.00	1.00	1.00	1.00	1.00	1.00	0.1111
P7	1.00	1.00	1.00	1.00	1.00	1.00	1.00	1.00	1.00	0.1111
P8	1.00	1.00	1.00	1.00	1.00	1.00	1.00	1.00	1.00	0.1111
P9	1.00	1.00	1.00	1.00	1.00	1.00	1.00	1.00	1.00	0.1111

最大特征根：l=9.0　随机一致性比率：CR=0.0

表附 6 - 6 - 22　网络安全下的用户信息安全(C52) 的判断矩阵以及相对权重

C52	P1	P2	P3	P4	P5	P6	P7	P8	P9	W'_{ij}
P1	1.00	1.00	0.80	0.80	0.76	0.80	0.87	0.76	0.87	0.0936
P2	1.00	1.00	0.80	0.80	0.76	0.80	0.87	0.76	0.87	0.0936
P3	1.25	1.25	1.00	1.00	0.95	1.00	1.09	0.95	1.09	0.1171
P4	1.25	1.25	1.00	1.00	0.95	1.00	1.09	0.95	1.09	0.1171
P5	1.32	1.32	1.05	1.05	1.00	1.05	1.15	1.00	1.15	0.1233
P6	1.25	1.25	1.00	1.00	0.95	1.00	1.09	0.95	1.09	0.1171
P7	1.15	1.15	0.92	0.92	0.87	0.92	1.00	0.87	1.00	0.1075
P8	1.32	1.32	1.05	1.05	1.00	1.05	1.15	1.00	1.15	0.1233
P9	1.15	1.15	0.92	0.92	0.87	0.92	1.00	0.87	1.00	0.1075

最大特征根：$l = 9.0020685$　随机一致性比率：$CR = 1.7832065E\text{-}4$

附录 7　计算测评对象权重的程序代码

```
class Matrix2 {
    / *
    * 这个程序是根据同一指标下各个评价对象的均分值得出其判断矩
阵。需要人工对最后的输出结果作取舍,四舍五入,取小数点后两位小数。
    * /
    private int n;

    private float[] arrayOriginal;

    public void setOriginalArray(float[] array, int size) {
        arrayOriginal = array;
        n = size;
    }

    public float[][] getMatrix() {
        float max = 0;
        float min = 100;
        for (int i = 0; i < n; i++) {
            if (arrayOriginal[i] > max)
```

```
                    max = arrayOriginal[i];
                if (arrayOriginal[i] < min)
                        min = arrayOriginal[i];
        }

    float gap = (float) (5—1) / 8;
    float b[][] = new float[n][n];
    for (int i = 0; i < n; i++)
        for (int j = 0; j < n; j++) {
                b[i][j] = (float)

Math. pow(1. 316,

(arrayOriginal[i] — arrayOriginal[j]) / gap);
            }

    System. out. println("判断矩阵如下:");
    for (int i = 0; i < n; i++) {
        for (int j = 0; j < n; j++)
            System. out. print(b[i][j] +

"\t\t");
            System. out. println();
        }

        return b;

    }

}

class Weight2 {
    / *
```

　*这个程序是根据已经建立好的判断矩阵算出权重的值,需要根据判断矩阵的阶数对程序进行微调。最终打印出的结果是各个搜索引擎的权重

值及最大特征根和一致性系数。

```
     *  @author Grace Han @Date Apr 17th，2006
     */
static int ARRAY_SIZE = 0；//数组维数

static float[] ri_array = { 0.00f, 0.00f, 0.58f, 0.90f, 1.12f, 1.24f,
        1.32f, 1.41f, 1.45f, 1.49f };

public static void main(String[] args) {
     float arrayOriginal[] = {3.4167f,  3.5f,  3.5833f,  3.3333f,
3.5833f,  3.4167f }; // 对于不同的阶数,只需修改"arrayOriginal"数组的初始
化列表,其他地方不用更改
     ARRAY_SIZE = arrayOriginal.length；
     float a[] = new float[ARRAY_SIZE];// the value of AW
     float b[][] = new float[ARRAY_SIZE][ARRAY_SIZE];//判断矩阵
     float c[] = new float[ARRAY_SIZE];// the value of w
     float d[] = new float[ARRAY_SIZE]；
     float sumC = 0f；
     float lmd = 0f; // lanbuda
     float ci = 0f；
     float ri = ri_array[ARRAY_SIZE − 1]；

     System.out.println("该指标各网站平均得分列表:")；
     for (int i = 0; i < ARRAY_SIZE; i++) {
          System.out.println(arrayOriginal[i])；
     }

     Matrix2 m = new Matrix2()；
     m.setOriginalArray(arrayOriginal, arrayOriginal.length)；
     b = m.getMatrix()；
     /* get the multiple result of each row */
     for (int i = 0; i < ARRAY_SIZE; i++) {
```

```
    c[i] = 1;
    for (int j = 0; j < ARRAY_SIZE; j++)
        c[i] = c[i] * b[i][j];
}

/* get the pow value of each element in the c array as wi' */
double d1 = 1.0 / ARRAY_SIZE;
for (int i = 0; i < ARRAY_SIZE; i++)
    c[i] = (float) Math.pow(c[i], d1);
/* get the sum value of wi' */
for (int i = 0; i < ARRAY_SIZE; i++)
    sumC = sumC + c[i];
/* get the wi value and print them */
for (int i = 0; i < ARRAY_SIZE; i++)
    c[i] = c[i] / sumC;

System.out.println("各网站的权重:");
for (int i = 0; i < ARRAY_SIZE; i++) {
    System.out.println("c" + i + "=" + c[i]);
}
/*
 * the follwing is some compulation about consistency test compute the
 * value of lanbuda; ge the multiple value of two matrix AW.
 */
for (int i = 0; i < ARRAY_SIZE; i++)
    for (int j = 0; j < ARRAY_SIZE; j++)
        a[i] = a[i] + b[i][j] * c[j];

// get the value of (AW)/nWi
for (int i = 0; i < ARRAY_SIZE; i++)
    d[i] = a[i] / (c[i] * ARRAY_SIZE);
```

```
// compute the value of lanbuda
for (int i = 0; i < ARRAY_SIZE; i++)
    lmd = lmd + d[i];
ci = (lmd - ARRAY_SIZE) / (ARRAY_SIZE - 1);
float cr = ci / ri;
System. out. println("最大特征根：l=" + lmd);
System. out. println("随机一致性比率：CR=" + cr);

    }

}
```

附录 8　成果在研究过程中公开发表的主要论文

[1] 杜佳、朱庆华：《信息构建在网站评价中的应用》[J]，《情报资料工作》，
    2004(6):13—16。

[2] 沈洁、朱庆华：《国内外网络信息资源评价指标研究述评》[J]，《情报科
    学》，2005,23(7):1104—1109。

[3] 张彦、朱庆华：《模糊综合层次分析法在企业网站评价中的应用》[J]，《现
    代图书情报技术》，2006(2):58,68—71。

[4] 汪徽志、岳泉：《国内省级政府网站信息构建状况分析》[J]，《情报科学》，
    2006,24(8):1188—1193。

[5] 侯立宏、朱庆华：《网络信息资源评价方法研究综述》[J]，《情报学报》，
    2006,25(5):523—530。

[6] Qinghua Zhu, Wenxiu Zhang, Yan Zhang. The Establishment and Appli-
    cation of Evaluation Criteria Systems for Chinese e-Business Websites
    Management Challenges in a Global World: The Sixth Wuhan Interna-
    tional Conference on E-Business, May 26—27,2007,Wuhan. Alfred Uni-
    versity Press,2007:1261—1267.

[7] Qinghua Zhu, Jia Du, Xiaojing Han. The Establishment and Application of
    Evaluation Criteria Systems for Chinese e-Government Websites.

Proceedings of 2007 International Conference on Wireless Communications，Networking and Mobile Computing，VolumeⅤ：WiCOM Management Track：Service Management，Sept 21—25，2007，Shanghai，China. p3783—3787.

[8] 朱庆华、杜佳：《国内外政府网站评价研究综述》[J]，《电子政务》，2007 (7)：31—39。

[9] 张玥、朱庆华、黄奇：《层次分析法在博客评价中的应用》[J]，《图书情报工作》，2007，51(8)：76—79。

[10] 朱庆华、杜佳：《搜索引擎评价指标体系的建立与应用》[J]，《情报学报》，2007，26(5)：684—690。

[11] 朱庆华、韩晓静、杜佳、戚爱华：《中文政府网站评价指标体系的构建与应用》[J]，《图书情报工作》，2007，51(11)：67—70 。

[12] 刘友华、戚爱华、杜佳、朱庆华、黄奇、岳泉：《学术网站评价指标体系的构建与应用》[J]，《情报科学》，2008，26(1)：64—68。

[13] 汪徽志、岳泉：《网络数据库评价指标体系构建》[J]，《情报科学》，2008，26(4)：556—560。

[14] 汪徽志，岳泉：《国内外网络数据库测评》[J]，《情报科学》，2008，26(6)：849—854。

[15] 汪徽志、岳泉：《网络数据库综合评估指标研究与应用》[J]，《图书情报工作》，2008，52(12)：59—62。

[16] Erjia Yan，Qinghua Zhu. Hyperlink Analysis for Government Websites of Chinese Provincial Capitals[J]. *Scientometrics*，2008，76(2)：315—326.

[17] 朱庆华：《网络信息资源评价研究综述》[M]，中国国防科学技术信息学会编：《情报学进展》(第 8 卷)，北京：国防工业出版社，2010：280—323。

[18] Qinghua Zhu，Jia Tina Du，Fei Meng，Kewen Wu，Xiaoling Sun. Using a Delphi Method and the Analytic Hierarchy Process to Evaluate the Search Engines：A Case Study on Chinese Search Engines[J]. *Online Information Review*，2011，35(6)：942—956.

图书在版编目(CIP)数据

网络信息资源评价指标体系的建立和测定/朱庆华等
著.—北京:商务印书馆,2012
(国家哲学社会科学成果文库)
ISBN 978 - 7 - 100 - 08888 - 6

Ⅰ.①网… Ⅱ.①朱… Ⅲ.①计算机网络—信息管
理—评价—研究 Ⅳ.①TP393.07②G354.4

中国版本图书馆 CIP 数据核字(2012)第 013620 号

网络信息资源评价指标体系的建立和测定

朱庆华 等著

商 务 印 书 馆 出 版
(北京王府井大街 36 号 邮政编码 100710)
商 务 印 书 馆 发 行
北京中科印刷有限公司印刷
ISBN 978 - 7 - 100 - 08888 - 6

2012 年 3 月第 1 版 开本 700×1000 1/16
2012 年 3 月北京第 1 次印刷 印张 21 3/4 插页 3
定价:48.00 元